国家科学技术学术著作出版基金资助出版

灾害大数据与智慧城市应急处理

徐小龙　徐佳　梁吴艳　赵鹏程　编著

電子工業出版社
Publishing House of Electronics Industry
北京·BEIJING

内 容 简 介

利用新一代信息通信技术建立高效的灾害管理和应急处理平台是智慧城市的关键组成部分之一。新一代信息通信技术在灾害预防、救灾和灾后重建的过程中，发挥了重要的作用，不断推动着灾害应急管理走向科学化、精准化和智慧化。本书主要介绍大数据在灾害应急管理中的应用，首先介绍灾害、灾害应急管理以及灾害大数据的相关知识，其次介绍灾害大数据的定向爬取技术和自动摘要技术，然后以地震大数据为例介绍大数据分析技术，接着介绍了灾害现场数据的采集与传输技术，最后介绍应急疏散路径规划和应急救援系统。

本书既可供从事大数据分析、灾害应急管理、信息网络应用系统研究和开发的工作人员阅读，也可作为计算机科学技术、软件工程、信息网络以及物联网等专业的本科生、硕士研究生及博士研究生的教学用书。

图书在版编目（CIP）数据

灾害大数据与智慧城市应急处理 / 徐小龙等编著. —北京：电子工业出版社，2021.6
ISBN 978-7-121-41428-2

Ⅰ. ①灾…　Ⅱ. ①徐…　Ⅲ. ①城市－灾害管理－应急对策　Ⅳ. ①X4

中国版本图书馆 CIP 数据核字（2021）第 119116 号

责任编辑：田宏峰
印　　刷：天津嘉恒印务有限公司
装　　订：天津嘉恒印务有限公司
出版发行：电子工业出版社
　　　　　北京市海淀区万寿路 173 信箱　邮编 100036
开　　本：787×1 092　1/16　印张：20.75　字数：531 千字
版　　次：2021 年 6 月第 1 版
印　　次：2021 年 6 月第 1 次印刷
定　　价：138.00 元

凡所购买电子工业出版社图书有缺损问题，请向购买书店调换。若书店售缺，请与本社发行部联系，联系及邮购电话：（010）88254888，88258888。

质量投诉请发邮件至 zlts@phei.com.cn，盗版侵权举报请发邮件至 dbqq@phei.com.cn。

本书咨询联系方式：tianhf@phei.com.cn。

前　　言

智慧城市是在城市设施、资源环境、社会民生、经济产业等领域中，充分利用人工智能、物联网、互联网、云计算、大数据等新兴信息技术，进行智慧感知、互联、处理和协调，形成更方便、高效、安全的新城市生态系统。

各种自然灾害和人为灾害的频发，给国家的社会经济发展造成了巨大的损失，严重威胁到了人们的生命财产安全，这也成为智慧城市需要重点解决的问题。常见的自然灾害主要有地震、海啸、火山喷发、洪涝、干旱、飓风、雪灾、雷暴和传染病等；常见的人为灾害主要有自然资源枯竭、环境污染、火灾、交通事故和雾霾等。如何减少和避免各种灾害给社会造成的负面影响是全球共同面对的难题，利用新一代信息技术建立高效的灾害管理和应急处理平台也是智慧城市的关键组成部分之一。

随着大数据时代的到来，各个领域更加期待利用大数据分析技术来提高抗害救灾的水平。大数据分析的本质是从海量的数据中挖掘人们感兴趣、隐含的、尚未被发现的有价值信息。一般大数据的生命周期可分为采集、提取、存储、预处理、分析以及可视化等阶段，这些阶段涉及的主要技术有大数据定向爬取技术、大数据自动摘要技术、大数据存储技术、大数据预处理技术、大数据分析技术和大数据可视化技术等；涉及的主流平台主要有大数据批处理平台、大数据采集平台、流数据处理平台、内存计算平台、云计算平台和深度学习平台等。

在大数据时代的背景下，灾害管理和应急处理等方面普遍存在以下几个关键问题：

（1）缺乏基于大数据的灾害数据提取和情景感知能力。广泛、高效地获取与灾害相关的数据，是灾害管理和应急处理发挥作用的基础。灾害数据具有海量、多源、异构、时空敏感等特性，这给灾害数据的获取和融合带来了极大的困难。因此，如何在各级政府公告、会议发布、地理信息数据融合的基础上，开展海量、多源、异构数据的获取和融合方法研究，进一步从实时性极高的网络新闻，以及非结构化的图片、视频等多媒体中提取准确、有效的灾害数据，提高对灾害现场情景感知的能力，是本书要解决的一个关键问题。

（2）缺乏自动捕捉用户关注点的个性化信息推送。灾害管理中的用户角色比较复杂，如政府、企业、个人等不同的用户往往会关心不同的事件或同一事件的不同方面。在大数据时代的背景下，用户很难有时间和精力在大量的多源冗余灾害数据信息中筛选出感兴趣的信息。因此，如何自动捕捉用户关注点，并将信息精准地推送给用户，是实现信息推送的关键问题。

（3）缺乏对灾害大数据进行有效处理，以及灾后应急疏散和救援的能力。高效的灾害管理和应急处理系统需要越来越多的数据分析技术。尽管数据挖掘的研究工作已经开展了多年，但如何将数据挖掘工具及算法有效地与具体实践结合起来，特别是对灾害大数据进行处理，仍然面临着严峻的挑战。灾害管理领域中数据的独特性，使得该领域的数据管理、处理和分析面临着很大的挑战。紧密结合灾害精准预测、智能决策支持、快速响应并实施灾后救援，为灾民规划并推荐安全、快速、有效的疏散路径，科学指导灾民撤离避难，有着重要的意义，也是本书要解决的关键问题。

在学术界，灾害大数据与应急处理的关键技术已成为大数据分析、灾害应急处理及相关领域最活跃的研究热点之一，很多的高校和研究部门都对灾害大数据与应急处理技术展开了多方面的研究，很多重要的国际会议和期刊都相继刊载了灾害大数据与应急处理的相关研究成果。

各国政府也投入大量的人力、物力和财力进行灾害管理与应急处理的战略部署。例如，美国政府和日本政府于 2014 年联合发布了利用大数据技术帮助灾害信息管理与应急处理的专项研究计划（US-Japan Big Data and Disaster Research）。该专项研究计划支持两国的计算机科学家、工程师、社会学家、物理学家、数学家等协作开展以大数据技术为基础的、提高灾害分析与抗灾能力的研究工作，使得大数据时代的灾害管理与应急处理成为当今社会最重要的前沿研究课题之一。目前，我国在基于大数据的灾害管理与应急处理的研究方面尚处于探索阶段，在灾害管理、灾后避害行为等方面的研究还缺乏理论基础、创新模型和实用系统。

本书作者在大数据分析和处理、应急疏散和救援等领域进行了多年的研究，具有扎实的理论基础和实践经验。本书的内容主要源于作者的科研团队承担和参与的国家重点基础研究发展计划（973 计划）项目“物联网络基础理论与实践研究（物联网混杂信息融合与决策研究）”（编号 2011CB302903）、江苏省重点研发计划项目“基于大数据的灾害管理与应急处理关键技术的研究与应用示范”（编号 BE2016776），以及江苏省重点研发计划项目“基于群智感知的应急搜救关键技术研究及平台研发”（编号 BE2013666）等的研究工作和成果。

为了满足目前国内各界对灾害大数据与应急处理技术的研发需求，在搜集国内外最新资料的基础上，认真总结作者主持的科研项目取得的科研成果，精心组织编写了本书。本书详细、深入地介绍了灾害的种类、灾害大数据的来源、灾害大数据的技术和平台、地震数据分析、灾害现场数据的采集与传输、应急疏散路径规划，以及应急救援系统，反映了灾害大数据与应急处理的新思路、新观点、新方法和新成果，具有较高的学术参考价值和实际应用价值。

从内容结构来看，本书可分为五个部分。第一部分包括第 1 章和第 2 章，主要介绍灾害和灾害应急管理，以及灾害大数据的相关知识，旨在让读者对灾害、灾害应急管理和灾害大数据有较为全面的认识；第二部分包括第 3 章和第 4 章，主要介绍灾害大数据的定向爬取技术和自动摘要技术，旨在广泛、高效地获取与灾害事件相关的数据，自动捕捉用户的关注点，以及将信息精准地推送给用户；第三部分只包括第 5 章，以地震大数据为例介绍灾害大数据的分析方法，旨在通过信息技术对地震大数据进行分析；第四部分只包括第 6 章，主要介绍灾害现场数据采集与传输，旨在满足灾害现场数据采集与传输的需要；第五部分包括第 7 章和第 8 章，主要介绍应急疏散路径规划和应急救援系统，重点介绍应急疏散路径规划和救援系统的相关技术、实现方法及相应的系统，旨在能够在灾害发生后用最短的时间对人群进行疏散，并对被困者进行感知及搜救，以提升应急疏散和应急救援的效率。

由于时间仓促，以及作者水平有限，本书难免会有疏漏和不足之处，敬请广大读者批评指正。

作者
2019 年 8 月

目　　录

第1章 灾害与灾害应急管理

从人类历史的发展进程来看，灾害无外乎两种类型：一种是由于自然环境变化而形成的自然灾害；另一种是由于人为因素而形成的人为灾害。本章通过介绍常见的自然灾害和人为灾害，使读者对两者有更加明确的认识，并通过具体的数据说明灾害的严重性，以及应急救援管理的必要性。本章通过对比国内外应对灾害的方法，分析其中的利弊，并结合我国的实际情况对现有的灾害应急管理体系提出改进方法，以便更好地应对灾害。

1.1 自然灾害

1.1.1 自然灾害的概念和危害

大气层、岩石圈、生物圈、水圈等多个圈层共同组成了地球的生态系统。这种生态系统十分脆弱，一个或者多个因素的变化就可能导致生态系统失去平衡，造成巨大的影响，其中给生态系统或者人类社会造成巨大伤害的自然变化称为自然灾害。用学术化的语言描述，自然灾害是指由于自然界发生的各种不以人类（或个人）意志为转移的、给人类生存带来危害或者给人类生活环境带来损害的自然现象[1]。

随着社会的不断发展，人与自然的交互日渐紧密，人类活动范围的扩大，使得自然灾害对人类社会的影响也越来越大。例如，海啸、火山、地震等灾害很有可能发生在或者波及大量人口居住的区域。除此之外，诸如雷暴、大雾等，对于技术水平较低的古代而言，并没有太大的影响，但对于使用飞机、汽车等交通工具的现代人类而言，危害是巨大的。

自然灾害是危害人类可持续发展的自然现象，越来越引起人们的关注。造成全球人员伤亡、巨大经济损失和影响社会发展的自然灾害主要有地震、海啸、洪涝、干旱、飓风、台风、火山喷发、传染病等[2]。其中，仅地震、飓风、洪涝、干旱造成的损失就占总损失的 90%左右，仅仅洪涝造成的损失就高达 40%。20 世纪 60 年代，受洪涝影响的人数平均每年为 520 万人，到了 20 世纪 70 年代，受影响的人数就增长到了平均每年 1540 万人。虽然洪涝是增长最快的自然灾害[3]。

从 1980 年到 2012 年，在这 32 年内，全球共发生了约 21000 起各类重大自然灾害，其中地震、火山占灾害总数的 13%左右，风暴占灾害总数的 39%左右，洪涝占灾害总数的 35%左右，干旱和极端高温占灾害总数的 13%左右。全球因各类自然灾害受损或倒塌的房屋共约 230 万间，造成的直接经济损失高达 3.8 万亿美元。世界各国深受各种灾害的影响，巨灾造成了重大人员伤亡和巨额财产损失。2005 年 8 月，飓风“卡特里娜”登陆美国南部沿海地区，造成 1300 多人死亡，100 多万人流离失所。2008 年“5・12”汶川地震，共计造成 69227 人遇难、17923 人失踪、374643 人不同程度受伤、1993.03 万人失去住所，受灾总人口达 4625.6 万人。2012 年 10 月，飓风“桑迪”席卷了中、北美洲的国家和地区，造成的直接经济损失高达 650 亿美元[4]。

2012 年，全世界共发生 905 起自然灾害，其中 93%的自然灾害与天气有关。就总体损失和保险损失而言(分别为 1700 亿美元和 700 亿美元)，2012 年的总体损失较 2011 年明显降低，被定义为全球范围内的“温和”年份[5]。

2018 年，全球范围内各种灾害不断发生：山火烧红了希腊和美国加利福尼亚州的夜空；印度尼西亚接连发生的海啸夺去了 4000 多人的生命；一向以防灾著称的日本也在一场大雨面前败下阵来。还有众多低收入国家，在经受灾害后陷入了困境，急需救援、医疗和生活等物资[6]。就国内而言，2018 年 7 月以来，四川、甘肃两省发生暴雨洪涝。截至 7 月 12 日 10 时，在四川省成都、德阳、绵阳等 13 市（自治州）的 62 个县（市、区），造成 93.2 万人受灾、3 人死亡、10.1 万人紧急转移安置、2.1 万人急需紧急生活救助、600 余间房屋倒塌、近 8800 间房屋不同程度损坏、直接经济损失 24 亿元；在甘肃省白银、天水、张掖等 10 市（自治州）的 44 个县（市、区），造成 108.2 万人受灾、12 人死亡、4 人失踪、2.7 万人紧急转移安置、1200 余间房屋倒塌、7700 余间房屋不同程度损坏、直接经济损失 14.7 亿元[7]。

综上所述，自然灾害给人类社会造成的危害是巨大的，即使在灾害较少的 2012 年，也有不小的损失。

1.1.2　常见的自然灾害

本节介绍了 9 种自然灾害，对它们的定义和成因进行了说明，介绍了它们评级、相关数据和目前的一些预警措施。通过本节的内容，读者可以对这些自然灾害有一定程度的了解。

1．地震

1）什么是地震

地震又称为地动，是地壳在短时间内释放大量能量而导致的震动。所产生的地震波以震源为中心，向四周传播[8]。当地震发生时，引起地壳震动的地方称为震源，震源的上方称为震中，地面震动最为严重的部分被称为极震区。一般而言，极震区所在的地方就是震中区域。

全球每年都会发生 500 多万次地震，但绝大多数地震的危害程度较小，并不会造成人员伤亡。真正对人类造成较严重危害的地震次数每年有 10～20 次，特别严重灾害的地震每年有 1～2 次[9]。

地震有三种类型，分别是火山地震（由于火山作用引起的地震），构造地震（由地下深处岩层错动、破碎而造成的地震，这一类地震造成的伤害最大，发生的次数也是最多的），以及陷落地震（由于地层陷落而引起的地震）。在三种地震中，构造地震在全球地震次数中占比最高，约 90%，火山地震约占 7%、陷落地震约占 3%[9]。

2）地震的成因

如果进一步从细节上描述地震的成因，则有着多种地震成因模型。有很多因素都会引发地震，例如，火山喷发（Volcanic Eruption）就可能引发火山地震。在这种情况下，地震可以看成火山灾害引发的次生灾害。事实上，地震的三种类型就对应了三种成因。除了这三种较为主要的成因，海啸、海平面上升等因素也会引发地震。在很多情况下，地震是由深部流体流动引发的，深部流体在地震孕育、发生过程中的作用越来越引起人们的关注，当深部流体从地球内部向外溢出时可能会引发地震。

地震是需要大量能量才能发生的灾害，越巨大的地震所消耗的能量也越大。破坏性地震是由深部流体的隐爆造成的[10]，地核和下地幔的流体（深部流体）携带了大量的能量，不断地向上流动并在局部汇聚，当深部流体的压力大于围岩抗压强度和附加岩石静水压力时，就会发生爆炸，从而引发不同深度、不同震级的地震[11]。

深部流体（如岩浆、水和气体）携带着大量的能量，当深部流体汇聚到某一区域时，会越聚越多，巨大的能量会最终爆发出来。就像不断地向容器中加水，使得水压持续增大，以至超过容器的承受范围，最终导致容器破裂。如果有一个可以释放的点，则会在这个点喷发出来，在这种情况下形成的灾害就是火山。如果周围是全连接在一起的岩石层，则会通过岩石层消耗深部流体的能量。将深部流体当成引起地震的原因的一个重要依据是，深部流体不仅携带大量的能量，而且可以快速流动，成为非常好的能量传输介质，与全球地震带在空间上十分吻合。

3）地震的评级

地震的评级也称为地震震级，目前世界上最高的震级是里氏 9 级。地震震级与该地震释放的能量有关：每差一级，所释放的能量就相差大约 32 倍；每差两级，所释放的能量就相差大约 1000 倍。

除了可以用里氏震级来区分地震震级，还可根据地震造成的影响来对地震震级进行划分。地震里氏震级表如表 1.1 所示。

表 1.1　地震里氏震级表

里氏震级	名　称
<1.0	超微震
1.0～3.0	弱震或微震
3.0～4.5	有震感
4.5～6.0	中强震
6.0～7.0	强震
7.0～8.0	大地震
>8.0	巨大地震

相同震级的地震造成的破坏程度不一定相同，一次地震在不同区域造成的损害也不尽相同。因此，提出了“地震烈度”这一评级标准，用于评判地震的破坏程度。地震烈度及感知情况如表 1.2 所示。

表 1.2　地震烈度及感知情况

地震烈度	感知情况
Ⅰ度	仅仪器可以测量到地震
Ⅱ度	在完全静止环境下可以感觉到地震
Ⅲ度	室内少数人可以感知到地震
Ⅳ度	悬挂物晃动、不稳的器皿发出响声
Ⅴ度	家畜不宁、门窗作响、墙面出现裂痕
Ⅵ度	人们站立不稳、家畜外逃、陡坡会出现滑坡现象
Ⅶ度	房屋轻微损坏、地表出现裂缝及喷沙冒水
Ⅷ度	房屋多有损坏、少数路基塌方、地下管道破裂
Ⅸ度	绝大多数房屋被破坏、少数房屋倾倒、牌坊烟囱倒塌、铁轨弯曲
Ⅹ度	房屋倾倒、道路毁坏、山石崩塌、大浪扑岸
Ⅺ度	房屋大量倒塌、路基堤岸大段毁坏、地表发生巨大变化
Ⅻ度	毁坏一切建筑物、地形剧烈变化使得动/植物遭到毁灭

例如，“7・28”唐山地震，其地震震级为 7.8 级，而震中的地震烈度为Ⅺ度，但在较远处的石家庄、太原，地震烈度只有Ⅳ度到Ⅴ度。

4）地震的破坏情况

20 世纪最为严重的 10 次地震数据[12]如表 1.3 所示。

表 1.3　20 世纪最为严重的 10 次地震数据

时　间	地　点	震　级	死亡人数（大约）
1908 年	意大利墨西拿（Messina）	7.5	8.3 万人
1915 年	意大利阿维扎诺（Avezzano）	7.5	3.2 万人
1920 年	中国海原	8.5	28 万人
1923 年	日本关东（Kanto）	8.1	14 万人
1927 年	中国古浪	8.0	4 万人
1935 年	巴基斯坦奎达（Quetta）	7.5	6 万人
1939 年	土耳其埃尔津詹（Erzincan）	8.0	3.2 万人
1970 年	秘鲁钦博特（Chimbote）	7.7	6.6 万人
1976 年	中国唐山	7.8	24 万人
1990 年	伊朗西北部地区	7.3	3.5 万人

到了 21 世纪，严重的地震也多次发生。例如，2008 年“5・12”汶川地震，是中华人民共和国成立以来破坏力最大的地震，也是唐山大地震后伤亡最严重的一次地震[13]。

5）地震的预警措施

一般而言，目前只能提前几十秒预警地震，地震预警系统可以探测到地震最初发生时发射的无破坏性的地震波（纵波，也称为 P 波，Primary Wave），而破坏性的地震波（横波，也称为 S 波，Secondary Wave）的传播速度相对较慢，会在 10～30 s 后到达地表。地下的地震探测仪器检测到 P 波后发送到地震预警系统，即可得到地震震级、地震烈度、震源和震中的位置，地震预警系统可在 S 波到达地面前 10～30 s 发布地震预警。由于电磁波比地震波传播得快，因此预警信息能比 P 波提前到达地表[15]。

2. 海啸

1）什么是海啸

海啸在大洋中的传播速度极快，通常可以达到 200～250 m/s，相当于喷气式飞机的飞行速度。海啸可以在短短几个小时内横跨大洋，同时海啸在传播的过程中，其波长可以达到数百千米，可以传播几千千米而且损耗的能量很小。海啸在大洋中传播时，其高度（浪高）一般不超过 1 m，但在到达海岸边时，由于受到岸边岩石等固体的阻拦，其高度会急剧增大，可在极短的时间内增高到几十米。海啸会每隔数分钟或者数十分钟冲击一次海岸，其破坏力极大[14]。

2）海啸的成因

海啸的成因可能是地震或者火山喷发，也有可能是彗星或陨石的撞击，以及海底或者海岸坍塌、滑坡。只要在海底发生大规模、突然的上下运动，就会产生巨大的冲击力，这样巨大的冲击力会推动海水形成巨大的浪潮，并向外部扩散。

通常，海啸的发生需要满足以下几个基本的条件[14]：

（1）海啸发生的位置必须在深海，或者说需要大量的海水。地震或者其他因素造成的巨大能量波动转换成海水的动能，需要有大量的海水才能实现。因此，只有在海底的上方有大量海水的深海区域，才能形成海啸。与之相反，在浅海区域，即使发生地震，通常也不会发生海啸。

（2）需要有大地震或者类似的事件，使海底突然上下运动，为海啸的发生提供大量的能量。能量越大，引发的海啸规模就越大，海啸的破坏力也越惊人。以地震引起的海啸为例，海底地震震级越高，引发的海啸浪高也就越高。海啸的浪高通常是评估海啸大小的重要依据。

（3）海岸条件。从海啸的定义可知，海啸之所以能成为巨大自然灾害，是因为当它到达海岸时，受到了海岸的阻拦，不能像在大洋中那样持续在海水中传播，后续的海浪会迅速聚集在海岸，形成几十米高的巨浪。这也就说明了，海啸的发生需要一个开阔的且逐渐变浅的海岸。如果不存在这样的海岸，则海啸依旧只是不足 1 m 高的海浪，无法形成淹没陆地、毁坏房屋的巨浪。

3）海啸的评级

国际上通用的海啸等级是渡边伟夫海啸级别，如表 1.4 所示。

表 1.4　渡边伟夫海啸级别

海啸级别	海啸浪高/m	破坏性
−1	≤0.5	能量损失
0	1	轻微损失
1	2	损失房屋和船只
2	4～6	人员伤亡、房屋倒塌
3	10	≤400 km 岸段严重受损、人员伤亡大、房屋损毁严重
4	≥30	≥500 km 岸段严重受损、人员伤亡巨大、建筑物尽毁

我国的海啸警报信号级别也是依据海啸浪高来划分的，一般可分为Ⅰ级、Ⅱ级、Ⅲ级和Ⅳ级，依次描述特别严重、严重、较为严重和一般，如表 1.5 所示。

表 1.5　海啸警报信号级别

警 报 级 别	警报信号颜色	海 啸 浪 高
Ⅰ级	红色	200 cm 及以上
Ⅱ级	橙色	150～200 cm
Ⅲ级	黄色	100～150 cm
Ⅳ级	蓝色	50～100 cm

4）海啸的破坏情况

全球各大洋均有海啸发生，大约 90%的海底地震都发生在太平洋，因此太平洋沿岸是海啸的多发区。据统计，太平洋沿岸的海啸多发区有美国夏威夷、新西兰、澳大利亚、南太平洋地区、印度尼西亚、菲律宾、日本、美国阿拉斯加、堪察加半岛、千岛群岛、新几内亚岛、所罗门群岛、美国西海岸、中美洲地区、哥伦比亚、智利等国家和地区。其中，印度尼西亚为太平洋海啸的重灾区，该地区共发生过 30 多次破坏性的海啸，曾造成 5 万多人丧生[16]。

在 1900—2000 年发生的海啸资料统计中，太平洋沿岸发生了 711 次海啸（约占全球海啸发生次数的 75%），地中海沿岸发生了 110 次海啸（约占全球海啸发生次数的 12%），大西洋沿岸发生了 91 次海啸（约占全球海啸发生次数的 10%），印度洋沿岸发生了 33 次海啸（约占全球海啸发生次数的 3%）。但海啸发生频率最低的印度洋沿岸，2004 年 12 月 26 日却发生了全球最强的一次海啸。据相关资料统计，通常每 2 年全球就会发生一次局部破坏性海啸，每 10 年就会发生一次越洋大海啸[16]。

5）海啸的预警措施

目前，对海啸采取的预警措施主要是通过潮位站、浮标和遥感卫星进行海啸的监测和预警[25]。潮位站是指在选定的地点设置验潮仪器，通过对比潮位的变化来预测是否会发生海啸以及海啸的大小。浮标是一种通过电缆连接、放置在近海或远海，用于监测海水波动和海啸的设备。遥感卫星搭载的星载高度计可以测量海平面的高度，以此判断是否会发生海啸。

3. 火山喷发

1）什么是火山喷发

火山是一种常见的地貌特征，地壳下 100～150 km 处存在着一个液态区域，其中充满着高压、高温、含挥发性气体的熔融状硅酸盐物质，这种物质就是岩浆。当岩浆从某个地表的薄弱位置喷发出来时，就形成了火山喷发[26]。

火山一般可以分为活火山、死火山和休眠火山。活火山是指正在喷发或者将来会再次喷发的火山，这种火山的危险性较大，活动较为频繁。休眠火山是指曾经喷发过，但一段时间内没有再喷发，长期处于相对静止状态的火山，尽管如此，这类火山的锥形态保持完好，仍具有喷发能力，所以难以判断其是否真正失去了喷发能力。死火山是指史前时代曾经喷发过，但在人类历史时期基本上没有活动过的火山，此类火山因为长期不喷发，失去了喷发能力。

2）火山喷发的成因

火山是一个由固体碎屑、熔岩流或喷出物围绕喷出口堆积而成的隆起的丘或山。火山的喷出口是一条由地球上地幔或岩石圈到地表的管道，大部分岩浆会堆积在火山口附近，有些岩浆被大气携带到高处而扩散至几百到几千千米外[27]。

火山的形成是一系列物理化学过程。地球内部存在大量的放射性物质，在自然状态下衰变，产生大量的热，这些热量无法散发到地面，会使温度不断升高，导致把岩石熔化成岩浆。这些岩浆一旦冲破地壳喷出地面，就发生火山喷发[27]。因此，火山喷发是由放射性物质衰变产生的热使岩石熔化而造成的。

3）火山喷发的评级

通常使用火山烈度来表示火山喷发的破坏力，国际上通用的火山烈度是津屋弘达（H. Tsuya）于 1995 年提出的，火山烈度通过喷出物的体积来表示火山喷发的破坏力。火山烈度表如表 1.6 所示。

表 1.6　火山烈度表

火 山 烈 度	喷出物体积
Ⅷ级	>100 km^3
Ⅶ级	10～100 km^3
Ⅵ级	1～10 km^3
Ⅴ级	0.1～1 km^3
Ⅳ级	0.01～0.1 km^3
Ⅲ级	0.001～0.01 km^3
Ⅱ级	0.0001～0.001 km^3
Ⅰ级	0.00001～0.0001 km^3
0 级	0.000001～0.00001 km^3

4）火山喷发的破坏情况

地球上目前有 1500 座活火山，除了位于大洋底部的活火山，陆地上大约有 500 座活火山。大约 80%的活火山分布在环太平洋地区，其中印度尼西亚、菲律宾和日本的活火山数量占据了全球活火山数量的 1/3。

这里以发生在 2018 年 6 月 3 日的富埃戈火山（Rich Mr Goma Volcanic）喷发为例，说明火山喷发的破坏情况。富埃戈火山是一个具有典型火山口的层状火山，位于危地马拉中部地区，毗邻著名的古城安地瓜。富埃戈火山在历史上至少发生过 60 次布里尼式喷发，还有几次持续时间较长（几个月至几年）的小规模喷发。距离 2018 年 6 月 3 日最近的强烈布里尼式喷发是在 1974 年 10 月，当时产生了大量火山灰、火山碎屑流、熔岩流和火山泥流，给当地的居民和农业造成了严重影响和破坏。最近一次火山喷发（发生在 2018 年 6 月 3 日）是富埃戈火山最为强烈的，也是破坏力最大的一次喷发，造成上百人死亡、上万人被迫疏散、上百万人受到影响。截至 2018 年 6 月 26 日，造成 112 人死亡、197 人失踪、12823 人被疏散、约 170 万人受灾[16]。全球火山地震地图可参看文献[36]。

5）火山的预警措施

从 100 多年前开始，火山学家就开始利用机械传感器监测火山喷发。火山喷发和地震这两种自然灾害之间通常有相当大的联系，地震监测技术可以大幅提升火山喷发监测和预警能力。

在火山区域，地震监测仪可以监测到地下岩浆流动时产生的各种地震波，火山构造地震形成的地震波形具有很清晰的 P 波和 S 波，但其震级比普通地震小。地震监测仪会经常监测到长周期地震波，这与地下流体或者岩浆的流动有关。

4. 洪涝

1）什么是洪涝

洪涝是指由于连续的大雨、暴雨等原因导致低洼地区被淹没的自然灾害。大部分洪涝危害的是农业生产，较为严重的洪涝也会淹没房屋、造成人员伤亡[28]。

洪涝可分为河流洪水、湖泊洪水和风暴洪水等。其中，依照成因的不同，河流洪水又可分为暴雨洪水、山洪、融雪洪水、冰凌洪水和溃坝洪水等。影响最大、最常见的洪涝是河流洪水，尤其是在流域内长时间暴雨造成河流水位居高不下而引发的堤坝决口，对地区发展损害非常大，甚至会造成大量人员伤亡[29]。

洪涝很容易引起许多次生灾害。例如，当多山陡坡地区发生洪涝时，很可能引发泥石流之类的灾害。洪涝的危害性，不仅从洪涝暴发到结束的这一段时间内，在很多情况下，洪涝的影响会持续到洪涝平息之后很久。例如：当洪涝导致农田被淹时，如果没有足够的粮食储备，则会引发大规模的饥荒；当洪涝破坏供水系统和排水系统时，会污染水源，还会进一步引发媒介生物的滋生，导致大规模传染病的暴发。

洪涝往往都是由于持续降雨导致的，具有比较明显的季节性，具有突发性强、发生频繁和范围广的特点。我国自古以来就是一个农业大国，多发的洪涝造成了巨大的经济损失。

2）洪涝的成因

洪涝的形成因素有两种属性：一种是自然属性，另一种是社会属性。

从自然属性讲，洪涝往往是由于持续降雨，特别是连续的大雨或暴雨引发的，大量的雨水会进入江河湖泊或者低洼地区，持续降雨会使贮存的水量越来越多，以至超过可容纳的临界线，导致河口决堤等突发事件的发生。即使没有出现河口决堤的情况，随着水位的逐步上升，也往往会导致房屋被淹没。在这种情况下，就很容易发生洪涝[30]。除了持续的大雨、暴雨，冰雪消融也可能会导致洪涝的发生。我国的洪涝多发生于夏季，通常持续、集中的降雨都发生在七八月份。我国是世界上暴雨较多的国家，因此也是受到洪涝影响较大的国家。

单纯的水量增多并不一定会引发洪涝，洪涝的发生还需要满足社会属性的因素。如果存在容量近乎无限大的河流，那么无论怎么降雨都不会引发洪涝。当然，这种假设很难成立，但在现实中，如果在持续降雨期间，排水工作做得十分完善，使得水量在引发洪涝之前就已经被排出，那么也不会发生洪涝。

与农村地区相比，城市发生洪灾的很大一部分原因都在排水系统上。城市和农村地区在社会属性方面有很多不同。例如：城市会产生雨岛效应，由于城市的温度较高，上升气流较多，所以雨水比农村地区多；城市有大量建筑物且建筑物之间的距离较小，容易积水；城市地表多为隔水层，不利于排水；城市一般在地势平缓的地带，当地势较低时，外来积水容易汇入，如果排水系统不够完善，就很容易发生城市洪涝。从这一层面上来讲，城市洪涝更多是由社会属性的因素导致的。

3）洪涝的评级

根据洪涝造成的损害程度，将洪涝分为特大灾、大灾、中灾和轻灾。前三个级别的划分依据如表 1.7 所示，只要符合其中一项，就可将洪涝划分为对应的级别。

表 1.7　洪涝级别的划分依据

洪涝级别	特大灾	大灾	中灾
县级行政区作物绝收面积	占总播种面积的 30%	占总播种面积的 10%	占总播种面积的 1.1%
县级行政区倒塌房屋数以及损坏房屋数	倒塌房屋数量占总数的 1%以上，损坏房屋数量占总数的 2%以上	倒塌房屋数量占总数的 0.3%以上，损坏房屋数量占总数的 1.5%以上	倒塌房屋数量占总数的 0.3%以上，损坏房屋数量占总数的 1%以上
灾害死亡人数	100 人以上	30 人以上	10 人以上
经济损失	3 亿元以上	3 亿元以上	5000 万元以上

轻灾可进一步划分为以下三个等级[31]：

（1）轻灾Ⅰ级：死亡和失踪 8 人以上；洪涝直接威胁 100 人以上的生命财产安全；直接经济损失达 3000 万元以上。

（2）轻灾Ⅱ级：死亡和失踪人数 5 人以上；洪涝灾情直接威胁 50 人以上的生命财产安全；直接经济损失达 1000 万元以上。

（3）轻灾Ⅲ级：死亡和失踪人数 3 人以上；洪涝灾情直接威胁 30 人以上的生命财产安全；直接经济损失达 500 万元以上。

4）洪涝的破坏情况

根据数据统计，全球洪涝多发生在中国东南沿海、日本、东南亚、加勒比海海岸和美国东部靠近海岸的国家和地区，此外，洪涝也会出现在一些国家内陆的大江大河流域。

我国的洪涝地区主要分布在大兴安岭—太行山—武陵山以东。根据洪涝的历史记录统计，洪涝最严重的地区主要为东南沿海地区、湘赣地区、淮河流域；次多洪涝地区有长江中下游地区，南岭、武夷山地区，海河和黄河下游地区，四川盆地，辽河、松花江地区；洪涝最少的地区是西北、内蒙古和青藏高原，次少的地区为黄土高原、云贵高原和东北地区。概括而言，洪涝地区分布总的特点是东多西少、沿海多内陆少、平原湖区多高原山地少、山脉东南坡多西北坡少[18]。

21 世纪以来，全球发生了近 40 次特大洪涝。在近几十年中，洪涝发生频次与灾害损失都在逐年增加。我国自古就是洪涝严重的国家，据统计，在从公元前 206 年到 1949 年，共发生了 1092 次较大洪涝，每 5～6 年就会发生一次伤亡超过万人的洪涝。洪涝不但会直接造成人员伤亡和财产损失，还会引发诸如滑坡、泥石流、瘟疫等次生灾害。从 1951 到 1990 年，平均每年发生严重洪涝 5.9 次，平均每年受灾面积达 667 万公顷，其中成灾面积达 470 万公顷，死亡 3000～4000 人，倒塌房屋 200 余万间。以 1991 年为例，全国总共有 25 个省、市、区发生不同程度的洪涝，作物受灾面积达 2400 万公顷，死亡 5133 人，倒塌房屋 498 万间，直接经济损失达 799 亿元[19]。

5）洪涝的预警措施

为了防止洪涝给社会经济造成巨大危害，可通过设置水情站来实时监测江河湖泊的水量水位，对各地的雨情进行统计，在洪涝发生前及时做出判断、发出预警信号。

根据以往的洪涝情况，结合洪涝的成因和规律，利用过去和实时的天文气象资料，可对未来一段时间内是否会发生洪涝，以及洪涝的范围和灾害的程度进行预测，在洪涝发生之前及时报告有关部门，提前准备撤离、救援等工作[32]。

5. 干旱

1）什么是干旱

干旱是指由于淡水总量稀少，导致作物无法生长、用水不足等灾害的气候现象。一般来说，干旱都是长期现象，有的持续数月之久。总体而言，干旱通常会造成作物缺水无法生长，导致歉收，进而导致粮食短缺，最后引起饥荒[33]。从这一层面上来讲，干旱与洪涝有着相似的后果。

世界气象组织将干旱分为气象干旱、气候干旱、大气干旱、农业干旱、水文干旱和用水管理干旱。我国比较通用的分类及其定义如下[37]：

（1）气象干旱：指某时段内降水偏少、天气干燥、蒸发量增大的一种异常现象。

（2）水文干旱：指一种持续性、地区性的河流流量和蓄水量较常年偏少，难以满足用水需求的水文现象。

（3）农业干旱：指在作物生长过程中，因供水不足阻碍作物正常生长的现象。

2）干旱的成因

干旱的成因不仅包括自然因素，也包括人为因素，通常有以下几点[38]：

（1）气象：某地区长时间少雨或者无降雨。

（2）地形地貌：如沙漠等缺乏植被的地形地貌，降水会很快被蒸发，无法保存。由于人为因素导致植被破坏，易造成水土流失，形成易发生干旱的地形地貌。

（3）人口：地区人口较多，用水量大，或者水资源管理不当，导致大量水资源被浪费。

3）干旱的评级

国家标准《气象干旱等级》（GB/T 20481—2017）规定了气象干旱指数的计算方法、等级划分标准、等级命名、使用方法等，并界定了气象干旱发展不同进程的术语。《气象干旱等级》规定了5种监测干旱的单项指标和气象干旱综合指数。五种单项指标分别为降水量和降水量距平百分率、标准化降水指数、相对湿润度指数、土壤湿度干旱指数、帕默尔干旱指数。气象干旱综合指数是以标准化降水指数、相对湿润指数和降水量为基础建立的一种综合指数。

国家标准《气象干旱等级》将干旱划分为5个等级，并给出了不同等级的干旱对农业和生态环境的影响程度，如表1.8所示。

表1.8　干旱等级表

干旱等级	对农业和生态环境的影响程度
无旱	正常或湿涝，降水正常或较常年偏多，地表湿润
轻旱	降水较常年偏少，地表空气干燥，土壤出现水分轻度不足，对作物有轻微影响

续表

干旱等级	对农业和生态环境的影响程度
中旱	降水持续较常年偏少，土壤表面干燥，土壤出现水分不足，地表植物叶片白天有萎蔫现象，对作物和生态环境有一定影响
重旱	土壤出现水分持续严重不足和较厚的干土层，植物萎蔫、叶片干枯、果实脱落，对作物和生态环境造成较严重影响，对工业生产、人畜饮水产生一定的影响
特旱	土壤出现水分长时间严重不足，地表植物干枯、死亡，对作物和生态环境造成严重影响，对工业生产、人畜饮水有较大的影响

4）干旱的破坏情况

进入 21 世纪以来，我国发生了多次较为严重的干旱。下面列出了 2000—2010 年我国发生的较为严重的干旱及其破坏情况[39]，如下所述：

2000 年，我国多个省份遭遇干旱，影响面积极大，受灾面积达 4062 万公顷，成灾面积达 2681 万公顷。

2003 年，江南、华南以及西南的部分地区发生了严重的伏秋连旱，其中，湖南、江西、浙江、福建、广东等省的部分地区发生了更为严重的伏秋冬连旱，持续时间极长，对社会生活造成了重大的影响。

2004 年，南方遭受巨大干旱，经济损失达 40 多亿元，影响到了 720 多万人的饮水。

2006 年，重庆市伏旱天数平均在 53 天以上，其中有 12 个区县超过了 58 天，造成的直接经济损失达 71.55 亿元，而农业受灾面积为 132.34 万公顷，由于干旱影响到了 815 多万人的饮水。

2007 年，22 个省份遭遇了干旱，全国的耕地受灾面积达 1494 万公顷，临时性饮水困难人数达到了 897 万人，仅中央财政拨付的特大抗旱补助就达到了 2.23 亿元。

2009 年，云南遭遇了近 3 个月的干旱，根据统计数据，云南省农业受灾面积达 100 万公顷，仅昆明山区就有 1.9 万公顷作物受灾，饮水困难的人数达到了 13 万人。

从 2009 年秋季到 2010 年年初，我国西南地区遭受严重干旱，造成了十分严重的损失。截至 2010 年 3 月 23 日，广西、重庆、四川、贵州、云南的受灾人口达 6130.6 万人，造成 1807.1 万人饮水困难，作物受灾面积达 503.4 万公顷，其中绝收的有 111.5 万公顷，此次干旱造成的经济损失多达 236.6 亿元。

5）干旱的预警措施

干旱预警系统远比其他水文、气象等灾害预警系统复杂得多，需要监测的因素也比较多，如每月、每季度的降水量，地下水位，积雪等。另外，干旱不像火山、地震那样是在短时间内爆发出来的，干旱的持续时间长、波及范围广，因此预测干旱在未来是否好转，需要进行相当长时间的监测。

目前，通常采用全球循环模型和有关统计数据方法来对未来气候异常进行预测[40]。

6. 飓风

1）什么是飓风

飓风是指发生在热带或亚热带东太平洋和大西洋上中心附近风力达 12 级或以上的热带

气旋，有时也泛指狂风和任何热带气旋以及风力达 12 级的大风。飓风中心有一个风眼，风眼越小破坏力越大。飓风和台风类似，只是产生的地点不同。飓风与龙卷风是有区别的，龙卷风的持续时间很短，属于瞬间爆发，最长也不超过数小时；龙卷风通常伴随着暴风雨、雷鸣和冰雹。当龙卷风经过某地时，可以轻易地推到房屋，把人卷入其中。

总体来说，飓风、台风和龙卷风三者之间既有区别也有联系。它们在本质上都是由热带气旋引起的大风，其成因基本相似。三者发生的地点、持续时间和范围不同，特别是龙卷风，和飓风与台风有相当大的区别。

2）飓风的成因

飓风的形成受到科里奥利力（Coriolis Force，也称为地转偏向力）的影响。驱动飓风移动的动力是飓风中心（低气压）和周围大气之间的压力差，周围大气在压力差的驱动下向低气压的中心移动，这种移动会受到科里奥利力的影响而发生一定的偏转，从而形成旋转的气流。这种旋转在北半球是逆时针的，在南半球是顺时针的，低气压的中心是通过旋转来维持的。另外，造成海平面低气压的温暖海水也是形成气旋的重要因素，温度差会导致空气移动，从而产生气旋[34]。

3）飓风的评级

飓风一般分为五级，每种级别的飓风都对应 4 项评价指标，分别是风速、风暴潮高度、中心最低气压和潜在伤害[42]，如表 1.9 所示。

表 1.9　不同级别飓风对应的评价指标

飓风级别	风速	风暴潮高度	中心最低气压	潜在伤害
一级	33～42 m/s	1.2～1.5 m	980 mbar	对建筑物没有实际伤害，但会对未固定物体（如汽车、灌木和树）造成伤害。一些海岸会遭到洪水冲击，小码头会因此受损
二级	43～49 m/s	1.8～2.4 m	965～979 mbar	部分房屋的房顶、门窗，以及植被可能受损。洪水可能会突破未受保护的泊位，从而使码头和小艇受到威胁
三级	50～58 m/s	2.7～3.7 m	945～964 mbar	某些小建筑物会受损，某些被完全摧毁。洪水会摧毁海岸附近的部分小建筑物，海岸附近的陆地会洪水泛滥
四级	59～69m/s	4.0～5.5 m	920～944 mbar	小建筑物被彻底地完全摧毁。海岸附近的大部分地区会被淹没，内陆会发生大范围的洪水
五级	≥70 m/s	≥5.5 m	<920 mbar	大部分建筑物会被完全摧毁，一些房屋会被吹走。洪水会导致大范围的地区受灾，海岸附近的所有建筑物都进水，居住者需要撤离

4）飓风的破坏情况

通常，飓风会伴随强风、暴雨，严重时会威胁人们的人身财产安全，对于民生、农业、经济等造成极大的冲击，是一种影响较大的自然灾害。下面通过几个较为严重的飓风案例来说明飓风的破坏力[42]。

飓风“肯纳”在 2002 年 10 月 25 日袭击了墨西哥西海岸的圣布拉斯，飓风以 225 km/h 的风速、带着 4.8 m 高的巨浪摧毁了海岸线，造成了约 1 亿美元的经济损失。

2005 年的“卡特里娜”是美国历史上造成损失最惨重的飓风之一，也是记录在案的 5 个最致命的飓风之一，造成了 800 亿美元的经济损失。

5）飓风的预警措施

飓风的预警与一般气象灾害预警相似，都是通过监测多种气象信息来进行预警的，与天气预报有些类似。通常，可以在飓风到来前 24 h 发布预警，人们可以提前加固门窗、房顶，储备好饮用水、食品、衣物和照明用具。

7. 雪灾

1）什么是雪灾

雪灾是指由于长时间、大规模降雪导致大量积雪，对人们日常生活造成巨大影响的自然灾害。雪灾通常伴随着连续多天的强降雪和低温，使得道路封闭、交通阻塞，甚至会冻坏通信设施等，严重影响人们的正常生活。在发生极为严重的雪灾时，甚至还会出现人员伤亡。雪灾不仅会对畜牧业造成巨大的冲击，在低温条件下，由于难以获取足够的草料，大批牲畜会在雪灾中冻死、饿死；雪灾还会使大面积的作物受灾，导致农业受到巨大的影响。在山区，雪灾还可能引发雪崩等破坏力极大的自然灾难。

2）雪灾的成因

雪灾主要是由于大气环流异常造成的，特别是亚欧地区发生的大气环流异常，往往会造成大范围的雨雪天气。大气环流在一定时间内是保持稳定的，从气象上来讲，存在一个低压区和一个高压区，它们的位置也固定在两个区域，其中低压区在青藏高原西南，高压区在西伯利亚地区。青藏高原西南的低压区给我国南方地区带来了丰沛的降水，自西伯利亚的高压区会导致寒冷与干燥，西伯利亚寒流就是由来自西北的强劲气流南下造成的。如果发生大气环流异常，来自青藏高原西南的暖湿气流继续北上，与南下的西伯利亚寒流相遇，那么在暖湿气流与寒流交汇时，会先顺着寒流向上爬升，在寒流上方凝结，形成雨雪。例如，我国 2008 年南方雪灾，就是因为受到了与“拉尼娜”现象相关大气环流异常的影响，导致我国南方发生了长时间的降雪。

3）雪灾的评级

根据雪灾的降雪量与历年正常降雪量的比较，一般可将雪灾分为轻雪灾、中雪灾和重雪灾 3 个级别[43]。当降雪量相当于常年同期降雪量的 120%以上时，为轻雪灾；当降雪量相当于常年同期降雪量的 140%以上时，为中雪灾；当降雪量相当于常年同期降雪量的 160%以上时，为重雪灾。

4）雪灾的破坏情况

2008 年我国南方遭遇巨大雪灾，截至 2008 年 1 月 21 日时，造成千里冰封的局面，铁路停运，物流阻塞，大量交通事故发生，电线被积雪压断导致无法供电，甚至出现了旅客被困 10 天的严重情况。

据统计，此次雪灾波及上海、江苏、浙江、安徽、江西、河南、湖北、湖南、广东、广西、重庆、四川、贵州、云南、陕西、甘肃、青海、宁夏、新疆等 20 个省、自治区、直辖市。截至 2008 年 2 月 24 日，雪灾已造成 129 人死亡、4 人失踪、166 万人被迫紧急转移安置，作物受灾面积达到了 1187 万公顷（其中，成灾面积为 584 万公顷，绝收 169 万公顷）。除了农业用地被大雪覆盖，大量森林也因这场大雪而受到损失，其面积达到了 1860 万公顷，3 万只国家重点保护野生动物死亡。不仅农业用地和森林，房屋也没有幸免，倒塌房屋 48.5 万间，损坏房屋 168.6 万间。这次雪灾造成的直接经济损失达 1516.5 亿元，1 亿人受到了雪灾的影响[44]。

5）雪灾的预警措施

雪灾的发生与降雪有巨大的联系，对雪灾的预警和气象情况监测有关，通过常规站点监测雪深和遥感卫星监测积雪覆盖率，可以预测雪灾是否有发生的可能性[45]。

8. 雷暴

1）什么是雷暴

雷电是指伴有雷鸣和闪电的自然放电现象。某些情况下，伴随着暴风骤雨、冰雹，甚至龙卷风的雷电灾害有巨大的危害性。雷暴是指伴随着雷击和闪电的局部对流天气，雷电可以看成雷暴的一种特征，除了雷电，雷暴还伴随着暴风、大雨和冰雹。在强大的雷暴中，云间的放电甚至可以造成地面的火灾。雷暴会产生球形闪电，球形闪电是一种圆球形的闪电，可以随着气流运动，顺着窗户进入室内，在遇到障碍物时会发生爆炸，造成人员伤亡或者引发火灾。

2）雷暴的成因

雷暴通常发生在春夏之交或者夏季。大气中不稳定的状态会引起电位差，而一旦产生一定程度的电位差，则必然产生放电的现象。形成雷暴需要积雨云（也称为雷暴云），云的上方有冰晶和水滴，当冰晶和水滴破碎，以及空气产生对流时，会切割地球的磁感应线，使电荷、带电微粒分离，这时云中就会产生电荷；某些云带着正电荷，某些云带着负电荷，它们会与大地产生静电感应，使得地面或者建筑物上带有异性的电荷，当电荷总量达到一定程度时，便会产生穿透大气、直击地面的雷电流[46]。

3）雷暴的评级

在实际中，可根据雷电预警的等级来划分雷暴的级别。根据《雷电防护　雷暴预警系统》（GB/T 38121—2019）可将雷电预警分成三级，即红色预警、橙色预警和黄色预警。当在半径为 25 km 的范围内监测到 20 个雷电或预警传感器报警时，为红色预警；当在半径为 25 km 的范围内监测到 10 个雷电或预警传感器报警时，为橙色预警；当在半径为 25 km 的范围内监测到 5 个雷电或预警传感器报警时，为黄色预警。

4）雷暴的破坏情况

根据 1997 年到 2006 年我国雷暴统计数据[46]，造成伤亡的雷暴有 4287 起，共造成 4488 人死亡、4320 人受伤。事实上，统计数据相对于真实情况可能还要少，因为在一些封建迷信思想较为浓厚的地域，人们将被雷劈死看成神明发怒，从而隐瞒遭受雷击的事实。

例如，1989 年黄岛油库爆炸事故，这起事故的发生原因是雷暴击中了钢筋混凝土油罐，该事故造成了 19 人死亡、100 多人受伤，直接经济损失达 3540 万元。雷暴的破坏力不仅和雷暴级别有关，还和雷暴击中的位置关系更大。

5）雷暴的预警措施

目前，对雷暴的预警措施主要包括：采用气象卫星、探空雷达和气象雷达等设备监测气象状况；采用闪电定位仪（也称为雷电监测定位仪）来监测雷电发生的时间、地点、强度和极性等信息，监测范围可达方圆几十千米[46]。

9. 传染病

1）什么是传染病灾害

传染病是由各种病原体感染人体所引起的具有传染性的疾病。病原体中大部分是病原微生物，小部分为寄生虫。常见的病原微生物有病毒、细菌、真菌、立克次体、衣原体、支原体、螺旋体等，常见的寄生虫有原虫、蠕虫、医学昆虫。感染性疾病是指由病原体感染所致的疾病，包括传染性感染性疾病（传染病）和非传染性感染性疾病。按照传播途径的不同，传染病可分为呼吸道传染病，消化道传染病，媒介传染病，血液、性和母婴传播疾病，密切接触传染病等。

呼吸道传染病是指病原体从鼻腔、咽喉、气管和支气管等器官侵入人体而引起的疾病。常见的呼吸道传染病有流感、麻疹、肺结核、天花等。呼吸道传染病主要通过空气散播的微粒和飞沫来传播，也可以通过直接密切接触或间接接触来传播，这也导致呼吸道传染病具有高度传染性和杀伤力，可在社区内迅速传播。

消化道传染病是指病原体通过被污染的手、水、食品和食具等侵入人体而引起的疾病。常见的消化道传染病主要有脊髓灰质炎（小儿麻痹症）、伤寒、霍乱、甲肝等。消化道传染病主要是通过常见的媒介（如被污染的手、水、食品和食具）来传播的。

媒介传染病是指以吸血节肢动物（昆虫）和动物为媒介的疾病。常见的媒介传染病主要有鼠疫、疟疾、登革热和斑疹伤寒等。动物既可以作为病原体的宿主，也可以跨物种传播病原体并感染人类，导致人畜共患疾病，还可以作为将微生物病原体传播给人类的媒介。在公共卫生服务不完善的地区，如堆积的垃圾，给动物提供了食物来源和栖息地，就有可能导致人畜共患疾病的暴发。因此，预防媒介传染病的关键是要将人群与动物宿主分开。

血液、性和母婴传播疾病是指通过血液、性、母婴等方式来传播的疾病。常见的血液、性和母婴传播疾病主要有艾滋病、HPV、梅毒、乙肝和丙肝等。这类疾病的病原体大多对温度变化和湿度变化很敏感，一旦离开了人体就会很容易失去活性，需要直接密切接触才能传播。尽管这些病原体不像其他病原体那样容易传播，但仍然很普遍。

密切接触传染病是指健康人与患者密切接触而引起的疾病。常见的密切接触传染病主要有埃博拉病、胃肠型感冒、沙眼和传染性单核细胞增多症（俗称接吻病）等。密切接触通常是指一起居住、生活、学习、工作等环境中的互相接触。在这种环境中，健康人可能因为通过中介物体接触了患者的体液而被感染，也可能会因为接触患者分泌物在密闭空间中形成的气溶胶而被感染。

2）传染病的成因

传染病的成因主要包括自然环境和社会环境两方面的因素。

（1）自然环境。自然环境的因素，如气候、地理、生态等，对传染病的发生和传播有重要的影响。例如：冬季气候的特点是寒冷、干燥，会降低人体呼吸道的抵抗力，会加速呼吸道传染病的传播；夏季气候的特点是炎热、雨水多，会减少人体胃酸的分泌，会加速消化传染病和媒介传染病的传播；有些传染病还与气温、湿度、雨量等有密切关系，在钉螺孳生、繁殖的地区，就会易发生血吸虫病；全球气候变暖，以及自然灾害的发生和生物种群的变化，会促使某些病原体的传播。

（2）社会原因。社会环境的因素，如社会制度、风俗习惯、经济与生活条件、文化水平等，对传染病的传播有决定性的影响。例如：工业化进程带来的环境破坏和环境污染；城市化进程加剧了人口的流动，使人口居住更加密集化；饮食生活习惯的改变，如生吃野生动物和海鲜的现象时有发生；药物的滥用、血制品的污染、微生物的重组等。这些社会环境的因素都有可能促使某些病原体的传播和变异。

3）传染病的评级

《中华人民共和国传染病防治法》将传染病分为 3 个等级，具体如下：

（1）甲类传染病。这类传染病属于烈性传染病，必须强制管理。强制管理的内容包括传染病发生后报告疫情的时限，对病人、病原携带者的隔离、治疗方式，以及对发病区、疫区的处理等。

（2）乙类传染病。这类传染病必须严格管理，包括传染病发生后报告疫情的时限，病人的隔离、治疗方式等。

（3）丙类传染病。这类传染病需要按国务院卫生行政部门规定的监测管理方法进行管理。

4）传染病的破坏情况

传染病灾害这一概念的涵盖范围比较广，因诸多因素导致很难统计传染病灾害的破坏情况。本书在这里给出了 3 个具体的传染病案例，通过具体的统计数据，帮助读者理解传染病的破坏情况。

（1）流行性感冒（简称流感）。流感是由流感病毒导致的一种急性呼吸道传染病，具有高度传染性。在过去的 300 多年里，每隔三四十年，流感就会在全球肆虐一次。在发明流感疫苗以前，每次流感大暴发都会夺走几百万人的生命。例如，1918 年开始暴发的“西班牙流行性感冒”[1]肆虐了欧洲、美洲和亚洲，超过 5 亿人感染，保守估计有 2000 多万人因此丧生[47]；1957 年暴发的“亚洲流感”，令大约 200 万人丧生[48]；2009 年，新甲型 H1N1 流感病毒迅速在全球范围内蔓延，截至 2009 年 6 月 12 日，这种新病毒已经波及 74 个国家，造成 29669 人感染和 145 人死亡[49]。

（2）霍乱。我国规定的甲类传染病有两种，一种是鼠疫，另一种是霍乱。霍乱的传染性极强、致死率极高，是一种曾经多次横跨东西半球、广泛流行的传染性疾病。城市恶劣的公共卫生条件是导致霍乱蔓延的主要原因[50]。近 200 年，仅仅在印度，霍乱就造成超过 3800 万人死亡[51]。直到现在，在贫穷、战乱等地区，霍乱依然威胁着人类的生命安全。

（3）埃博拉病。埃博拉病是由埃博拉病毒引发的疾病，也称为埃博拉出血热。埃博拉是扎伊尔北部一条河流的名字。1976 年，一种病毒导致埃博拉河沿岸的 600 多人感染疾病，400 多人丧生，埃博拉病毒因此得名[52]。1979 年，埃博拉病毒“袭击”苏丹，导致 284 人感染、150 多人死亡[52]。2014 年 2 月开始暴发于西非的埃博拉病毒疫情，截至 2014 年 12 月 2 日，世界卫生组织称累计出现埃博拉确诊、疑似和可能感染病例 17290 例，其中 6128 人死亡[53]。

5）传染病的预防措施

传染病的预防措施主要是针对传染病流行的传染源、传播途径和易感人群，采取综合性防疫措施[54]。

（1）控制传染源：传染源是指病原体已在体内生长繁殖并能排出病原体的人或动物，包

---

[1] 编辑注：“西班牙流行性感冒”名字的由来并不是因为这次流感是从西班牙暴发的，而是因为西班牙十分诚实地报道了本国暴发的流感，所以被称为“西班牙流行性感冒”。

括患者、隐性感染者、病原携带者、受感染的动物等。控制传染源是预防传染病的最有效的措施。对于传染源的管理应遵循“早发现、早诊断、早报告、早隔离、早治疗”的原则。一旦确认传染源，就需要及时将病人或病原体携带者妥善安排在指定的隔离位置，暂时与人群隔离，积极进行治疗，并对具有传染性的分泌物、排泄物和用具等进行必要的消毒处理，防止病原体向外扩散。

（2）切断传播途径：传播途径是指病原体由传染源排出后，侵入易感者所经过的途径，包括呼吸道传播、消化道传播、接触传播、媒介传播、血液/体液传播、母婴传播等。切断传播途径是最为直接的预防措施。应根据传染病的不同传播途径采取不同的措施。例如：对于呼吸道传染病，应着重进行消毒、加强通风、保持空气新鲜、提倡外出时戴口罩、避免大型集会等；对于消化道传染病，应着重加强饮食卫生、个人卫生及粪便管理，保护水源等；对于媒介传染病，应着重采用药物等措施进行防虫、杀虫、驱虫等。消毒是切断传播途径的重要措施，要坚持做好病源地消毒和预防性消毒工作。

（3）保护易感人群：保护易感人群是传染病预防措施的重要组成部分，也是较为容易实现的预防措施。在传染病流行期间，应当注意保护易感者，避免易感人群与传染源的接触，并且进行预防接种，提高易感人群对传染病的抵抗能力。在日常生活中，加强体育锻炼、调节饮食、养成良好的卫生生活习惯、改善居住条件、良好的人际关系、保持愉快心情等措施可以提高人群自身免疫力，以增强人群对传染病的抵抗力。

1.2　人为灾害

1.2.1　人为灾害的概念和危害

1.1 节对常见的自然灾害进行了简要的介绍。与自然灾害一样，人为灾害同样也是一种威胁人类社会经济发展的隐患。与自然灾害不同的是，人为灾害的产生绝大多数都和人类的活动有关。随着人类社会的发展，人为灾害的危害性正在逐步显现出来。在生产力较为低下的社会中，人类的活动不足以造成影响巨大的人为灾害。随着科学技术的发展，生产力进一步得到提高，原本一些不会发生的灾害也开始出现了。环境污染就是一个典型的例子。在人类社会进入工业化时代后，工业生产提高了生产效率，但工业生产排放出来的废气、废水等污染物，不仅损害了地球的自然环境，也伤害了人类的生命健康。环境污染在工业化时代之前是不会发生的，即使有一定的污染，地球自身的恢复能力也可以净化这些污染。

人为灾害是由人类活动造成的灾害。例如，火灾和交通事故都是由于人类活动导致的灾害，而最为严重的一类人为灾害——核污染，也是因为防护措施不到位、操作不规范而导致的。对于人为灾害，主要还得依靠人类自身的行为来进行防范和抑制。

从预防的角度来看，自然灾害通常只能通过监测机制来进行预警，很难通过具体措施来制止灾害的发生。例如，以目前的技术，即使发现地震或海啸将要发生，也无法通过某种手段制止其发生。从灾害的成因来说，自然灾害大多是由于自然现象的变化而产生的，很难进行控制；但人为灾害不同，人为灾害大多是人类活动引起的，只要控制人类活动，在很大程度上可以防止人为灾害的发生。

人为灾害主要包括自然资源枯竭、环境污染、火灾、交通事故和雾霾等[55]。其中，可以将自然资源枯竭和环境污染看成由群体活动造成的灾害，而火灾和交通事故可以看成由于个人行为造成的灾害。

自然资源枯竭可以细分为水资源枯竭、森林资源枯竭、物种资源枯竭、土壤资源枯竭等，自然资源枯竭和人口过剩有相当大的关系。环境污染可以细分为水污染、大气污染、土壤污染等。此外，很多传染病都是因为卫生环境较差，导致病菌大规模滋生而引发的，因此也可以看成是由环境污染造成的。

1.2.2 常见的人为灾害

1. 自然资源枯竭

1）什么是自然资源枯竭

要理解什么是自然资源枯竭[56]，首先要对自然资源的定义有一个了解。所谓自然资源，是指自然界中人类可以直接获取并且用于生产和生活的资源，如水资源、土壤资源、金属资源、生物资源、风力资源等。自然资源可以分为不可再生资源、可再生资源和取之不尽的资源。

不可再生资源主要包括金属、矿物、化石燃料等，这类资源需要经过漫长的时间才能形成，其总量在逐渐减少。可再生资源主要包括水、土壤和生物等，这类资源可以在一定的时间内再生产出来，实现循环利用。取之不尽的资源主要包括风力、太阳能等，这类资源不会由于人类的使用而造成总量的减少。

从自然资源的类型和特点来看，最容易枯竭的就是不可再生资源。如果过度使用，本身在短期内又得不到补充，就会导致这类资源彻底消失。例如，化石燃料，这类资源在地球上的储量是有限的，无法在短期内再生，一旦用完就无法再使用这类资源了。与不可再生资源相比，虽然可再生资源可以通过循环再生来进行补充，但这种循环再生是有一定限度的，如果人类活动造成的消耗速度远远超过其循环再生速度，同样会使这类资源枯竭。例如：虽然水资源在地球上储量十分巨大，但真正可以被人类利用水主要是浅层地下水和河流湖泊的水，只占总储量的 0.34%，水补充一般是依靠水循环中的降水来实现的；土壤资源也类似，过度的开发会使土壤中养分严重流失，使得可用的耕地面积大大减少；森林被破坏后会造成水土流失和土地沙漠化。

自然资源枯竭不同于地震和海啸，不具有直接性、突发性的特征。单纯的自然资源枯竭不具备直接的破坏力，但很多自然灾害是由于自然资源枯竭而引发的，如干旱的成因在很大程度上是由于生态系统被破坏了。由此可见，自然资源枯竭也是一种危害极大的灾难。

2）自然资源枯竭的成因

自然资源枯竭的成因主要包括两方面：一方面是资源的大量消耗，另一方面是过度的环境污染和破坏。

造成资源大量消耗的一个原因是工业生产的需要。工业生产不仅需要大量的原料类资源，还需要大量的水、能源等资源。在人类社会进入电力时代后，进一步加大了对能源的需求，例如，一个城市的夜晚也是灯火通明的，这就需要大量的电力，而电力是通过消耗资源来获取的。

造成资源大量消耗的另一个原因是人口的急速增长，自然资源枯竭和人口过剩有密切的关系。在 1804 年前后，全球人口大约有 10 亿人，预计在 21 世纪末，全球人口将达到 110 亿人。人口的急速增长大大增加了资源的消耗，生活质量的提高在某种程度上意味着人均消耗的资源也会大大增加。

除了资源消耗，人类活动还常常伴随着过度的环境污染与破坏，过度的环境污染和破坏使得自然资源枯竭的状况进一步恶化。例如：将污水直接排放到河流中，会污染大片可用的水资源；废弃的电池可以污染一大片土壤，使得被污染的土壤无法作为耕地；森林的过度砍伐会导致水土流失，造成的损失不仅仅局限于被砍伐的森林。

3）自然资源枯竭的后果

自然资源枯竭不同于地震和海啸，不具有直接性、突发性的特征。单纯的自然资源枯竭不具备直接的破坏力，但很多自然灾害是由于自然资源枯竭而引发的，如干旱的成因在很大程度上是由于生态系统被破坏了。由此可见，自然资源枯竭也是一种危害极大的灾难。

自然资源枯竭不同于地震和海啸等自然灾害，很难用伤亡数据来描述其危害性。本书在这里通过介绍自然资源枯竭会造成的一系列后果，来说明自然资源枯竭的危害性。

水既是人体组成的基础物质，又是新陈代谢的主要介质，水资源枯竭对人们的生活和健康极为不利，甚至会毁灭生命。水资源枯竭还会严重阻碍动/植物的生长发育，降低动/植物的产量。工业生产也离不开水，水资源枯竭会使工业生产停工，会造成巨大的经济损失。

土壤资源枯竭会降低粮食产量，一旦遇上特殊情况，极有可能出现饥荒现象。

森林资源枯竭可能会使正常的生态系统遭到破坏，导致气候异常，从而引发一系列自然灾害。例如，森林资源枯竭可能会引发洪涝与干旱等自然灾害。

物种资源枯竭的具体表现是大量物种濒临灭绝或者已经灭绝。物种资源枯竭将会严重损害物种的多样性。众所周知，地球的生态系统是通过其内部物种来维持的。当物种资源枯竭到一定程度时，地球的生态系统必然会遭到破坏，从而引发不可控制的大灾害。

化石燃料（如石油）属于不可再生资源，研究人员普遍认为地球上的化石燃料大概还能用两三百年，而化石燃料的形成往往需要上千万年，甚至上亿年。目前，全球使用的绝大多数能源都是化石燃料，如果化石燃料耗尽，而又无法找到新的可替代资源，那么人类社会将会面临严重的能源危机。

4）如何抑制自然资源枯竭

抑制自然资源枯竭的主要方法是节约资源、保护环境、减少污染与浪费，同时寻找全新的洁净资源，以替代即将枯竭的自然资源，做到开源节流。另外，对自然环境进行一定的修复，如植树造林、退耕还林、轮播轮种，可以使自然环境恢复到比较正常的状态。

2. 环境污染

1）什么是环境污染

环境污染是指自然环境中混入了对人类或其他生物有害的物质，当有害物质的数量达到或超出自然环境的承载能力时，改变自然环境正常状态的现象。环境污染主要包括水污染、大气污染、放射性污染、生物污染等。从混入对人类有害物质这个角度来看，传染疾病属于微生物污染，因此本书将传染病纳入自然灾害的范畴。

水污染是指由有害化学物质造成水的使用价值降低或丧失的现象。

大气污染是指由于自然或人为的原因使大气中某些成分超过正常含量或排入有毒有害的物质，对人类、生物和物体造成危害的现象。大气污染物进入大气（输入）并参与大气循环，在经过一定的停留期后通过大气中的化学反应、生物活动和物理沉积，从大气中释放出来（输出）。如果输出速度小于输入速度，那么这些大气污染物将相对集中在大气中，导致大气中某些物质的浓度增加，对人类、生物或材料造成危害，使大气受到污染。

自然界中的一些元素会自动衰变并发出不可见光，这些元素统称为放射性元素或放射性物质。在自然状态下，来自宇宙的辐射和来自地球环境本身的放射性物质通常不会对有机体造成伤害。自 20 世纪 50 年代以来，人类活动大大增加了人工辐射，环境中辐射强度的增加会危及生命，造成放射性污染。放射性污染很难消除，只会随时间的推移而减弱。放射性物质以波或微粒的形式发射出能量称为核辐射，核泄漏对人员的影响通常表现为核辐射。放射性物质可以通过呼吸、皮肤伤口和消化道侵入人体，在体内产生核辐射；外界的核辐射也能通过一定的距离被人体吸收，使人体受到核辐射的伤害。核泄漏是一种非常严重的放射性污染。

生物污染是指各种生物对自然环境（如空气、水、土壤）和食物的污染，这些生物可引起疾病，特别是寄生虫、细菌和病毒。未经处理的生活污水、医院污水、工厂废水、垃圾、人畜粪便，以及大气中的悬浮物和气溶胶，直接排入水体或土壤，会增加水体和土壤环境中昆虫卵、细菌和病原菌的数量，从而破坏自然环境并威胁人类健康。空气中的病原体和病毒的增多，以及霉菌或虫卵对食物的感染，都会影响人类健康。例如，大规模的传染病在本质上属于生物污染，大灾过后通常会有大疫。

2）环境污染的成因

不同的环境污染有不同的成因，本书在这里仅对水污染、大气污染、放射性污染和生物污染的成因进行具体的分析。

（1）水污染的成因。根据水污染的成因，可将水污染分为工业水污染、农业水污染和生活水污染。工业水污染一般是由工业废水造成的，工业废水含有大量的污染物，其成分十分复杂，往往含有有害化学物质，一旦工业废水流入河流，就会污染大片水域。农业水污染主要是由于使用农药和化肥等造成的，农作物只能吸收少量的农药和化肥，残留在土壤中的大部分农药和化肥会通过雨水渗入地表，造成水污染。生活污水是指人们日常生活中产生的各种污水，包括厨房、盥洗室、浴室、卫生间的污水，这些生活污水会造成水污染。

（2）大气污染的成因[57]。大气污染主要是由大气污染物造成的。大气污染物是指大气中危害人类和环境的人为污染物及自然污染物。大气污染物的状态有两种，一种是气溶胶状态，另一种是气体状态。按大气污染物的形成过程，可将其分为一次污染物和二次污染物。一次污染物是直接从污染源排放的，二次污染物是由一次污染物经过化学反应或光化学反应产生的新污染物，其危害性更大。任何能使空气质量下降的污染物都属于大气污染物，目前已知的大气污染物有 100 多种，可以分为自然类大气污染物和人为类大气污染物，其中，人为类大气污染物是主要的污染物，包括工业废气、汽车尾气和生活用煤等。

（3）放射性污染的成因。放射性污染一般有 4 种来源，即原子能工业废物、核试验沉积物、放射性医疗和放射性科研[58]。在原子能工业中，核燃料的提取和精炼，以及核燃料器件的制造，都将产生带有放射性的废物、废水和废气（简称“三废”）。由于采取了相应的安全措施，“三废”的排放也得到了严格的控制，因此它们对自然环境的污染并不是很严重。但如果发生意外事故，其后果和造成的危害将是十分严重的。例如，1986 年发生的切尔诺贝利核泄漏事故造成的污染就属于放射性污染。在进行核试验时，由于重力或雨雪的侵蚀，排放到大气中的放射性物质会与大气中的飘尘结合在一起并沉积在地球表面，形成放射性沉积物（也称为放射性尘埃）。放射性沉积物的传播范围十分广泛，经常会覆盖整个地球表面，沉降速度很慢，到达对流层或地面通常需要数月甚至数年的时间，而衰变则需要数百年甚至数万年的时间。在医学检查和诊断过程中，病人身体受到一定剂量的辐射，如果保护不当就有可能发生放射性污染。除了原子能利用的科研，在金属冶炼、自动控制、生物工程、计量学等领域的科研中也广泛使用了放射性物质，如果发生意外事故，那么这些科研也会造成放射性污染。

（4）生物污染的成因。水、空气、土壤和食品中的有害生物主要来自生活污水、医院污水、屠宰场污水、食品加工厂污水、未经处理的垃圾、人畜粪便，以及大气中的气溶胶和漂浮物。含有危害消化系统和呼吸系统的病原体、寄生虫、溶血性链球菌、金黄色葡萄球菌，会引起伤口和烧伤等继发感染；花粉和真菌孢子等大气过敏原，会引起呼吸道、肠道和皮肤损伤。这些有害生物对人类和动物的危害程度主要取决于微生物及寄生虫的致病性、人类及动物的敏感性，以及环境条件。同时，这些病原体也可以通过人类或其他有机体传播。

3）环境污染的评级

《国家突发环境事件应急预案》将突发环境事件分为 4 级，具体如下：

（1）特别重大突发环境事件。凡符合下列情形之一的，为特别重大突发环境事件：

① 因环境污染直接导致 30 人以上死亡或 100 人以上中毒或重伤的。

② 因环境污染疏散、转移人员 5 万人以上的。

③ 因环境污染造成直接经济损失 1 亿元以上的。

④ 因环境污染造成区域生态功能丧失或该区域国家重点保护物种灭绝的。

⑤ 因环境污染造成设区的市级以上城市集中式饮用水水源地取水中断的。

⑥ Ⅰ、Ⅱ类放射源丢失、被盗、失控并造成大范围严重辐射污染后果的；放射性同位素和射线装置失控导致 3 人以上急性死亡的；放射性物质泄漏，造成大范围辐射污染后果的。

⑦ 造成重大跨国境影响的境内突发环境事件。

（2）重大突发环境事件。凡符合下列情形之一的，为重大突发环境事件：

① 因环境污染直接导致 10 人以上 30 人以下死亡或 50 人以上 100 人以下中毒或重伤的。

② 因环境污染疏散、转移人员 1 万人以上 5 万人以下的。

③ 因环境污染造成直接经济损失 2000 万元以上 1 亿元以下的。

④ 因环境污染造成区域生态功能部分丧失或该区域国家重点保护野生动植物种群大批死亡的。

⑤ 因环境污染造成县级城市集中式饮用水水源地取水中断的。

⑥ Ⅰ、Ⅱ类放射源丢失、被盗的；放射性同位素和射线装置失控导致 3 人以下急性死亡或者 10 人以上急性重度放射病、局部器官残疾的；放射性物质泄漏，造成较大范围辐射污染后果的。

⑦ 造成跨省级行政区域影响的突发环境事件。

（3）较大突发环境事件。凡符合下列情形之一的，为较大突发环境事件：

① 因环境污染直接导致 3 人以上 10 人以下死亡或 10 人以上 50 人以下中毒或重伤的。

② 因环境污染疏散、转移人员 5000 人以上 1 万人以下的。

③ 因环境污染造成直接经济损失 500 万元以上 2000 万元以下的。

④ 因环境污染造成国家重点保护的动植物物种受到破坏的。

⑤ 因环境污染造成乡镇集中式饮用水水源地取水中断的。

⑥ Ⅲ类放射源丢失、被盗的；放射性同位素和射线装置失控导致 10 人以下急性重度放射病、局部器官残疾的；放射性物质泄漏，造成小范围辐射污染后果的。

⑦ 造成跨设区的市级行政区域影响的突发环境事件。

（4）一般突发环境事件。凡符合下列情形之一的，为一般突发环境事件：

① 因环境污染直接导致 3 人以下死亡或 10 人以下中毒或重伤的。

② 因环境污染疏散、转移人员 5000 人以下的。

③ 因环境污染造成直接经济损失 500 万元以下的。

④ 因环境污染造成跨县级行政区域纠纷，引起一般性群体影响的。

⑤ Ⅳ、Ⅴ类放射源丢失、被盗的；放射性同位素和射线装置失控导致人员受到超过年剂量限值的照射的；放射性物质泄漏，造成厂区内或设施内局部辐射污染后果的；铀矿冶、伴生矿超标排放，造成环境辐射污染后果的。

⑥ 对环境造成一定影响，尚未达到较大突发环境事件级别的。

4）环境污染的破坏情况

环境污染这一概念的涵盖范围比较广，环境污染的发生涉及诸多因素，很难统计环境污染的破坏情况。本书在这里以 3 个具体的环境污染事件为例，通过这 3 个事件的统计数据帮助读者理解环境污染的危害性。

（1）2007 年太湖蓝藻污染事件（水污染）。该事件造成了无锡市以及环太湖流域的饮用水危机，影响了几百万人的生活，给经济、社会和人民生活造成了巨大的影响，特别是社会性影响十分巨大[21]。

（2）切尔诺贝利核泄漏事故（放射性污染）。1986 年 4 月 26 日，切尔诺贝利核电站的第四号反应堆发生了爆炸，造成了核泄漏事故。仅仅在该事故发生的 3 个月内，就造成 31 人死亡、13.4 万人遭受不同程度的核辐射、方圆 30 km 地区的 11.5 万民众被迫疏散。该事故使 220 万人的居住地遭到了污染，上百个村镇人去屋空，靠近核电站 7 km 的 1000 公顷森林逐渐死亡。此外，核污染给人们的精神和心理带来了不安和恐惧，该事故发生后 7 年内，有 7000 名清理人员死亡，其中三分之一是自杀；参与医疗救援的工作人员中，有 40%的人患上了精神疾病或永久性记忆丧失[22]。

（3）欧洲中世纪大瘟疫（生物污染）。从 1347 年至 1353 年，席卷整个欧洲的被称之为“黑死病”的鼠疫大瘟疫，夺走了 2500 万人的性命，占当时欧洲总人口的 1/3，足以看出这场瘟疫给欧洲带来的灾难[58]。

5）如何控制环境污染

本书在这里从社会整体层面探讨如何控制环境污染，主要包括产业结构、生产工艺、资源回收再利用和管理体制。

（1）产业结构。按照“物耗少、能耗少、占地少、污染少、运量少、技术密集程度高及附加值高”的基本原则对产业结构进行优化和调整。具体来说，就是要限制能耗大、用水多、污染大的企业。对于产业结构的优化与调整，要从多个层面进行统筹考虑，既要考虑经济效益，也要考虑环境和社会效益，对第一产业、第二产业和第三产业之间的结构比例进行调整和优化，坚持走可持续发展的道路。

（2）生产工艺。从生产工艺的角度来控制环境污染，实际上就是从污染物产生的源头来控制环境污染，主要方法有推进清洁生产，发展节水型工艺，同时要控制污染物的排放量。其中，清洁生产是指采用清洁能源、原料、生产工艺和技术来进行生产，在生产的全程中减少污染物的排放。采用节水型工艺不仅可以在生产过程中减少用水量，还可以减少工业废水的产生。

（3）资源回收再利用。资源回收再利用不仅可以减少环境污染，还能够从废料中找到可以再利用的资源，变废为宝，增加经济效益。例如，对废水进行回收再利用，不仅可以回收废水中的可用物质，也可以对废水进行净化处理，还可以将净化后的水送入生产线再次使用。另外，经过处理的生产工艺用水或冷却水也可以用于农业生产或者城市建设。

（4）管理体制。要使环境污染得到长期有效的控制，必须建立完善的管理体制。首先要建立并完善与污染物排放相关的法规条例，以此控制污染物的排放量。其次要加大监督力度，好的制度运行需要强有力的监督来保障。对于不合规定的企业，要加大执法力度，做到权责落实，使得企业不能也不敢制造大量污染物。最后还要转变环境管理的指导思想，从单一到全面，从只管区域到管理区域及相关流域，从全局的角度进行环境管理和污染控制。

3．火灾

1）什么是火灾

火灾是指在时间或空间上失去控制的灾害性燃烧。在各种灾害中，火灾是最经常、最普遍的威胁公众安全和社会发展的主要灾害之一。

人类对火的使用和控制是人类文明进步的一个重要标志，人类使用火的历史与同火灾做斗争的历史是相伴相生的。人们在使用火的同时，不断总结火灾发生的规律，尽可能减少火灾及其对人类造成的危害。

2）火灾的成因

火灾的成因极为复杂[60]，各种各样的成因都有。国家标准《火灾分类》（GB/T 4968—2008）将火灾分为 6 类：A 类火灾（固体物质火灾）、B 类火灾（液体或可熔化的固体物质火灾）、C 类火灾（气体火灾）、D 类火灾（金属火灾）、E 类火灾（带电火灾）和 F 类火灾（烹饪器具内的烹饪物火灾，如动/植物油脂）。

3）火灾的评级

公安部办公厅于 2007 年 6 月 26 日下发的《关于调整火灾等级标准的通知》，将火灾等级调整为特别重大火灾、重大火灾、较大火灾和一般火灾 4 个等级，如表 1.10 所示。

表 1.10　火灾等级标准

火 灾 等 级	伤 亡 人 数	直接财产损失
特别重大火灾	30 人以上死亡或者 100 人以上重伤	1 亿元以上
重大火灾	10 人以上 30 人以下死亡或者 50 人以上 100 人以下重伤	5000 万元以上 1 亿元以下
较大火灾	3 人以上 10 人以下死亡或者 10 人以上 50 人以下重伤	1000 万元以上 5000 万元以下
一般火灾	3 人以下死亡或者 10 人以下重伤	1000 万元以下

4）火灾的破坏情况

火灾不仅会造成大量的人员伤亡，也会造成惨重的财产损失，还会破坏生态平衡。根据应急管理部的统计，2018 年全国共接报火灾 23.7 万起，死亡 1407 人，受伤 798 人，直接财产损失达 36.75 亿元[23]。

5）如何防范火灾

火源是引起燃烧和爆炸的直接原因，因此防范火灾应控制好火源，常见的火源有以下 10 种。

（1）人们在日常生活中使用的各种明火，这类火源极为常见，需要注意。

（2）各行各业使用的电气设备，由于超负荷运行、短路、接触不良，以及自然界中的雷击、静电火花等，都能使可燃气体、可燃物质燃烧，在使用中必须做好安全和防护。

（3）过于靠近高温物体或火源的易燃物，如干柴、木材、可燃粉尘等，即使没有直接接触火源，但过于靠近高温物体或火源时产生的热量足以让这些易燃物燃烧起来。

（4）在进行烘烤或者熬炼过程中，如果没有控制好温度，又或者使用自动控制装置，而自动控制装置却发生了故障，就有可能引发火灾。

（5）当物体没有经过散热就堆积起来时，可能造成聚热起火。

（6）企业生产中的热处理工件，如果堆放在有油的地上或者放在易燃品旁边，则极有可能引发火灾。

（7）在既无明火又无热源的条件下，褐煤，湿稻草，麦草，棉花，油菜籽，豆饼，黏有动/植物油的棉纱、手套、衣服，木屑，抛光尘，以及擦拭过设备的油布等，长时间堆积在一起时，本身也会发热，一旦条件具备就有可能引起自燃。

（8）一些化学物质放到一起时会发生自燃等剧烈的化学反应，有可能引发火灾。

（9）摩擦与撞击产生的火花。

（10）在绝缘的情况下进行压缩或者产生放热现象的化学反应可以引起升温，如果此时有易燃物或可燃物，就有可能引发火灾。

4. 交通事故

1）什么是交通事故

按照我国相关法律的规定，交通事故是指车辆在道路上的行驶过程中因过错或者意外造成的人身伤亡或者财产损失的事件。构成交通事故应当具备下列要素：

（1）必须是车辆造成的。车辆包括机动车和非机动车，没有车辆就不能构成交通事故，如行人与行人在行进中发生的碰撞就不是交通事故。

（2）必须发生在道路上。道路是指公路、城市道路，以及虽然在单位管辖范围但允许社会机动车通行的地方，如广场、公共停车场等用于公众通行的场所。

（3）必须发生在行驶过程中。交通事故是指在车辆在行驶过程中发生的事件，若车辆处于完全停止状态，行人主动去碰撞车辆或者乘车人在上下车过程中发生的挤、摔、伤亡等事故，则不属于交通事故。

（4）必须有事态发生。交通事故必须有碰撞、碾压、刮擦、翻车、坠车、爆炸或失火等其中一种现象发生。

（5）造成事态的原因是人为的。事态是由于事故当事者（肇事者）的过错或者意外行为所导致的，如果是由于人无法抗拒的各种自然灾害造成的，均不属于交通事故。

（6）必须有损害后果的发生。损害后果仅指直接损害后果，且必须是物质损失，包括人身伤亡和财产损失。

（7）当事人心理状态是过失或有其他意外因素。若当事人出于故意而发生的事故，则不属于交通事故。

2）交通事故的成因

交通事故的成因有很多，通常可以分为客观因素、车况不佳、疏忽大意、操作失误、违反规定等类型。

（1）客观因素：主要是天气等自然因素，如大雾天气导致司机无法看清交通状况而导致的交通事故。

（2）车况不佳：主要是汽车的状况不佳，特别是制动系统出现问题，在行驶中出现特殊情况时，无法很好地控制车辆转向或停止。

（3）疏忽大意：主要是司机心理或者生理等方面的因素，这些因素导致其失去了对外界情况清晰判断的能力，从而引发的交通事故。例如，司机在开车时因为分心，没有注意前方车况，导致发生交通事故。

（4）操作失误：主要是司机技术水平的不足，多发于新司机身上，在遇到复杂状况时，慌乱操作会导致发生事故。

（5）违反规定：主要是司机不按规定行车，例如，由于酒后开车、无证开车、超速行驶、争道抢行、超载超员、疲劳驾驶等原因造成交通事故。

3）交通事故的评级

《道路交通事故处理程序规定》根据事故后果将交通事故分为 3 级：财产损失事故（造成财产损失，尚未造成人员伤亡的道路交通事故），伤人事故（造成人员受伤，尚未造成人员死亡的道路交通事故），死亡事故（造成人员死亡的道路交通事故）。

4）交通事故的破坏情况

交通事故的最直接后果是人员伤亡和财产损失[24]。2012—2017 年交通事故次数和直接经济损失如表 1.11 所示。

表 1.11　2012—2017 年交通事故次数和直接经济损失

时　　间	事故次数/万次	直接经济损失/亿元
2012 年	20.4	11.7
2013 年	19.8	10.3
2014 年	19.6	10.7
2015 年	18.7	18.7
2016 年	21.2	12
2017 年	20.3	12.1

5）如何预防交通事故

预防交通事故的发生应该从其成因入手。例如：对于客观因素和车辆状况，在天气状况不好的情况下尽可能避免开车，定期对车辆进行检查保养，发现问题及时修理；对于疏忽大意、操作失误、违反规定，司机应提高安全驾驶的意识，按照规定驾驶。

除了从司机这一层面预防交通事故，行人也必须遵守交通规则，例如，在穿越马路时应随时注意路况，以避免交通事故。

5. 雾霾

1）什么是雾霾

雾霾是一个组合词，由“雾”与“霾”两个字组成[61]，是一种通常出现在城市的灾害现象。雾霾的产生原因有两个，一个是自然气象的影响，另一个是人类活动的作用。随着社会经济的发展和技术的进步，人类开始排放出大量的细颗粒物，也就是谈及雾霾时常说的PM2.5。细颗粒物既是污染物，也是有毒物质的载体。一旦排放的细颗粒物超过了自然环境能够承受的范围，其浓度就会不断汇聚增加，就会引起严重的雾霾。

雾霾之中的“霾”是一种由灰尘、硝酸、硫酸、有机碳氢化合物等粒子组成的物质，它不仅会使大气变得污浊不堪，还能阻碍人的视线。如果以能见度为判断依据，能见度小于10 km时就可以称为霾。

雾霾的组成成分很多，但最主要的是二氧化硫（SO_2）、氮氧化物和可吸入颗粒物。其中，二氧化硫和氮氧化物属于气态污染物，可吸入颗粒物是加重雾霾天气的主要原因。当这些物质与雾结合在一起时，就会发生天空污浊的现象。

2）雾霾的成因

雾霾是由细颗粒物造成的，产生细颗粒物的源头很多，常见的有汽车尾气、工业排放物质、建筑扬尘、垃圾焚烧和火山喷发。通常，雾霾天气不是某一种污染物单独作用的结果，而是多种污染物混合造成的。在不同地区的雾霾天气中，不同污染源的作用程度是不同的。

雾霾天气不是现代才出现的，从古至今都一直存在着，只是到了现代变得比较明显和严重。即使在生产力低下的古代，刀耕火种等人类活动或火山喷发等自然灾害也可以导致雾霾天气，但这种雾霾天气的危害较小，还不足以成为一种灾害。在人类进入使用化石燃料的时代后，雾霾天气真正威胁到了人类的生存环境，并且给人类的身体健康造成了相当大的损害。

从技术层面来讲，雾霾的形成需要3个要素：

（1）存在生成扬尘颗粒的物理基源。例如，我国黄土高原地区的土壤质地比较疏松，是最容易产生扬尘颗粒的地区。

（2）通过运动差造成扬尘。当扬尘颗粒堆积在地上时并没有什么危害，当汽车或者其他物体高速运动时，产生的运动差将地面上的扬尘颗粒掀起后，才能形成扬尘。

（3）扬尘需要集聚在一定空间范围内，才能够让扬尘颗粒与水分子聚集结合而形成雾霾。如果空间范围过大，扬尘颗粒还来不及聚集结合就会散去，因此不会形成雾霾。

3）雾霾的评级

根据《环境空气质量指数（AQI）技术规定（试行）》，可将雾霾分为3级：

一级（极重污染），即区域连续24小时空气质量指数在500以上。

二级（严重污染），即区域连续48小时空气质量指数在301至500（含500）之间。

三级（重度污染），即区域连续72小时空气质量指数在201至300（含300）之间。

4）雾霾的破坏情况

雾霾的破坏不像大多数自然灾害那样直接，它以一种“温和”的方式损害人类的身体健康，甚至造成死亡，或者对社会和生态环境造成巨大的破坏。这里通过分析雾霾的特性，对其危害性进行描述。

雾包含了20多种对人体有害的微粒和有毒物质，如酸、碱、盐、胺、酚、灰尘、花粉、蚜虫、流感病毒、肺结核、肺炎球菌等，这些物质在雾气中的含量是普通大气水滴中含量的几十倍。与雾相比，霾会对人类身体健康造成更大的危害，因为霾中细颗粒物的直径通常小于0.01 μm，这些细颗粒物可以进入呼吸系统，造成呼吸系统疾病、脑血管、鼻腔炎症等。在发生雾霾天气时，由于气压较低，会使空气中可以被人体吸入的细颗粒物数量急剧增加；由于空气的流动性变差，会使得有害细菌和病毒向四周扩散的速度变慢，增大空气中病毒的浓度，从而使引发传染病灾害。

美国环保署于2009年发布的《关于空气颗粒物综合科学评估报告》中指出，有足够的科研结果可以证明，在大气中的细小粒子可以吸附大量致癌物质，同时也能够吸附一些基因毒性诱变物质，这些物质将会给人类的身体健康造成巨大的负面影响。这些负面影响包括提高死亡率、加剧慢性病、恶化呼吸系统及心脏系统疾病、改变肺功能及结构、影响生殖能力、改变人体的免疫结构等。

雾霾的危害可以分为两类：一类是对人类身体健康的危害，另一类是对环境与社会的危害。对人类身体健康的危害主要包括对心血管系统的危害、对呼吸系统的危害、对传染性病菌的影响、对儿童成长的危害、对生殖能力的危害、对心理健康的危害，以及对人脑的危害等；对环境与社会的危害主要包括对交通安全的危害和对生态环境的危害。

5）雾霾的预警措施

对雾霾的预警主要通过对环境空气质量进行监测来实现，主要监测技术包括辅助空气质量网络、污染物垂直廓线的遥测、高级空气质量建模和纳米颗粒的监测等。

1.3 灾害应急管理

应急管理（Emergency Management）也称为紧急事件管理，是针对特大、重大事件灾害的危险处置提出的。危险包括人身危险、物质危险和责任危险三大类。灾害应急管理是指有效组织和协调所有可用资源处理灾害事件的过程。灾害应急管理的根本目的是：通过对灾害进行系统监测和分析，进一步完善灾害应急管理周期中的减灾、准备、应对和重建等措施，以保护人民生命，使其免受危害，减少灾害的发生；通过有效的组织协调，尽可能减少经济和财产损失。

自然灾害、公共卫生事件和社会保障事件的频发，使灾害应急管理成为全球关注的焦点。如何以科学的战略和方法全面了解、应对各种突发事件，已成为各国共同面临的问题。本节在介绍灾害应急管理时代背景的基础上，首先介绍国内外灾害应急管理的现状，然后对国外主要的灾害应急管理体系进行比较分析，接着重点介绍我国灾害应急管理体系的体制、机制和法制建设，最后给出我国灾害应急管理的实际案例。

1.3.1 灾害应急管理的时代背景

自然灾害的频繁发生，不仅使自然环境受到严重破坏，也使人类社会受到巨大的冲击，已成为制约我国经济发展的重要因素。自然灾害的损失进一步增加，各种灾害相互重叠，防灾救灾的难度进一步加大[62]。不仅是自然灾害，人为灾害（如交通事故、环境污染等）也对社会造成大量损失。从全球来看，特别是 21 世纪 80 年代以来，各种突发事件的发生率都很高，这些突发事件在各国都产生了重要的影响，也带来了巨大的经济损失。

近年来，我国的突发事件在不断发生。在自然灾害方面，由于自然地理环境和地质结构的影响，我国遭受的自然灾害越来越严重，其特点是高频率、大损失、分布广、突发性大，对国民经济和社会建设造成了严重的危害。在人为灾害方面，食品安全问题、各种传染病还威胁着人民群众的生命健康。这些突发事件，无论发生在哪个领域，都造成了巨大的损失，威胁到了国家的安全以及社会的和谐稳定[63]。

1.3.2 国内外灾害应急管理的现状

1. 国内灾害应急管理的现状

我国是一个自然灾害频发的国家，在与各种自然灾害抗争的过程中，积累了丰富的经验，为我国的灾害应急管理体系的建设奠定了基础。新中国成立之前，我国的灾害应急管理主要针对的是自然灾害，如地震、火灾、洪水、干旱等。

新中国成立以来，我国灾害应急管理体系的发展可分为两个阶段。第一阶段是新中国成立后到 2003 年“非典”事件，这一阶段的重点是预防和减轻单一灾害，成立了相应的地震、水利、气象等部门，但各个部门几乎是相互独立的。在加入“国际减少自然灾害十年”后，我国开始重视综合减灾。第二阶段，2003 年“非典”事件暴露了我国单一防灾体系的不足，我国政府开始考虑建立防灾减灾与综合应急管理体系[64]。

灾害应急管理体系的研究内容主要集中在国外政府灾害应急管理案例与制度分析，以及国内灾害应急管理体系的现状及对策。美国在长期的历史实践中形成了先进的灾害应急管理体系，该体系主要涉及联邦政府、州政府和地方政府 3 个层次[65]。

根据我国灾害应急管理体系的现状，2003 年 11 月国务院办公厅成立了应急预案工作小组，重点研究了应急预案编制和灾害应急管理的“一个案例，三个制度”(简称“一案三制”)体系。2004 年，党的十六届四中全会进一步明确指出，要建立健全社会预警体系，形成统一指挥、功能齐全、反应灵敏、运转高效的应急机制，提高保障公共安全和处置突发事件的能力。2006 年，党的十六届六中全会提出要按照“一案三制”的总体要求建立灾害应急管理体系。《中华人民共和国突发事件应对法》第四条规定：国家建立统一领导、综合协调、分类管理、分级负责、属地管理为主的应急管理体制。灾害应急管理体系的研究主要是：灾害应急管理的原则、技术和启动机制；针对灾害应急管理体系的要求，对灾害应急管理体制、机制和法制进行研究，提出相应的对策[62]；研究现代政府管理体系，提出政府应该如何建立灾害应急管理体系[66]。

2. 国外灾害应急管理的现状

国外十分重视灾害应急管理方法与技术的研究，其研究涉及计算机、通信、工程技术、管理学、经济学、社会学、心理学、伦理学等领域。特别是在 2001 年“9 • 11”事件后，国外开始了突发危机灾害应急管理的系统性研究。

在灾害应急管理的理论方面，国外学者主要是从国际关系、国际政治和组织危机的角度展开研究的，灾害应急管理的研究主要涉及国际关系中的救援、医疗领域的救援等，重点研究了如何与多个组织合作、如何提高协同应急决策能力等内容。在灾害应急管理的实践方面，有较大影响力的灾害应急管理体系有 3 个，即美国的 EMS（Emergency Medical Service）、欧洲的“尤里卡”计划中的 EMMbrain、日本的 DRS。这 3 个灾害应急管理体系都采用了先进的通信网络系统，实现了公共安全技术的体系集成和辅助决策支持。另外，国外在灾害应急管理的研究中还非常重视法制的建设，例如，美国国会在 1950 年通过了《灾难救济法》，在 1968 年通过了《全国洪水保险法》，在 1988 年通过了《司徒亚特·麦金莱-罗伯特·T.斯塔福法》， 2001 年“9·11”事件后通过了《国土安全法》[62]。

1.3.3 国外灾害应急管理的比较分析

在灾害应急管理方面，国外一些国家逐步建立了适合本国政治体制和国情的灾害应急管理体系，对我国完善灾害应急管理体系具有重要的借鉴意义。

1. 美国的灾害应急管理体系

美国灾害应急管理体系的法制建设比较具有代表性，主要的法律包括《斯坦福法案》《斯坦福法案修正案》《全国洪水保险法》《洪水灾害防御法》《灾害救助和紧急援助法》《国家紧急状态法》《美国油污法》等。美国灾害应急管理体系不仅包括联邦政府、州政府和地方政府，还包括国际资源、私营机构和志愿者，使灾害应急管理体系能够在紧急情况下迅速做出反应、有机协调和有效运作。

美国政府为了提高国家救灾的效率、节约救灾费用，于 1979 年正式成立了联邦应急管理局（FEMA），并陆续合并了国家消防管理局、联邦保险局、联邦广播系统、防务民事准备局、联邦灾害援助局、联邦准备局等。联邦应急管理局的主要任务是从国家应急反应的角度做好防灾、预防、响应和恢复工作，该机构强调协调缓解、响应和准备工作。

20 世纪 70 年代初，美国提出了全面灾害应急管理的概念，这时美国的一级灾害应急管理的重点是应对苏联的核袭击和各种自然灾害，但忽视人为灾害，此时全面灾害应急管理的概念并不完整。到了 20 世纪 70 年代中后期，人为灾害频繁发生，应对人为灾害成为联邦应急管理局工作的重要组成部分，全面灾害应急管理概念的内涵越来越丰富。

联邦应急管理局认为，无论应对任何一种灾害都要经过减缓（Mitigation）、准备（Preparedness）、响应（Response）和恢复（Recovery）4 个阶段，要求在各个阶段不同部门密切配合，协调完成应急管理工作。但事实上，这 4 个阶段之间的密切关系及其必要性尚未得到充分理解和落实。例如，州长和州灾害应急管理办公室将准备和响应看成州的责任，将减缓和恢复看成联邦政府的责任，从而导致州灾害应急管理办公室应急机制的碎片化。联邦应急管理局的成立很好地解决了这个问题，通过灾害应急管理全过程的实施，实现了全面灾害应急管理的响应程序。同时，联邦应急管理局与联邦机构、州和地方政府，以及私营机构建立了伙伴关系，以确保灾难应急响应的整个过程[73]。

国家海洋和大气管理（National Oceanic and Atmospheric Administration，NOAA）模型是由美国国家海洋和大气管理局提出的，在美国多个州及地区使用。NOAA 模型的基本步骤如图 1.1 所示[74]。

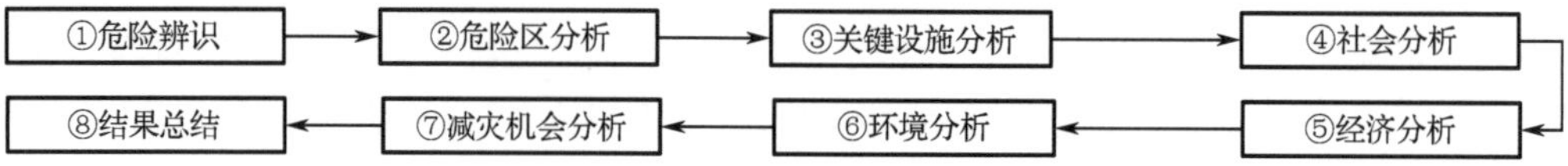

图 1.1　NOAA 模型的基本步骤

2．加拿大的灾害应急管理体系

加拿大于 1988 年成立了加拿大应急准备局，现已升级为加拿大公共安全和应急准备部，其任务是应对各种国家危机、自然灾害和安全突发事件，确保加拿大的安全。加拿大的每个省和地区都有自己的紧急行动组织，当发生任何紧急情况时，加拿大政府要求地方当局，如医院、消防部门、警察和市政当局等先进行处理，各省或地区向加拿大政府提出的请求是通过关键基础设施保护和应急准备办公室来进行协调的，从请求的提交到国家一级的响应，再到资源的调用，往往只需要几分钟。

加拿大政府对公众参与灾害应急管理的态度是让每个人都知道在紧急情况下应该做什么，政府必须迅速做出反应，提供必要的应急资源和保障。为了使公众了解、支持和积极参与灾害应急管理，加拿大政府在每年 5 月举办“应急准备周”，由省、区、市、非政府组织、志愿者和教师进行宣传，传播灾害应急管理知识。

事件驱动处理链（Event-driven Process Chain，EPC）风险评估模型是在加拿大《危险辨识、脆弱性分析和风险评估应急准备手册》的基础上于 1992 年提出的，EPC 风险评估模型的基本步骤如图 1.2 所示[74]。

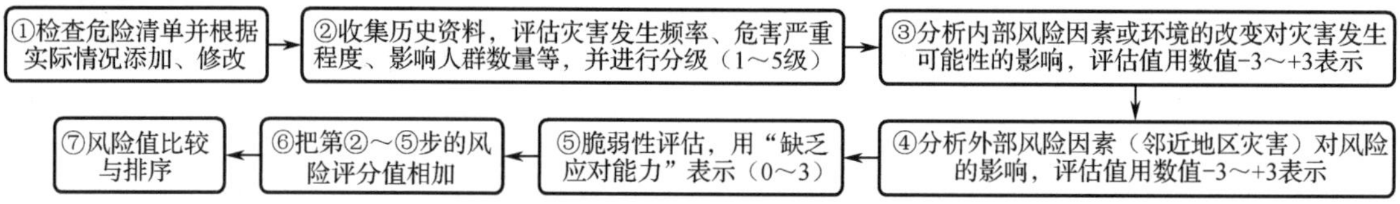

图 1.2　EPC 风险评估模型的基本步骤

3．澳大利亚的灾害应急管理体系

澳大利亚灾害应急管理中心（Emergency Management Australia，EMA）成立于 1993 年，其任务是减少灾害和突发事件对澳大利亚的影响。EMA 是国防部的直属机构。

澳大利亚的灾害应急管理体系涉及联邦政府、州和地方政府，以及社区，具体职责如下：

（1）联邦政府：行使宪法赋予的职责，对外代表国家开展海外灾害应急救援，对内应各州的请求协调国家物质资源、财政援助，以指导帮助事发地开展灾害管理和应急救援工作。

（2）州和地方政府：州和地方政府对灾害应急管理负有主要责任，各州和地方设有应急管理中心和地方应急管理委员会，并根据辖区内的政治、社会、经济、自然条件对灾害种类、特征和危害性进行评估，制定了一系列内容详细完备、可操作性强的应急管理规划、应急预案、操作手册和各种方案，并落实预防和处置救援中的各项职责任务。

（3）社区层面：按照“充分准备的社区”原则，各社区单元根据灾害种类和社区特色承担一线灾害管理职责，并针对本社区可能发生的灾害建立相应社区抗灾组织，制定社区灾害应急预案，开展社区灾害防范应对等工作。

在应急基金管理方面，在国家“自然灾害消除安排”（NDRA）框架下，联邦政府向各州和各地区提供财政援助，以减轻救灾和恢复的财政负担。联邦政府的救灾、善后、重建资金只根据灾害发生后的实际情况进行分配。“自然灾害消除安排”（NDRA）框架有效地确保了州和地方在救灾、重建方面的支出可以由联邦政府按比例补偿。联邦政府还向受影响的个人提供直接的财政援助，社会保障署负责向符合资格的申请人发放救助金，并提供资料及咨询服务，使公众能直接获得联邦政府的帮助[66]。

1.3.4 我国灾害应急管理体系的体制、机制和法制建设

随着我国进入全面快速发展的关键时期，人与社会、人与自然的矛盾日益突出。如何有效加强灾害应急管理，提高突发事件的预警、预防和处置能力，是构建和谐社会的重要内容。建立健全灾害应急管理体系的体制、机制和法制，是灾害应急管理实施的重要保障。在评估区域环境稳定、致灾因素风险和受灾机构脆弱性的基础上，我国灾害应急管理体系的框架主要包括制定灾害应急预案、采集和评价灾害发生前的环境稳定、致灾因素风险和受灾机构脆弱性。

1. 我国灾害应急管理体系的体制建设

2006 年 1 月，国务院发布的《国家突发公共事件总体应急预案》把突发公共事件（简称突发事件）分为四大类，分别是自然灾害、事故灾难、公共卫生事件和社会安全事件。按照突发事件的性质、严重程度、可控性和影响范围等因素，突发事件可分为 4 级：Ⅰ级（特别重大）、Ⅱ级（重大）、Ⅲ级（较大）和Ⅳ级（一般）。

在发生突发事件后，省级人民政府或者事故发生地的国务院有关部门在报告特别重大或重大突发事件时，应当按照国家有关部门的规定，启动有关的应急预案。2010 年 9 月 1 日起施行的《自然灾害救助条例》规定，县级以上地方人民政府及其有关部门应当根据有关法律、法规、规章，上级人民政府及其有关部门的应急预案，以及本行政区域的自然灾害风险调查情况，制定相应的自然灾害救助应急预案。

自然灾害救助应急预案应当包括：自然灾害救助应急组织指挥体系及其职责；自然灾害救助应急队伍；自然灾害救助应急资金、物资、设备；自然灾害的预警预报和灾情的报告、处理；自然灾害救助应急响应的等级和相应措施；灾后应急救助和居民住房恢复重建措施。

2009 年 10 月，民政部发布的《民政部关于加强救灾应急体系建设的指导意见》指出，灾害应急管理体系的建设目标是：用 3～5 年的时间，健全政府主导、分级负责、条块结合、属地为主的救灾应急管理体制；构建统一指挥、反应灵敏、协调有序、运转高效的救灾应急综合协调机制；建成覆盖各级政府和城乡社区的救灾应急预案系统；建立健全规范、高效的灾情管理系统；建成布局合理、品种齐备、数量充足、管理规范的救灾物资储备系统；完善救灾法律法规，打造救灾科技支撑平台，建立专兼结合的救灾应急队伍；建立部门协调、军地结合、全社会共同参与的救灾应急工作格局，形成具有中国特色的救灾应急体系，全面提升救灾应急工作的整体水平。

危机管理模式下政府灾害应急管理责任的分析与探讨是建立灾害应急管理体系的重要前提和基础。按照危机管理模式的全过程，政府灾害应急管理分为 4 个阶段，即危机预防、减

少危机发生的各项准备、应急响应，以及灾后重建与恢复，具体职责包括风险识别与评估，应急预案与政策、预测预警与预防规划、应急响应与救援、应急保障、灾后重建与恢复[69]。

2．我国灾害应急管理体系的机制建设

作为一个自然灾害频发的国家，我国的灾害应急管理体系是一项复杂的系统工程，建设和完善信息沟通机制至关重要。

全球每年因各种灾害造成的人员伤亡、经济损失和社会影响都非常惊人，灾害风险管理已成为各国十分关注的领域，是实施减灾措施的第一步，是灾害应急管理的重要基础。灾害应急管理和灾害风险管理的关系如图 1.3 所示，灾害应急管理是灾前风险管理和灾后风险管理之间的一个环节。良好的灾害应急管理不仅可以在很大程度上减少伤亡，还可以为灾后的重建打下基础。灾害应急管理可分为 4 个阶段：减缓行动期、准备行动期、响应行动期和恢复行动期。

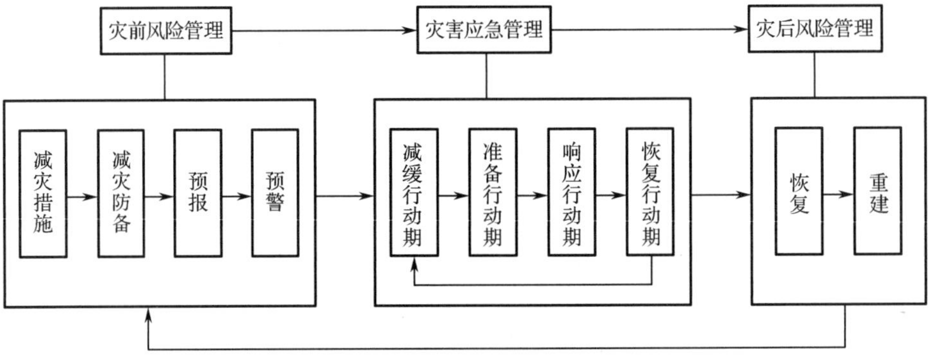

图 1.3　灾害应急管理和灾害风险管理的关系

在借鉴国外灾害应急管理体系的先进机制时，不能机械地照搬，应当建设适合我国国情的机制。我国在建设灾害应急管理体系的机制时面临的主要挑战有以下几个方面：

（1）我国地理环境复杂，自然灾害多样、频发，自然灾害的发生具有明显的区域特征，我国各地的发展水平存在较大的差异，在进行救灾资源配置时需要考虑各地的发展水平。

（2）在建设我国灾害应急管理体系的机制时，应充分结合我国的政治体制优势。

（3）我国的传统文化源远流长，具有独特的民间救灾文化。在建设我国灾害应急管理体系的机制时，要继续发挥这一文化优势，将其与现代科学技术和管理技术结合起来，形成独特的救灾文化氛围。

（4）在建设我国灾害应急管理体系的机制时，应充分发挥现代科学技术的支撑作用，促进灾害应急管理过程中信息的顺畅流动、快速反应和高效协调。

自 20 世纪 70 年代以来，国外一些发达国家就开始系统研究灾害风险评估的理论和方法，一些国际组织也积极参与灾害风险评估方法的研究。灾害风险评估是灾害风险管理的关键环节，是有效进行灾害应急救援等活动的科学依据，也是灾害应急能力建设和评估的重要依据。美国的全面灾害应急管理理念及其构建的灾害应急管理体系已成为世界灾害应急管理的典范，为其他国家灾害应急管理体系的建设提供了丰富的经验[75]。

我国灾害应急管理体系的机制建设主要表现在以下几个方面：

（1）继续推进“一案三制”建设，使灾害应急管理体系的机制更加完善。以“一案三制”为核心的灾害应急管理体系已基本建成，在应对 2008 年“5 • 12”汶川地震中已初见成效，但同时也暴露了不足之处。例如，灾害应急管理体系的功能和内部协同程度不高、灾害应急管理能力不强、联动协调机制不畅，难以满足应对综合复杂突发事件的需要。我国针对这些不足重点关注了监测预警机制、调查评价机制、问责机制等薄弱环节，贯彻“预防与应急并重、正常与异常相结合、牢牢把握灾害应急主动性”的指导原则，初步建成了以“统一领导、综合协调、分级管理、分级负责、属地管理”为主要任务的灾害应急管理体系，对不同参与者的功能进行了界定和整合。在基层灾害应急管理体系建设中，通过认真处理高层干预与属地管理的关系，使属地政府的责任意识和行动能力得到了有效的发挥。

（2）灾害应急管理的重心向基层延伸，基层应急能力建设成效显著。基层灾害应急管理的水平和能力直接关系到国家灾害应急管理工作的质量。抗击自然灾害是人类生存和发展的永恒主题，我们应该更加自觉地处理人与自然的关系，提高全民防灾、救灾意识，全面提高国家综合防灾、减灾、救灾的能力。2008 年“5 • 12”汶川地震后，我国认真总结经验教训，加强基层灾害应急管理体系的建设和完善。基层灾害应急管理涉及广泛的社区、企事业单位和个体公众。

（3）强化科技支撑作用，灾害应急保障能力进一步得到提高。灾害应急管理高度依赖科学技术，近 10 年来，科学技术与灾害应急管理的结合，对提高我国防灾、减灾、救灾的基本能力和效率发挥了重要的作用。在国家政策和社会需要的推动下，全国各省市积极建设应急科技支撑体系。

（4）大力培育扶持灾害应急产业，灾害应急产业的发展势头良好。一方面，灾害应急管理需要大量的专业设备、工具、材料等，必将促进灾害应急产业的产生和发展；另一方面，灾害应急产业具有后备性、专业性和公益性的特点，因此，在灾害应急产业培育和发展阶段，政府需要制定必要的政策来支持和引导灾害应急产业的发展。国家发展和改革委员会在 2011 年颁布的《产业结构调整指导目录》中，将公共安全和灾害应急产品明确列入了鼓励类产业。2012 年，工业和信息化部、国家安全生产监督管理总局联合发布《关于促进安全产业发展的指导意见》，并于 2014 年正式实施。

（5）社会主体积极参与，多主体协同参与模式更加稳定。长期以来，我国在灾害应急管理中一直存在着“强政弱社”的不足，社会力量参与应急反应的能力较弱，过于依赖政府。在应对 2003 年“非典”事件和 2008 年“5 • 12”汶川地震的过程中，多主体协同参与模式初步形成，社会组织和公众参与积极性空前高涨。经过进一步的改进，多主体协同水平得到明显提高。在各种社会组织中，由广泛的社会公众组成的志愿组织尤为突出，成为我国灾害应急救援过程中的重要社会力量。我国正在不断加强对相关志愿者组织及其服务的规范化、科学化管理，并逐步纳入法律范围[76]。

（6）加强基础工作，加快预防控制机构的建设。在我国灾害应急管理体系的机制建设中，加强了基础工作，完成了重要地质灾害隐患点专业监测网络的建设，编制了地质灾害隐患点风险区划图，为政府决策和相关工作提供了科学的依据；继续大力推进矿山地质灾害应急管理机构和技术支持机构的建立，进一步解决防控任务艰巨与技术人员短缺之间的矛盾，着力解决资金不足、技术落后的问题，提高预防控制机构的管理水平和技术支撑能力[77]。

3. 我国灾害应急管理体系的法制建设

灾害应急管理的法制建设使灾害应急管理更加有序、有效。灾害应急管理法律制度是国家和公民在突发事件中各种社会关系的法律规范和原则的总和。灾害应急管理法律制度在应急状态下表达了国家意志的方向，通过各种力量的凝聚，科学配置国家灾害应急的力量，确保灾害应急目标得以实现，保护公民的权益。

我国灾害应急管理法制建设的历史悠久、源远流长，它可以追溯到重农主义理论、仓储理论、水利理论和森林复垦理论[70]。例如，我国古代建立了汛期监测系统[68]和信息传输系统。新中国成立后，我国颁布了一系列灾害应急管理法律。

2003 年“非典”事件后，我国初步建立了以“一案三制”（应急预案、应急体制、应急机制、应急法制）为核心的具有中国特色的灾害应急管理体系。2004 年制定和完善突发事件应急预案，基本形成国家应急预案体系；2005 年全面推进“一案三制”工作，逐步理顺灾害应急管理体制；2006 年全面加强应急能力建设；2007 年颁布《中华人民共和国突发事件应对法》。2008 年 3 月，以第十一届全国人民代表大会第一次会议为标志，国家灾害应急管理体系基本建立[71]。

1.3.5 我国灾害应急管理的案例

本节介绍我国灾害应急管理的两个典型案例。以珠海市金湾区应对台风“天鸽”为例，介绍金湾区政府采取的应对措施，为应对台风提供了重要经验；以湖南省常德市桥南市场特大火灾为例，分析城市在灾害管理方面存在的主要问题，以提高城市抵御灾害的能力[72]。

1. 珠海市金湾区应对台风“天鸽”

粤港澳大湾区城市的公共安全和灾害应急管理是湾区建设的重要内容和亟待研究的重大课题。2017 年 8 月，珠海市金湾区大湾区在短短 4 天时间内遭遇两次强台风的侵袭，无论台风的间隔时间还是登陆地点的高度重合，都刷新了以往的气象纪录，台风“天鸽”更是有史以来对珠海影响最严重的台风之一。

按照我国灾害应急管理体系中的“属地管理”原则，金湾区政府作为基层政府部门，承担了应对灾害的重要职责，在应对台风“天鸽”的防灾、减灾、救灾工作中起到了具有良好的指导作用，实现了零死亡。其主要经验是：正确、充分的预防性准备是防灾、抢险、救灾的有力保障；及时有效的监测预警是减少遇难人员伤亡的根本措施；快速响应和处置是防灾救灾的关键。但从应对台风“天鸽”的不同阶段来看，仍有亟待完善的地方，如表 1.12 所示。

表 1.12 应对台风“天鸽”的不同阶段的亟待完善之处

时　　间	台风状态	阶段过程	亟待完善之处
8 月 20 日 02 时至 22 日 14 时	台风孕育期	台风登陆前	临险人员转移工作科学化、制度化、规范化可进一步提升；临险人员风险意识亟待提高；部门预案工作的重视程度值得反思
8 月 22 日 14 时至 23 日 12 时	台风发育期	台风过境时	重复繁杂的视频会议亟待简化；应急服务系统保障配套有待加强；“各司其职，各负自责”的职责意识有待进一步强化；跨区域、跨部门的协同配合亟待改善
8 月 23 日 12 时至 24 日 17 时	台风登陆期		

续表

时　　间	台风状态	阶段过程	亟待完善之处
8 月 24 日 17 时后	台风消亡期	台风过境后	保险和社会保障体系作用发挥有限；缺乏系统有效的绩效评估体系

珠海市金湾区政府在遭遇严重台风和自然灾害时发挥着不可替代的作用，为进一步加强灾害应急管理体系的建设，在认真总结应对台风“天鸽”经验的基础上，围绕“一个中心、两把抓手、三个任务、四维保障”的理念，帮助防灾、减灾、救灾等应急能力迈上新台阶。

2. 湖南省常德市桥南市场特大火灾

2004 年 12 月 21 日，湖南省常德市鼎城区桥南市场发生特大火灾，该火灾是由一台电视机内部故障引起的。此次灾害暴露了应急管理中存在的问题是：工程设计不符合法律规定，施工审批不严格，监督管理和执法不到位；公众安全意识薄弱，管理部门防灾意识薄弱，无防火分区；未安装火灾自动报警和自动喷水灭火系统；消防用水严重不足，灭火器材缺乏；消防通道堵塞；在装修中大量采用了易燃、可燃材料；消防安全管理混乱，乱拉乱接电线，违章用火用电，违法经营易燃、易爆化学危险物品的现象严重；在火灾发生前，火灾自动报警系统没有调试开通，自动喷水灭火系统未交付使用，防火分隔设置尚未达到消防技术规范要求。

由此次火灾得出的经验和改进措施如下：

（1）依法加强城市规划管理，建立规划管理责任制和行政管理追究制。各级人民政府和规划行政部门应当建立规划管理责任制与规划行政责任追究制，严格执行城市规划管理法律、法规，加强规划管理工作，坚决查处已经形成的违法建筑。

（2）设立全国城市灾害应急管理委员会，省、市设立相应的机构，避免因管理分工和资源分散配置等原因造成投资高、效率低的弊端，为城市灾害应急管理提供良好的制度保障。

（3）加快建立城市灾害应急管理能力评价体系。建立城市灾害应急管理能力评价体系的目的是使政府灾害应急管理能力评价成为各级政府绩效评价的重要组成部分，纳入人大和政协的监督范围。

（4）普及城市灾害教育。加强城市防灾减灾宣传教育，让市民得以了解灾害发生的原因和防灾减灾措施，定期组织社区居民进行自救互救演练。

1.4　本章小结

自然灾害和人为灾害会对人类社会与自然环境造成巨大的破坏。本章首先通过介绍具体的自然灾害和人为灾害，使读者对灾害有更加清晰的认知，意识到建立高效灾害应急管理体系的必要性和重要性；然后分析了国内外灾害应急管理的现状、国外灾害应急管理体系，以及我国灾害应急管理体系的建设。

本章参考文献

[1] 门福录．关于灾害、灾害学和灾害研究方法若干问题的浅见[J]．自然灾害学报，2002(4): 149-152.

[2] 郑远长．全球自然灾害概述[J]．中国减灾，2000(1): 17-22.

[3] 史培军，虞立红，张素娟．国内外自然灾害研究综述及我国近期对策[J]．干旱区资源与环境，1989(3): 163-172.

[4] 王龙，杨娟，徐刚．全球变化与自然灾害的相互关系[J]．山西师范大学学报（自然科学版），2013, 27(4): 86-91.

[5] Thinnes, B. Global distribution of natural catastrophes in 2012[J]. Hydrocarbon Processing, 2013.

[6] 林佳．2018 年国外重大自然灾害盘点[J]．中国减灾，2019(5): 24-29.

[7] 佚名．2018 年国内重大自然灾害概览[J]．中国应急救援，2019(1): 2.

[8] 周俊．地震是一种自然现象[J]．化石，1996(1): 8-10.

[9] 佚名．地震科普问答[J]．国土资源，2013(5): 14-15.

[10] 张友联．深部流体与地震成因的研究[J]．地震研究，2011, 34(2): 239-245.

[11] 杜建国，仵柯田，孙凤霞．地震成因综述[J/OL]．[2019-4-1]．https://doi.org/10.13745/j.esf.yx.2017-12-21.

[12] Coburn A, Spence R． Earthquake Protection[M]． 2E． John Wiley & Sons, 2002.

[13] 郭华玥，张越青，徐敏，等．世界地震空间分布规律的实证研究[J]．地理教学，2012(8): 63-64.

[14] 叶琳，于福江，吴玮．我国海啸灾害及预警现状与建议[J]．海洋预报，2005(22): 147-157.

[15] 刘辰．地震预警模式及预警能力分析方法研究[D]．北京：中国地震局地球物理研究所，2014.

[16] 王佳龙．近年全球火山喷发概述[J]．城市与减灾，2018,122(5): 76-81.

[17] 藤田英輔，魏费翔．日本活动火山监测与减灾[J]．城市与减灾，2018(5): 78-83.

[18] 周寒．干旱风险评估及监测预警模式探讨[J]．地下水，2019,41(3): 156,178.

[19] 权瑞松．典型沿海城市暴雨内涝灾害风险评估研究[D]．上海：华东师范大学，2012.

[20] 尹占娥．城市自然灾害风险评估与实证研究[D]．上海：华东师范大学，2009.

[21] 董敬锋，刘锦文．太湖蓝藻事件探析[J]．新西部，2012(4): 37-38.

[22] 佚名．切尔诺贝利核泄漏事故[J]．世界环境，2011(3): 7.

[23] 佚名．数说 2018 年全国火灾及出警情况[EB/OL]．[2019-4-12].https://new.fire114.cn/zxapp/detail?id=67960.

[24] 王博宇，李杰伟．中国交通事故的统计分析及对策[J]．当代经济，2015(20): 116-119.

[25] 陈顒．海啸的成因与预警系统[J]．自然杂志，2005, 27(1): 4-7.

[26] 佚名．什么是火山?[J]．生命与灾害，2009(3): 49.

[27] 闫全人，王宗起，陈隽璐，等．北秦岭斜峪关群和草滩沟群火山岩成因的地球化学和同位素约束、SHRIMP 年代及其意义[J]．地质学报，2007(4): 488-500.

[28] 陈刚．广州市城区暴雨洪涝成因分析及防治对策[J]．广东水利水电，2010(7): 38-41.

[29] 马福慧．长江中游 1998 年特大洪涝成因分析[J]．地球物理学报，2000, 43(3): 331-338.

[30] 卢建斌．晋中市洪涝灾害成因及防治对策[J]．山西水利，2016, 32(3): 23-24.

[31] 李兴宇，毕硕本，李栋梁．1616—1911 年河南省异常洪涝灾害的时空特征及其成因[J]．气象科学，2017, 37(3):348-358.

[32] 丁志雄，黄诗峰，邓炯．流域洪灾监测评估与预警技术体系框架[J]．水利水电科技进展，2007, 27(S2): 19-22.

[33] 袁文平，周广胜．干旱指标的理论分析与研究展望 [J]．地球科学进展，2004, 19(6): 982-991.

[34] 赵忠孝．气候变暖会使飓风更频繁吗?——兼论飓风的成因和防治[J]．世界科学，2006(7): 13-15.

[35] 夏传栋，廖国进，周立宏．2002 年 7 月沈阳地区连续强雷暴天气成因分析[J]．气象与环境学报，2003, 19(3): 7-9.

[36] 佚名．1898 年至今的全球地震带荧光地图——信息图[EB/OL]．[2019-6-13]．https://www.iteye.com/blog/iris-1992-2170351.

[37] 孙荣强．干旱定义及其指标评述[J]．灾害学，1994, 9(1): 17-21.

[38] 张宇，冯建英，王芝兰，等．2018 年秋季全国干旱状况及其影响与成因[J]．干旱气象，2018, 36(6): 1052-1060.

[39] 张士功．耕地资源与粮食安全[D]．北京：中国农业科学院，2005.

[40] 徐启运，张强，张存杰，等．中国干旱预警系统研究[J]．中国沙漠，2005(5): 785-789.

[41] 曾晓梅．美国国家天气局启用新飓风风力等级[J]．气象科技，2010, 38(2): 269.

[42] 何章银．中国救灾外交研究[D]．武汉：华中师范大学，2014.

[43] 李海红，李锡福，张海珍，等．中国牧区雪灾等级指标研究[J]．青海气象，2006(1): 24-27.

[44] 汪寿阳，刘铁民，陈收，等．突发性灾害对我国经济影响与应急管理研究——以 2008 年雪灾和地震为例[M]．北京：科学出版社，2010.

[45] 郭铌，倾继祖．气象卫星资料对积雪的遥感监测与分析[J]．遥感技术与应用，2000, 15(4): 237-240.

[46] 马明，吕伟涛，张义军，等．1997—2006 年我国雷电灾情特征[J]．应用气象学报，2008, 19(4): 393-400.

[47] 阿丽塔，许培扬，田玲，等．基于文献的 1918 年西班牙流感中国疫情分析[J]．医学信息学杂志，2010, 31(1): 47-50.

[48] 杜宁，杨霄星，杨磊，等．1957 年亚洲流感（H2N2）病原学概述[J]．病毒学报，2009, 25(z1): 12-16.

[49] 杜宁，王大燕，舒跃龙．2009 新甲型 H1N1 流感病毒病原学概述[J]．病毒学报，2009(6): 77-82.

[50] 毛利霞. 浅论 1831—1849 年间英国人对霍乱的反应和对策[J]. 大庆师范学院学报, 2010,30(4): 120-124.

[51] 褚佩英. 霍乱的流行和控制[J]. 预防医学情报杂志, 1995(1): 10-12.

[52] 杨兴娄, 葛行义, 胡犇, 等. 埃博拉病毒病流行病学[J]. 浙江大学学报（医学版）, 2014(6): 621-645.

[53] 李超, 杨明, 牟笛, 等. 2013—2014 年西非埃博拉病毒病流行特征分析[J]. 疾病监测, 2014(11): 925-928.

[54] 李妍. 永不停歇的疫战　中国传染病防治 70 年[J]. 科学大观园, 2019(23): 44-45.

[55] 刘兴诗. 给孩子们看的防灾避险故事•人为灾害篇[M]. 成都: 天地出版社, 2012.

[56] 中国科学院-国家计划委员会自然资源综合考察委员会. 中国自然资源手册[M]. 北京: 科学出版社, 1990.

[57] 崔九思, 汪钦源, 王汉平. 大气污染监测方法[M]. 2 版. 北京: 化学工业出版社, 2001.

[58] 石晓亮, 钱公望. 放射性污染的危害及防护措施[J]. 工业安全与环保, 2004, 30(1): 6-9.

[59] 旧堂. 一个突变基因保护了欧洲人祖先[J]. 科技信息（山东）, 2013(1): 74-75.

[60] 曹晓强. 火灾原因和事故责任认定的探讨[J]. 成都电子机械高等专科学校学报, 2005(1): 89-92,70.

[61] 杨书序. 雾霾形成的物理机制及灰霾的控制[J]. 环境与发展, 2016(3): 54-57.

[62] 李保俊, 袁艺, 邹铭, 等. 中国自然灾害应急管理研究进展与对策[J]. 自然灾害学报, 2004(3): 18-23.

[63] 吴秀强. 当代应急管理研究[D]. 武汉: 武汉科技大学, 2013.

[64] 刘智勇, 陈苹, 刘文杰. 新中国成立以来我国灾害应急管理的发展及其成效[J]. 党政研究, 2019(3): 28-36.

[65] 郭太生. 美国公共安全危机事件应急管理研究[J]. 中国人民公安大学学报, 2003, 19(6): 16-25.

[66] 孙长虹. 政府职能转变的新课题: 建立现代政府危机管理体系[J]. 社会科学辑刊, 2004(2): 45-48.

[67] 赵晓萍. 矿山生态环境恢复治理和土地复垦探索构架[J]. 世界有色金属, 2019(8): 273, 275.

[68] 赵廷久, 邢建鑫. 降雨量远程实时监测系统及其在汛期的应用[J]. 铁道建筑, 2003(9): 73-74.

[69] 滕五晓, 夏剑霺. 基于危机管理模式的政府应急管理体制研究[J]. 北京行政学院学报, 2010(2): 22-26.

[70] 孙杰. 应急管理的法制建设研究[D]. 乌鲁木齐: 新疆大学, 2013.

[71] 卢文刚, 温超敏, 刘沛. 粤港澳大湾区城市灾害应急管理: 挑战及应对能力建设——以珠海市金湾区应对台风“天鸽”为例[J]. 行政科学论坛, 2018(4): 47-52.

[72] 姚玲玲, 李冰, 王晶. 浅议城市灾害与灾害管理[J]. 山西建筑, 2007, 33(9): 198-199.

[73] 王宏伟. 美国应急管理的发展与演变[J]. 国外社会科学, 2007(2): 54-60.

[74] 何川，刘功智，任智刚，等．国外灾害风险评估模型对比分析[J]．中国安全生产科学技术，2010, 6(5): 148-153．

[75] 曹海林，陈玉清．我国灾害应急管理信息沟通的现实困境及其应对[J]．电子科技大学学报（社会科学版），2012, 14(3): 20-24．

[76] 毛德华．灾害应急管理的若干基本问题的探讨[J]．防灾科技学院学报，2008(2): 35-38, 76．

[77] 高晖，张妍婷．矿山地质工程灾害应急处置工作研究[J]．世界有色金属，2019(6): 162, 164．

第 2 章 灾害大数据

近年来，由于自然灾害和人为灾害的频繁发生，灾害应急管理受到世界各国越来越多的关注。随着灾害信息量的急剧增长，灾害应急管理领域更加期待利用数据分析技术来提升灾害应急响应的水平。本章通过介绍灾害大数据的来源、典型的大数据技术和主流的大数据平台，让读者对急剧增长的灾害大数据有一个清晰的认识，并了解大数据技术及平台。

2.1 灾害大数据的来源

随着信息时代的到来，灾害大数据将给防灾减灾带来不可估量的变革作用[1]。一方面，个人计算机（PC）、平板电脑、互联网、手机、移动互联网、云计算、物联网，以及遍布在全球各个角落并且和互联网连接的各种传感器，如温度、压力、加速度、磁体、气体等各类传感器，无一不是灾害大数据的来源。

与其他大数据相似，灾害大数据一般也具有以下 4 个特点[1]：

（1）数据体量巨大：数据从 TB 级别跃升到 PB 级。

（2）数据类型繁多：包括数字化数据、文件、视频、图片、地理位置信息等。

（3）价值重要：连续不断的灾害数据蕴含的规律性结论具有重要的价值。

（4）数据产生速度快：一旦灾害发生，数据将源源不断地快速生产，同时为了支撑应急决策，需要秒级处理的速度。

灾害大数据的来源主要有以下两个方面：

（1）灾害发生前后社交媒体产生的数据。常见的社交媒体有新闻媒体、官方网站、微博、贴吧、知乎、微信、Facebook 等，通过研究这些社交媒体产生的数据，可以分析出在灾害发生时用户在这些社交媒体上的行为，归纳出灾情的特点和关注点，挖掘出的灾情信息能为抗灾救灾提供重要的数据支撑。研究发现表明，每一条微博都是最小容量的微型叙事载体，即谁（Who，用户）在哪里（Where，位置信息）做什么（What，微博内容）。全球防灾中心（Global Disaster Preparedness Centre，GDPC）进行的一项研究表明[2]，来自互联网的社交媒体数据不仅可用于应对灾害，还具有风险预警的功能。该研究进一步指出，社交媒体数据能够扩大危机沟通的覆盖面、提高灾害评估内容的有效性等。此外，在突发事件发生时，社交媒体作为信息高速传播的渠道，能够在灾害应急管理响应中承担部分责任，有助于备灾[3]。例如，2019年3月22日，江苏盐城一化学工厂发生爆炸[4]，在事件发生的第一时间，不仅新闻记者立即奔赴现场进行报道，当地的人们也通过微博、微信和抖音等社交媒体发布爆炸的动态信息。在掌握这些信息的基础上，江苏省、盐城市、响水县三级政府立即启动应急预案，相关人员紧急赶赴现场，有效、精准地开展事故救援、秩序维护等工作。因此，如果在突发事件的前期有数据支撑的话，特别是一些有价值的数据，如具有快速传播功能的社交媒体数据等，就能够有效提升灾害应急管理的响应效率[3]。

（2）现在越来越多的设备都配备了用于连续测量和报告运行情况的传感器，这些传感器产生的数据也属于大数据的范围。例如，地震观测系统的地震台站（单台）、地方性地震台网（包括遥测台网、专用台网和社会台网）、省级区域地震台网、国家地震台网和全球地震台网，实时地对地磁、地电、地下流体、大地形变、地壳形变、重力等进行着观测。这些观测到的地震数据是复杂和多样的，按其观测类型的不同，这些地震数据可分为测震数据、强震动观测数据、地磁观测数据、地电观测数据、地下流体观测数据、大地形变测量数据、定点地壳形变观测数据、重力测量数据、地震遥感数据、其他地震观测数据等[5]。由于地震数据具有海量、多源、异构等特点，所以地震数据集的维度一般被分为地震发生的日期、地震发生的时间、震中位置的纬度、震中位置的经度、震源深度，以及地震震级等不同的类型。

随着灾害大数据来源的日益多元化和复杂化，灾害大数据为灾害应急管理提供了有力的数据支撑。在此基础上，实时掌握灾害大数据并在正确时间给适当的人员传输正确信息的重要性就不言而喻了。例如：如果政府部门能够实时获得与灾害相关的信息，便可帮助工作人员实时了解灾害状况、更有效地组织救援，以及解决赈灾和灾后恢复过程中的资源配置问题；如果企业管理人员能够及时了解企业生产中相关物资的短缺情况或者供应链上其他单位的受灾情况，就能够及时制定恢复生产和获取相应物资的方案；如果普通民众能够及时了解应急疏散信息和各个救助点的配置情况，就能够有针对性地进行撤离。

2.2 大数据技术

大数据的本质是从海量的数据中挖掘出有价值的信息。在大数据产生之后，可将大数据的生命周期分为采集、提取、存储、预处理、分析和可视化等阶段，这几个阶段对应的典型技术分别是大数据定向爬取技术、大数据自动摘要技术、大数据存储技术、大数据预处理技术、大数据分析技术和大数据可视化技术等。具体描述如下：

（1）大数据定向爬取技术：首先利用算法将分布的、异构数据源中的数据，如关系数据、平面数据文件等，爬取到临时中间层后，进行清洗、转换、集成；然后加载到数据仓库或数据集中，成为联机分析处理、数据挖掘的基础，也可以把实时采集的数据作为流计算系统的输入，进行实时处理分析。

（2）大数据自动摘要技术：利用算法快速进行文本加工处理，从海量的信息中发现有用的信息，并且抽取中心语句，形成与主题相关的摘要[6]，提高用户获取信息的效率。

（3）大数据存储技术：利用分布式文件系统、数据仓库、关系数据库、NoSQL 数据库、云数据库等，对结构化、半结构化和非结构化海量数据进行存储和管理。

（4）大数据预处理技术：在进行数据分析前，对初始数据集进行必要的清洗、集成、转换、归约等一系列的处理，使得待分析的数据集能够达到分析算法要求的最低规范和标准，用于提高后续的数据分析的效率。

（5）大数据分析技术：利用数据挖掘和机器学习等技术，实现对海量数据的处理和分析，并从海量数据中发现有价值的信息。

（6）大数据可视化技术：对大数据分析结果进行可视化呈现，帮助人们更好地理解数据、分析数据。

2.2.1　大数据定向爬取技术

在灾害发生前后，社交媒体不仅会迅速产生海量、多源、异构的灾害大数据，而且社交媒体对这些数据进行更新的速度非常快。在面对海量数据时，为了能够及时地定向爬取与灾害相关的数据，用于后续的数据挖掘、分析与决策，需要对大数据定向爬取技术进行深入的了解和研究。目前，常用的大数据采集方法有系统日志采集方法、网络数据采集方法和其他数据采集方法。考虑到网络数据大部分是以页面（网页）数据形式存在的，因此本节重点介绍面向网络数据的大数据定向爬取技术。

随着互联网技术的飞速发展，类似谷歌、百度这样的搜索引擎，它们会在一定的时间内自动地从互联网上爬取相关的数据，并将爬取的数据用于后续的应用。一个标准的爬取程序会包含众多领域的相关知识，如通信协议、存储数据方式和自然语言处理算法等，使得完整的爬取程序变得相当复杂。数据的爬取过程是由系统自动完成的，系统中的每个模块都有独立的爬取程序。当系统采集完一个网页的数据时，系统就会获得所采集网页上的所有链接。通过这些链接，爬取程序可以跳转至其他的网页上。如果将互联网看成数量巨大并且相互交织连接的网，则每个网页就可以看成一个节点，爬取程序可以按照某种策略顺着这些节点访问不同的网页。

通用爬取的目标是大型网站的全部数据（如搜索引擎获取数据），爬取从特定的种子链接开始，逐步扩大到整个网站，通常采用基于广度搜索的方式。由于通用爬取会对所有的网页进行全文索引，因此对爬取程序的要求很高，不仅要求爬取路径尽可能覆盖整个网络，还要求尽可能地扩大爬取范围。通用爬取流程如图 2.1 所示。

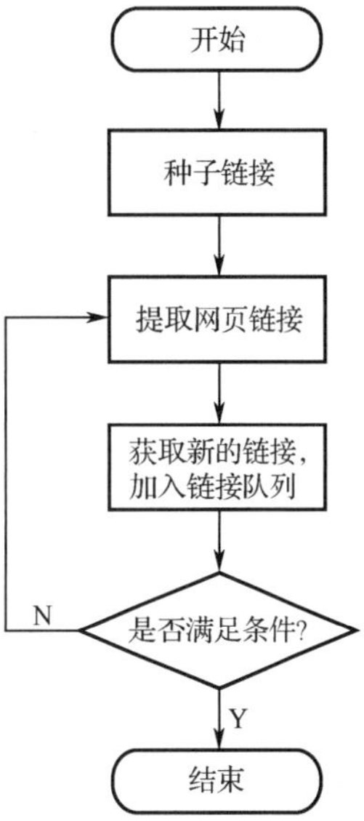

图 2.1　通用爬取流程

与通用爬取相对应的是定向爬取，定向爬取通常用于特定的专业群体，爬取的数据往往局限在某个主题或者与该主题相关的领域[7]。出于成本和性能的考虑，定向爬取通常不会爬取整个互联网的网页数据，因此在爬取数据的过程中，需要根据网页数据与主题的相关度来决定是否对该网页数据进行爬取。此外，还需要考虑采用何种方法来尽可能多地爬取与某个主题相关的网页数据，减少与该主题无关网页数据的爬取。定向爬取不仅要保证所采集的数据具有较高的准确率，还要保证数据具备较好的召回率[8]。定向爬取的特点如下：

（1）主题的确定：定向爬取面向的是特定的专业群体，爬取的是特定领域的数据，因此所爬取的数据内容必须与特定主题相符合。

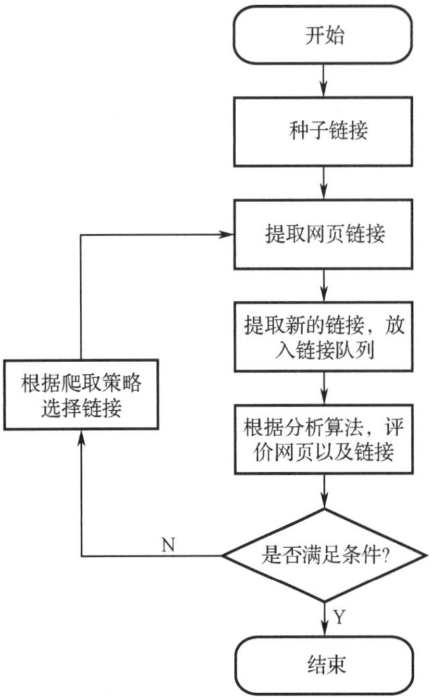

图 2.2　定向爬取流程

（2）过滤掉与特定主题无关的网页数据：互联网蕴含着海量的网页数据，网页数据涉及众多主题，与某个特定主题相关的网页数据在所有网页数据中所占的比重很小[9]，因此在数据爬取的过程中，需要对网页数据进行分析，选择与特定主题相关的网页数据，过滤掉与特定主题无关的网页数据。

（3）特有的爬取策略：定向爬取采用的是深度优先策略，因此定向爬取通常带有引导性。在进行定向爬取时，首先需要确定与特定主题相关的关键词，计算网页数据与主题的相关度；然后将网页数据与主题的相关度转化为阈值，舍弃低于阈值的网页数据，将高于阈值的网页数据添加到待爬取的链接队列。

定向爬取流程如图 2.2 所示。

定向爬取特别重视网页数据与特定主题的相关度，因此定向爬取应尽可能多地爬取与特定主题相关的网页数据，尽量避免爬取与特定主题相关度较低的网页数据或者与特定主题无关的网页数据，从而提高爬取的网页数据的准确率。要想更好地实现上述的功能，定向爬取不仅要采用高性能的主题相关度算法，也要选择合适的种子链接，还得确定完善的主题表达方式和爬取策略等。

2.2.2　大数据自动摘要技术

通过爬取程序获取的网页数据往往包含着大量与特定主题无关的冗余数据。如何快速、精准地搜索与灾害相关的数据并将其呈现给用户，使用户及时掌握灾害的最新发展动态、提升灾害应急管理的效率，是灾害应急管理面临的首要问题。为了解决这类问题，大数据自动摘要技术应运而生。大数据自动摘要技术包括抽取式（Extractive）和摘要式（Abstractive）两种，其中摘要式又可分为单文本自动摘要和多文本自动摘要。本节重点介绍当前主流的多文本自动摘要技术，包括文本的预处理、文本信息特征项的选择，以及摘要抽取的过程。

多文本自动摘要技术是指从多篇同一主题的文本中自动生成与该主题相关的、言简意赅的摘要[10]。多文本自动摘要流程[11]如图 2.3 所示。

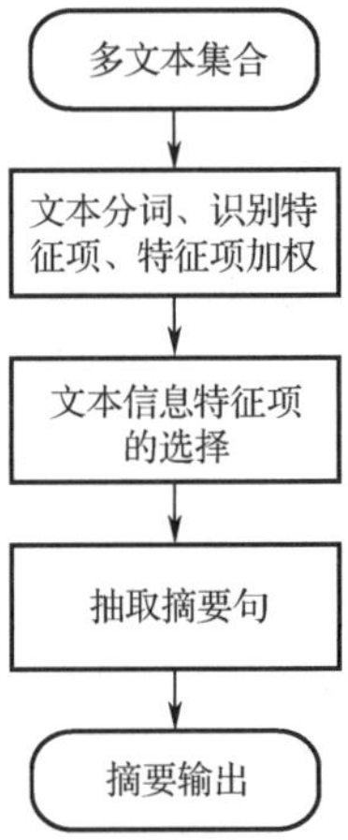

图 2.3　多文本自动摘要流程

1．文本的预处理

在自然语言处理领域中，不同文本所保存的风格有所不同。对所有文本（多文本集合）进行的预处理主要包括文本分词、识别特征项、特征项加权等操作。经过文本预处理后，可以将文本以结构化的方式呈现出来，为后续的处理打下基础。英文文本和中文文本的预处理方式是不一样的，英文文本中的各个单词是通过空格来分隔的，对英文文本进行分词相对比较容易，只需要通过空格和标点符号就可以完成。对中文文本进行分词要比英文文本复杂得多，中文文本中各个词语之间没有类似的空格符，因此对中文文本进行分词是预处理的重要环节。

经过文本分词后，下一步要做的是将文本用一系列关键词特征（特征项）来表示。这样就可以将文本转换为计算机可以识别的格式。目前，在自然语言处理领域，对文本进行结构化处理时主要采用向量空间模型（Vector Space Model，VSM），即将文本转换为由多个特征项及其权值构成的文本向量。

向量空间模型是由 Salton 等人[12]于 20 世纪 60 年代末提出来的，该模型涉及的主要技术包括选择特征项、特征项加权等策略，以及文本相关度的计算等技术。向量模型在以统计学方法为基础的自然语言处理中，如自动文本摘要、文本内容索引、文本分类等，得到了广泛的应用。向量空间模型的核心思想是把文本表示成为空间中的特征向量，利用向量之间夹角的余弦值作为文本相似性的度量。向量空间模型的优点是将文本转化为带有权值的特征项集合，从而把对文本的处理转变为空间向量的运算，并且在权值计算的过程中还可以引入主题相似性判断分析等。

2. 文本信息特征项的选择

在多文本自动摘要过程中，选取合适的文本信息特征项对于生成的摘要至关重要，直接影响着摘要的质量。文本的特征信息通常包括某些特殊位置，如文章标题中出现的短语或者文本的起始部分等，利用这些特征信息生成的文本信息特征项对于确定文本内容具有很强的指导性。选择文本信息特征项时主要考虑的因素有以下几点：

（1）词频的信息。卢恩（H.P.Luhn）最先提出了进行自动摘要时选择特征项的基本依据。出现频率越高的词语往往越能表达文本内容，但高频词的语义区分度很弱，文本主题中的有效词往往是中频词，特征项首选中频词[13]。

（2）文本标题的信息。文本标题通常是表述文本核心内容的短句，它是文本内容的简要表达。文本标题中的关键词通常是摘要的重要依据，和文本的主题有紧密的关系，尤其是新闻标题中的关键词。

（3）位置的信息。不同语句出现的位置对段落主题的贡献度是截然不同的，著名学者 Baxendale 对大量的文本进行分析后[14]，得出段落主题在段落首句的概率约为 85%、在段落末句的概率约为 7%，因此应当提高处于特殊位置特征项的权值。

（4）语句结构的信息。不同文本中的语句风格是多种多样的，通常能够反映文本主题的主要是陈述句，因此通常应选择陈述句作为摘要，而感叹句、疑问句、祈使句等不适合作为摘要。

（5）指示性短语的信息。段落中的总结性短语常常是文本中的指示性短语，如“总之”“总而言之”“综上所述”等。应当将文本中包含上述词语的短语作为摘要，这些短语能够有效地表达文本内容。

3. 摘要抽取的过程

抽取文本摘要句是多文本自动摘要中的关键一步，对摘要的质量有重要的影响。目前在多文本自动摘要中，抽取文本摘要句的方法主要有 Z 模型抽取法和 MMR 模型选择法等。

（1）Z 模型抽取法：也称为最大权值选取法，它是一种目前在摘要抽取中的常用方法。Z 模型抽取法的核心思想是先计算文本中包含的特征项的各个句子权值，然后依据每个句子的权值进行排序，选择出一定数目权值较高的句子，把这些句子作为文本摘要句。Z 模型抽取法的数学模型为：

$$W(S)=\sum_{t\in s}\{1+\log[\mathrm{tf}(t)]\}\times\mathrm{idf}(t) \tag{2-1}$$

式中，t 表示句子 S 中所含的特征项；tf(t)表示特征项 t 在当前文本中出现的频率；idf(t)表示特征项 t 在整个文本集合中的倒排频率。

（2）MMR 模型选择法：也称为最大边缘相关的特征选择法。MMR 模型选择法的核心思想是先从文本中选出与主题相关的句子，然后从选出的句子中挑选与之前较少类似的句子作为特征句，这样的语句具有较高的边缘相关度。MMR 模型选择法的数学模型为：

$$f_{\mathrm{MMR}}=\max_{s_i\in R/S}[\lambda\mathrm{sim}(s_i,D)-(1-\lambda)\max_{s_j\in S}\mathrm{sim}(s_i,s_j)] \tag{2-2}$$

式中，D 表示文本内容；R 表示文本中全部句子的集合；S 表示文本集合 R 中已被选为特征句的集合；s_i 和 s_j 表示选择的句子；R/S 表示集合 R 中还未被选为特征句的句子集合；sim()表示计算特征句的相似性；λ 表示权值调节因子，其取值范围是 0～1。

MMR 模型选择法的优点是选出的特征句在语义方面能够比较接近文本内容，特征句之间的冗余度较低；其缺点是无法自动确定表述主题特征句的数量，以及无法准确预估权值调节因子的取值。

2.2.3 大数据存储技术

随着灾害的发生，有关灾害的结构化数据和非结构化数据呈现爆炸式的增长趋势。如何实现海量、异构灾害数据的存储是必须解决的问题。在实践中，通常采用分布式文件系统、数据仓库、关系数据库、NoSQL 数据库、云数据库等来对海量的结构化数据、半结构化数据和非结构化数据进行存储和管理。本节重点介绍云存储环境中海量数据的分布式存储。

云存储是一种新兴的网络存储技术，其概念是由云计算的概念延伸和发展而来的。云存储系统是指将网络中大量类型各异的存储设备通过集群应用、网格技术或分布式文件系统等功能组织起来，为用户提供集业务访问和数据存储服务于一体的系统。

在云存储环境中，数据通常存储在由云存储提供商（Cloud Storage Provider，CSP）提供的存储空间中，而不是存储在单一的主机或服务器中。CSP 运营着大规模的数据中心，对这些数据加以管理并集成，使其成为用户可以访问的资源。在云存储环境中，存储端的设备情况、架构方式对于用户是透明的，云存储系统的接口对于不同的终端设备来讲都是兼容的，用户只需要连接到云端就能随时随地访问云存储系统。对于那些需要数据存储空间，以及需要租用虚拟机、虚拟存储空间服务的用户，云存储系统会根据其需求分配合适大小的存储池，由此可见，云存储系统主要提供数据存储、访问和管理等服务。

云存储系统自顶向下可划分为访问层、应用接口层、基础管理层和存储层，其结构如图 2.4 所示。

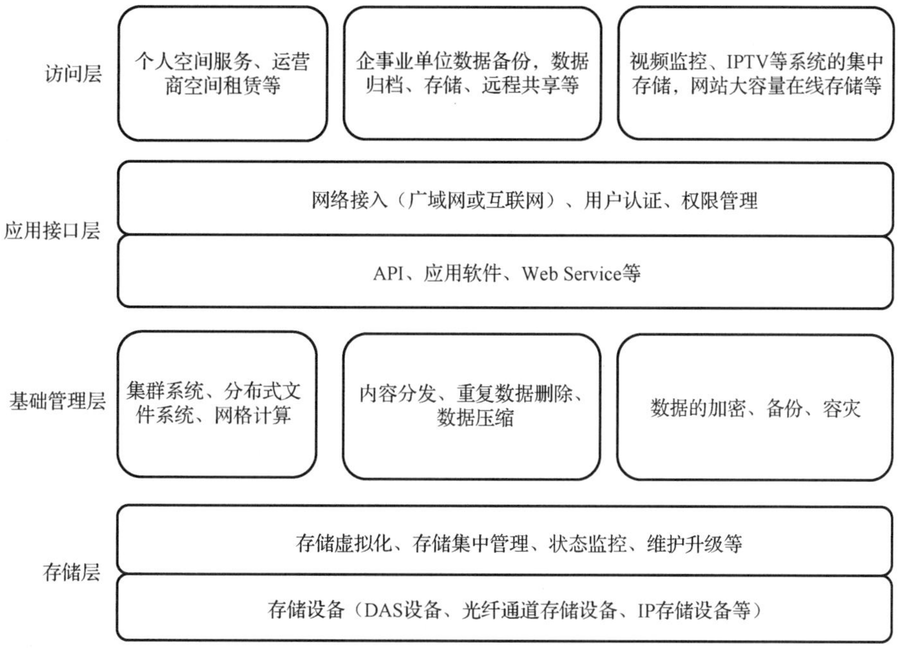

图 2.4　云存储系统的结构

（1）访问层。访问层在应用接口层的基础上为不同用户提供云存储服务，CSP 可以根据自身的业务类型量身定制云存储产品，如存储空间租赁服务、远程共享、在线存储等。

（2）应用接口层。在应用接口层中，不同 CSP 可根据自身需求开发出不同的应用程序接口（API），用于提供不同类型的服务，如网络硬盘、数据存储业务等。相对于其他层而言，应用接口层是最灵活多变的。

（3）基础管理层。作为应用接口层和存储层的桥梁，基础管理层是云存储系统中最重要且最难实现的部分。基础管理层通过集群系统、网格计算、分布式文件系统等将存储层的存储设备协同起来工作，为应用接口层提供存储和数据访问等功能，对应用接口层的数据进行处理并将处理结果存储到存储设备中。

（4）存储层。存储层位于云存储系统底部，不仅包括通过网络连接在一起的存储设备，还包括构建在其上的存储管理系统。存储层用于实现存储虚拟化、存储集中管理、状态监控、维护升级等功能，其中的存储设备通常包括直连式存储（Direct-Attached Storage，DAS）设备、光纤通道存储设备和 IP 存储设备等。

云存储系统除了具有内部实现对用户透明，以及可按需分配的优点，还具有可扩展性高、可靠性高等优点，这些优点离不开分布式文件系统的支撑。根据云存储系统内置的分布式文件系统是否存在元数据服务器（也称为主节点），可将云存储系统分为有中心云存储系统和无中心云存储系统两类。

1. 有中心云存储系统

有中心云存储系统采用主从结构，由一个主节点和多个存储节点组成。存储节点用来存储数据，主节点存储的是存储节点上所有数据的元数据。有中心云存储系统中常用的分布式文件系统有 Google 文件系统（Google File System，GFS）和 Hadoop 分布式文件系统（Hadoop Distributed File System，HDFS）。例如，GFS 包含主服务器（Master Server）、数据块服务器（Chunk Server）和客户端（Client）3 个组件，其系统架构如图 2.5 所示。

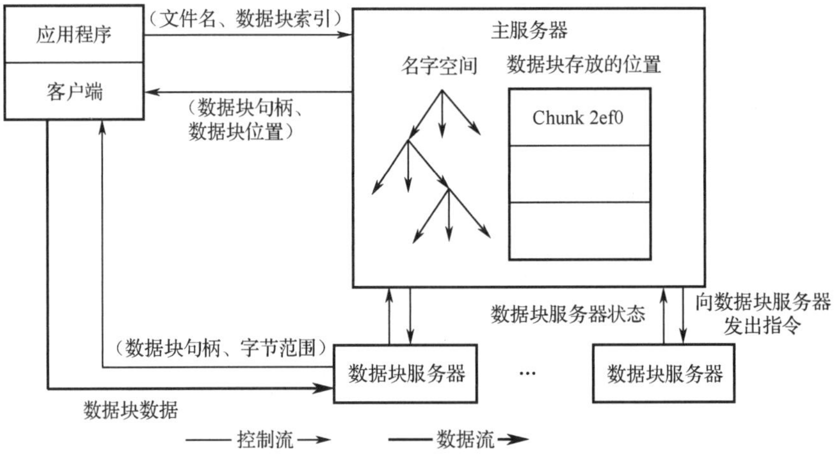

图 2.5　GFS 系统架构

用户可以通过 GFS 客户端进行类似传统文件系统中的操作，如新建、打开、关闭、读写和删除文件；数据块服务器负责存储切分后的数据块；主服务器用于存储所有数据的元数据，如文件与数据块之间的映射关系、数据块的存放位置等。从图 2.5 中可以看出，GFS 中的控制流与数据流是分开的，其中客户端与主服务器之间，以及主服务器与数据块服务器之间只存在元数据的交互，客户端与数据块服务器之间存在数据交互。GFS 并不是一个通用的云存储系统，主要用于存储大文件，对小文件的存储并没有做专门的优化。此外，GFS 是通过添加新数据来完成大部分文件的更新的，而不是更改已有的数据，注重读写的速度与效率，适用于大型的搜索业务。

2. 无中心云存储系统

顾名思义，无中心云存储系统是一个没有主节点的云存储系统，采用的不是主从结构，即客户端与存储节点之间没有专门存储元数据的节点，元数据和数据块都存储在各个存储节点中，因而存储节点的可扩展性较强。目前，典型的无中心云存储系统有 Amazon 开发的基础存储架构 Dynamo、Gluster 的 GlusterFS、OpenStack 的对象存储服务 Swift、对等云存储系统 MingCloud 等。

在没有专门用于存储元数据的主节点的情况下，客户端的数据和元数据如何分布到云存储系统中的多个存储节点上，这是要解决的首要问题。Dynamo 和 Swift 利用一致性哈希算法将数据和存储节点映射到同一个环状的哈希空间上，通过环状结构将数据映射到存储节点上；GlusterFS 系统采用弹性哈希算法（Davies-Meyer 算法）将输入的文件路径和文件名转化为长度固定的唯一输出值，根据该值选择子卷来定位和访问数据；MingCloud 采用改进后的 Kademlia 算法[20-22]来负责存储节点之间的互通性，将分散的存储节点组成在逻辑上结构化的对等网络，使得存储节点的地址空间与文件的地址空间之间建立起映射关系，以便查找数据。其中，一致性哈希算法、Kademlia 算法是目前主流的分布式哈希表（Distributed Hash Table，

DHT）算法。DHT 实际上是一个由网络中所有节点共同维护的一张巨大哈希表，每个节点和数据都在 DHT 中分配了唯一的标识符，每个节点按照 DHT 算法负责网络中一小部分路由信息和数据。根据 DHT 算法可以确定资源所在的存储节点，目前应用较多的典型的算法有 Chord 算法[23,24]、一致性哈希算法、Kademlia 算法等。

2.2.4 大数据预处理技术

为了使数据集的数据质量满足数据分析的要求，首先要做的就是对数据集进行预处理。通过本节介绍的大数据预处理技术，读者可了解数据清洗、数据集成、数据转换以及数据归约等方面的相关知识。

在数据分析中，数据集中的数据（如格式或类型）往往不满足数据分析算法的要求，因此在进行数据分析前要先对数据集进行必要的预处理，使得数据集中的数据满足数据分析算法要求的最低规范和标准[25]。

数据分析系统通常由数据预处理和数据处理两个部分组成。数据预处理的任务是为数据分析算法提供准确、有效、具有针对性的数据，剔除那些与数据分析不相关的数据，并且通过修改数据集中数据的格式来统一数据集中的数据格式，为数据分析算法提供高质量的数据，从而提高数据分析的效率，提高数据分析发现知识的准确率[26]。数据预处理的主要环节有数据清洗、数据集成、数据转换、数据归约[27]。

1. 数据清洗

在现实生活中，由于多种原因，数据集中的数据通常是不一致和不完整的。为了提高数据的质量，必须清除数据集中不一致的数据，改善数据集中不完整的数据（如对数据集进行缺失填充的操作）[28]。

在采集数据时，由于采集条件的限制或者人为的原因，数据集中某些数据存在缺失的情况，造成了数据的不完整。这些缺失的数据会使原始数据集中的信息量减少，影响数据挖掘的结果，因此需要对这些数据进行缺失填充处理。

异常数据是指远离数据集一般水平的数据。与数据集中其他数据相比，异常数据不符合数据集的一般模型[29]。在日常生活中，大部分事件和对象都是正常和具有普遍性的，但我们不能忽视那些表现不正常和不普遍的事件和对象，这些事件和对象可能隐藏着重要的信息，具有更高研究价值。离群点检测是一种在数据集中发现异常数据的技术，其目的是消除数据集的噪声或者发现数据集中潜在的有价值信息[30]。

数据清洗是一个非常重要的任务，由于数据分析算法的需求不同，以及每个数据集的自身特点，因此数据清洗并没有统一的过程。

2. 数据集成

由于大数据技术的快速发展，各行各业的数据量都在急剧增加，每个行业都会对自己的数据进行管理，各个行业之间的数据信息系统可能不同。如果对不同行业的数据进行挖掘，那么就需要将不同行业的数据合并在一个数据源下。数据集成就是将存储在不同的数据源中的数据合并到一个数据源中[28]。

在不同的数据源中，不同的数据属性可能代表同一个含义，或者同一个数据属性可能代表不同的含义。如何对这些数据属性进行匹配，这就涉及实体识别的问题。例如，一个数据源中数据属性为 people_id，另一个数据源中数据属性为 pe_id，如何才能确定这两个属性是否代表同一个含义呢？如果数据源中的某个数据属性能够被其他数据属性导出，那么这个属性就是冗余的。在进行数据集成时，需要考虑如何识别出这些冗余的数据属性。另外，在不同的数据源中，相同数据属性，其值可能不同，如某一数据源中表示性别的数据属性值是 male 和 female，而另一数据源中表示性别的数据属性值是 0 和 1，在进行数据集成时，就需要进行数据冲突检测。不同数据源的数据属性值及其表示形式，对数据集成来说是一大难点。

3. 数据转换

各个行业都在管理着自己的数据，拥有自己的数据管理系统。这些数据管理系统是根据每个行业的需求和设计者的喜好来设计的，这就产生了不同的数据格式。数据挖掘算法对数据格式有特定的限制，在进行数据挖掘时，需要将不同的数据格式转换成统一的数据格式。数据转换主要包含以下几个方面：

（1）数据集的泛化：指概念的替换，使用高层次的概念替换低层次的概念，如可以将城市（地点属性）泛化成省或者国家等高层次的概念。

（2）特征构造：在数据集中构造新的属性。

（3）数据离散化：将数据集中连续的数据转换为离散的数据，以满足数据挖掘算法只能处理离散数据的限制。

4. 数据归约

由于大数据的数据量非常大，在数据集中普遍存在一些重复的数据或者冗余的数据。数据归约就是识别这些重复的数据以及冗余的数据，对数据集的规模进行缩小，并且仍然能够保存原有数据集的完整信息。数据归约的策略有以下几种：

（1）数据属性子集的选择。现实中数据集的数据属性个数可能成千上万，但并非所有数据属性都与数据挖掘的任务有关。与数据挖掘任务不相关的数据属性可能会导致数据挖掘的时间变长、数据挖掘的效率变差，所以有必要对这些数据集进行数据属性子集的选择。

（2）数据属性值的归约。数据属性值的归约是指通过替代的数据或者较小的数据来减少原始数据的数据量。

（3）实例归约。实例归约用于缩小数据集的大小，通过抽样的方式可以得到比较小的数据集，并且不会破坏原始数据集的完整性，以便后续的数据挖掘分析。

2.2.5 大数据分析技术

大数据具有数据量大、类型繁多、价值重要、要求快速处理等特征，这些特征对数据分析技术提出了新的要求和挑战。数据分析技术融合了数据挖掘、数据库、人工智能、深度学习、统计学、知识工程、信息检索等技术，其应用非常广泛[31]。例如，Google 从全球博客（Blog）的数据中挖掘出了与流感相关的信息，建立了一个预警机制，并利用该机制成功预测了 2009 年冬季流感的传播[32]。数据分析的方法有很多，典型的方法有数据挖掘和深度学习，以及这两种方法的结合。数据挖掘技术已被广泛应用到了各行各业，并得到了极大的发展，本节重点介绍数据挖掘技术的相关知识。

数据挖掘（Data Mining，DM）是从大量的、不完全的、有噪声的、模糊的、随机的数据中提取隐含在其中的、人们事先不知道的但又是潜在有用的信息和知识的过程[33]。

数据挖掘的示意图如图 2.6 所示[26]。被挖掘的数据可以是结构化的或半结构化的数据，也可以是异构的数据。发现信息和知识的方法可以是数学的或非数学的方法，也可以是归纳的方法。最终被发现的信息和知识可以用于信息管理、查询优化、决策支持，以及数据自身的维护等[34]。

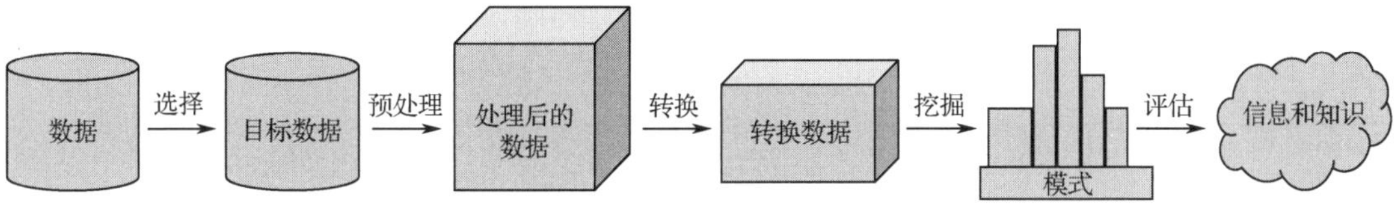

图 2.6　数据挖掘的示意图

目前，常用的数据挖掘技术主要是神经网络法、决策树法、遗传算法、粗糙集法、模糊集法、关联规则法等[31]。

（1）神经网络法。神经网络法是指在模拟生物神经系统结构和功能的基础上，通过训练来学习的非线性预测模型，可完成分类、聚类、特征挖掘等多项数据挖掘任务。神经网络法中的学习方法主要表现在权值的修改上，其优点是具有抗干扰、非线性学习、联想记忆功能，对复杂情况能得到精确的预测结果；缺点是需要较长的学习时间，不适合处理高维变量，无法观察学习过程，具有“黑箱”性，生成的结果也难以解释。神经网络法主要应用于数据挖掘的聚类技术中。

（2）决策树法。决策树是通过一系列规则对数据进行的分类，其表现形式类似于树状结构的流程图。最典型的决策树法是罗斯 • 昆兰（J. Ross Quinlan）提出的 ID3 算法[35]，以及在 ID3 算法的基础上提出的 C4.5 算法[36]。决策树法的优点是决策制定的过程是可见的，不需要长时间构造过程，描述简单，易于理解，分类速度快；其缺点是很难基于多个变量组合发现规则。决策树法适合处理非数值型数据，特别适合大规模的数据处理。

（3）遗传算法。遗传算法是一种采用遗传结合、遗传交叉变异及自然选择等操作来生成规则的、基于进化理论的机器学习方法。遗传算法的基本观点是“适者生存”，具有隐含并行性、易于和其他模型结合等性质。遗传算法的主要优点是可以处理多种数据类型，可以并行处理各种数据，对问题的种类具有很强的鲁棒性；其缺点是需要的参数太多，编码困难，计算量比较大。遗传算法常用于优化神经元网络，解决其他方法难以解决的问题。

（4）粗糙集法。粗糙集法也称为粗糙集理论，是一种新的处理含糊、不精确、不完备问题的数学工具，可以处理数据归约、数据相关度发现、数据意义的评估等问题。粗糙集法的优点是算法简单，不需要关于数据的任何预备的或额外的信息；其缺点是难以直接处理连续的数据，须先进行数据的离散化。连续数据的离散化是制约粗糙集法实用化的瓶颈[37]。粗糙集法适合处理近似推理、数字逻辑分析和化简、建立预测模型等问题。

（5）模糊集法。模糊集法利用模糊集合理论对问题进行模糊评判、模糊决策、模糊模式识别和模糊聚类分析。模糊集合理论是用隶属度来描述模糊事物属性的[31]，系统的复杂性越高，模糊性就越强。

（6）关联规则法。关联规则反映了事物之间的相互依赖性或关联性，最著名的关联规则法是由大卫·阿格拉瓦尔（David R. Agrawal）等人提出的 Apriori 算法。最小支持度和最小可信度是为了发现有意义的关联规则而给定的两个阈值，从这个意义上讲，数据挖掘的目的就是从数据源中挖掘出满足最小支持度和最小可信度的关联规则。

数据挖掘只是一个强大的工具，它不会在缺乏指导的情况下自动发现数据挖掘模型，而且得到的模型必须在现实生活中进行验证。数据分析者必须知道所选用的数据挖掘算法的原理是什么，以及该算法是如何工作的，并且要了解期望解决问题的领域、理解数据、了解数据挖掘的过程。只有这样才能解释最终得到的结果，从而不断完善数据挖掘模型，使数据挖掘真正满足人们的要求，服务于社会[31]。

2.2.6 大数据可视化技术

人们从外界获得的数据，大部分都是通过视觉获得的。可视化是指使用图形化的方式，以一种直观的、便于理解的形式展示数据的过程。大数据可视化技术是指利用图形处理、计算机视觉等对大数据进行可视化展示的技术。在大数据可视化的过程中，不仅将数据集中的每个数据项看成单个图元素，用数据集构成数据图像，还将数据的各个数据属性值以多维数据的形式表示。通过大数据可视化技术，人们可以从不同的维度观察数据，达到对数据进行更深入的观察和分析的目的，可以在图形界面上获取对海量数据的宏观感知。但这并不意味着一定要对数据进行全面、完备性的呈现，也不意味着要追求图形化数据的美学形式，让图形化的数据看起来绚丽多彩、极端复杂。大数据可视化技术的核心思想是以清晰有效的方式，通过数据来呈现人们的思想、表达人们的观点。

大数据可视化技术有着极为重要的作用，它不仅有助于人们跟踪数据，还有助于人们分析数据，让人们可以通过宏观、整体的视角来分析和理解数据。大数据可视化技术的应用使信息的呈现方式更加形象、具体和清晰，为人们提供了理解灾害的全新视角，提升了应急救灾的水平。

2.3 大数据平台

主流的大数据平台有大数据批处理平台、大数据采集平台、流数据处理平台、内存计算平台、云计算平台和深度学习平台等。

2.3.1 大数据批处理平台

对于数据处理时间没有较高要求的大数据分析，通常可以采用大数据批处理平台。当前主流的大数据批处理平台是 Hadoop。

Hadoop 是一个由 Apache 基金会开发的分布式架构，由多台普通并且廉价的物理机器组合而成，可以对数据进行高效的处理[39]。Hadoop 最初的架构设计来自 GFS 和 Map/Reduce 计算模型，因此 Hadoop 由 HDFS 和 Map/Reduce 计算模型组成。

（1）Hadoop 分布式文件系统（HDFS）是运行在多个物理机器上的一种分布式文件系统。

（2）在分布式架构下，通过 Map/Reduce 计算模型，可以将多台物理机器联合处理共同的任务。

Hadoop 分布式平台架构图如图 2.7 所示。Hadoop 底层通常是由多个物理机器所构成的计算节点（Node）；Node 的上一层是 HDFS，HDFS 的主要任务是将每个 Node 整合到一起；HDFS 的上一层是 Map/Reduce，Map/Reduce 可以把大型的任务分成多个不同的子任务，然后将这些子任务分配到不同的 Node 中处理；Hadoop 的顶层提供了一套完整的分布式编程的接口（API），用户只需要调用 API 就可以实现相应的功能，无须考虑诸如物理机器宕机，以及各个 Node 如何协同工作等问题。

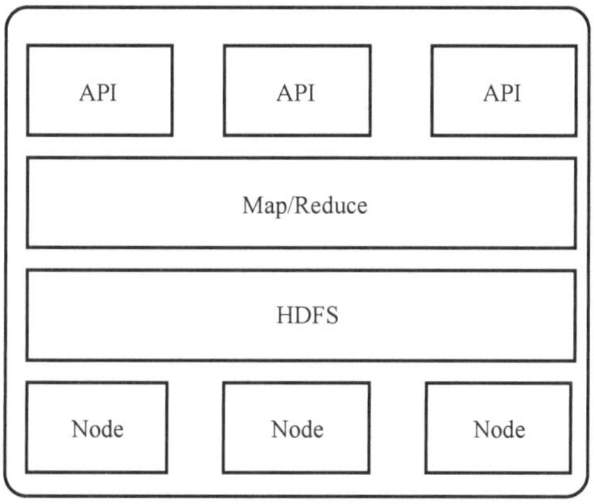

图 2.7　Hadoop 分布式平台架构图

HDFS 作为一款开源的文件系统，具备较高容错性，可存储海量的数据，并且成本相对较低等优势。HDFS 采用主从（Mater/Slave）结构，通常 Mater 上只运行一个 NameNode，而在每个 Slave 上运行一个 DataNode。HDFS 还可以实现传统文件系统的层次结构。例如，可以在文件系统中进行文件创建、删除、复制、剪切和重命名等操作。HDFS 的体系结构如图 2.8 所示。

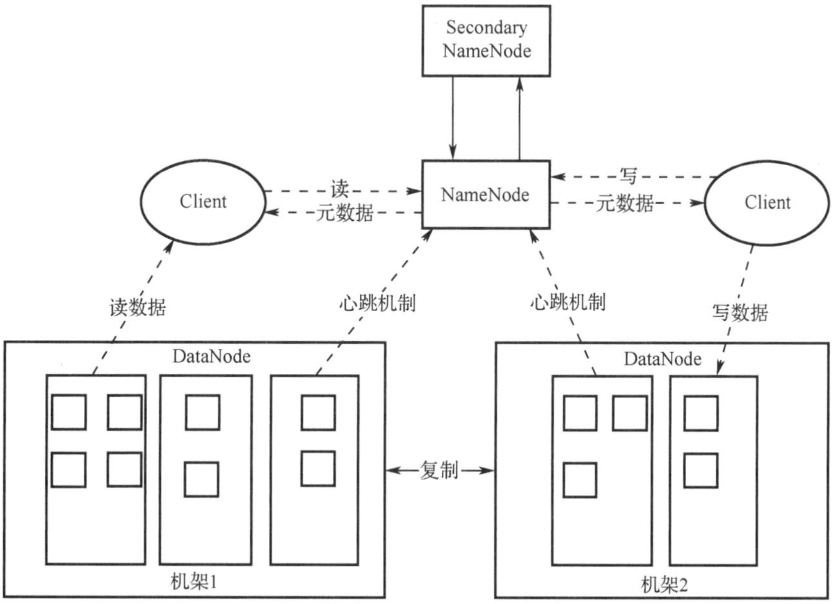

图 2.8　HDFS 的体系结构

图 2.8 中给出了 NameNode、DataNode 和 Client 三个关键组成部分。

（1）NameNode 负责文件空间的管理、数据的存储和相关参数的配置等。

（2）DataNode 是文件存储的基本单元，当在 Client 和 NameNode 之间进行数据读写操作时，DataNode 负责数据存储和定位的操作，并且定时地把存储列表发送给 NameNode。

（3）Client 通过 NameNode 和 DataNode 访问 HDFS，Client 提供了相关接口，用户无须知道具体业务流程便可以获取 HDFS 中的数据。

Map/Reduce 是一种并行式的计算模型，Map 表示映射操作，Reduce 表示归约操作。通过 Map()函数，可以把原有的键-值对（Key-Value）转换成新的键-值对；通过 Reduce()函数，可以使所有映射的键-值对中的节点都共享相同的键值。

Map/Reduce 计算模型的实现原理如图 2.9 所示。启动任务后，首先把输入的数据分割成为若干个小的数据块（分片，Split），在默认的情况下，数据块的大小是 64 MB；然后对这些数据块进行映射操作，即执行 Map()函数；接着对映射结果进行排序，并进行归约处理，即执行 Reduce()函数；最后将归约的结果输出。每进行一次归约操作就会创建一个分区，这些分区可以由自定义的 Partitioner（分区器）进行管理，默认的分区方式是采用 Hash()函数形成哈希值来进行分区。在 Map/Reduce 计算模型中，输入和输出存放在分布式文件中，由 HadoopHash 管理执行的任务、监控节点的运行，并且使用心跳机制重启失败的任务。

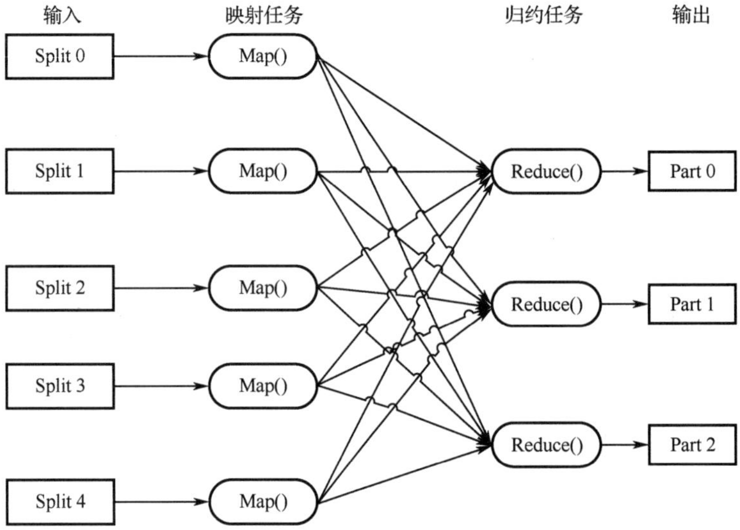

图 2.9　Map/Reduce 计算模型的实现原理

2.3.2　大数据采集平台

在大数据的生命周期中，数据采集是必不可少的环节。目前，常用的数据采集工具有 Apache 的 Nutch、Cloudera 的 Flume、Facebook 的 Scribe 等。本节重点介绍 Apache 的大数据采集平台 Nutch。

Nutch 是采用 Java 编写的具有高可扩展性的搜索引擎，基于模块化的设计思想，具有跨平台的优点。利用 Hadoop 分布式平台，Nutch 可以让多台物理机器并行进行数据采集，能满足每秒数百兆字节的采集速度，可保证系统的高性能。Nutch 还支持插件开发机制，可以进行相关自定义的操作，完成二次接口的开发和系统的扩展[40]。Nutch 为实现基于分布式的数据采集提供了可靠的平台。

Nutch 的运行方式有两种：一种是基于分布式的数据采集方式，另一种是基于传统单机的采集方式。本节介绍的是 Nutch 的第一种运行方式，即在 Hadoop 分布式平台下多台物理机器并行进行数据采集。在 Hadoop 分布式平台下，Nutch 采用 HDFS，通过 Hadoop 的 Map/Reduce 计算模型来采集网页中与某个主题相关的数据，可在短时间内采集大量的数据。Nutch 与 Hadoop 的关系如图 2.10 所示。

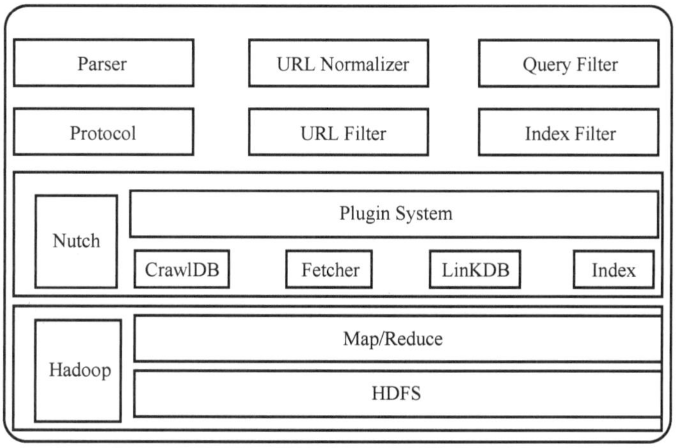

图 2.10　Nutch 与 Hadoop 的关系

Nutch 的工作流程主要涉及两个方面，一方面是网页数据采集（采集模块），另一方面是对采集到的数据进行检索（检索模块），如图 2.11 所示。

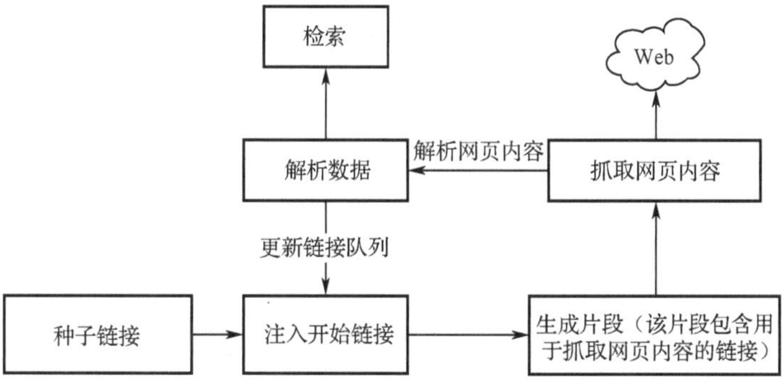

图 2.11　Nutch 的工作流程

2.3.3　流数据处理平台

在对具有实时性、易失性、突发性、无序性和无限性等特征[41]的流式大数据进行计算时，离线的大数据批处理平台（如 Hadoop）就不再适用，流数据处理平台应运而生。流数据处理平台摒弃了传统大数据批处理平台的模式（先存储数据后计算数据的模式），在数据产生初期就进行计算，使用可靠传输模式，不保存中间的计算结果。流数据处理平台不仅广泛应用于对数据分析实时性要求较高的场景，而且不断地融入了实时图像识别、人工智能等技术。目前，典型的流数据处理平台有 Storm、Flink、Spark Streaming、Puma 和 S4 等，本节重点介绍 Storm。

Storm 是一个分布式的、高容错的流数据处理平台。如果将 Hadoop 的工作机制看成一桶桶地搬运水，那么 Storm 就好像在已经安装好水管的前提下，只要打开水龙头就可以立即得到水，而且是源源不断的水[42]。

相比于 Flink 和 Spark Streaming，Storm 在大数据流式处理方面具有更好的性能；相比于 Puma 和 S4，Storm 的商用前景更为广阔。由于新特性的加入、更多库的支持，以及与其他开源项目的无缝融合，使得 Storm 逐渐成为业界的研究热点，被称为实时处理领域的 Hadoop[43]。

Storm 实现了一个如图 2.12 所示的数据流（Data Flow）模型[44]，在这个模型中，数据持续不断地流经一个由很多转换实体构成的网络，一个数据流可以被抽象为 Stream（流），Stream 是无限多 Tuple（元组）组成的序列。Tuple 可以用标准数据类型（如 int、float 和 byte 数组）和用户自定义类型（需要额外的序列化代码）的数据结构来表示。每个 Stream 有一个唯一的 ID，该 ID 可以用来构建网络拓扑中各个组件的数据源。

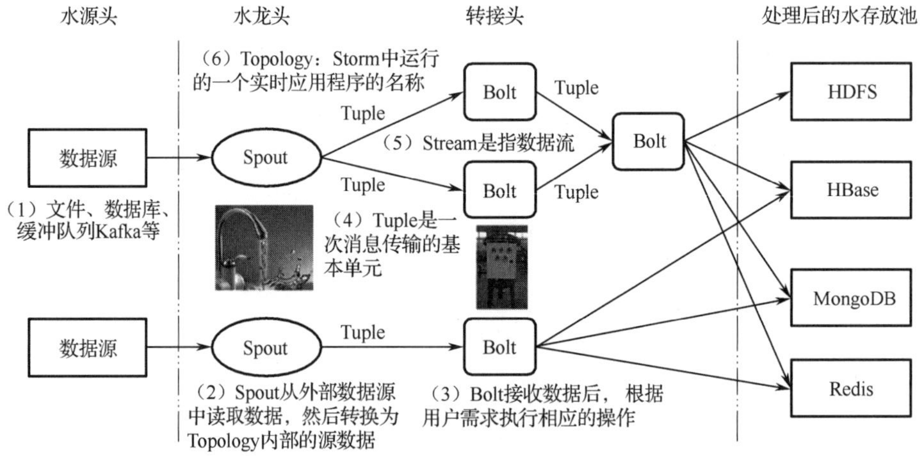

图 2.12　数据流模型

Spout 是 Storm 中 Stream 的来源，连接到了数据源（Data Source），将数据转化为一个个 Tuple 并发送出去。Bolt 是流数据处理平台的核心功能，Topology 中的所有计算都是在 Bolt 中实现的。Bolt 不仅可以接收并计算 Tuple，还可以订阅多个由 Spout 或者其他 Bolt 发送的数据流，用以构建复杂的数据流转换网络，该转换网络可以输出一个或者多个流。Topology 是对 Storm 中实时计算逻辑上的封装，也就是说，Topology 是由一系列通过数据流相互关联的 Spout 和 Bolt 组成的 DAG（有向无环图）。

作为一个具有实时处理性能的计算框架，Storm 本身具有很多可以满足实时计算的优点，主要的优点如下：

（1）容错性：主节点通过心跳机制来监控各个工作节点的状态，这些状态信息记录在 ZooKeeper 中，当节点出现故障问题时，可以重新启动。

（2）易用性：Storm 的开发相对容易一些，只要按照开发规范就可以轻松地开发出适应性强的应用。Storm 采用的简单开发模型，可以降低实时处理的复杂度；另外，Storm 还支持多种开发语言，开发者可以采用 Java、Python 或者 Ruby 等语言进行开发。

（3）扩展性：依靠并行机制，Storm 可以通过增加物理机器来提高运行速度、拓展计算容量。

（4）安全性：Storm 采用 Acker 的机制，保证不会轻易丢失数据包，一旦任务失败就会重新处理。

（5）处理快：Storm 采用 ZeroMQ（一种轻量级消息内核）来进行通信处理，ZeroMQ 具有并发性，可以保证数据处理速度。

2.3.4　内存计算平台

前文从大数据的时效性角度出发，介绍了大数据批处理平台 Hadoop、大数据采集平台 Nutch 和流数据处理平台 Storm。本节从大数据的内存计算和高并发角度出发，重点介绍内存计算平台 Spark。

Spark 是一个开源的分布式数据处理框架[45]，最初在 2009 年由加利福尼亚大学伯克利分校的 AMP 实验室开发，在 2013 年捐赠给了 Apache 基金会，如今已经成为大数据处理领域热度最高的分布式计算平台之一。

近年来，随着开源社区对 Spark 的不断完善，将 Spark 和 SQL 查询分析引擎、流计算、图计算和分布式机器学习库集成在一起可构成综合性数据分析平台，称为 BDAS（Berkeley Data Analysis Stack，伯克利数据分析栈）。BDAS 的组成结构如图 2.13 所示[46]。Spark Core 是 Spark 的底层计算引擎；HDFS 和 Yarn/Mesos 不属于 Spark，但为 Spark 提供了数据存储和集群资源调度的功能。

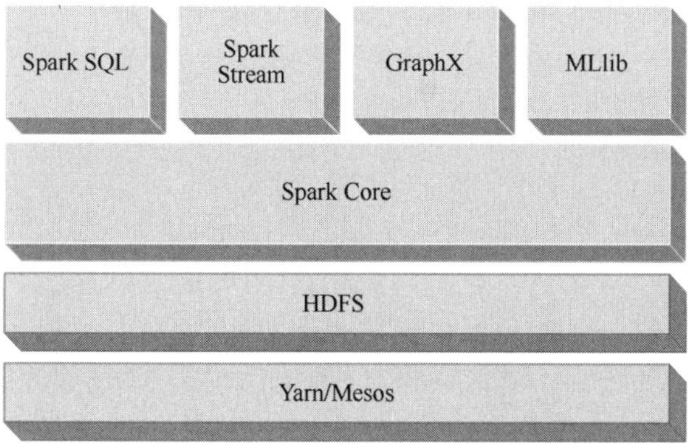

图 2.13　BDAS 的组成结构

1. Spark 作业执行架构

Spark 作业执行采用主从式架构，当 Spark 作业提交到集群中时，集群管理器（Cluster Manager）会在一台物理机器上启动 Driver 进程，Driver 进程负责维护 Spark 作业的上下文（SparkContext）并对计算任务进行切分，然后向资源调度器申请资源并执行任务。Spark 作业执行架构如图 2.14 所示。

在 Driver 进程中，首先 Spark 作业通过 Shuffle 过程被分成若干阶段（Stage），其次每个 Stage 被细分成若干个在不同数据上执行相同计算任务的 Task，最后 Driver 进程在申请到的集群资源上启动 Executor 进程并执行 Task。

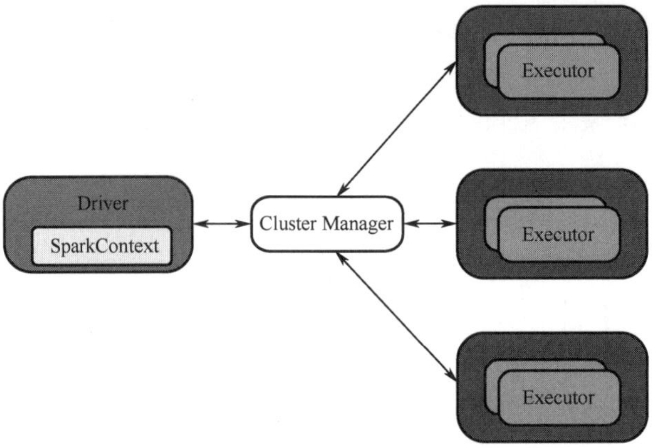

图 2.14　Spark 作业执行架构

2. 弹性分布式数据集

Spark 将数据抽象成弹性分布式数据集（Resilient Distributed Dataset，RDD），并在 RDD 上定义表达各种计算逻辑的计算算子。从逻辑上来看，RDD 可以被看成一个分布式的“数组”对象，这个“数组”按一定的分区策略（默认的是哈希分区）被分成一定数量分区，并散布在整个集群中，Spark 可以对各个分区进行细粒度的控制。

在执行 Spark 任务时，开发者可以利用 Cache 算子将多次使用的中间计算结果缓存到内存中。在使用这些中间计算结果时，Spark 会自动读取内存中缓存的数据，从而避免磁盘 I/O 的大量时间开销。这种缓存机制使得 Spark 在数据处理速度方面，比 Map/Reduce 有 10～100 倍的提升。

3. 有向无环图执行计划

在 Spark 中，某个 RDD 和基于该 RDD 的计算结果之间存在父子关系，这种依赖关系会被 Spark 记录下来，用于计算的调度和容错。RDD 之间的依赖关系分为两种：窄依赖和宽依赖。窄依赖是指父 RDD 的分区最多被一个子 RDD 的分区使用，宽依赖是指父 RDD 的分区可以被多个子 RDD 的分区使用。窄依赖和宽依赖的示意图如图 2.15 所示[46]。

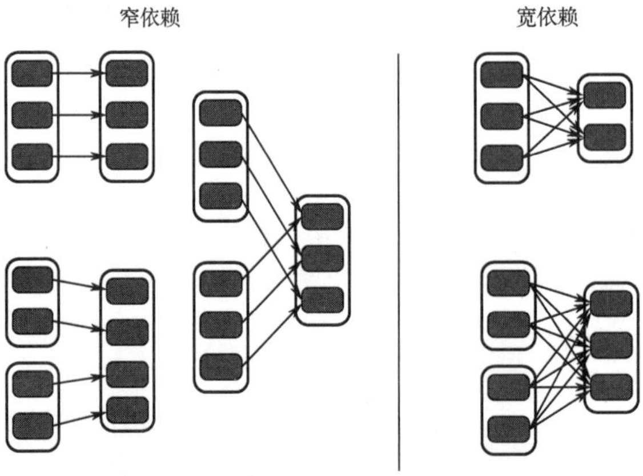

图 2.15　窄依赖和宽依赖的示意图

由于存在上述的依赖关系，Spark 的作业可以看成一个以 RDD 为节点，以 RDD 之间的依赖关系为连边的有向无环图（Directed Acyclic Graph，DAG），Spark 可以根据这个 DAG 追踪图中任意 RDD 的生成过程。

2.3.5 云计算平台

云计算通过互联网联合多台计算机，从而提供协同计算的服务，是一种新兴的网络服务模式[47]。云计算平台利用物理机器构成分布式集群，提供相应的数据存储、计算、软/硬件等服务，可以将用户的任务在不同的物理机器之间进行切换，从而有效提高系统资源的使用效率[48]。云计算的产生使得开发人员无须了解集群底层的实现过程就可以顺利地完成其应用的开发，极大地提高了开发效率。

云计算是利用并行处理技术来解决复杂且规模较大的应用问题的，它将资源看成一种可量化的服务，是虚拟化、并行处理和分布式处理等技术相互结合的产物[49]。云计算技术充分地利用了网络中的节点，实现了资源和服务的共享[50]。典型的云计算平台是 OpenStack。云计算平台可部署众多的计算程序，通过虚拟化技术来扩展每个服务器节点的计算能力，对所有的资源进行整合，可提供超强的计算能力和存储能力。云计算平台的架构如图 2.16 所示。

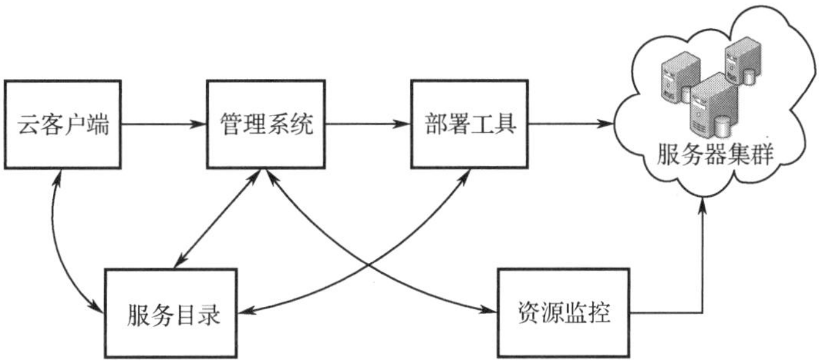

图 2.16 云计算平台的架构

（1）云客户端：作为进入云端的入口，云客户端的作用是与服务器集群进行交互，并为云端提供了交互的显示界面，可以完成资源的管理、服务的申请和服务器集群的部署等功能。

（2）服务目录：用户成功登录云计算平台后，可以得到相应的使用权限，此时云端服务器会自动创建一个供用户使用的目录，用户可以在这个目录中申请或使用相关的服务。

（3）管理系统：管理系统的作用是管理云计算平台中的各个功能模块，例如，为用户完成授权的操作、分配系统所需的资源，以及服务器集群的部署等。

（4）部署工具：部署工具的作用是辅助服务器集群的部署和资源的配置，此外还可以为用户生成相应的服务目录。

（5）资源监控：用于实时地监测云计算平台中不同资源的使用情况，当资源的使用出现问题时，云计算平台能够及时地进行调整，使云计算平台中资源处于负载均衡的状态。

（6）服务器集群：服务器集群是由管理系统的物理机器所搭建的集群，这些物理机器通过互相交换信息构成了一个云网络。服务器集群可以通过管理系统处理数以万计的用户服务请求，是云计算平台中真正负责计算和存储的关键部分。

2.3.6 深度学习平台

近年来，随着深度学习研究热潮的持续高涨，各种开源的深度学习平台也层出不穷，如TensorFlow、Caffe、Keras、CNTK、Torch7、MXNet、Leaf、Theano、DeepLearning4、Lasagne、Neon 等，本节重点介绍 TensorFlow。

TensorFlow[51]最初由 Google 的 Google Brain Team 研究人员和工程师开发，是一个使用数据流图进行数值计算的开源软件库。TensorFlow 是由 Tensor 和 Flow 两部分组成的：Tensor 指各种变量，用 Tensor 来统一变量是为了适应神经网络的开发，它可以代表变量、常量、占位符、稀疏矩阵，而且变量的维度可以是标量或者高阶矩阵；Flow 指数据的流向，实际上就是代表对数据的各类操作，如运算、类型转化等。在 TensorFlow 中，运算的定义和执行是分开的，Google 采用数据流图来形象地描述 TensorFlow 的运算过程。TensorFlow 数据流图的示意图如图 2.17 所示[52]，图中的节点和边描述运算的过程，节点表示相应的数学操作，边表示数据的流向。

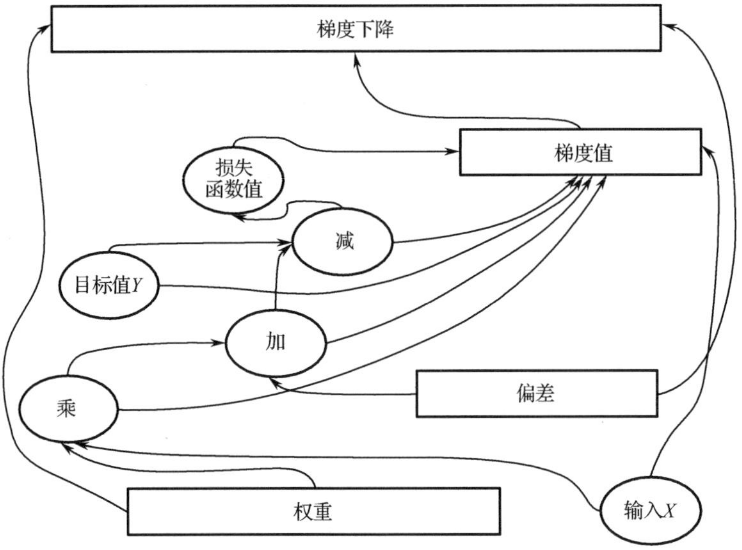

图 2.17 TensorFlow 数据流图的示意图

与其他深度学习平台相比，TensorFlow 具有以下优点：

（1）作为 Google 的重点开发项目，Google 在 TensorFlow 上投入了大量精力和资金，以及技术的维护和支持。此外，TensorFlow 形成了一个强大的社区，高涨的社区文化是 TensorFlow 能够快速迭代、不断完善的重要原因之一。

（2）TensorFlow 的工作流程相对容易，API 稳定、兼容性好。与 Numpy 的完美结合，使精通 Python 的用户可以很容易上手 TensorFlow。目前，TensorFlow 已经拥有了众多功能非常强大的 API，而且 API 在运行时不需要等待编译。

（3）TensorFlow 的设计理念为其带来了极强的灵活性，可以支持各种各样的深度学习模型。另外，TensorFlow 也支持移动设备，具有极好的便携性。

（4）自 TensorFlow 发布以来，其开发团队花费了大量的时间和精力来提升它的效率。

TensorFlow 中的线性代数编译器，全方位地提升了 TensorFlow 的计算性能，可以在 CPU、GPU、TPU、嵌入式设备等平台上快速完成训练和推理任务。

2.4 本章小结

本章详细地介绍了灾害大数据的来源、典型的大数据技术和主流的大数据平台，可以让读者对灾害大数据具有全面的认识。本章首先分析了灾害大数据的来源、独特性和重要性；然后给出了大数据生命周期的关键环节（采集、提取、存储、预处理、分析和可视化等阶段），并在此基础上介绍了典型的大数据技术，如大数据定向爬取技术、大数据自动摘要技术、大数据存储技术、大数据预处理技术、大数据分析技术和大数据可视化技术；最后介绍了主流的大数据平台，如大数据批处理平台、大数据采集平台、流数据处理平台、内存计算平台、云计算平台和深度学习平台。

本章参考文献

[1] 佚名. 大数据时代的挑战与思考[EB/OL]. [2018-04-28]. https://wenku.baidu.com/view/81726b86a8956bec0875e355.html.

[2] Comparative Review of Social Media Analysis Tools for Preparedness [EB/OL]. [2019-4-5]. https://preparecenter.org/activity/gdpc-research-activities/comparative-review-social-media-analysis-tools-preparedness/.

[3]Dufty N. Using social media to build community disaster resilience[J]. Australian Journal of Emergency Management, 2012, 27(1): 40.

[4] 江苏盐城响水一化工企业发生爆炸[Z/OL]. [2019-07-19]. https://tv.cctv.com/2019/03/21/VIDEkbB0eZrDAp12Iye5BGzU190321.shtml.

[5] 地震科学数据　数据分类与编码[EB/OL]. [2019-07-19]. https://data.earthquake.cn/sjgxbz/index.html.

[6] Tohalino J V, Amancio D R. Extractive Multi Document Summarization using Dynamical Measurements of Complex Networks[C]//The 2017 Brazilian Conference on Intelligent Systems, Uberlandia: IEEE, 2017: 366-371.

[7] Agre G H, Mahajan N V. Keyword focused web crawler[C]//The 2015 International Conference on Electronics and Communication Systems. Coimbatore: IEEE, 2015.

[8] Li M, Li C, Wu C, et al. A Focused Crawler URL Analysis Algorithm based on Semantic Content and Link Clustering in Cloud Environment[J]. International Journal of Grid & Distributed Computing, 2015, 8(2): 49-60.

[9] Singh B, Gupta D K, Singh R M. Improved Architecture of Focused Crawler on the basis of Content and Link Analysis[J]. International Journal of Modern Education & Computer Science, 2017, 9(11): 33-40.

[10] 刘家益，邹益民. 近 70 年文本自动摘要研究综述[J]. 情报科学，2017, 35(7): 154-161.

[11] Nallapati R, Zhou B, Santos C N D, et al. Abstractive Text Summarization Using Sequence-to-Sequence RNNs and Beyond[C]//Proceedings of The 20th SIGNLL Conference on Computational Natural Language Learning, 2016.

[12] Salton G, Wong A; Yang C S. A vector space model for automatic indexing[J]. Communications of the ACM, 1975, 18(11): 613-620.

[13] Liu X. Automatic summarization method based on compound word recognition[J]. Journal of Computational Information Systems, 2015,11(6): 2257-2268.

[14] Xu G X, Yao H S, Wang C. Research on multi-feature fusion algorithm for subject words extraction and summary generation of text[J]. Cluster Computing, 2017,12(1): 1-13.

[15] 佚名. 云存储[EB/OL]. [2019-3-12]. https://baike.baidu.com/view/2044736.html.

[16] 邓见光，潘晓衡，袁华强. 云存储及其分布式文件系统的研究[J]. 东莞理工学院学报，2012,19(5): 41-46.

[17] 刘鹏. 云计算[M]. 3 版. 北京：电子工业出版社，2015.

[18] 余秦勇，陈林，童斌. 一种无中心的云存储架构分析[J]. 通信技术，2012,45(8): 123-126,130.

[19] 张华. Openstack Swift 原理、架构与 API 介绍[EB/OL].（2013-10-24）[2018-12-20]. https://www.ibm.com/developerworks/cn/cloud/library/1310_zhanghua_openstackswift/.

[20] 吴吉义，傅建庆，平玲娣，等. 一种对等结构的云存储系统研究[J]. 电子学报，2011(5): 1100-1107.

[21] Maymounkov P, Mazières D. Kademlia: A Peer-to-Peer Information System Based on the XOR Metric[C]//Proceedings of the 1st International Workshop on Peer-to-Peer Systems (IPTPS). Cambridge, USA: Springer, 2002: 53-65.

[22] 常倩. 基于云存储和 P2P 的资料同步存储技术的研究[D]. 合肥：安徽大学，2015.

[23] Stoica I, Morris R, Karger D, et al. Chord : A Scalable Peer-To-Peer Lookup Service for Internet Applications[C]//Proceedings of the ACM SIGCOMM'01 Conference. New York, 2001: 149-160.

[24] 王挺，吴晓军，张玉梅. 基于遗传算法的双向搜索 Chord 算法[J]. 计算机应用研究，2016(1): 46-49.

[25] Tan P N, Steinback M, Kumar V. Introduction to Data Mining[J]. Intelligent Systems Reference Library, 2006,22(6): 753-754.

[26] 杨东华，李宁宁，王宏志，等. 基于任务合并的并行大数据清洗过程优化[J]. 计算机学报，2016(1): 97-108.

[27] 崇卫之. 数据预处理机制的研究与系统构建[D]. 南京：南京邮电大学，2018.

[28] Han J, Kamber M, Pei J. 数据挖掘概念与技术[M]. 范明，孟小峰，译. 3 版. 北京：机械工业出版社，2012.

[29] Knorr E M, Ng R T, Tucakov V. Distance Based Outliers: Algorithms and Applications[J]. VLDB Journal, 2000,8(3): 237-253.

[30] 薛安荣，鞠时光，何伟华，等. 局部离群点挖掘算法研究[J]. 计算机学报，2007,30(8): 1455-1463.

[31] 王惠中，彭安群. 数据挖掘研究现状及发展趋势[J]. 工矿自动化，2011(2): 33-36.

[32] Google Flu Trends[EB/OL]. [2018-12-21]. https://www.google.org/flutrends.

[33] Han J, Kamber M. 数据挖掘概念与技术[M]. 范明，孟小峰，译. 北京：机械工业出版社，2001.

[34] 陕粉丽. 数据挖掘技术的研究现状及应用[J]. 现代企业教育，2008(6): 101-102.

[35] Quinlan J R. Induction of Decision Trees[J]. Machine Learning, 1986,1(1): 8.

[36] Quinlan J R. C4.5: Programs for Machine Learning[M]. San Mateo, CA: Morgan Kaufmann, 1993.

[37] 李华，刘帅，李茂，等. 数据挖掘理论及应用研究[J]. 断块油气田，2010,17(1): 88-91.

[38] 任磊，杜一，马帅，等. 大数据可视分析综述[J]. 软件学报，2014(9): 1909-1936.

[39] Feng D, Zhu L, Zhang L, et al. Review of hadoop performance optimization[C]//2016 2nd IEEE International Conference on Computer and Communications (ICCC), 2017: 65-68.

[40] Michael M, Moreira J E, Shiloach D, et al. Scale-up x Scale-out: A Case Study using Nutch/Lucene[C]//Parallel and Distributed Processing Symposium, 2007: 1-8.

[41] 孙大为，张广艳，郑纬民. 大数据流式计算：关键技术及系统实例[J]. 软件学报，2014(4): 839-862.

[42] 朱群. 基于 Storm 的实时推荐系统的设计与实现[D]. 西安：西安电子科技大学，2017.

[43] 鲁亮，于炯，卞琛，等. 大数据流式计算框架 Storm 的任务迁移策略[J]. 计算机研究与发展，2018,55(1): 71-92.

[44] 林子雨. 大数据技术原理与应用[M]. 2 版. 北京：人民邮电出版社，2017.

[45] Zaharia M. An Architecture for Fast and General Data Processing on Large Clusters[M]. San Rafael, CA: Morgan & Claypool, 2016.

[46] 胡楠. 面向复杂网络的时序链路预测与局部社团挖掘[D]. 南京：南京邮电大学，2018.

[47] 崔勇，宋健，缪葱葱，等. 移动云计算研究进展与趋势[J]. 计算机学报，2017,40(2): 273-295.

[48] Wang C, Wang Q, Ren K, et al. Toward Secure and Dependable Storage Services in Cloud Computing[J]. IEEE Transactions on Services Computing, 2012,5(2): 220-232.

[49] 张玉清，王晓菲，刘雪峰，等. 云计算环境安全综述[J]. 软件学报，2016,27(6): 1328-1348.

[50] Chang V, Kuo Y H, Ramachandran M, et al. Cloud computing adoption framework：A security framework for business clouds[J]. Future Generation Computer Systems, 2016,57: 24-41.

[51] 杨春春. 面向网络数据的定向采集与自动摘要技术的研究[D]. 南京：南京邮电大学，2018.

[52] 费宁，张浩然. TensorFlow 架构与实现机制的研究[J]. 计算机技术与发展，2019(9): 1-5.

第3章 灾害大数据定向爬取技术

3.1 定向爬取技术的研究背景与问题分析

面对海量的互联网灾害大数据，精准地爬取与灾情相关的数据，将会对灾后救援产生重要的影响。由于数据爬取是后续数据挖掘、分析与决策的前提[1]，因此如何高效、精准地爬取与主题相关的数据已经成为研究热点。传统的通用爬取方法，其结果通常考虑广泛性而忽略了针对性，如 Baidu 和 Google 等商业搜索引擎的爬取结果[2]。与面向特定领域的主题搜索引擎相比，通用爬取方法的针对性较弱，在爬取结果的过滤和后期相关度的排序等方面还有待提高。定向爬取技术的核心问题是如何通过算法来提高爬取结果的准确率，尽可能多地采集与主题相关的网页数据。目前，灾害大数据定向爬取技术主要存在以下问题：

（1）当前的采集器通过主题与网页数据相关度的判定，只有当相关度大于设定的阈值时，才保存相关的网页数据。这种方法的效率比较低，爬取结果的准确率也不高，难以实现对与主题相关的网页数据的准确爬取。

（2）基于链接结构的主题爬取算法主要是判定待爬取的链接与主题的相关度，基于链接的判定算法不仅容易造成“主题漂移”的现象，而且也容易忽略链接的相关反馈信息。

（3）目前的分布式定向爬取系统，节点之间需要进行频繁的通信，系统的可扩展性差。

为了解决上述问题，本章重点介绍了灾害数据采集算法的相关知识，具体内容包括以下几点：

（1）在分析数据爬取算法的基础上，详细介绍了一种面向网络数据定向爬取的自适应爬取算法（Adaptive Crawling Algorithm，ACA）[3]。

（2）详细介绍了 ACA 的原理和执行流程。

（3）通过实验对 ACA 进行验证与性能分析，证明 ACA 在爬取数据的准确率方面优于贝叶斯（Bayesian）算法[5]和最佳优先搜索（Best First Search，BFS）[6]算法，从而对网页数据进行精准的定向爬取。

3.2 自适应爬取算法

3.2.1 自适应爬取算法的原理

互联网上的网页通常都是按照相关主题来分类的，主题相关的网页通常是可以相互链接的。当一个网页数据与主题相关时，该网页包含与主题相关的链接可能性极大。结合对网页数据的评价、网页之间的链接，以及遗传算法的优点，可以设计面向数据定向爬取的自适应爬取算法。

自适应爬取算法的基本思想是：结合自适应选择的方法，挑选适应度相对较高的链接作为初始的种子链接，从而减少与主题无关的链接网页数据的爬取。适应度较低的链接采用较大的变异概率，适应度较高的种子链接采用较小的变异概率，从而在保证有足够新链接的同时算法能够达到全局最优。在进化的不同时期，采用不同的交叉概率对父代个体链接进行基因变异，可以保证选出与主题相关度高的链接。ACA 的具体实现如下所述。

1. 计算网页数据相关度的算法

首先根据初始的种子链接爬取网页数据，将爬取的链接和正文信息存放为文本；然后对文本进行分词，通过文本加权算法对分词后的文本计算权值，把网页数据表示成特征词的加权向量，即：

$$V=\{V_1,V_2,\cdots,V_n\} \tag{3-1}$$

式中，n 表示文本的特征词总数；V_i 代表特征词 t_i 的权值：

$$V_i=\mathrm{tf}_i\times\mathrm{idf}_i \tag{3-2}$$

式中，tf_i 代表特征词 t_i 在当前网页中出现的频度；idf_i 表示特征词 t_i 在整个网页集合中的反文档频度。

$$\mathrm{tf}_i=\frac{n_i}{\sum_{k=1}^{m}n_k} \tag{3-3}$$

式中，n_i 表示特征词在当前网页中出现的次数；n_k 表示网页中的特征词总数。

$$\mathrm{idf}_i=\lg\frac{\sum_{h=1}^{l}j_h}{b_i} \tag{3-4}$$

式中，j_h 表示爬取到的网页总数；b_i 表示出现特征词 t_i 的网页数量。

将网页中的内容进行分词，并且对特征词加权后，选取内容中出现的特征词为该向量空间中的一个向量，利用这些向量表示网页数据。将网页数据中的特征词假设成一个 r 维空间向量，r 表示特征词的个数。计算主题相关度的方法采用向量空间模型（Vector Space Model，VSM）算法，根据计算的结果对网页进行相关度排序。由于网页数据是由众多的标签结构组成的，标签所在的位置不同，表示的重要性也不一样。按照网页中标签位置的不同，为标签设置不同的权值。网页中标签所对应的权值如表 3.1 所示。

表 3.1　标签所对应的权值

<title>	<meta>	<H><a>	其他
5.0	3.0	2.0	1.0

特征词所对应标签的平均权值为：

$$T_k = \frac{\sum_{i=1}^{n} m_i}{\sum_{s=1}^{n} m_s} \tag{3-5}$$

式中，m_i 表示第 i 个标签的权值；$\sum_{i=1}^{n} m_i$ 表示特征词对应标签的累加权值；$\sum_{s=1}^{n} m_s$ 表示特征词所对应的标签在整个网页所有标签中的权值总和。

$$\mathrm{sim}(g) = \frac{\alpha \times \beta}{|\alpha| \times |\beta|} = \frac{\sum_{i=1}^{n}(g_i \times v_i)}{\sqrt{(\sum_{i=1}^{n} g_i^2) \times (\sum_{i=1}^{n} V_i^2)}} \times T_k \tag{3-6}$$

式中，g_i 和 v_i 分别表示特征词在当前网页和主题向量中的权值；sim(g)表示待爬取的网页 g 与主题的相关度，取值为 0～1，sim(g)的值越大，表示爬取网页属于和主题相关网页（主题类网页）的概率就越高。

2. 文本的聚类

给定 n 个相关度的点$\{\mathrm{sim}_1,\mathrm{sim}_2,\cdots,\mathrm{sim}_n\}$，通过计算获取 K 个初始聚类中心$\{a_1,a_2,\cdots,a_K\}$，使所有样本数据点与聚类中心的距离平方和最小。设定距离的平方和为 W_n，其计算公式为：

$$W_n = \sum_{i=1}^{n} \min_{1\leqslant j\leqslant k} |\mathrm{sim}_i - a_j|^2 \tag{3-7}$$

3. 待爬取网页属于主题类网页的概率

朴素贝叶斯算法分类的定义如下所述。

首先，设定 D 为即将训练的元组和与它相关的所属类的集合，每个元组通过一个 n 维属性向量$\{W_1,W_2,\cdots,W_n\}$来表示，假设有 m 个类 $C_1,C_2,\cdots,C_m$，并且给定元组 W_x（待爬取的网页），朴素贝叶斯算法会预测当前元组 W_x 是否属于类 C_i，只有当元组 W_x 属于类 C_i 的概率大于元组 W_x 属于类 C_j 的概率，即：

$$P(C_i|X)>P(C_j|X), \qquad 1\leqslant j\leqslant m，j\neq i \tag{3-8}$$

时，才最大化 $P(C_i|X)$的值。其中，使 $P(C_i|X)$最大的类 C_i 为最大的后验假设。可以根据贝叶斯定理得到：

$$P(C_i | W_x) = \frac{P(W_x | C_i)P(C_i)}{P(W_x)} \tag{3-9}$$

其次，在所有类的先验概率都未知时，可假设这些类出现的概率都是相等的，即 $P(C_1)=P(C_2)=\cdots=P(C_m)$，并据此最大化 $P(W_x|C_i)$的值。

最后，给定所属类的标号，假设属性值是有条件相互独立的，属性之间不存在依赖关系，训练元组属于对应类别的概率 $P(W_1|C_i),P(W_2|C_i),\cdots,P(W_n|C_i)$。

本章的朴素贝叶斯算法分类结果分为两类，一类是与主题相关的，另一类是与主题无关的。待爬取网页属于主题类网页的概率为：

$$P(W_x \mid C_i) = \prod_{k=1}^{n} P(W_1 \mid C_i) \times P(W_2 \mid C_i) \times \cdots \times P(W_n \mid C_i) \tag{3-10}$$

4. 自适应函数机制

通过自适应函数挑选出与主题相关的链接，适应度评价函数为：

$$\text{Fitness}(\text{link}_i) = f_{\text{sim}} + f_{\text{link}} + f_{\text{parent}} + f_{\text{datastruts}} + f_{\text{relevanturls/totalurls}} + \lambda \tag{3-11}$$

$$A_p = \sum_{q \to p} H_q, \quad H_p = \sum_{p \to q} A_q \tag{3-12}$$

式中，Fitness(link_i)表示第 i 个链接和主题的适应度；f_{sim} 表示预测的第 i 个链接和主题相关度，可根据式（3-6）得出；f_{link} 表示第 i 个 URL 的分析值。基于超链接的主题搜索（Hyperlink-Induced Topic Search，HITS）算法[6]首先通过特征词确定网络子图 $G=(V, E)$，其中 V 为网络子图中所有节点的集合，E 为所有边的集合，然后通过迭代计算的方式得出所有网页的中心值。有向边 $<p, q> \in E$ 表示网页 p 中有个链接指向了网页 q，通过不停地对中心值和权值进行迭代计算，可使 A_p 和 H_p 的值收敛。f_{parent} 表示第 i 个网页与父网页的相关度，可根据式（3-6）得出。$f_{\text{datastruts}}$ 表示第 i 个 URL 的标签权值，可根据式（3-5）得出。$f_{\text{relevanturls/totalurls}}$ 表示当前主题类网页的数量与爬取的网页总数量的比值。λ 是一个自适应调整的动态值。

在遗传算法中，交叉概率的变化将会对算法的性能产生重要影响。如果交叉概率过大，就会引入更多新的个体，在这种情况下很容易爬取到与主题无关的网页，算法的准确率就会降低。如果交叉概率过小，就会使算法进入早熟收敛状态，从而陷入局部极值点，不容易爬取到新的主题类网页。为了让算法的性能达到全局最优，在系统的运行过程中要按照进化的状态动态地调整交叉概率，通常采用以下策略：

$$p_{\text{c}} = \begin{cases} m_1, & f_{\text{c}} \leqslant f_{\text{avg}} \\ m_2(f_{\max} - f_{\text{c}})/(f_{\max} - f_{\text{avg}}), & f_{\text{c}} > f_{\text{avg}} \end{cases} \tag{3-13}$$

式中，p_{c} 表示交叉概率；$f_{\max}$ 表示种群最大适应度值；f_{avg} 表示平均适应度值；f_{c} 表示从交叉的个体中选择较大个体作为适应度值。判定遗传算法是否可以达到最优状态的最好方法就是判断平均适应度值与最大适应度值之差是否大于阈值。在当前所有的链接中保留比平均适应度值大的个体，对于比平均适应度值小的个体，应当进行相互交叉从而获得最优解。

个体的变异概率可以按照当前的状态而获取，通过采用以下策略：

$$p_m = \begin{cases} m_3, & f_m \leqslant f_{\text{avg}} \\ m_4(f_{\max} - f_m)/(f_{\max} - f_{\text{avg}}), & f_m > f_{\text{avg}} \end{cases} \tag{3-14}$$

式中，p_m 表示个体变异概率；f_m 表示经过变异操作后的个体适应度值。如果当前个体的适应度值大于平均适应度值，则需要对当前系统模型进行适当的保护；否则，就需要对低于平均适应度值的个体进行完全的交叉变异操作。m_1、m_2、m_3 和 m_4 的取值均为 0～1，其中，m_1=0.7、m_2=0.3、m_3=0.6、m_4=0.4。

3.2.2　自适应爬取算法的执行流程

自适应爬取算法（ACA）的执行流程如图 3.1 所示。

输入：主题关键字、最大采集网页数 max_pages、初始的种子链接。

输出：主题类网页的集合 D。

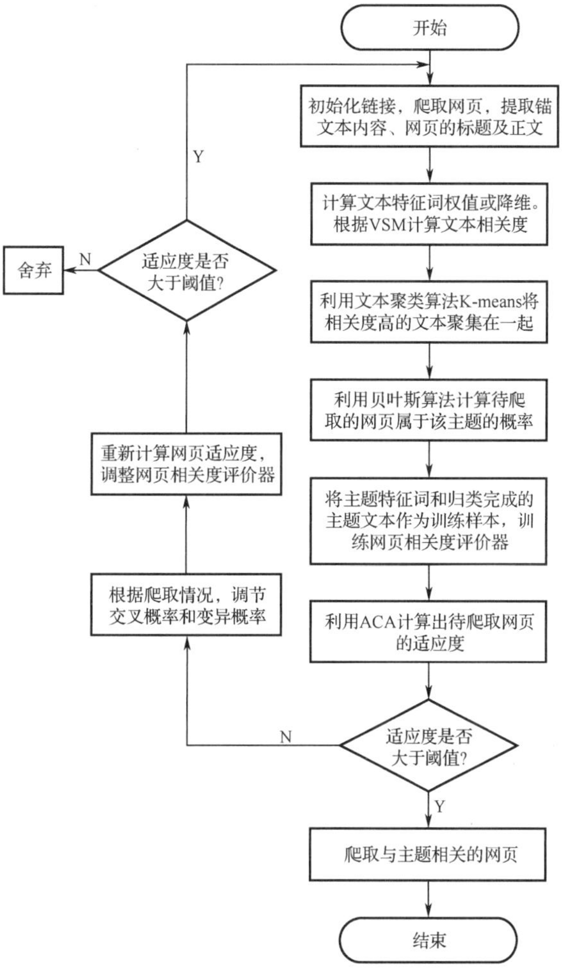

图 3.1　自适应爬取算法的执行流程

步骤 1：将初始的种子链接全部压入链接队列 Queue，根据初始的种子链接爬取网页的数据，提取锚文本的内容、网页的标题及正文。

步骤 2：对文本进行分词操作，使用 TF-IDF 算法来计算文本的特征词权值或降维。根据 VSM 算法计算文本的相关度 sim(p)。

步骤 3：根据得到的文本相关度 sim(p)，利用文本聚类算法 K-means 将相关度高的文本聚类在一起。

步骤 4：根据聚类好的文本，利用贝叶斯算法计算待爬取网页属于主题的概率。

步骤 5：通过聚类结果与主题生成网页相关度评价器。如果爬取的网页数量小于预先设定的最大网页数量，则循环执行以下步骤。

步骤 6：从链接集合中选出得分最高的链接，爬取该链接对应的网页数据，抽取其中的链接并插入链接队列 Queue。

步骤 7：计算网页的主题适应度 $R(\text{page})$，若 $R(\text{page})$大于适应度的阈值 $R(d)$，则保存对应网页数据，否则进行交叉操作和变异操作。

步骤 8：根据 $R(\text{page})$的反馈消息及时调整当前网页的得分和 λ 的值，重新计算从当前网页抽取到的链接对应的网页得分。

步骤 9：根据最新的 URL 得分重排队列中的所有链接，把与主题相关的网页放入训练集合中，获取最新的网页相关度评价器。

步骤 10：计算适应度值，并与阈值进行比较，大于阈值的链接重新返回步骤 1；不大于阈值的则直接被舍弃。

步骤 11：按照上述步骤，对网页数据进行爬取。如果满足终止的条件（爬取到的网页数量大于或等于预先设定的最大网页数量），则停止对网页的爬取。

3.3 ACA 实验与性能分析

3.3.1 实验环境

本节进行的 ACA 实验基于 Hadoop 平台和 Nutch 平台，集群由 1 个主节点和 3 个从节点组成。实验环境由曙光服务器集群组成，每个节点都配置了 Intel Xeon E5620（2.4 GHz）、12 GB 的内存、Ubuntu12.04 操作系统、独立的 IP 地址，网络带宽为 100 Mbit/s。

该实验以“地震”数据作为爬取的对象。灾害大数据最基本的形式是网页数据，并且网页数据的更新速度非常快。数据定向爬取是获取互联网中的灾害大数据的根本途径，为及时掌握最新的灾情提供了有力的支撑，对灾害救援的指导具有重要的意义。本节的实验以“地震”为主题，以地震相关的 5 个种子链接作为初始链接集合。表 3.2 给出的是以“地震”为主题的种子链接列表。

表 3.2 以“地震”为主题的种子链接列表

1	https://www.cea.gov.cn/	中国地震局
2	https://www.csi.ac.cn/	中国地震信息网
3	https://www.sina.cn/	新浪网
4	https://www.cenc.ac.cn/	中国地震台网中心
5	https://www.js-seism.gov.cn/	江苏省防灾减灾网

通常使用与主题相关的网页数量除以爬取网页的数量的结果来表示准确率（Precision Rate）。准确率可用于评估系统的爬取性能[4]，其计算公式为：

$$\text{PrecisionRate} = \frac{N_r}{N_a} \tag{3-15}$$

式中，N_a 表示爬取的网页总数量；N_r 表示与主题相关的网页数量。准确率越高，表示系统爬取的与主题相关的网页数量越多。

3.3.2　实验验证

实验参数设定：线程数量为 200 个；初始的种子链接有 5 个；适应度的阈值以式（3-10）的结果值为准，即 $R(d)=0.72$；$\lambda=0.05$。λ 的取值与准确率的关系如图 3.2 所示，λ 参数的取值在[0.01,0.1]之间，根据准确率确定 λ 的值，当准确率最高时，$\lambda=0.05$。

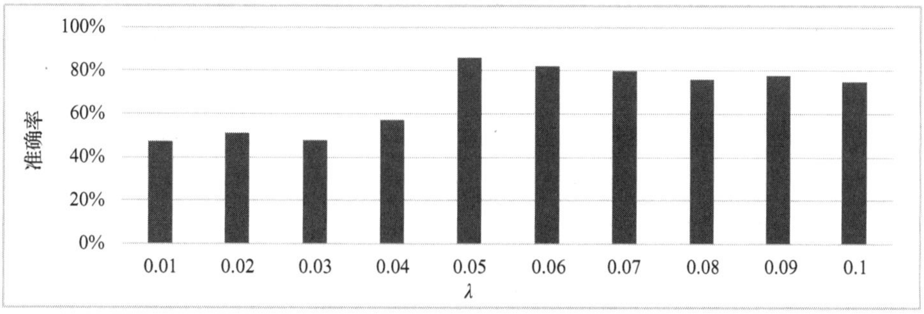

图 3.2　λ 的取值与准确率的关系

实验中，分别使用 ACA、贝叶斯算法[5]和最佳优先搜索（Best First Search，BFS）算法[6]来爬取与主题“地震”相关的网页数据，这 3 种算法的准确率如表 3.3 所示。

表 3.3　采用 3 种算法爬取与主题“地震”相关网页数据的准确率

算法	与主题“地震主题”相关的网页		
	爬取网页的总数量	与主题相关网页的数量	准确率
贝叶斯算法	5000	3800	76%
最佳优先搜索算法	5000	3650	73%
自适应爬取算法（ACA）	5000	4275	86%

采用贝叶斯（Bayesian）算法、最佳优先搜索（BFS）算法和自适应爬取算法（ACA）爬取与主题“地震”相关的网页数据时，3 种算法的准确率如图 3.3 所示，3 种算法爬取与主题“地震”相关的网页数量如图 3.4 所示。

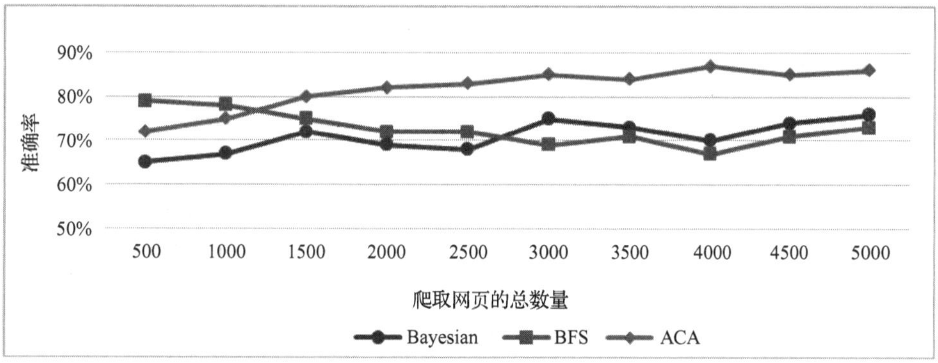

图 3.3　三种算法的准确率

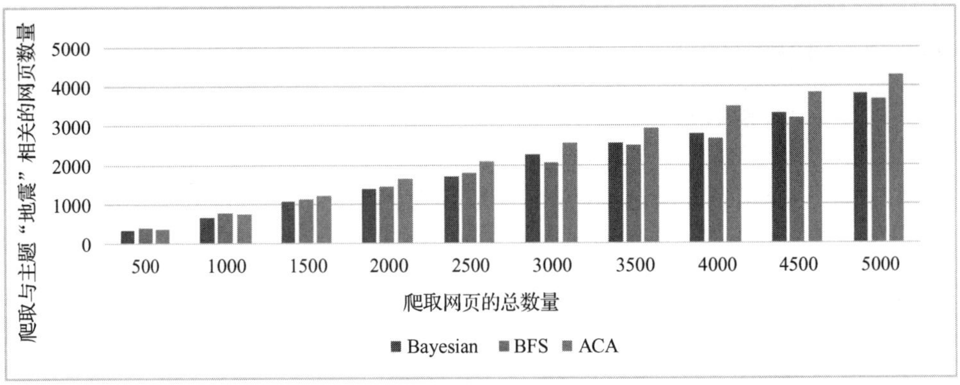

图 3.4 三种算法爬取的网页数量

在爬取相同数据和相同数量网页的情况下，从图 3.3 和图 3.4 中可以看出：

（1）BFS 算法在爬取刚开始的时候效果最好，因为该算法是基于关键词匹配的，爬取的网页大多与主题相关，但随着爬取网页数量的增多，爬取的准确率就有所下降，主要原因是 BFS 算法陷入了局部最优的状态，系统得不到新的与主题“地震”相关的链接了。

（2）在开始爬取数据时，贝叶斯算法需要根据待爬取的网页创建分类器，因此该算法的准确率低于 BFS 算法。在爬取一定数量的网页后，贝叶斯算法的性能会得到提升，不过随着爬取页面数量的不断增多，贝叶斯算法的准确率也随之开始降低。

（3）ACA 在刚开始爬取网页时，需要根据待爬取的网页计算相关度，ACA 的准确率略低于 BFS 算法。但是在构建自适应主题模型后，爬取的准确率会得到提升。ACA 会随着爬取网页的反馈信息，及时调整自适应主题模型，随着爬取网页数量的增多，准确率会明显高于其他两种算法。

采用 ACA 的定向爬取系统是基于 Hadoop 平台和 Nutch 平台构建的，该系统利用 HDFS 存储爬取到的数据，通过 Map/Reduce 计算模型把任务分配到多个节点之上，从而达到并行化的目的。在不同节点的情况下系统爬取网页的效率如图 3.5 所示。

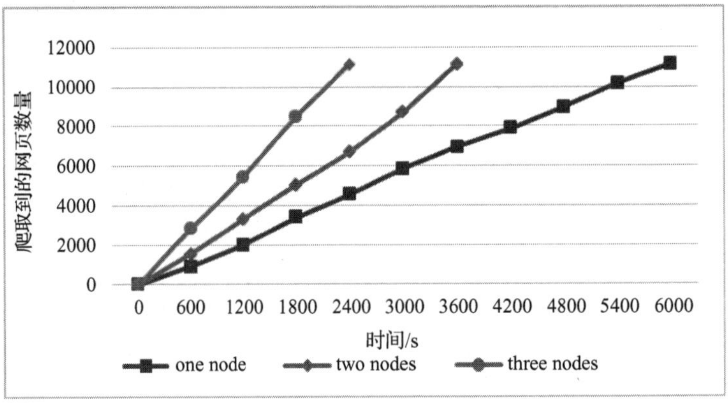

图 3.5 在不同节点的情况下系统爬取网页的效率

由图 3.5 可以看出，随着节点数量的增多，系统的爬取速度也有所提升，采集相同数量的网页花费的时间减少。这是由于多个节点分担了爬取任务，定向爬取系统能够充分利用每个节点的处理能力和网络带宽，使爬取速度得到了巨大的提升。实验证明，ACA 能高效地对与主题相关的网页进行爬取，并且具有较好的稳定性与扩展性。

在 Hadoop 分布式集群中，分别使用 1、2、3 个节点开始网页的爬取工作。爬取的网页总数量为 11150 个，多个节点爬取网页的加速比如表 3.4 所示，加速比折线图如图 3.6 所示。

表 3.4　多个节点爬取网页的加速比

节点的数量	耗时/s	采集网页总数量	网页爬取速度	加速比
1	6120	11150	约 1.82 个网页/秒	1
2	3780	11150	约 2.95 个网页/秒	约 1.62
3	2340	11150	约 4.76 个网页/秒	约 2.615

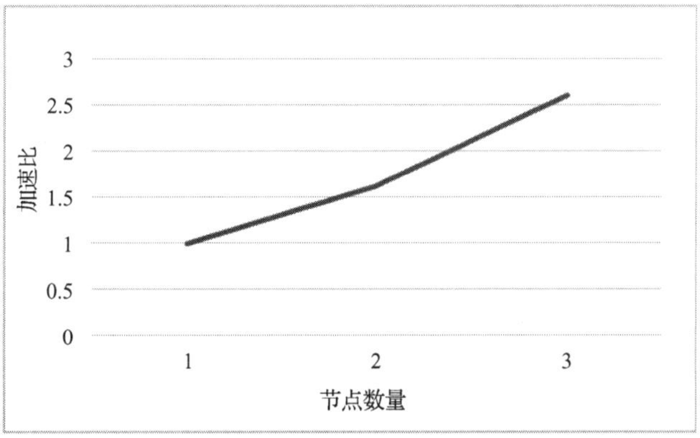

图 3.6　加速比折线图

由表 3.4 和图 3.6 可以看出，随着 Hadoop 分布式集群中节点数量的增加，定向爬取系统的网页爬取速度也有所提升。但节点数量的增加与网页爬取速度的提升并不是线性相关的。在节点数为 2 时加速比为 1.62，节点数为 3 时加速比是 2.615。发生这种情况的主要原因是某些任务在对应的节点上执行出现差错，导致相应的任务需要重新执行，所以其他任务需要长时间的等待，只有在出错任务结束后，其他任务才能继续执行。但总体来说，采用 ACA 的定向爬取系统在网页爬取性能方面有较大的提升。

3.4　本章小结

本章重点介绍了一种面向灾害大数据的自适应爬取算法（ACA）。本章首先介绍了数据爬取的相关算法及算法流程的相关知识。然后介绍了基于自适应爬取算法的自适应主题模型，该模型采用 ACA，根据实时的网页爬取情况，将爬取到的网页反馈给定向爬取系统，定向爬取系统会进行交叉和变异的操作，引入更多与主题相关的网页，避免爬取与主题无关的网页，从而提高准确率。最后基于 Hadoop 平台和 Nutch 平台，对 ACA 进行了实验和性能分析，通过实验可以证明，ACA 在爬取与主题“地震”相关的网页方面具有较高的准确率，在分布式架构的扩展性方面，定向爬取系统可以根据实际情况调整集群中节点的规模，具有较好的扩展性。

本章参考文献

[1] Gupta A, Anand P. Focused web crawlers and its approaches[C]//International Conference on Futuristic trend on Computational Analysis and Knowledge Management, Noida, 2015: 619 - 622.

[2] Caliskan K, Ozcan R. Comparing classification methods for link context based focused crawlers[C]//2013 International Conference on Electronics, Computer and Computation, Ankara, 2013: 143-146.

[3] 杨春春. 面向网络数据的定向采集与自动摘要技术的研究[D]. 南京：南京邮电大学，2018.

[4] Liu L, Peng T. Clustering-based topical Web crawling using CFu-tree guided by link-context[J]. Frontiers of Computer Science, 2014, 8(4): 581-595.

[5] Li M, Li C, Wu C, et al. A Focused Crawler URL Analysis Algorithm based on Semantic Content and Link Clustering in Cloud Environment[J]. International Journal of Grid & Distributed Computing, 2015(3): 15-24.

[6] Lu H, Zhan D, Zhou L, et al. An Improved Focused Crawler: Using Web Page Classification and Link Priority Evaluation[J]. Mathematical Problems in Engineering, 2016(3): 1-10.

第4章 灾害大数据自动摘要技术

4.1 自动摘要技术的研究背景与问题分析

互联网中充斥着大量与所需数据无关的冗余信息，用户面临的问题是如何快速、精准地从海量数据中找到有价值的信息。对于灾害大数据来说，同样如此。灾害大数据自动摘要技术有助于用户有效、及时地掌握灾情的实际发展动态[1]，其目标是快速地进行网页数据的加工处理，从海量数据中发现有价值的信息，并能够抽取中心语句，形成与灾害相关的摘要[2]，从而进一步提高用户获取信息的效率。

近年来，多文本自动摘要技术逐渐成为自然语言处理领域中的研究热点[3]。多文本自动摘要技术与单文本自动摘要技术的不同之处主要体现在，多文本之间往往基于同一主题，具有更多的相似内容，多文本自动摘要技术的关键是一方面要快速识别和处理文本之间的相似、重复内容，另一方面还要从多篇同一主题的文本集合中快速抽取关键语句，最终形成的摘要必须包含所有给定文本的中心内容[4]。

虽然多文本自动摘要技术可以加快用户获取信息的速度，但是也有其不足之处，根本原因是多文本自动摘要技术研究的目标对象是与某个主题相关的文本集合，这种文本集合的特点是多个文本之间包含很多相同的信息。目前，多文本自动摘要技术主要存在以下问题：

（1）多文本自动摘要技术涉及文本聚类，然而这些聚类算法具有相同的缺陷，通常需要手动确定初始聚类的中心，无法自动生成初始聚类的中心。在手动确定初始聚类的中心产生的子主题集合会产生偏差，因此无法精准地自动分析集合中潜在的子主题数目。

（2）传统的摘要抽取仅考虑特征词的出现频率，而忽略了相关文本自身内容结构的重要性，具有摘要冗余度高、重要句子提取不准确、覆盖率低、连贯性差等诸多局限，而且抽取摘要所需的时间也比较长。

为了解决上述问题，本章重点介绍了一种面向灾害大数据的基于主题聚类的多文本自动摘要算法（Multi-Document Summarization Algorithm based on Topic Clustering，MDSTC）[5]，具体内容包含以下几个部分：

（1）分析了 MDSTC 的原理和流程。MDSTC 首先在典型的聚类算法中加入了文本密度排序的步骤，从而可以确定初始聚类的中心，能够自动发现文本集合所隐藏的子主题数量；然后在不同的子主题集合中抽取摘要，抽取摘要采用的是卷积神经网络算法，该算法通过对已聚类的主题文本进行有监督的训练，可以对所有的句子进行评分、标记，从而选择符合中心内容的语句作为摘要。

（2）将自适应爬取算法（ACA）和多文本自动摘要算法应用到灾害大数据的定向爬取和自动摘要系统中，并详细分析了系统的每个模块及工作流程。

4.2 多文本自动摘要算法

4.2.1 算法原理

基于主题聚类的多文本自动摘要算法（MDSTC）的原理是：

首先进行多文本的预处理，构建特征值的向量空间。

然后利用向量空间模型（VSM）构造向量相似矩阵。通过在聚类算法中加入文本密度排序的过程，可以根据文本的相关度构建相似距离矩阵，从而能够自动确定初始聚类的中心，因此能够自动分析多文本中隐含的子主题数量。

接着采用卷积神经网络算法对已聚类的主题文本进行有监督的训练，对句子进行标记、评分，抽取子主题集合中相关度较高的中心句作为多文本的摘要。

最后输出摘要内容。

本章介绍的内容是基于搜狗实验室的新闻数据集进行验证的。

与典型的基于 LexRank 的多文本自动摘要算法和基于 WSRank 的多文本自动摘要算法相比，MDSTC 在准确率、召回率、F 值方面均有较好的性能表现，生成摘要所需的时间也比其他两种算法要短。

MDSTC 的主要流程如下。

1．多文本预处理

在多文本预处理阶段，计算机通常不能直接使用给定的自然文本，需要将自然文本转换为计算机能够识别的语言模型。转换的步骤是：首先根据使用的标点符号对自然文本的内容进行切分，用句子集合的形式表示自然文本；然后构建向量空间模型（VSM），需要为所有句子建立基于特征词的向量表达式。

在将多文本转化为 VSM 中的向量时，多文本中的特征词可通过 $D(T_1,T_2,\cdots,T_n)$来表示，其中 T_k 是特征词，根据每个 T_k 在文本中的重要性，使用 TF-IDF（Term Frequency-Inverse Document Frequency）算法为其赋予对应的权值 W_k。此时，文本 D 可通过 D=$(T_1,W_1;T_2,W_2;\cdots;T_n,W_n)$来表示，其中，$T_1,T_2,\cdots,T_n$ 表示一个 n 维坐标，$W_1,W_2,\cdots,W_n$ 表示所对应的坐标值。tf_{ik} 是 T_k 在当前文本 D_i 中的频数，idf_k 是 T_k 在文本集合中的逆向频数。

$$\mathrm{idf}_k=\lg(N/n_k) \tag{4-1}$$

式中，N 表示文本数量；n_k 表示包含 T_k 的文本频数。将式（4-1）进行归一化处理后可得：

$$W_{ik} = \mathrm{tf}_{ik} \times \mathrm{idf}_k = \frac{\mathrm{tf}_{ik} \times \lg(N/n_k)}{\sqrt{\sum_{k=1}^{n}[\mathrm{tf}_{ik} \times \lg(N/n_k)]^2}} \tag{4-2}$$

对于任意给定的自然文本，通过 VSM 转换后可以被计算机处理。计算机对文本进行分词、标记后可以提取出一定数量的特征词。使用式（4-3）可以用这些特征词来表示文本的内容。

$$Q_{ij}=\lg[1+\mathrm{th}(t_{ij})]\times\lg(M/M_j) \tag{4-3}$$

式中，$\mathrm{th}(t_{ij})$表示第 j 个特征词在第 i 个句子中出现的频数；M 表示文本集合包含的句子总数；Q_{ij} 表示第 i 个句子中的第 j 个特征词在文本集合中的权值；M/M_j 表示特征词的逆向频率；M_j 表示文本中含有特征词 j 的句子总数。在构建基于特征词的向量表达式后，为了减少向量空间中向量的维度，可以合并向量空间中的同义词。

2. 构造文本向量空间

特征词之间的相关度可以通过向量空间模型（VSM）来区分：若两个特征词向量夹角的余弦值为 1，则它们的相关度为 1；若两个特征词向量夹角的余弦值为 0，则它们的相关度为 0；两个特征词向量夹角的余弦值越大，它们的相关度就越小。

假设 W_{1k} 和 W_{2k} 分别是文本 D_1 和 D_2 的第 k 个特征词，则两个文本的相关度 $S(D_1, D_2)$为：

$$S(D_1,D_2) = \cos\theta = \frac{\sum_{k=1}^{n} W_{1k} \times W_{2k}}{\sqrt{(\sum_{k=1}^{n} {W_{1k}}^2) \times (\sum_{k=1}^{n} {W_{2k}}^2)}} \tag{4-4}$$

文本中句子的特征向量分别与 n 维向量空间中的每个样本数据点相对应，因此文本聚类可以有效地转化成多维向量空间中样本数据点的聚类，从而能够自动生成文本集合子主题的数量。文本向量空间的构造方法为：

$$\begin{array}{c} \\ t_1 \\ t_2 \\ \vdots \\ t_n \end{array} \begin{array}{c} \begin{matrix} v_1 & v_2 & \cdots & v_m \end{matrix} \\ \begin{bmatrix} S_{11} & S_{12} & \cdots & S_{1m} \\ S_{21} & S_{22} & \cdots & S_{2m} \\ \vdots & \vdots & \vdots & \vdots \\ S_{n1} & S_{n2} & \cdots & S_{nm} \end{bmatrix} \end{array} \tag{4-5}$$

式中，$v_i(i=1\sim m)$表示文本集合中的句子，m 是文本集合包含的句子总数；$t_i(i=1\sim n)$表示特征词，n 是特征词的总数；S_{nm} 表示特征词与句子的相关度。

在得到文本向量空间后，就可以计算相邻特征词向量的远近程度 $R(i, j)$。文本向量空间中特征词向量的距离可通过使用两个特征词向量的欧氏距离来表示，即：

$$R(i, j)=\left|\boldsymbol{x}_{si} - \boldsymbol{x}_{sj}\right|=\sqrt{\sum_{k=1}^{n}(Q_{ik} - Q_{jk})^2} \tag{4-6}$$

式中，$\boldsymbol{x}_{si}$、$\boldsymbol{x}_{sj}$ 分别表示句子 s_i 和 s_j 的特征词向量；n 表示文本集合中特征词向量的总数；Q_{ik}、Q_{jk} 分别表示特征词向量 $\boldsymbol{x}_{si}$、$\boldsymbol{x}_{sj}$ 在 k 维向量空间中的权值。

3. 自动识别子主题

本章采用一种基于主题聚类的算法来自动分析文本集合中隐藏的子主题，该算法的核心思想是在文本集合中，根据文本向量空间特征值向量的距离构成对应的聚类，从而使系统能够自动获取对文本聚类发挥重要作用的初始聚类中心。生成初始聚类中心的仿真如图 4.1 所示，以文本向量空间中所有句子的特征词向量为圆心，以每个句子间的平均距离为半径画圆，按照圆内特征词数据点的密度排序自动生成初始聚类中心，无须通过手动的方式确定初始聚类的中心。

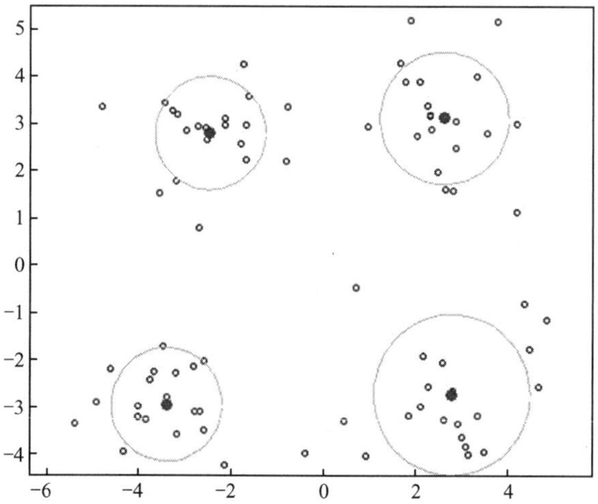

图 4.1　生成初始聚类中心的仿真

自动生成初始聚类中心主要需要经过以下 5 个步骤：

（1）假设文本向量空间中所有特征词向量的距离 $R(i, j)$的平均值为 k_1，令 $k_2=2k_1$。

（2）以 k_1 为半径，以所有的句子的特征词向量为圆心开始画圆，统计圆内句子的数量，得出文本的密度。

（3）将文本密度按照从高到低的顺序进行排序，排序完成以后，将文本密度最高的单元当成第一个聚类中心 R_1。然后从次高的文本密度部分中随意选取点 h，假如它和第一个聚类中心的距离大于或等于 k_2，即$|R_1-h|\geqslant k_2$，就把 h 当成第二个聚类中心 R_2。假如第三个文本密度单元中的点与前面所有聚类中心的距离都大于或等于 k_2，则把它当成一个新的聚类中心。通过这种方法进行反复迭代来生成聚类中心，直到没有新的聚类中心为止。

（4）将获取到的聚类中心数 p 当成初始聚类中心数，系统就可以自动得到 p 个初始聚类中心，即 $R_1,R_2,\cdots,R_p$。

（5）将通过上述步骤得到的初始聚类中心数 p 代入聚类算法的初始聚类中心中，可生成 p 个子主题集合，从而为后续的摘要生成打下良好的基础。

子主题聚类的过程如下：

① 确定多文本集合。首先设定 I=1，表示系统进行 I 次的聚类，假设获取的 p 个初始聚类中心点为 $Z_j(I)$，j=1,2,…,p。

② 计算所有文本中的句子与初始聚类中心的距离 $f_{\mathrm{Dis}}[M_i, Z_j(I)]$，$i$=1,2,…,$n$，$j$=1,2,…,$p$，

并找出最小的距离。

$$f_{\mathrm{Dis}}[M_i, Z_j(I)]=\min\{f_{\mathrm{Dis}}[M_i, Z_j(I)], i=1,2,\cdots,n\} \tag{4-7}$$

③ 计算 p 个新的聚类中心。

$$Z_j(I+1)=\frac{1}{n_j}\sum_{i=1}^{n_j}x_i(j), \qquad j=1,2,\cdots,p \tag{4-8}$$

④ 若 $Z_j(I+1)\neq Z_j(I)$，$j=1,2,\cdots,p$，则 $I=I+1$，返回式（4-7）；否则结束算法。

4．生成摘要

在获取到子主题聚类集合后，首先从各个集合中抽取文本摘要句并进行排序，然后进行格式化以生成摘要。本章采用卷积神经网络算法来生成摘要，主要分两个部分：

（1）读取聚类后的文本句子并对其进行编码。

（2）从文本中选择中心句以便生成摘要。

对于给定的文本集合 D，该文本集合 D 包含句子序列$\{S_1,S_2,\cdots,S_n\}$，选择句子总数的 20%来生成摘要。对文本集合 D 中所有句子进行评分，并且预测文本的句子是否属于摘要，使用标记 $t_{\mathrm{L}}\in\{0, 1\}$来表示评分。本章使用有监督训练的目的是最大化标记 $T_{\mathrm{L}}=(t_{\mathrm{L}}^1, t_{\mathrm{L}}^2,\cdots,t_{\mathrm{L}}^n)$ 所有的句子。设定输入文本集合 D 以及模型参数 θ：

$$\lg(T_{\mathrm{L}}\mid D;\theta)=\sum_{i=1}^{n}\lg(t_{\mathrm{L}}^i\mid D;\theta) \tag{4-9}$$

之所以采用单层卷积神经网络对聚类后的文本句子进行编码，是因为单层卷积神经网络可以有效训练文本数据集，并能对句子进行分类。设定 j 表示特征词向量的维数，s 是包含特征词序列（$w_1,w_2,\cdots,w_m$）的句子，可用它表示成列矩阵 $\boldsymbol{w}\in R^{m\times j}$。设定 $\boldsymbol{w}$ 和 $K\in R^{f\times j}$之间的宽度作为 f 的卷积，如式（4-10）所示：

$$c_k^i=\tanh(w_{k:k+f-1}\bullet K+\alpha) \tag{4-10}$$

式中，符号“•”表示哈达玛（Hadamard）积，即对应的两元素进行相乘；α 表示偏差值；c_k^i 表示第 i 个特征词中的第 k 个元素。

文本句子的编码是通过标准的并行神经网络将文本中的句子组合成向量来表示的，并行神经网络的隐状态可以用列表来表示，这些列表一起构成了文档的向量表示。假设文本 $D=\{s_1,s_2,\cdots,s_n\}$，参数 p_h 是 h 时刻的隐状态，则可以按以下公式进行调整：

$$i_h=\mathrm{sigmoid}[\boldsymbol{W}_i\bullet(p_h-1;s_h)+\boldsymbol{b}_i] \tag{4-11}$$

$$f_h=\mathrm{sigmoid}[\boldsymbol{W}_j\bullet(p_h-1;s_h)+\boldsymbol{b}_j] \tag{4-12}$$

$$p_h=\tanh(i_h\bullet f_h) \tag{4-13}$$

式中，符号“•”表示两元素的乘积；$\boldsymbol{W}_i$ 和 $\boldsymbol{W}_f$ 为语义组合的自适应选择向量；$\boldsymbol{b}_i$ 和 $\boldsymbol{b}_f$ 表示删除的历史向量。

完成文本句子的编码后，摘要抽取模块选择其中的中心句作为文本摘要句。在抽取中心句时需要综合考虑文本摘要句与文本的中心内容的相关度，以及相关冗余特性等因素。设定 h 时刻编码程序的状态为（$p_1,p_2,\cdots,p_m$），对应的抽取程序的隐状态为（$\bar{p}_1,\bar{p}_2,\cdots,\bar{p}_m$）。通过关联当前的编码程序的状态与对应的隐状态，摘要抽取模块能够抽取出和文本中心内容相关度较高的文本摘要句。

$$f(T_L = 1 | D) = \text{sigmoid}[\text{MLP}(\overline{p}_h : p_h)] \quad (4\text{-}14)$$

式中，MLP 表示多层神经网络，用 h 时刻编码程序的隐状态与状态的连接 $\overline{p}_h : p_h$ 作为程序的输入。在获取文本摘要句并设置它的状态后，就可以将抽取符合条件的文本摘要句作为多文本的摘要。

4.2.2 算法流程

基于主题聚类的多文本自动摘要算法（MDSTC）的流程如下：

输入：给定与某个主题相关的多文本集合。

输出：格式化输出多文本的摘要。

步骤 1：对文本集中的所有文本进行分词操作，使用 TF-IDF 算法计算文本特征词的权值，并进行降维。

步骤 2：将多文本的内容转换成特征词向量后，根据向量空间模型（VSM）计算文本的相关度。

步骤 3：获取文本的相关度之后，通过相邻两个特征词向量的距离来构建文本向量空间。

步骤 4：在传统的 K-means 文本聚类算法中加入文本密度排序，将文本密度最高的单元作为第一个聚类中心，通过反复的迭代运算，生成所有的新聚类中心。

步骤 5：将得到的聚类中心数作为聚类算法的初始聚类中心数，从而可得到子主题集合。

步骤 6：获取子主题集合后，通过卷积神经网络抽取中心句作为多文本的摘要，并格式化输出。

MDSTC 的流程图如图 4.2 所示。

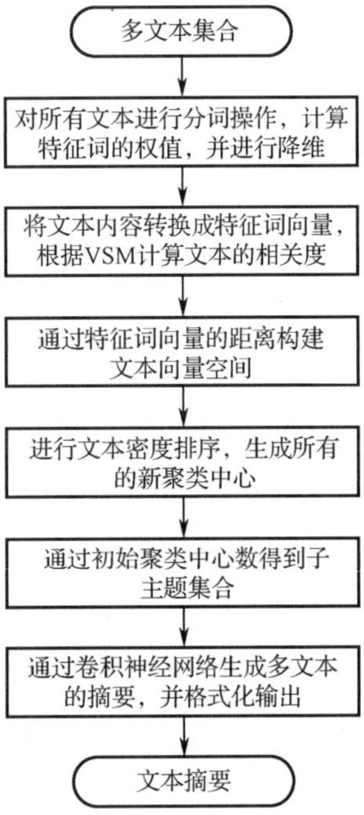

图 4.2　MDSTC 的流程图

4.3 实验与性能分析

4.3.1 实验环境

本章的数据集采用搜狗实验室的新闻数据集[6]，它是由搜狗实验室提供的主要来自搜狐网站上的新闻网页数据，涉及国内/外财经、IT、体育、汽车、旅游、生活等多个类别的新闻。本节的实验是从该数据集中选取了 4 个主题事件文本集作为实验语料。此外，语料库提供了由机器标记的参考摘要，每篇参考摘要包含了原始文本集合中 20%的句子。

本节的实验将对 MDSTC、LexRank、WSRank 算法进行对比，分别从召回率、准确率和 F 值等方面对这 3 种算法的性能进行比较。

召回率表示自动摘要系统抽取正确的摘要内容与所有标准摘要内容的比例，其计算公式为：

$$R_1 = \frac{N_{sk}}{N_k} \quad (4\text{-}15)$$

式中，N_{sk} 表示自动摘要系统生成的文本摘要句包含在标准摘要中的数目；N_k 为标准摘要所包含的句子数目。

准确率表示自动摘要系统抽取正确的摘要内容与抽取所有摘要内容的比例，其计算公式为：

$$R_2 = \frac{N_{sk}}{N_s} \tag{4-16}$$

式中，N_{sk} 表示自动摘要系统生成的文本摘要句包含在标准摘要中的数目；N_s 为自动摘要系统生成的摘要所包含的句子数目。

F 值是召回率和准确率的综合考虑，其计算公式为：

$$F = \frac{2 \times R_1 \times R_2}{R_1 + R_2} \tag{4-17}$$

4.3.2　实验验证

实验参数设定：参数 θ 的取值为[0.1,1]，观察 θ 的取值与 F 值的关系，根据自动摘要系统的 F 值的结果确定 θ 的值。当算法的 F 值最高时，θ=0.6。θ 的取值与 F 值的关系如图 4.3 所示。

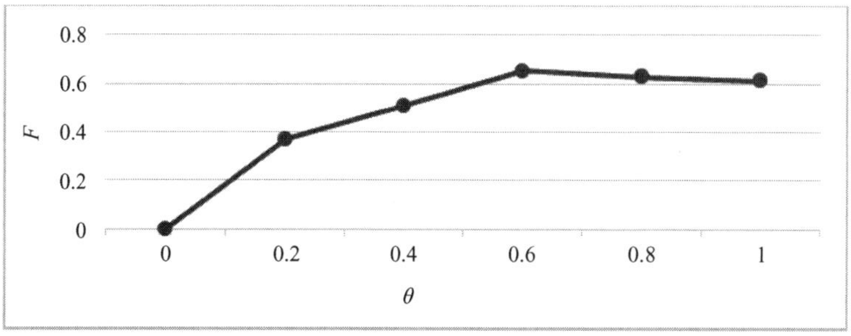

图 4.3　θ 的取值与 F 值的关系

本节的实验使用了 4 个不同主题的文本集，每个文本集包括 5 篇文本，分别采用 MDSTC、LexRank[7]和 WSRank[8]3 种算法生成文本摘要，并对这 3 种算法的性能进行比较。为了进行比较验证，每次实验使用了相同的测试用例，分别抽取了相同句数的摘要。3 种算法的准确率、召回率和 F 值的统计数据如表 4.1 所示。

表 4.1　3 种算法的准确率、召回率和 F 值的统计数据

主题编号		算　法		
		MDSTC	LexRank	WSRank
1	准确率/%	0.81	0.65	0.69
	召回率/%	0.62	0.5	0.54
	F 值	0.7	0.57	0.61
2	准确率/%	0.78	0.58	0.66
	召回率/%	0.58	0.44	0.5
	F 值	0.67	0.5	0.57

续表

主题编号		算 法		
		MDSTC	LexRank	WSRank
3	准确率/%	0.8	0.5	0.62
	召回率/%	0.65	0.41	0.5
	F 值	0.66	0.45	0.55
4	准确率/%	0.77	0.5	0.62
	召回率/%	0.64	0.42	0.53
	F 值	0.69	0.46	0.57

从表 4.1 所示的数据可以看出，MDSTC 在一定程度上提高了摘要的质量，所提取出来的文本摘要句均能较好地描述文本的中心内容。另外，MDSTC 具有通用性，可以对不同主题的多文本进行摘要。

图 4.4 到图 4.7 分别是针对 4 种不同的主题 3 种算法的性能比较，分别比较了准确率、召回率和 *F* 值。

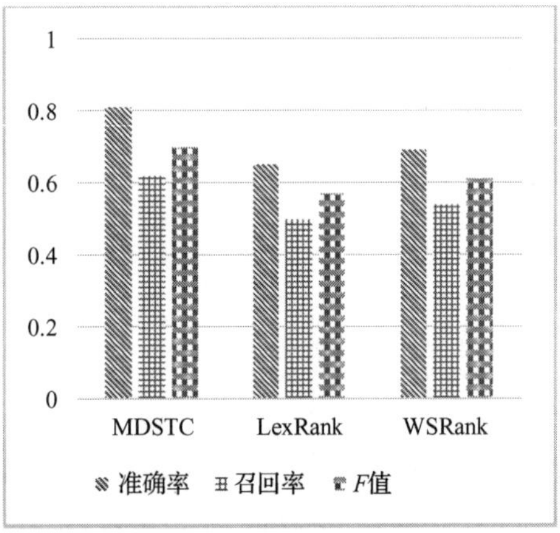

图 4.4 主题编号 1 的 3 种算法的性能比较

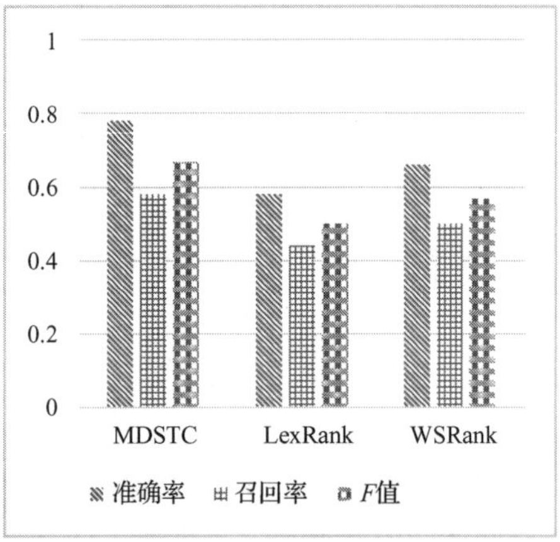

图 4.5 主题编号 2 的 3 种算法的性能比较

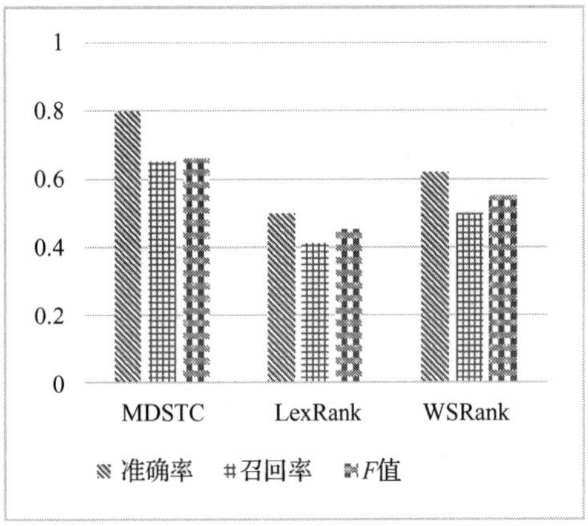

图 4.6 主题编号 3 的 3 种算法的性能比较

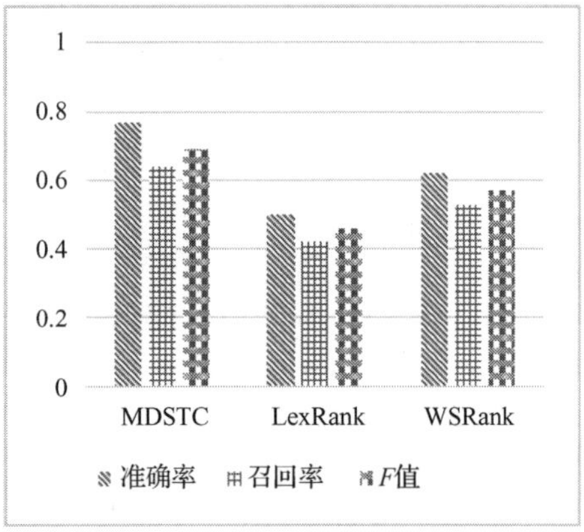

图 4.7 主题编号 4 的 3 种算法的性能比较

由图 4.4 到图 4.7 可以看出：LexRank 算法提取的文本摘要句是针对一个主题的，不能从多个方面阐述文本的主题，所以它的准确率和召回率低于 MDSTC，生成的摘要内容表达上不够充实、完整；WSRank 算法首先通过切分好的特征词构建网络，然后以相邻关系节点为边，不断地进行迭代得到特征词的权值，最后得到摘要句，只通过特征词的关系会很容易忽视句子间的内在关系，所以导致某些子主题可能会被遗漏，不能够完全包含所有的子主题。

MDSTC 利用向量空间模型构建了文本向量空间，采用语义相关度提高了聚类的准确度，采用卷积神经网络抽取中心句并生成摘要，使得摘要质量有了明显的提升。从准确率、召回率和 F 值 3 个方面来看，MDSTC 的性能高于其他两种算法。

图 4.8 给出了 3 种算法生成多文本摘要所需的时间。MDSTC 对传统的聚类算法进行了改进，并采用卷积神经网络提取多文本的摘要，耗时最短。LexRank 算法只是通过特征词匹配的方式生成摘要，该算法在匹配特征词时会消耗大量的时间。WSRank 算法需要先为文档建立特征词向量空间、计算特征词语义的相似性，然后进行聚类，生成多文本摘要的时间略少于 LexRank 算法。

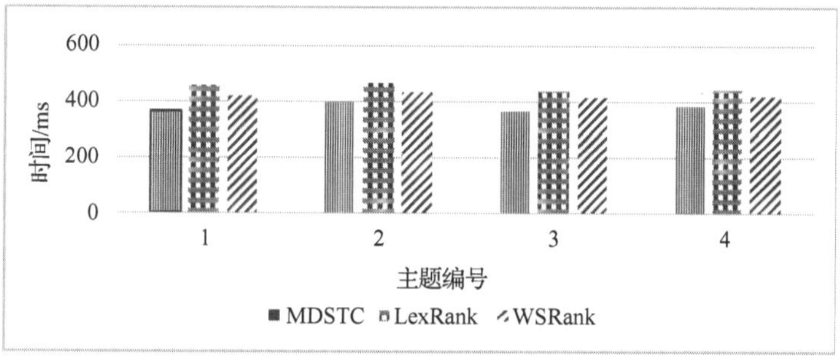

图 4.8　3 种算法生成多文本摘要所需的时间

4.4　地震信息采集与摘要系统

为了解决生成的多文本摘要覆盖率低、连贯性差和召回率低等问题，本章重点介绍了基于主题聚类的多文本自动摘要算法（MDSTC），实验结果表明该算法显著提高了多文本摘要的质量。接下来以“地震”为主题，基于灾害大数据的爬取和自动摘要的需求，实现了地震信息采集与摘要系统。

4.4.1　地震信息采集与摘要系统的设计

1．系统的需求分析

地震信息采集与摘要系统的目标是实现网页数据的精确爬取，并对爬取到的海量数据进行摘要的抽取，生成与主题相关的高质量摘要。地震信息采集与摘要系统的目标有：

（1）能够准确爬取与主题“地震”相关的网页数据。

（2）能够从海量数据中抽取出关键的内容并输出，即生成与主题相关的高质量摘要。

（3）能够将爬取到的数据以图形化的方式显示出来。

（4）能够通过友好的界面将结果反馈给用户。

地震信息采集与摘要系统要实现的功能有：

（1）准确的数据爬取功能：可通过参数配置实现准确的数据爬取，主要参数包括种子链接的集合、爬取进程的数量、文件存放的路径、爬取的深度，以及所需要的集群数量；可将爬取到的数据在页面上滚动显示。

（2）生成高质量的摘要：可通过选择所要查询的时间段，自动在页面上显示所爬取的数据以及生成的摘要。

（3）扩展功能：可将爬取到的数据以柱状图、饼状图的形式显示出来；可生成与主题相关的云特征词。

2. 系统的架构分析

地震信息采集与摘要系统的设计是在 Eclipse 平台上进行的，后台的数据爬取是基于 Hadoop 分布式平台实现的。地震信息采集与摘要系统采用 Java Web 模式开发，主要包括前端开发和后端开发，后端开发主要涉及应用框架层、系统层、数据存储层，前端开发主要涉及页面的友好展示。地震信息采集与摘要系统的架构如图 4.9 所示，模型层主要从数据库中获取相关的数据，控制层主要是负责处理用户的请求，视图层是负责把相关的数据显示在页面上。

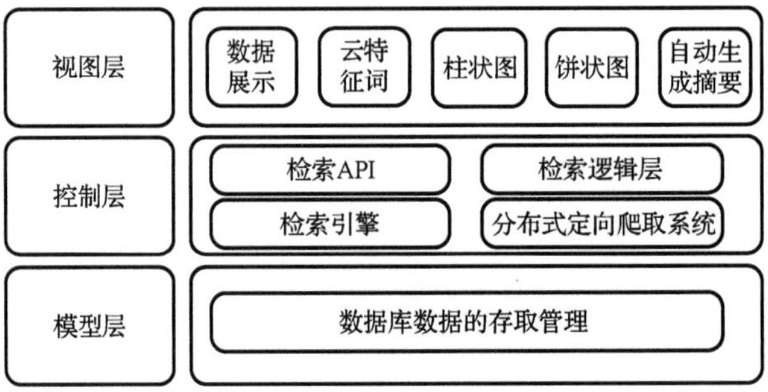

图 4.9　地震信息采集与摘要系统的架构

地震信息采集与摘要系统中的数据爬取功能是基于 Hadoop 平台和 Nutch 平台实现的，采用的是分布式定向爬取系统，即运行在多台物理机器构建的集群之上，可以通过在集群中添加物理机器来提高分布式定向爬取系统的性能。分布式定向爬取系统的底层采用的是 HDFS，计算模型采用的是 Map/Reduce。分布式定向爬取系统的架构如图 4.10 所示，其核心是各个节点之间的协同工作，其中一台物理机器作为主节点（NameNode），主要负责管理各个数据节点、向各个数据节点分配任务；其他物理机器作为数据节点（DataNode），主要负责通过多进程的方式并行地爬取数据。

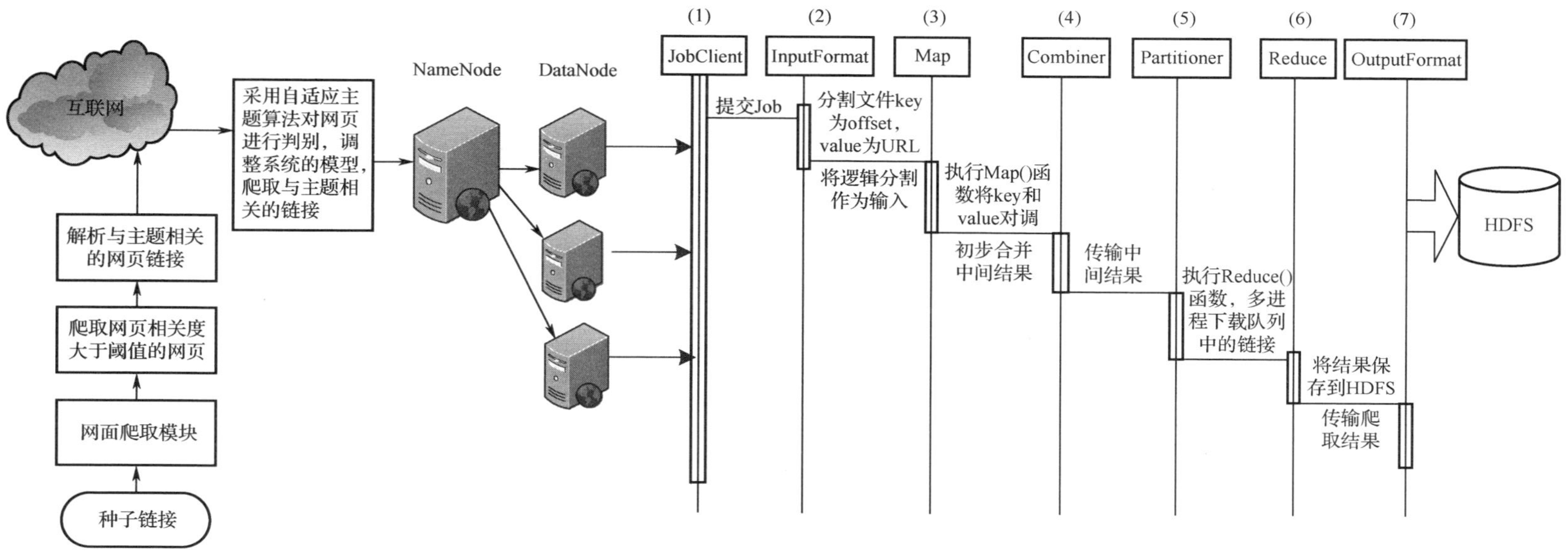

图4.10　分布式定向爬取系统的架构

分布式定向爬取系统的运行过程可以分为 7 个阶段，具体如下：

（1）JobClient 阶段：系统新建的任务将会以 Job 的方式发送到 Hadoop 集群，Hadoop 开始执行这些任务。

（2）InputFormat 阶段：系统通过自适应函数对所有的链接文件进行挑选，把与主题相关的链接文件分割成多个块，然后把每个块内的数据解析成<key, value>形式的键-值对。

（3）Map 阶段：通过 Map()函数互换 key 和 value 的值，使 key 值变为链接（URL），value 值变为偏移量（offset）。

（4）Combiner 阶段：合并每个 Map()函数的执行结果，将合并后的中间结果发送到 Reduce 阶段。

（5）Partitioner 阶段：在存在多个 Reduce()函数的情况下，将 Map()函数的结果指定给具体的 Reduce()函数，从而得出单独的输出文件。

（6）Reduce 阶段：根据自适应函数的结果选择与主题相关的链接，启动 Nutch，采用多进程的方式爬取网页。

（7）OutputFormat 输出：将爬取到的网页数据存放在 HDFS 中，完成数据爬取的任务。

多文本自动摘要的架构如图 4.11 所示。

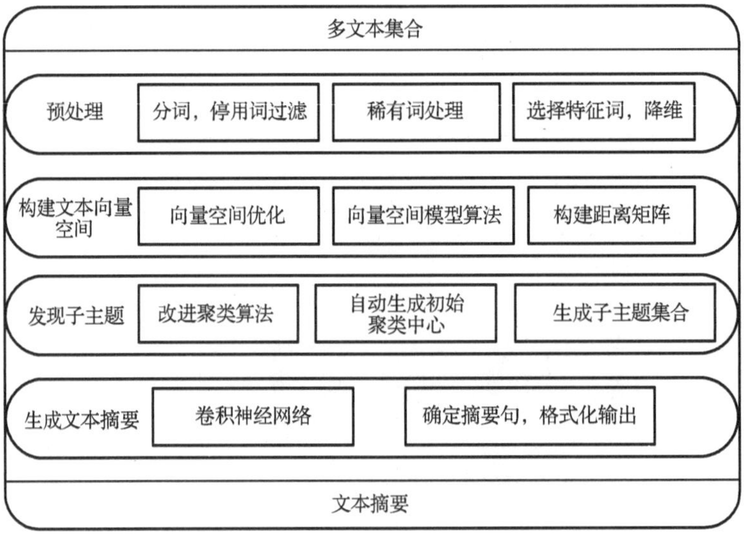

图 4.11　多文本自动摘要的架构

（1）预处理：主要是建立基于特征的向量表达式，并且构造向量空间模型。

（2）构建文本向量空间：通过在传统的聚类算法中加入文本密度排序的过程，自动生成潜在的子主题。

（3）发现子主题：基于卷积神经网络爬取与子主题相关的文本中心句，并作为文本摘要句。

（4）生成文本摘要：把爬取到的文本摘要句按照一定的规则进行排序处理，最终输出文本摘要。

3．系统的组成模块

将地震信息采集与摘要系统部署在 Tomcat 服务器上，启动服务器后就可以开始运行系统。系统主要包括以下几个模块：数据的动态显示、数据的管理、柱状图和饼状图显示、地图显示、云特征词和自动生成文本摘要等，如图 4.12 所示。

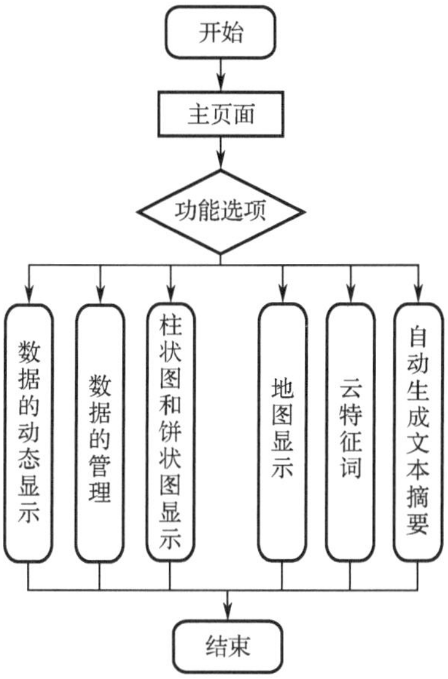

图 4.12　地震信息采集与摘要系统的组成模块

4．系统的类结构

地震信息采集与摘要系统的类结构如图 4.13 所示。

Spider 类是地震信息采集与摘要系统的入口，负责启动系统。地震信息采集与摘要系统包括网页数据爬取（下载）类模块（download）、网页数据解析类模块（mypageProcessor）、链接调度类模块（scheduler）和自动生成文本摘要类模块（datastore）。网页数据爬取类模块负责网页数据的爬取，网页数据解析类模块负责网页数据的解析，链接调度类模块负责链接的调度，自动生成文本摘要类模块负责存储爬取到的网页数据并自动生成文本摘要。通过使用不同的类接口，地震信息采集与摘要系统可以实现参数的传递，使得整个系统具有良好的可扩展性。

1）网页数据爬取类模块

网页数据爬取类模块的主要作用是从互联网爬取和主题相关的网页数据，首先根据链接获取网页所在的服务器地址，然后建立链接，最后通过多进程的方式爬取网页数据，这样不仅可以提高数据爬取的效率，还可以充分利用 Map/Reduce 计算模型。

（1）Downloader 类如图 4.14 所示。通过 Downloader 类可以有效地爬取不同网页的数据。地震信息采集与摘要系统使用 Nutch 平台完成数据爬取的相关工作，利用 Nutch 平台提供的二次开发接口可以有效地对系统进行扩展。download()方法的主要功能是爬取和主题相关的网页数据并保存到 HDFS 中，setThread()方法的主要功能是设置多进程来爬取网页数据，可以根据实际的需求设定进程的数目。

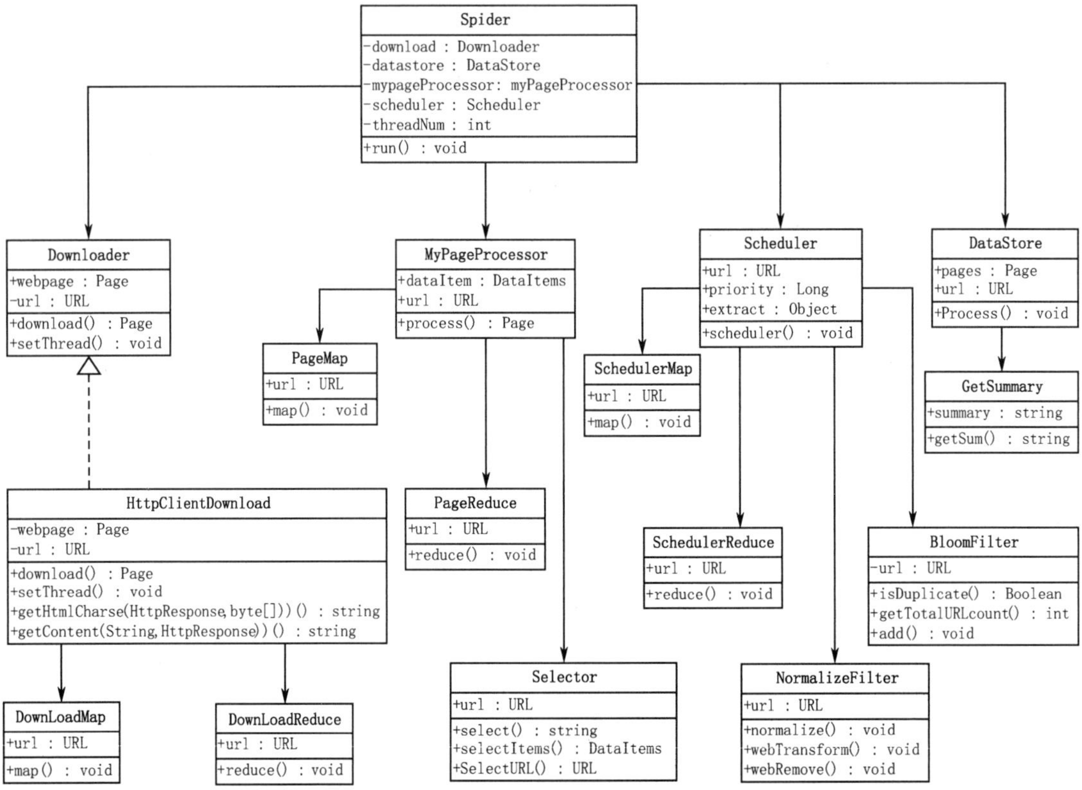

图 4.13　地震信息采集与摘要系统的类结构

（2）HttpClientDownload 类如图 4.15 所示。在地震信息采集与摘要系统中，网页数据爬取类从服务器中获得响应后，使用 HttpClient 技术爬取网页数据。当需要爬取网页数据时，会创建一个新的 Job 对象，先将参数传递给 Job 对象的相关方法，再配置爬取任务的参数即可。

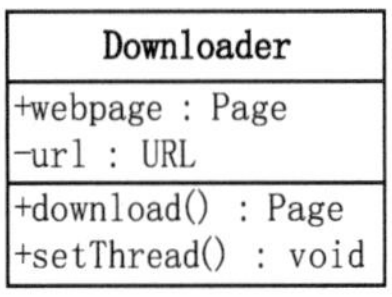

图 4.14　Downloader 类

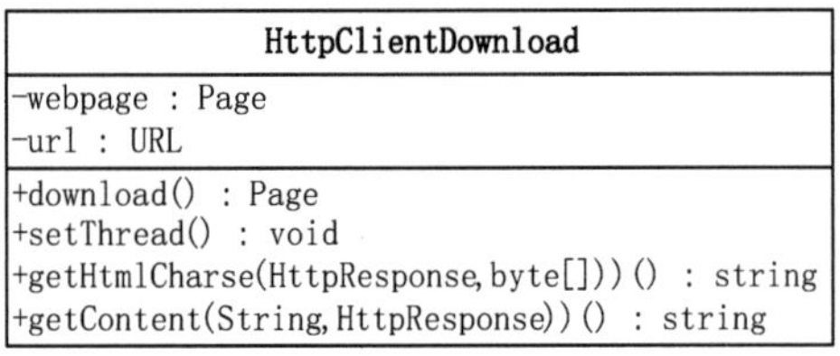

图 4.15　HttpClientDownload 类

（3）DownLoadMap 类和 DownLoadReduce 类如图 4.16 所示。DownLoadMap 类继承自 Mapper 类，其主要作用是运行 map()方法。将和主题相关的链接文件分块后，把偏移量作为 key 的值，将链接作为 value 的值，从而把每个块内数据解析成<key, value>形式的键-值对。map()方法用于交换 key 和 value 的值，并产生中间结果。DownLoadReduce 类中的 reduce()方法可以并行地爬取和主题相关的网页数据。

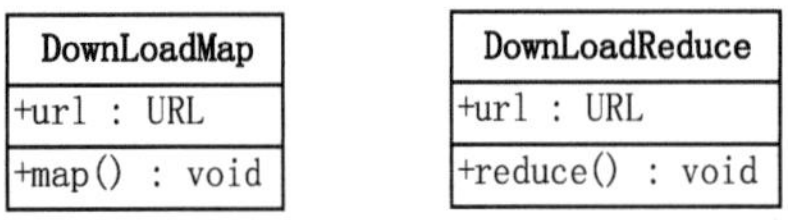

图 4.16　DownLoadMap 类和 DownLoadReduce 类

2）网页数据解析类模块

（1）MyPageProcessor 类如图 4.17 所示。MyPageProcessor 类是网页数据解析的接口，通过该类可以解析不同网页的数据，其中的 process()方法用于判断链接是否和主题相关，如果相关则把该链接作为参数传递给爬取对象。

（2）Selector 类如图 4.18 所示。Selector 类是为了简化网页数据的解析和爬取而开发的，该类使用解耦合的方式运行，可以通过 XPath 和正则表达式等对不同的网页数据进行解析。由于不同解析方式的返回结果都是可选类型，因此能够实现对网页数据的准确爬取。

MyPageProcessor
+dataItem : DataItems
+url : URL
+process() : Page

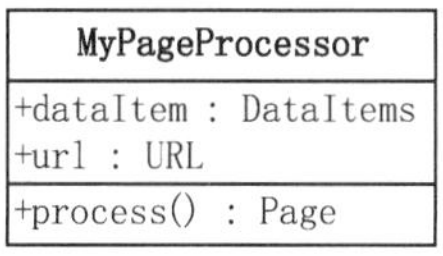

图 4.17　MyPageProcessor 类

Selector
+url : URL
+select() : string
+selectItems() : DataItems
+SelectURL() : URL

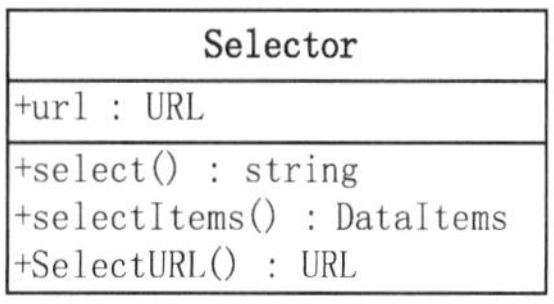

图 4.18　Selector 类

（3）PageMap 类和 PageReduce 类如图 4.19 所示。PageMap 和 PageReduce 主要是对 map()方法和 reduce()方法的重写，主要功能是执行 Map/Reduce 计算模型的方法。PageMap 类用于从待爬取的链接队列中获取链接，并对链接文件进行分割，形成<key,value>形式的键-值对。PageReduce 类用于合并所产生的结果。

PageMap
+url : URL
+map() : void

PageReduce
+url : URL
+reduce() : void

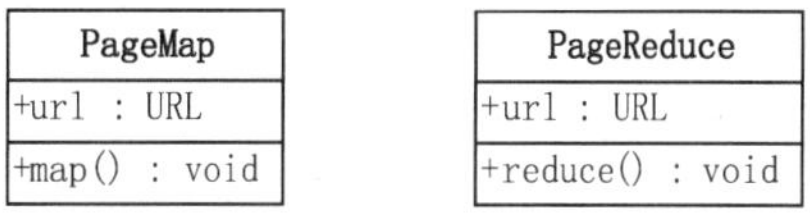

图 4.19　PageMap 类和 PageReduce 类

3）链接调度类模块

链接调度类模块的作用是完成海量链接的优化去重工作。在爬取网页数据的过程中会遇到海量的链接，当遇到重复的链接或者和主题无关的链接时，系统应当自动将其清除。因此，只有先对链接进行处理，再爬取链接对应的网页数据，才能提高系统的性能。链接调度类模块可以实现链接的去重操作以及标准化输出操作等，每个操作都可以使用过滤器单独地进行。

（1）Scheduler 类如图 4.20 所示，其主要作用是负责不同的链接之间的相互调度，有利于扩展系统。在定义一个采集器时，可以通过调用 scheduler()方法将类传递给新生成的对象。

（2）BloomFilter 类如图 4.21 所示。当链接的数量非常多时，通常会采用布隆过滤算法对链接进行过滤。BloomFilter 类的主要作用就是快速地过滤掉重复无用的链接。

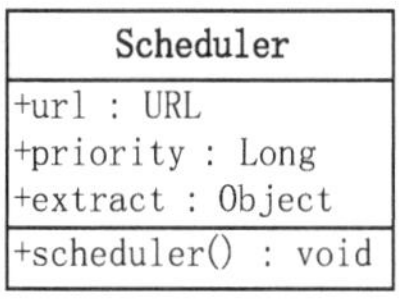

Scheduler
+url : URL
+priority : Long
+extract : Object
+scheduler() : void

图 4.20　Scheduler 类

BloomFilter
-url : URL
+isDuplicate() : Boolean
+getTotalURLcount() : int
+add() : void

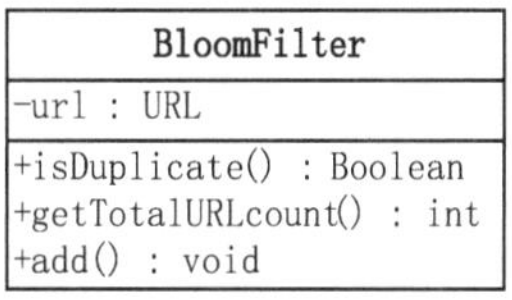

图 4.21　BloomFilter 类

NormalizeFilter
+url : URL
+normalize() : void
+webTransform() : void
+webRemove() : void

图 4.22　NomnlizeFilter 类

（3）NormalizeFilter 类如图 4.22 所示，其中，normalize()方法的主要作用是对链接进行统一规范化的处理，webTransform()方法的主要作用对链接进行大小写转换，webRemove()方法的主要作用是删除重复无用的链接。

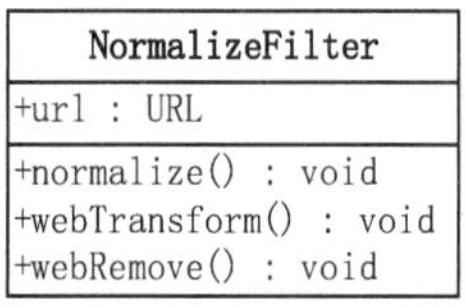

（4）SchedulerMap 类和 SchedulerReduce 类如图 4.23 所示。SchedulerMap 类和 SchedulerReduce 类分别重写了 map()方法和 reduce()方法，其主要作用是执行 Map/Reduce 计算模型。

4）自动生成文本摘要类模块

GetSummary 类如图 4.24 所示，getSum()方法的主要作用是通过 MDSTC 从爬取到的海量网页数据中自动生成有价值的文本摘要。

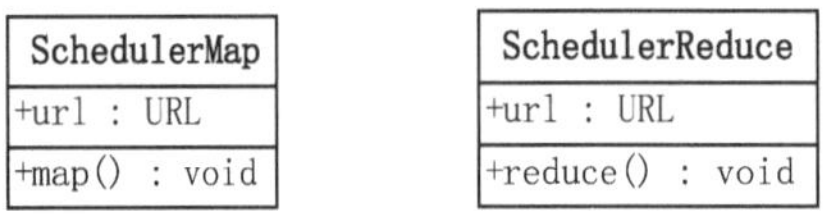

图 4.23　SchedulerMap 类和 SchedulerReduce 类

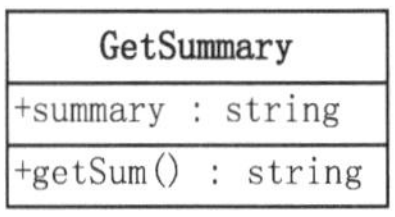

图 4.24　GetSummary 类

4.4.2　地震信息采集与摘要系统的实现

地震信息采集与摘要系统是使用 Eclipse 开发的，运行在 Hadoop 平台和 Nutch 平台上。系统的硬件由曙光服务器集群组成，每个节点都配置了 Intel Xeon E5620（2.4 GHz）、12 GB 的内存、Ubuntu12.04 操作系统、独立的 IP 地址，网络带宽为 100 Mbit/s。

当运行地震信息采集与摘要系统时，首先进入的是系统参数配置页面，如图 4.25 所示，主要的参数包括来源 URL、集群数量、Nutch:-threads（进程的数量）、Nutch:-depth（爬取的深度）、Nutch:-topN（主题的数量）等。

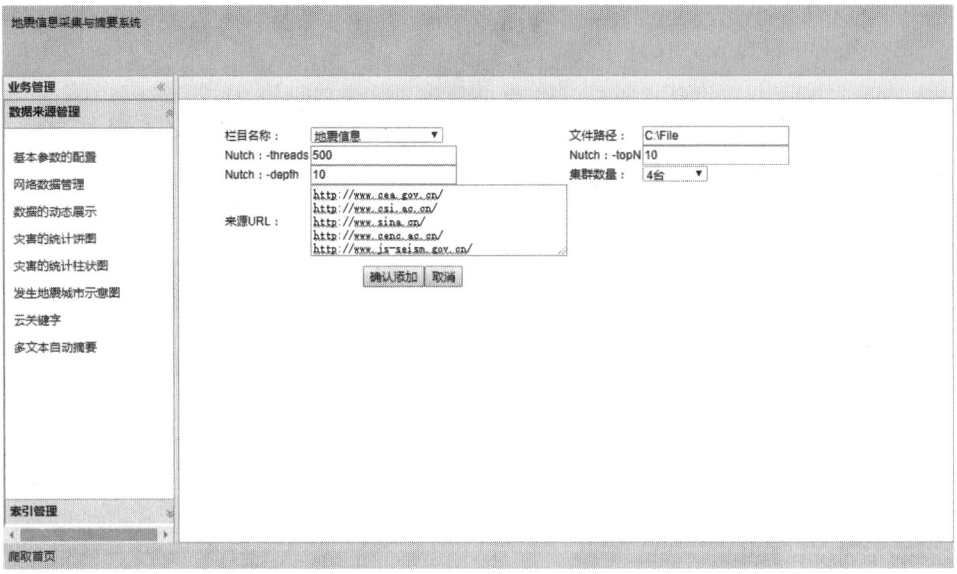

图 4.25　地震信息采集与摘要系统的系统参数配置页面

单击左侧的“业务管理”可进入地震信息采集与摘要系统的主页面，如图 4.26 所示。系统的主页面包括“主题信息描述”输入文本框、“开始爬取”按钮、“停止爬取”按钮、“后台管理”链接。在“主题信息描述”输入文本框中输入“地震”后，单击“开始爬取”按钮就可以自动爬取与主题“地震”相关的网页数据。单击“后台管理”链接可进入后台管理页面。

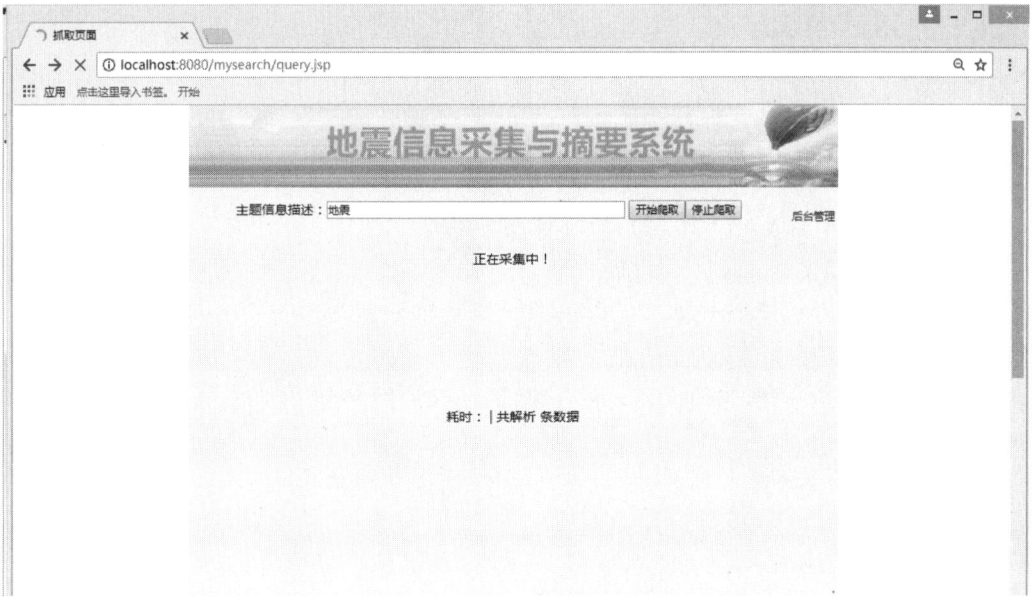

图 4.26　地震信息采集与摘要系统的主页面

单击左侧“数据来源管理”中的“网络数据管理”可进入系统的网络数据管理页面，如图 4.27 所示。在该页面中，用户可以对爬取到的数据进行删除和修改操作。

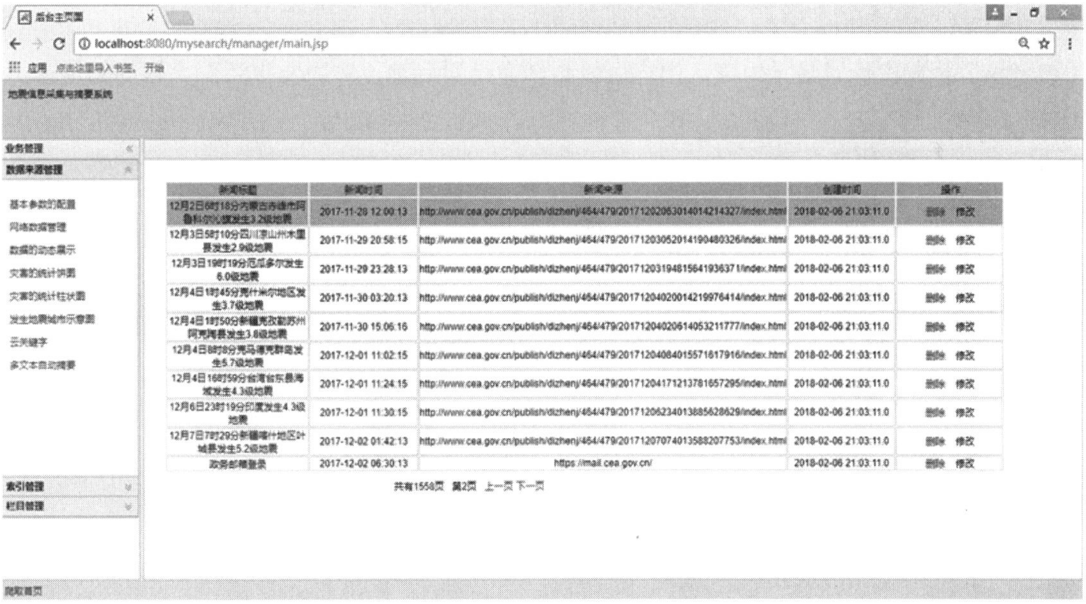

图 4.27　地震信息采集与摘要系统的网络数据管理页面

单击左侧“数据来源管理”中的“数据的动态展示”可进入系统的数据动态展示页面，如图 4.28 所示。该页面会自动显示系统爬取到的相关数据，包括地震灾害发生的时间、地震灾害的新闻来源，以及新闻的标题和对应的链接，用户单击该链接时可跳转到相应的网页。

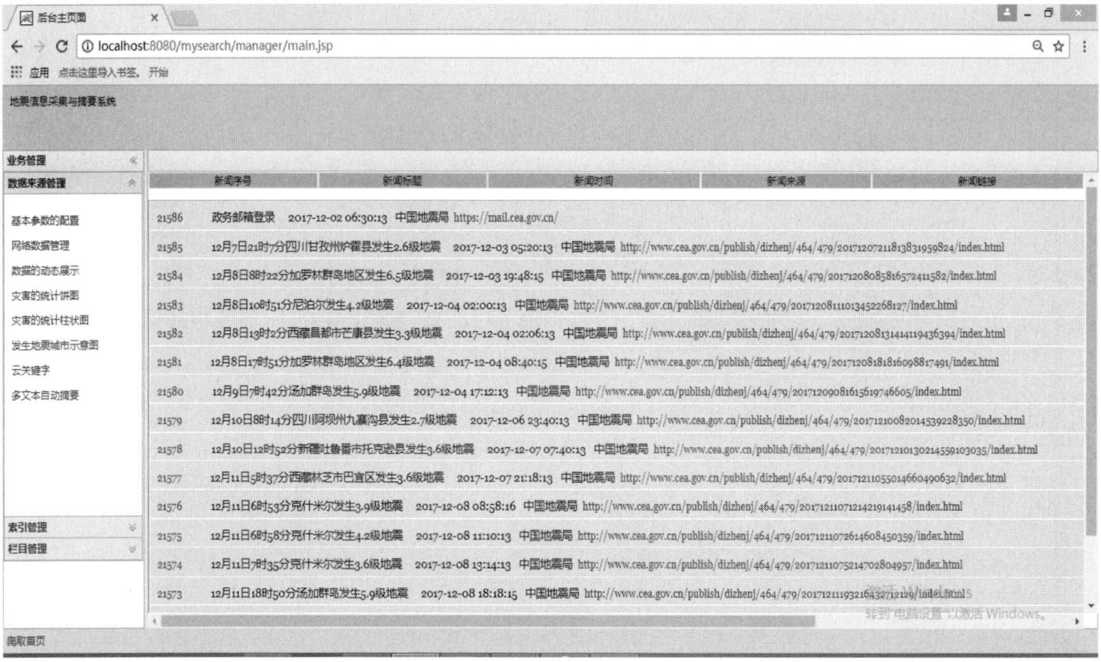

图 4.28　地震信息采集与摘要系统的数据动态展示页面

单击左侧“数据来源管理”中的“灾害的统计饼图”可进入系统的饼状图显示页面，如图 4.29 所示。该页面会自动统计每个省、自治区或直辖市每年发生的地震灾害信息，并把统计结果以饼状图的形式显示出来，用户可以很清楚地看到地震灾害发生频率比较高的地方。

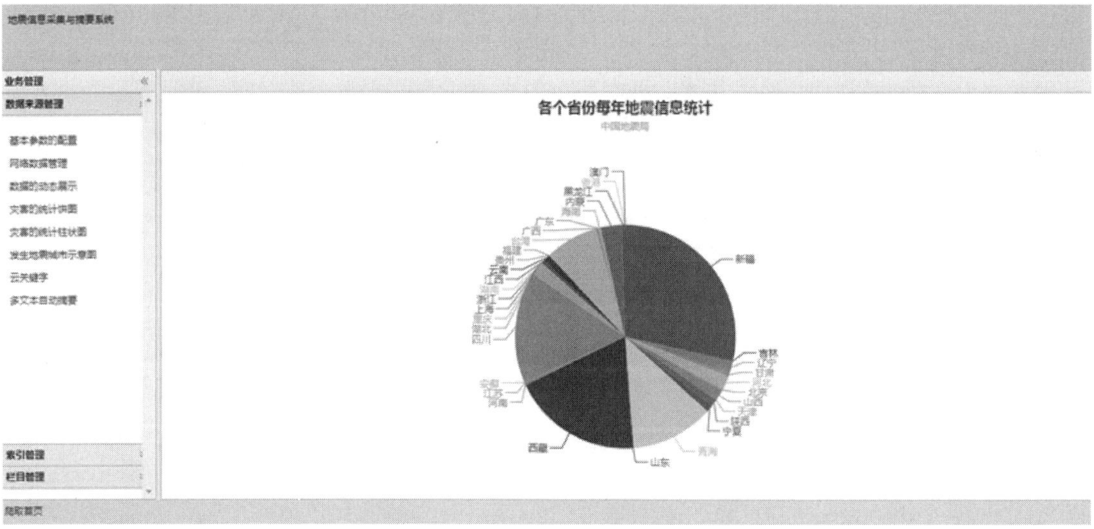

图 4.29　地震信息采集与摘要系统的饼状图显示页面

单击左侧“数据来源管理”中的“灾害的统计柱状图”可进入系统的柱状图显示页面，如图 4.30 所示。该页面会自动统计每个省、自治区或直辖市每年发生的地震灾害信息，并把统计结果以柱状图的形式显示出来，用户可以很清楚地看到地震灾害发生频率比较高的地方。

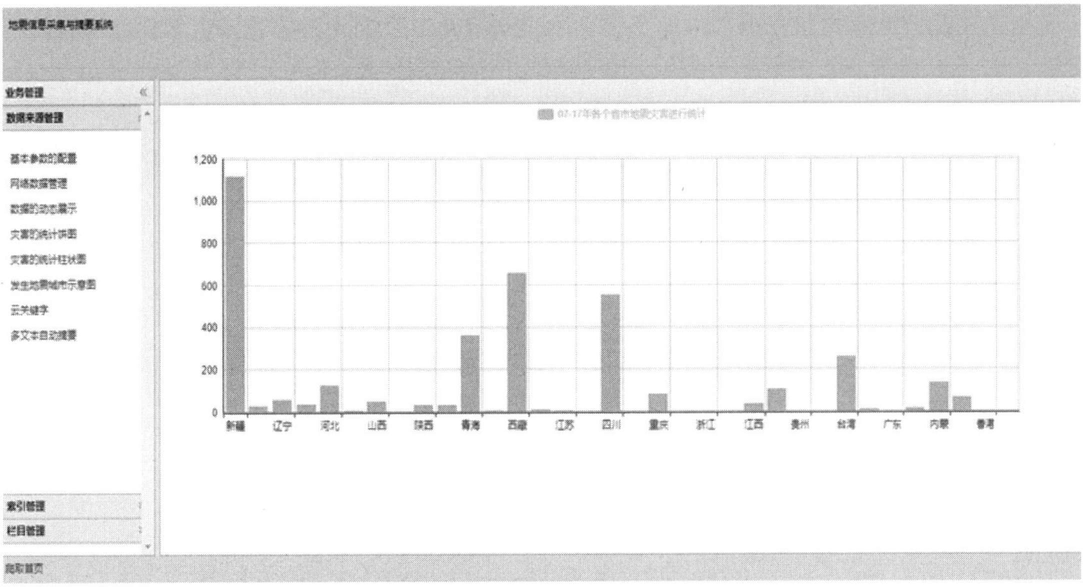

图 4.30　地震信息采集与摘要系统的柱状图显示页面

单击左侧“数据来源管理”中的“发生地震城市示意图”可进入系统的地震灾害城市显示页面，该页面会根据爬取的数据情况将最近 5 次发生地震灾害的城市在地图上进行展示。

单击左侧“数据来源管理”中的“云关键字”可进入系统的云关键字显示页面，如图 4.31 所示。该页面会根据爬取的数据自动显示和主题相关的云关键字。

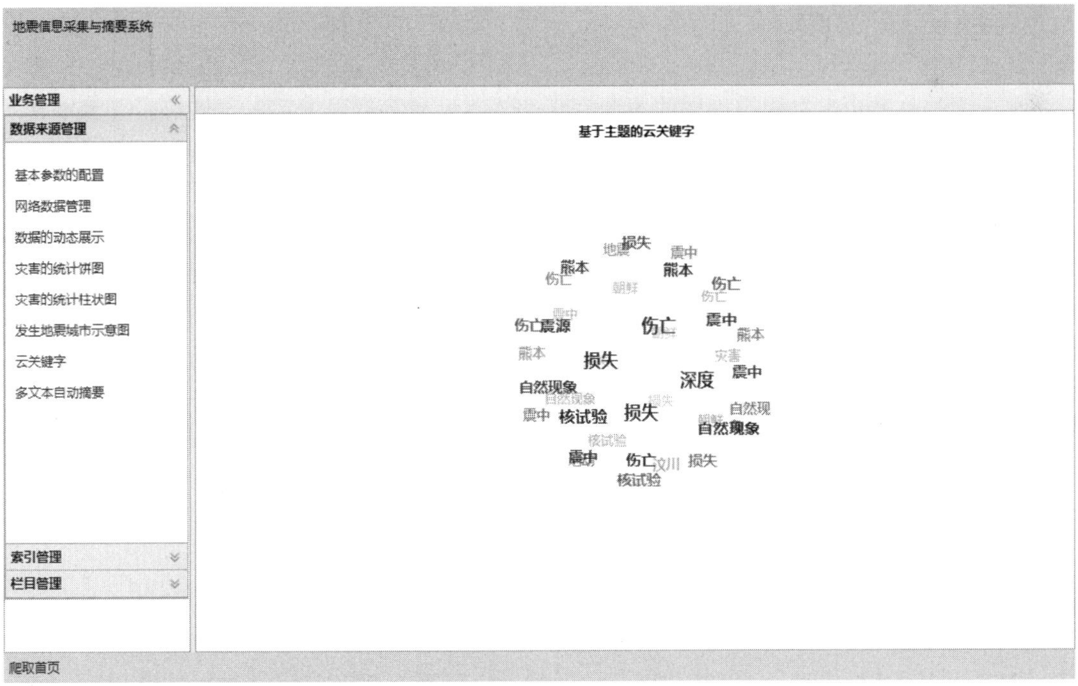

图 4.31　地震信息采集与摘要系统的云关键字显示页面

单击左侧“数据来源管理”中的“多文本自动摘要”可进入系统的多文本自动摘要显示页面，如图 4.32 所示。该页面会显示系统自动生成的文本摘要。

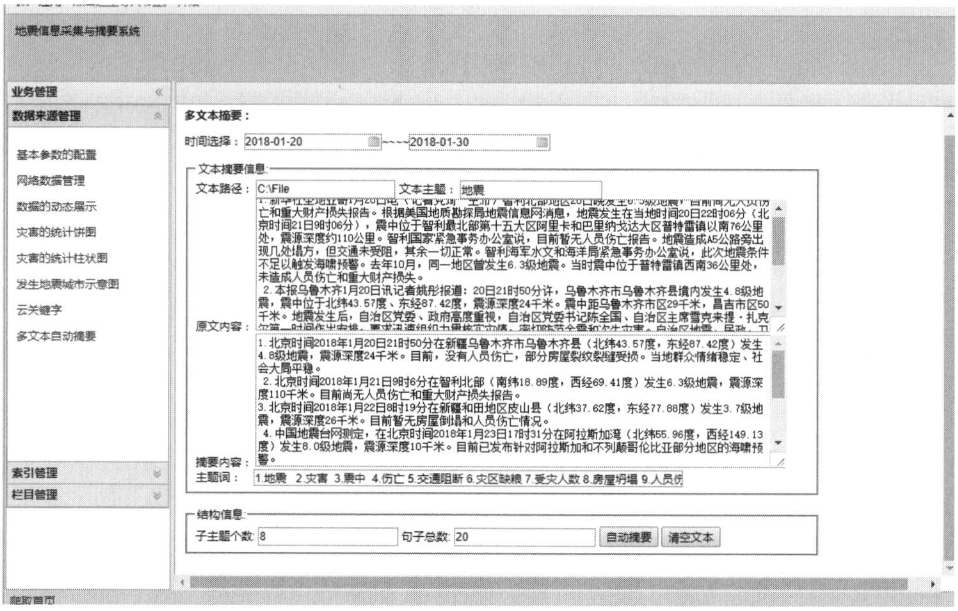

图 4.32　地震信息采集与摘要系统的多文本自动摘要显示页面

4.5　本章小结

本章首先从多文本生成的摘要的覆盖率低、连贯性差等问题入手，详细分析了目前常用的多文本自动摘要技术的优缺点。然后在此基础上重点介绍了基于主题聚类的多文本自动摘要算法（MDSTC）的原理和流程。MDSTC 在传统的聚类算法中加入了文本密度排序的过程，从而能够确定初始聚类的中心，可以自动发现文本集中隐藏的子主题。MDSTC 采用卷积神经网络来抽取文本摘要，可以快速地抽取与文本中心内容相关的语句作为文本摘要句。接着对比了 MDSTC、LexRank 和 WSRank 算法的性能，与后两种算法相比，MDSTC 在准确率、召回率和 F 值等方面的表现更为出色。最后介绍了一种灾害大数据定向爬取和自动摘要的系统，即地震信息采集与摘要系统，并介绍了该系统的设计与实现。

本章参考文献

[1] 董非．基于图的主观性多文本自动摘要方法研究和实现[D]．上海：上海交通大学，2015．

[2] Tohalino J V, Amancio D R. Extractive Multi Document Summarization using Dynamical Measurements of Complex Networks[C]//The 2017 Brazilian Conference on Intelligent Systems, Uberlandia, 2017: 366-371.

[3] Yang J, Liu Z, Liu W, et al. A new method for text summary extract base on event network[J]. Journal of Computational Information Systems, 2015, 11(7): 2663-2672.

[4] Peyrard M, Eckle-Kohler J, Peyrard M, et al. Supervised Learning of Automatic Pyramid for Optimization-Based Multi-Document Summarization[C]//The 55th Meeting of the Association for Computational Linguistics, New York, 2017: 1084-1094.

[5] 杨春春. 面向网络数据的定向采集与自动摘要技术的研究[D]. 南京：南京邮电大学，2018.

[6] The Sogou Labs[EB/OL]. [2017-08-16]. https://www.sogou.com/labs/.

[7] Chen C, Zhang L, Wu Z A, et al. Automatic summarization algorithm based on word-sentence co-ranking[J]. Journal of Jiangsu University, 2016, 37(4): 443-449.

[8] Wu K, Shi P, Pan D, et al. An approach to automatic summarization for Chinese text based on the combination of spectral clustering and LexRank[C]//12th International Conference on Fuzzy Systems and Knowledge Discovery, Zhangjiajie, 2015:1350-1354.

第5章 灾害大数据分析

5.1 大数据分析技术的研究背景

一直以来，由于地震的突发性强、破坏程度大和不可预测等特点，被当成给人类社会造成损失最大的自然灾害。地震不仅会直接造成房屋倒塌、桥梁断裂等，还会引发各种次生灾害，如滑坡、火灾、海啸等。利用新的技术手段对地震数据进行分析，掌握地震带的分布情况，有助于研究人员掌握地震发生的规律，降低地震所带来的危害。

进入大数据时代，对地震数据的采集、挖掘让人们对地震的分布情况有了更清晰的认识。目前应用于地震数据分析的信息化手段有很多，例如：付瑜[1]使用傅里叶变换、小波包变换和S变换对地震数据进行了时频分析，给出了平稳信号和非平稳信号在时间域和频率域的变换过程；李建凯等人[2]将主成分分析法应用于地震电磁数据的处理与分析中，从复杂背景中提取到了较弱的电磁异常；赵银刚等人[3]将线性回归应用于主/余震的数据分析中，为余震的判定提供了参考。

5.2 数据集相关定义

本章重点分析1965—2016年世界范围内显著地震的数据集（由Kaggle公司提供，网址为www.kaggle.com），该数据集有23413条记录，每条记录包括21个属性。由于该数据集中的很多属性与本章研究的内容无关，如Type、Location Source等，因此要对数据集进行清洗，去除无关的属性，并对缺失的数据进行处理。本章所用的数据集D包含日期、时间、纬度、经度、深度、量级这几个属性，具体定义如下：

（1）日期：地震发生的日期，格式为“dd/mm/yyyy”。

（2）时间：地震发生的时间，采用24小时制，格式为“hh:mm:ss”。

（3）纬度：震中位置的纬度，区分正负，北纬为正，南纬为负。

（4）经度：震中位置的经度，区分正负，东经为正，西经为负。

（5）深度：震源深度，单位为km。

（6）量级：地震震级，单位为里氏。

5.3 地震大数据分析方法

5.3.1 聚类分析

用于地震数据聚类分析的方法有很多，大致可以分为 5 类：划分方法（Partitioning Methods）、层次方法（Hierarchical Methods）、基于密度的方法（Density-Based Methods）、基于网格的方法（Grid-Based Methods）、基于模型的方法（Model-Based Methods）[4]。

1. 划分方法

假设一个数据集包含 N 个数据，划分方法可以将这些数据划分成 K 个分组（$K<N$），每个分组为一个聚类。这 K 个分组必须满足下列条件：

（1）每个分组至少包含一个数据。

（2）每个数据只属于一个分组。

一般来说，K 是人为设定的，需要根据 K 对原始数据集进行最初的划分，再通过迭代改变分组，使同组中的数据间距离变得尽可能小，不同组数据的距离应尽可能大。

2. 层次方法

层次方法将数据集划分为不同的层次，形成树状的聚类结构，一般有自顶向下和自底向上两种方向。在自底向上的方向中，初始的所有数据都被看成单独的聚类，在迭代的过程中，将相近的聚类聚合成新的聚类，直到最终完成聚类。

3. 基于密度的方法

基于密度的方法假设聚类的结构可以通过样本分布的紧密程度来确定，通常从样本的密度来考察其可连接性，该方法通过样本之间的连接性扩充聚类的簇来达到聚类的目的。

4. 基于网格的方法

基于网格的方法将数据集所在的空间用网格划分，以网格单元为处理对象。这种方法处理速度很快。

5. 基于模型的方法

基于模型的方法先为每个聚类假定了一个模型，然后去寻找能够很好地满足这个模型的数据集。基于模型的方法可以通过构建反映数据点空间分布密度函数来定位聚类，它是基于标准的统计数字自动决定聚类数目的。由于基于模型的方法考虑到了噪声数据或孤立点，因此具有鲁棒性。基于模型的方法通常假设数据是根据潜在的概率分布生成的。

5.3.2 K-means 算法应用分析

K-means 算法是一种基于距离的聚类算法，该算法简单、处理速度快，适合分析本章的地震大数据。由 K-means 算法得到的聚类，其成员相关度高，不同聚类成员的相关度低，有利于发现不同聚类中由地震大数据表示的地震带。由于地震频发的区域一般都处于地球板块的交界地带，并且板块多为凸形状，使用 K-means 算法对地震大数据进行分析，有望得到依附于板块的凸形状聚类。本节使用 K-means 算法对地震大数据进行分析的过程如下：

（1）读取地震大数据中 n 条记录的纬度和经度，构成一个二维数据集 $D_1=\{x_1,x_2,\cdots,x_n\}$，其中 x_i 是数据集 D_1 中的一个样本，表示一个地震震中的坐标，包含纬度和经度两个维度。在数据集 D_1 中的所有样本中随机选择 k 个样本 $\{\mu_1,\mu_2,\cdots,\mu_k\}$ 作为初始的均值向量。

（2）对数据集 D_1 中所有的样本 x_j（$1\leqslant j\leqslant n$），分别计算其到各个初始的均值向量 μ_i（$1\leqslant i\leqslant k$）的距离 d_{ji}，$d_{ji}=\|x_j-\mu_i\|_2$。

（3）对于每个样本 x_j，根据距离确定其簇标记，将 x_j 归入最近的簇 C_λ 中。

（4）在遍历完数据集中的所有样本后，重新计算各簇中的均值向量 $\boldsymbol{\mu}'_k$，其中 N 为第 k 个簇中样本的个数，分别计算样本的每个维度（经度和纬度），即：

$$\boldsymbol{\mu}'_k=\frac{\sum_{i=1}^{N}x_i}{N} \tag{5-1}$$

（5）计算两次的均值向量的平方误差 E，即：

$$E=\sum_{i=1}^{k}\sum_{x\in C_\lambda}|\boldsymbol{\mu}_i-\boldsymbol{\mu}'_i|^2 \tag{5-2}$$

（6）如果 E 不再明显变化则停止分析，否则转到步骤（2）继续执行。

从上述的一般过程可以看出，k 的大小直接决定了最后聚类数目。目前，地震带被划分为 3 个，因此将 k 的初值设置为 3，但在实验过程中，可以根据结果调整 k。

5.3.3　DBSCAN 算法应用分析

DBSCAN 是一种基于密度的聚类算法，该算法是通过一定范围内数据样本数量的多少来聚类的，它将密度达到要求的区域划分为相应的聚类。

DBSCAN 算法相关概念如下[5]：

（1）ε-邻域：对于数据集 D 中的任意样本 x_i，其 ε-邻域是包含数据集 D 中与 x_i 的距离不大于 ε 的样本。

（2）核心对象：如果任意样本 x_i 的 ε-邻域点个数不少于 MinPts，则称 x_i 为一个核心对象。

（3）密度直达：如果 x_i 在 x_j 的 ε-邻域中，且 x_j 是核心对象，则称 x_i 由 x_j 密度直达。

（4）密度可达：对于样本序列 $\{p_1,p_2,\cdots,p_n\}$，其中 $p_1=x_i$，$p_n=x_j$，且 p_{i+1} 由 p_i 密度直达，则称 x_j 由 x_i 密度可达。

（5）密度连接：对任意样本 x_k，都有 x_i 和 x_j 由 x_k 密度可达，则称 x_i 和 x_j 是密度连接的。

（6）噪声：数据集中不属于任何聚类的样本视为噪声。

DBSCAN 算法可以发现任何形状的聚类，这对于地震分布的研究非常重要，它可以根据样本分布的紧密程度来发现不同地震在位置上的关系，并且最终的聚类结果形状不受约束，能够接近带状[6]。

与 5.3.2 节类似，将原数据集中的纬度和经度抽取出来构成二维数据集 D_1，在给定输入参数 MinPts 和 ε 的前提下，DBSCAN 算法的处理过程如下：

（1）初始化核心对象集合 $\Omega=\varnothing$。

（2）遍历所有地震大数据的样本 x_i，计算 x_i 的 ε-邻域内样本的个数，如果不小于 MinPts，则此样本 x_i 为核心对象。

（3）从核心对象集合中的任意核心点，找出所有与其密度可达的点并生成聚类簇，反复迭代，直到所有核心点都被访问为止。

和 K-means 算法存在的问题类似，DBSCAN 算法需要在聚类前确定邻域半径 ε 和最小数目 MinPts，这两个参数会直接影响聚类的结果。如果参数不合适，聚类结果将不准确。这里使用一种算法来确定 ε，步骤如下：

（1）给定数据集 D，对任意样本 x_i，计算该样本到其他样本的欧氏距离 d_{ij}，并将其按升序排序，得到距离集 M。

（2）确定 MinPts 的值 k，从距离集 M 中找到第 k 个距离 d_{ij}，作为样本 x_i 的 k-距离。

（3）计算所有样本的 k-距离，构成 k-距离集 E。

（4）对 E 中数据进行升序排序，找出变化最剧烈的样本 x_ε 的 k-距离，即可得到所求的 ε。

5.3.4 地震潜在聚类分析

震源深度指的是震源到地面的垂直距离，根据震源深度可以把地震分为浅源地震、中源地震和深源地震。对于同震级的地震，震源深度越小，破坏性越大。地震震级是表征地震强弱的量度，用来表示地震释放的能量大小。最大地震震级为里氏 9 级。当地震震级小于里氏 3 级时，无震感；地震烈度大于 5 级的地震会造成破坏。

由经验可知，震源深度和地震震级并没有直接关系，但它们会共同影响地震烈度。地震烈度是衡量地震的影响和破坏程度的宏观尺度，是一种定性的描述。地震烈度不仅受地震震级的影响，还与震源深度、震中位置和地质条件有关。在本章使用的地震大数据中，经度和纬度这两个属性表示地震发生的位置，可以看成与震中无偏差的点，另外由于数据集选取的地震震级都大于 4 级，因此可忽略地震的地质条件。本节通过聚类方法对地震大数据进行聚类，考察聚类的结果是否能够拟合地震烈度。

分析原数据中的深度和量级两个属性，相对于深度属性来说，量级属性的离散化程度很高，因此基于密度的 DBSCAN 算法并不适用。深度在某些数值处聚集，可以使用 K-means 算法来对数据进行分析。

本节应用的 K-means 算法与 5.3.2 节有所不同。5.3.2 节首先在已知聚类数目的前提下确定 k，然后进行聚类分析。本节在根据深度和量级两个属性来进行聚类分析时，并不知道聚类数目，所以要确定 k[7]。根据数据集的自身性质来确定 k 的方法有很多，常见的有 Elbow 法和轮廓系数法。本节使用 Elbow 法来确定最优 k，该方法是通过计算不同 k 的误差平方和（Sum of Squared Errors，SSE）来选择最优 k 的，SSE 的计算公式为：

$$\mathrm{SSE}=\sum_{i=1}^{k}\sum_{p\in C_i}|p-m_i|^2 \tag{5-3}$$

式中，C_i 表示第 i 个簇；p 表示 C_i 中的数据；m_i 表示 C_i 的质心。该方法的核心思想是：当 k 增大时，样本的聚类数目会增多，每个簇的聚合程度会变高，SSE 会变小；当 k 小于真实聚类数目时，k 会增大，SSE 的下降幅度极大；当 k 等于真实聚类数目时，增大 k 会使 SSE 的下降幅度骤减。

5.4 实验与可视化

5.4.1 实验数据分析

在分析地震大数据时，首先将每一次地震的数据作为一个独立的点来绘制散点图，这是分析此类数据时最初步的处理。根据地震大数据中地震发生的位置和震级绘制的散点图如图 5.1 所示。

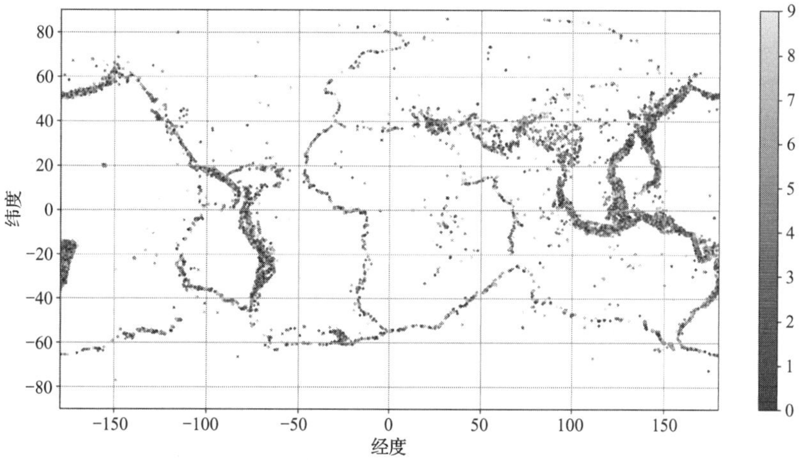

图 5.1　根据地震大数据中地震发生的位置和震级绘制的散点图

从图 5.1 中可以很明显地看出，1965 年到 2016 年期间地震发生的位置和震级情况。地震发生的位置呈带状，越粗的地方表示地震发生得越密集，同时数据点形成的轮廓正好将大陆板块包围，也就是地理学上的地震带。如果将这些数据与地图叠加在一起，则可以更清晰地反映出地震带的地理位置与大陆板块的关系。

5.4.2 基于 K-means 算法拟合地震带

由 5.3.2 节的分析可知，参数 k 直接决定了聚类数目，在基于 K-means 算法拟合地震带时，先将 k 设为 3，此时，K-means 算法的聚类结果如图 5.2 所示。

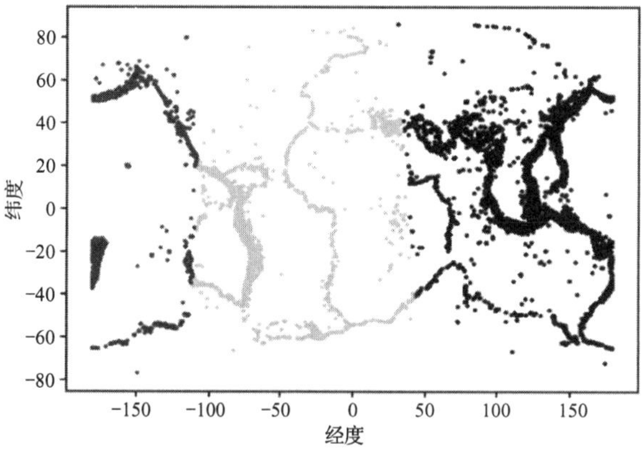

图 5.2　K-means 算法的聚类结果（k=3）

从图 5.2 中可以看出，虽然 K-means 算法可以完成聚类，但由于该算法的特性，聚类的结果呈凸形，并没有按带状进行聚类。此次聚类结果的分析如表 5.1 所示。

表 5.1　K-means 算法的聚类结果（k=3）的分析

聚　类	经　度	纬　度	聚类数目
0	7.804517	133.862156	14193
1	−5.196002	−163.311286	4268
2	−9.949949	−55.370624	4951

表 5.1 中的经度和纬度表示聚类中心，3 个聚类包含的数据在总数据中的占比分别为 60.62%、18.23%和 21.15%。结合地震带的划分情况和聚类包含的数据占比情况可知，当 k=3 时，K-means 算法的聚类结果不符合预期效果。考虑到可以在三大地震带中进一步进行聚类，因此将 k 分别设置为 4、5、6、7，继续考察 K-means 算法的聚类结果，结果如图 5.3 所示。

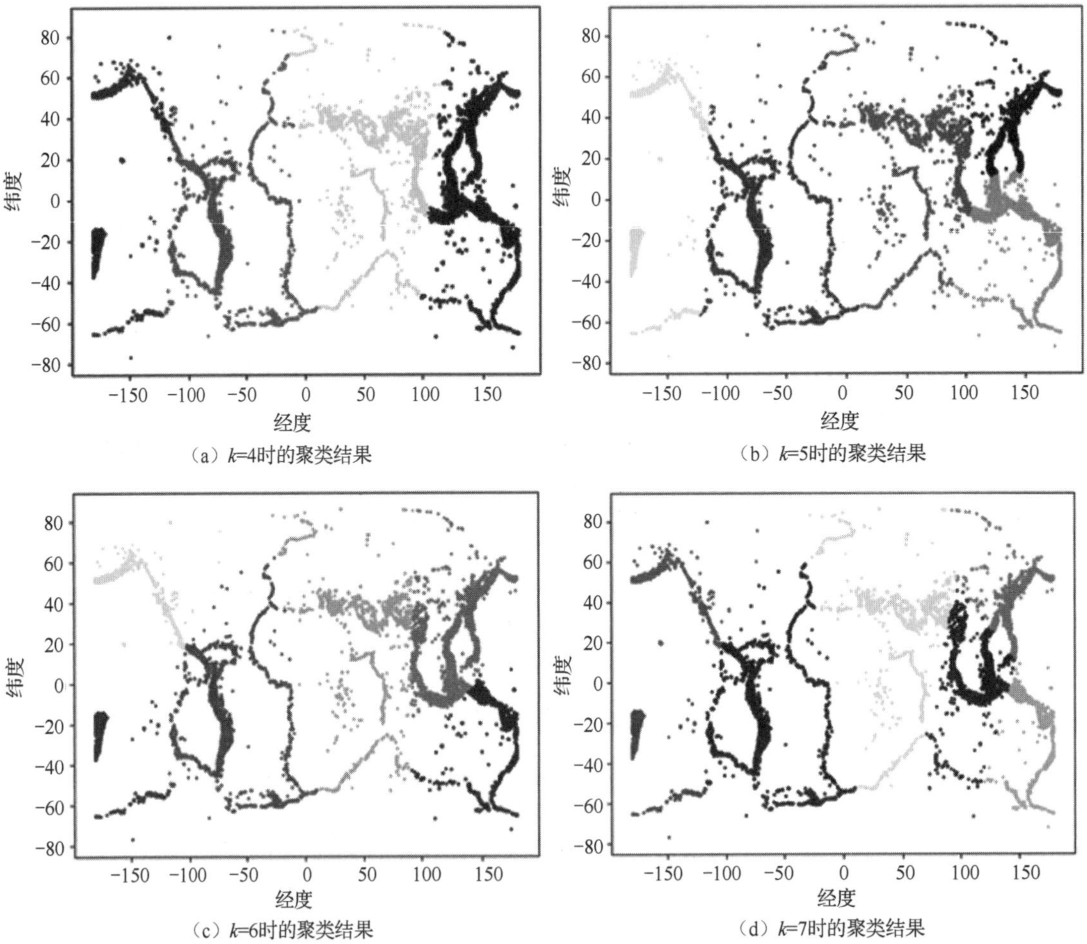

（a）k=4时的聚类结果　（b）k=5时的聚类结果

（c）k=6时的聚类结果　（d）k=7时的聚类结果

图 5.3　K-means 算法的聚类结果（k 为 4、5、6、7）

从图 5.3 中可以看出，随着 k 的增加，聚类数目也随之增加，但割裂了西太平洋地震带，东太平洋地震带以及海岭地震带西部被聚为一类，欧亚地震带与海岭地震带东部被聚为一类，聚类结果并不符合地震带的实际分布情况，因此 K-means 算法并不能很好地拟合地震带。

5.4.3　基于 DBSCAN 算法拟合地震带

由 5.3.3 节分析可知，在基于 DBSCAN 算法拟合地震带时，首先要确定 DBSCAN 的 MinPts 和 ε 参数。本节使用 5.3.3 节中确定 ε 参数的方法，在分别设定 MinPts 为 100、200、400、800 时计算对应的 ε，并根据不同的 ε 采用 DBSCAN 算法进行聚类。不同 MinPts 时 DBSCAN 算法的聚类结果如表 5.2 到表 5.5 所示。

表 5.2　MinPts=100 时 DBSCAN 算法的聚类结果

ε	聚类数目	噪声占比	运行时间/s
5	17	14.2%	0.76
10	8	6.2%	1.16
15	5	2.1%	1.38
20	2	0.6%	1.58
40	1	0	2.89

表 5.3　MinPts=200 时 DBSCAN 算法的聚类结果

ε	聚类数目	噪声占比	运行时间/s
5	9	23.2%	0.74
10	7	11%	1
15	6	4.2%	1.36
20	3	2.7%	1.51
40	1	0	2.76

表 5.4　MinPts=400 时 DBSCAN 算法的聚类结果

ε	聚类数目	噪声占比	运行时间/s
5	8	40.7%	0.7
10	6	19%	1.09
20	5	6.4%	1.52
30	3	0.9%	2.08
40	1	0	2.87

表 5.5　MinPts=800 时 DBSCAN 算法的聚类结果

ε	聚类数目	噪声占比	运行时间/s
5	5	58.3%	0.67
10	4	38.9%	1.09
20	3	18.8%	1.6
30	4	4.1%	2.08
40	2	4%	2.68

从表 5.2 到表 5.5 中可以看出，对于相同的 MinPts，随着 ε 的增大，聚类数目将减少，识别为噪声的数据数量也将减少，运算时间将逐步增大。当噪声占比过大和过小时，拟合地震带的效果很差。噪声过大通常是由于参与聚类的数据量少造成的，聚类结果不完全；噪声过小通常是由于聚类数目过少造成的，聚类结果的精确度太低。当 MinPts 为 400 和 800 时，由于其 ε-邻域的最小点数过大，所以对于不同的 ε，都只能聚类密度特别高的区域，同时聚类中的噪声占比变化剧烈，聚类结果不理想。在 MinPts 为 100 和 200 时，聚类结果比较好，可以较好地拟合地震带，如图 5.4 所示。

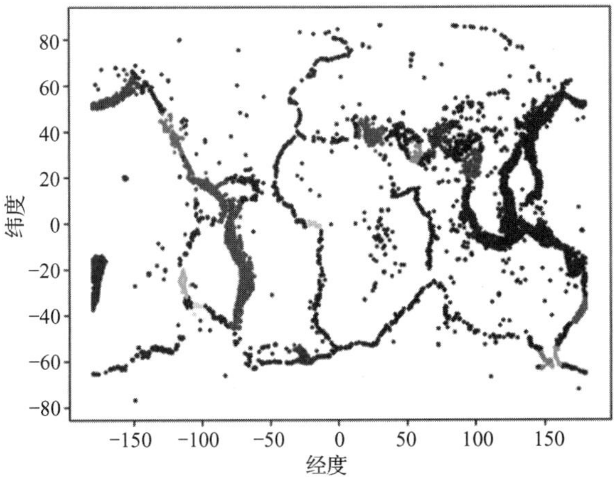

（a）MinPts=100、ε=5时DBSACN算法的聚类结果

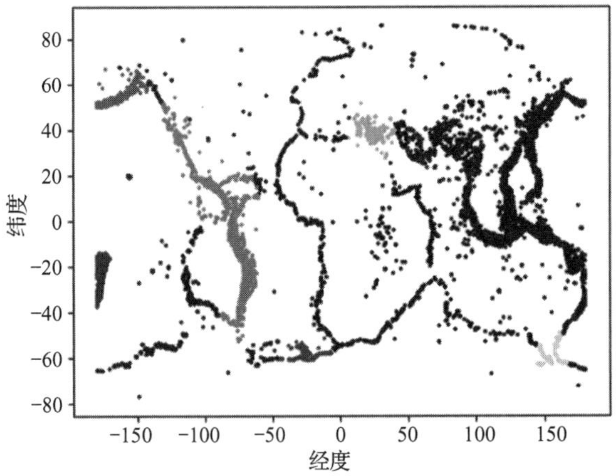

（b）MinPts=200、ε=10时DBSACN算法的聚类结果

图 5.4　DBSACN 算法的聚类结果（MinPts=100、ε=5 和 MinPts=200、ε=10）

从图 5.4 中可以看出：当 MinPts=100、ε=5 时，聚类结果对东太平洋地震带拟合得很好，西太平洋地震带被分成 3 个聚类，欧亚地震带被分成 4 个聚类，符合实际情况，海岭地震带也比较完整；当 MinPts=200、ε=10 时，聚类结果对西太平洋地震带的拟合效果比较好，但欧亚地震带的一部分与东太平洋地震带相连，范围过大，海岭地震带依然比较完整。由于本章采用的数据集中没有所属地震带的标签，所以仅能根据结果图与已知的地震带的划分做对比。综上所述，在参数适当的前提下，基于 DBSCAN 算法能够很好地拟合地震带的分布情况，拟合效果符合预期。

5.4.4　基于深度和量级的聚类分析

根据地震大数据中的深度和量级绘制的散点图如图 5.5 所示，地震大数据中的深度和量级分别表示震源深度和地震震级。从图 5.5 中可以看出，量级的离散化程度较高，在相同的量级下，数据会在某些深度处聚集，并且密度很高。

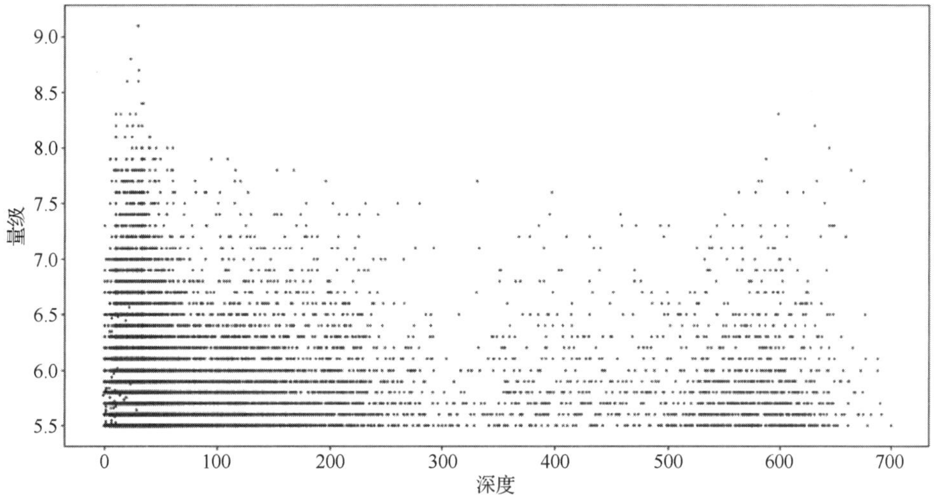

图 5.5　根据地震大数据中的深度和量级绘制的散点图

本节使用 5.3.4 节中的 Elbow 法来确定最优 k。由于深度和量级这两类数据在数量级方面相差太大，直接对这两类数据进行聚类会影响最终的聚类结果，因此要先对数据进行零均值标准化处理，再对数据集应用 Elbow 方法绘制 SSE 和 k 的关系图，如图 5.6 所示。

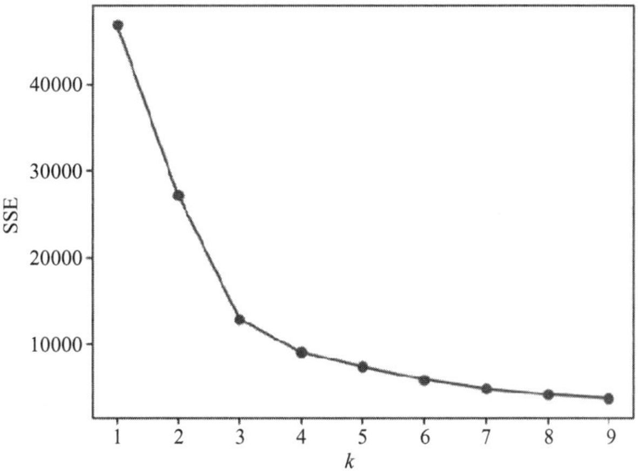

图 5.6　SSE 和 k 的关系图

从图 5.6 中可以看出：当 k 为 1、2、3 时，SSE 下降剧烈；当 k 大于或等于 4 时，SSE 趋于平稳。显然，对于本章采用的数据集来说，k 取 4 比较合适。

采用 K-means 算法对深度和量级数据进行聚类的结果如图 5.7 所示，图中用 4 种深浅不一的图案表示不同的聚类，圆点为聚类中心。各个聚类的中心和聚类数目如表 5.6 所示。

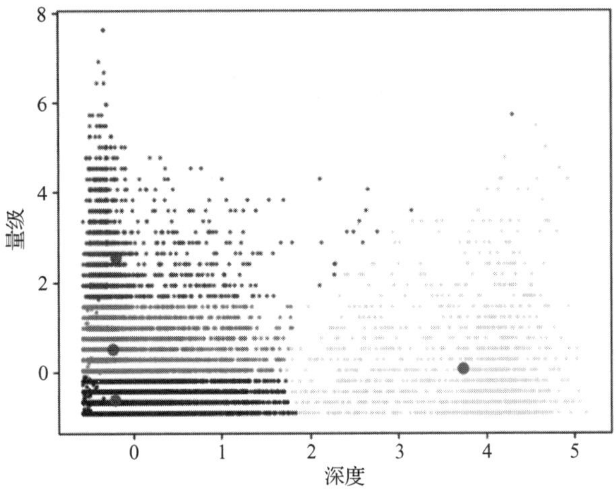

图 5.7 采用 K-means 算法对深度和量级数据进行聚类的结果

表 5.6 采用 K-means 算法对深度和量级数据进行聚类的结果分析

聚　类	深度（标准化）	量级（标准化）	聚 类 数 目
0	−0.234924	0.528968	7044
1	3.726709	0.083878	1321
2	−0.196612	2.564237	1708
3	−0.219834	−0.615981	13339

在表 5.6 中，聚类 0 的数据占比约为 30.1%，聚类 1 的数据占比约为 5.6%，聚类 2 的数据占比约为 7.3%，聚类 3 的数据占比为 57%。这些聚类的具体分布如图 5.8 所示。

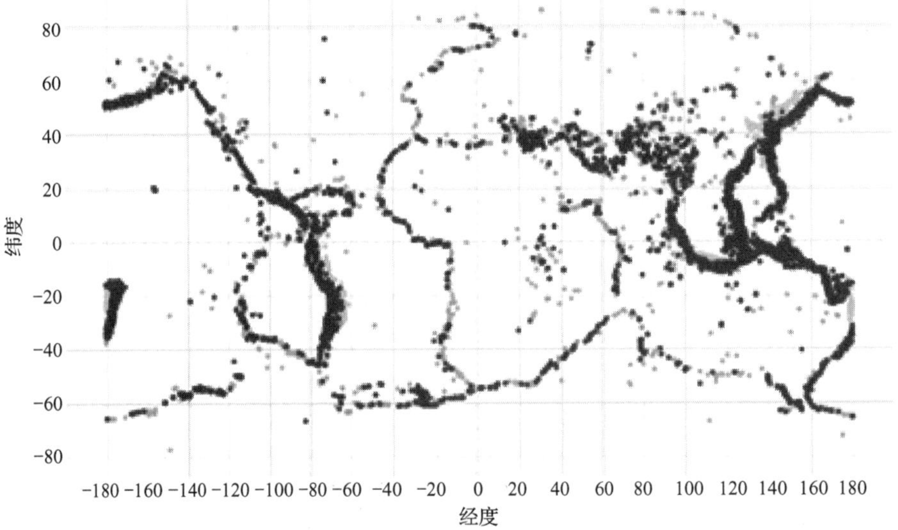

（a）聚类0的分布

图 5.8 各个聚类的分布

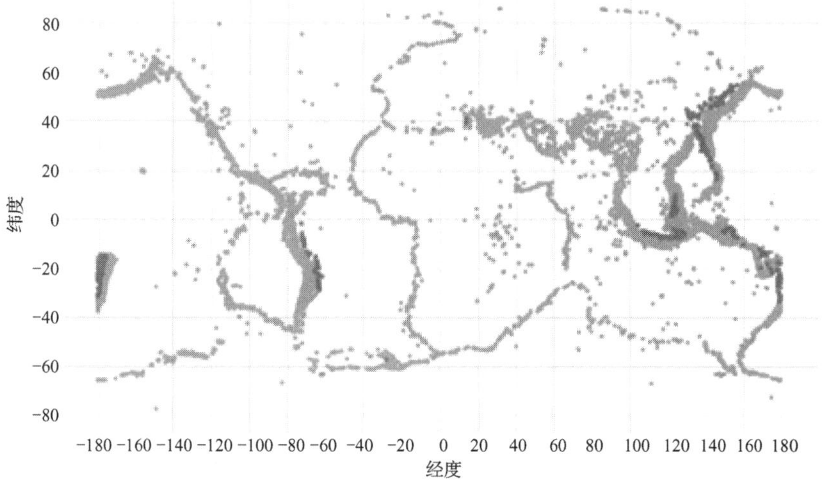

（b）聚类1的分布

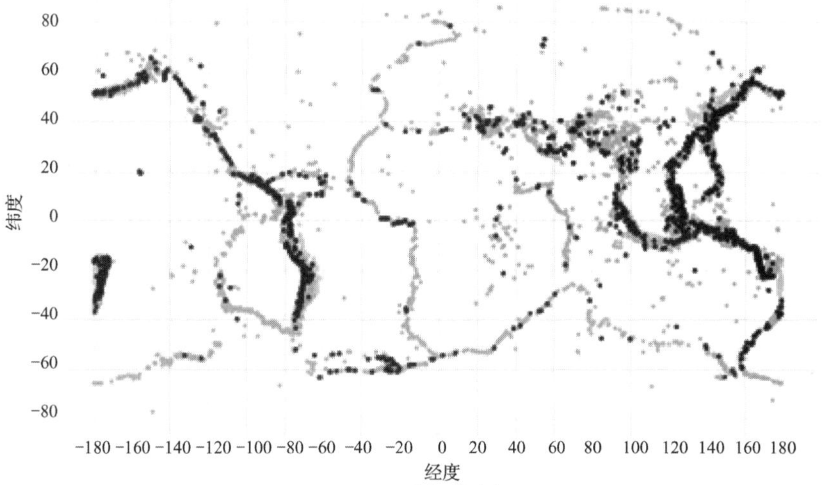

（c）聚类2的分布

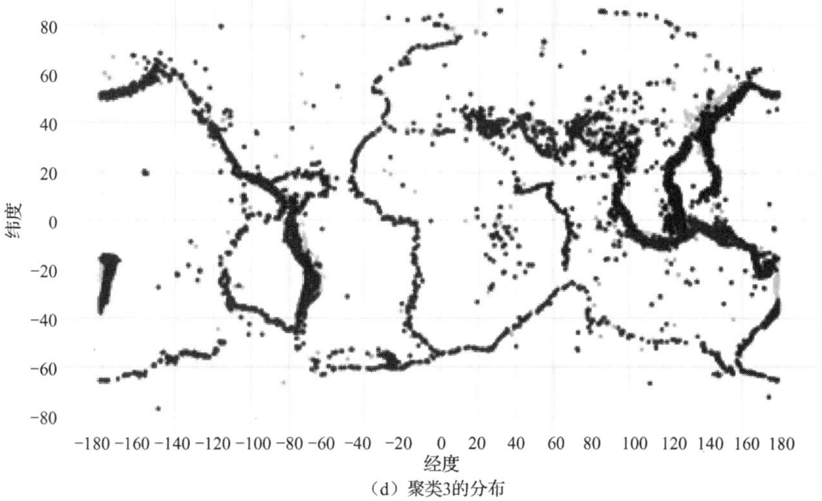

（d）聚类3的分布

图 5.8　各个聚类的分布（续）

结合图 5.7 和图 5.8（a）、图 5.8（d）可以看出，聚类 0 和聚类 3 的聚类中心的深度（也就是深度的均值）是相近的，但聚类中心的量级却有很大的差异，处于这两个聚类中的地震烈度必然有很明显的区分。仅占地震总数 5.6%的聚类 1 的分布显得尤为特殊，如图 5.8（b）所示，该聚类中地震发生的位置聚集程度很高，可大致分为 3 部分：第一部分处在西太平洋地震带上，聚集在堪察加到日本，以及东南亚地区；第二部分处在新赫布里底海沟区域；第三部分在秘鲁-智利海沟区域。聚类 1 的特点是处于海沟附近，震源深度（对应数据集中的深度）较大，但是地震震级（对应数据集中的量级）不高。从聚类 2 的分布可以看出，聚类 2 中的地震主要分布在环太平洋地震带和亚欧地震带上，震源深度较小，但是平均地震震级较高，地震烈度较大。综上所述可知，将深度和量级放在一起进行聚类分析，借助地震烈度这一概念查找地震的潜在聚类，聚类效果比较理想，这对于发现地震规律、研究地震分布有重要的意义。

5.5 本章小结

虽然目前仍然无法准确地预测地震，但对地震数据的分析一直在深入进行。本章详细介绍了两种典型聚类算法（K-means 和 DBSCAN）在地震大数据分析中的应用，并通过震源深度和地震震级两个指标对地震数据进行了聚类，查找地震的潜在聚类，并将结果进行可视化展示。结果表明：将聚类算法应用于地震数据分析是完全可行的，在地震带的拟合方面，DBSCAN 算法的效果要远远优于 K-means 算法。目前，对地震的预测，在很大程度上是建立在对已有地震数据进行挖掘并构建模型的基础之上的，因此将聚类算法应用于地震带分布的研究具有实际的意义。未来可以在研究中引入时间序列，将地震带分布的研究从三维空间扩展到时空维度，进行时空可视化展示。

本章参考文献

[1] 付瑜．地震数据处理中的时频分析方法对比及 S 变换探讨[J]．工程技术（全文版），2016(7):185．

[2] 李建凯，汤吉．主成分分析法和局部互相关追踪法在地震电磁信号提取与分析中的应用[J]．地震地质，2017,39(3):517-535．

[3] 赵银刚，刘庆杰，王晨，等．基于线性回归分析的主余震相关关系[J]．地震地磁观测与研究，2017,38(2):71-76．

[4] Han J, Kamber M, Pei J．数据挖掘概念与技术[M]．范明，孟小峰，译．3 版．北京：机械工业出版社，2012．

[5] 周志华．机器学习[M]．北京：清华大学出版社，2016．

[6] 于彦伟，贾召飞，曹磊，等．面向位置大数据的快速密度聚类算法[J]．软件学报，2018,29(8):2470-2484．

[7] 杨善林，李永森，胡笑旋，等．K-means 算法中的 *k* 值优化问题研究[J]．系统工程理论与实践，2006(2):97-101．

第6章 灾害现场数据采集与传输

6.1 大数据采集与传输技术的研究背景

随着人类社会的快速发展，人与自然的关系越来越紧密，近年来频发的自然灾害对人类社会造成了巨大的破坏，不仅造成了人员的大量伤亡，也带来了巨大的经济损失。目前，应对自然灾害的手段主要是灾前预防[1,2]、灾害应急救援[3,4]和灾后重建[5,6]。本章主要讨论如何采集灾害现场的数据，并将采集到的数据发送到应急灾害救援系统中进行分析，进而制定具体的救援方案。不仅自然灾害需要这样的救援方案，人为灾害（如车祸、水污染、土壤污染、森林火灾等）也需要这样的救援方案。在灾害现场数据的基础上制定的救援方案更加符合灾害现场的实际情况，可以使救援的效率更高。

目前，灾害现场数据的采集主要依靠卫星定位技术[7]、无线传感器网络技术、物联网技术[8,9]，以及救援现场的人工采集。随着无线通信和传感器技术的快速发展，现在的智能设备（如智能手机）已发展成集加速度计、电子罗盘、陀螺仪、GPS、麦克风、摄像头、亮度传感器、温度传感器、接近传感器等众多传感器于一体的可编程无线移动智能设备。在大部分情况下，智能设备还可以通过标准接口连接睡眠传感器、气压计、雷达/热成像摄像头、化学传感器、心率监测传感器等外置传感器，这些传感器可以监控各种各样的人类活动和周围环境。如果将地球上的所有智能设备构成一个传感器网络，就会构成最大的传感器网络[10]。智能设备正成为个人与“人-物-机”三元世界相互沟通的入口。

群智感知（Crowdsensing）是一种利用个体或者社区共同感知到的信息来形成知识片段的感知模式，其本质是借鉴众包计算的思想，利用人们携带的移动智能设备以参与式或机会式的方法采集、分发、共享感知到的数据，具有代价低、灵活性高、扩展性强、感知透彻、时空覆盖度广等特点。群智感知是无线传感器网络和机会网络高度融合后的演化形式，同时融入了众包计算和社会计算的部分技术。本章重点介绍基于群智感知技术采集和传输灾害现场的数据。群智感知的发展和学科交叉情况如图 6.1 所示。

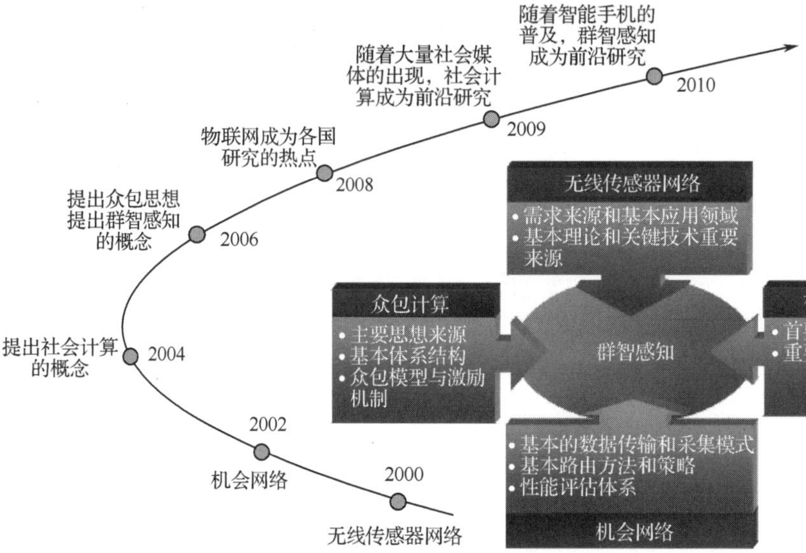

图 6.1　群智感知的发展和学科交叉情况

6.2　基于社会行为分析的机会网络数据采集的相关工作

6.2.1　移动社交网络的现状

移动社交网络（Mobile Social Network，MSN）领域的研究与群智感知密切相关。移动社交网络中的有关情境感知、位置服务、移动模型、社会行为分析等方面的研究成果对研究群智感知具有重要的借鉴意义。

文献[11]采用理论方法研究了移动社交网络的特点，重点研究了移动社交网络中的社会亲密性对社区构建的影响，以及与调用模式和互惠的关系。这里的社会亲密性表示为互通信的时间和密度总量。文献[12]构建并分析了基于真实移动电话通话数据的大规模移动社交网络，结果表明，移动社交网络是一个无尺度网络，并且展示出一些小世界的现象。文献[13]研究了移动社交网络的可用性和用户满意度。

近年来，已有一些利用内置传感器的移动电话提供以人类为中心的数字服务的工作。例如：文献[14]描述了一个允许用户社群记录多媒体内容并利用移动设备实时分享的博客服务；文献[15]提出了一个允许用户携带移动电话观测污染扩散的服务。

上下文感知已经成为移动社交网络领域中的重要研究内容，目前已有一些研究工作[16,17]。文献[18]将位置感知服务融入警告系统中，使得警告不仅可以基于时间，还可以基于位置。例如，当用户没有准时到达会议室时，警告将会被触发。在健康护理场景中，位置感知移动社交网络服务可以帮助看护人员定位病人。

文献[19]进一步提出了整体移动社交网络的生态系统，在该系统中可以构建复杂的上下文感知应用，其本质是利用上下文识别“那是谁”的问题，这样系统可以基于个人的身份和位置自适应上下文。

在社会学方面，目前的研究主要分为两大类：第一类是研究移动社交网络本身，关注如何使用户更加社会化，例如，文献[20]和[21]通过分析移动社交网络的结构来研究其演化规律，这些研究往往来源于在线社交网络，但其研究结果对移动社交网络同样适用；第二类是研究社会科学，关注如何将移动社交网络作为工具或者方法来研究人类行为和社会问题[22-24]，例如，文献[25]利用移动社交网络社群平台获得群体智能以增进语义网技术。

文献[26]分析了真实人类移动模型，并应用到了网络移动模型的构建中。文献[27]对移动社交网络日常使用中的信息分享类型和方式进行了分析，并提供了一个理论框架，用于解释如何使用移动社交网络。文献[28]对大规模移动社交网络进行了实验研究。

在移动社交网络中，一些社会属性可以用来衡量节点之间的关系。这些关系可用于提高移动模型或路由算法的性能。文献[29]通过在社会网络分析中引入中心度来描述个体和社区之间的关系。文献[30]详细定义了社会关系强度指标，包括频率、接触持续时间、新近接触时间等。

在应用系统方面，文献[31]提出了一个可将移动社交网络中的个人形成虚拟社区的通用体系结构，但是该体系结构主要面向应用，而对网络的支持不够丰富。Peoplenet[32]是一个基于移动和分布式环境的虚拟社交网络。Peoplenet 构建在细胞网络上，主要关注信息的搜索和访问。文献[33]对交换和扩散这两种典型的传输机制进行了分析和讨论。

在移动社交网络中间件方面，也有一些可参考的系统。移动社交网络中间件一般位于应用和物理组件之间，常用的功能有兴趣偏好存储、身份识别、构建新社区等。文献[33]设计了一个用于移动环境的动态群组构建和社交网络管理的中间件，该中间件利用个人区域网络提供 P2P（Peer to Peer，点对点）连接，因此使移动用户之间不需要中心服务器就可以直接通信。MobiClique[34]通过机会接触使移动用户维持和扩展虚拟社交网络。

国内方面，北京邮电大学王玉祥等人[35]提出了基于上下文、信任网络和协作过滤算法的移动社交网络服务选择机制，将上下文相关度引入服务选择的过程中，并且和信任度相结合，构成“用户-服务-上下文”的三维协作过滤服务选择模型。该方法提高了服务选择的准确性和可靠性。

中央财经大学曹怀虎等人[36]提出了情景感知的移动 P2P 社交网络系统架构、聚合模型及发现算法，将用户的位置信息、环境特征、运动轨迹等引入聚合算法中，智能地聚合成潜在的 P2P 社交网络，根据用户需求自主发现匹配的社会关系，避免了社交活动的盲目性和随意性。

东南大学郑啸等人[37]针对移动网络环境中由于节点移动性、拓扑动态性引起的集中式服务注册库失效的问题，提出了面向机会社会网络的服务广告分发机制。通过分析机会社会网络中服务表现出的社会特征，首先提出服务社会上下文及其参数度量方法，然后提出了一种基于社会上下文的服务广告分发机制。该机制根据服务行业的相关度判断用户对服务感兴趣的程度，以确定广告目标节点，根据可靠度和活跃度计算节点效用，并根据行业时空共存关系预测节点和服务行业相遇概率，以便动态地选择服务广告代理。

西安交通大学安健等人[38]分析了影响移动节点社会关系的社会要素，将位置因子、交互因子、服务质量因子和反馈聚合因子作为社会关系量化的决策因子；通过引入粗糙集和信息熵理论对移动节点的不同属性进行了研究，挖掘其社会属性的变化规律，动态自适应地分配不同属性的权值大小。

上述移动社交网络方面的研究侧重于个人或社区之间的关联，没有涉及群智感知所需的基于社会行为的服务提供和内容移交。另外，对于群智感知来说，社会行为模式的可持续性和可验证性是十分必要的。在这方面，移动社交网络也较少涉及。

6.2.2 机会网络路由协议

另一个与群智感知密切相关的研究领域是机会网络。基于机会路由的数据采集和内容移交具有费用低、灵活性和可扩展性强、负载低、覆盖范围大等优点，可应用于群智感知数据的采集。考虑到群智感知的特点，基于地理位置和社会上下文的机会路由将是考虑的重点。

在基于地理位置的机会路由方面，LeBrun 等人[39]提出了使用移动节点的运动矢量来预测将来的位置，将消息发送给目标节点的方法。这种方法能获得较高的发送率，且比传染路由的负载要低。Leguay 等人[40]提出了一种称为移动模式空间的虚拟坐标路由策略，其坐标由概率集合组成，每个概率表示该节点位于特定位置的概率，在此基础上，设计了多个基于该矢量的距离函数。结果表明，该方法比传染路由减少了资源消耗。

在基于社会上下文的机会路由方面，Daly 等人[41]引入中间性尺度来转发数据。中间性是一种测量节点性能的方式，表示网络中节点的相对重要性。在社交网络中，中间性不仅表示某节点的重要程度，还能测量该节点对其他节点的信息流控制。在基于中间性的路由中，所有的路由决策均可通过本地计算独立进行。

Hui 等人[42]提出了 BUBBLE 算法，该算法基于社会网络中的两个属性，即社区性和中间性，通过识别源社区和目的社区中的欢迎节点来进行消息的传输。消息携带者在当前社区中通过层次树冒泡的方式到达目标节点所在社区。Boldrini 等人[43]同样基于用户之间的社会关系设计了数据分发系统。

Yoneki 等人[44]提出了关联交互的思想，首先在网络中识别社区和枢纽，然后在这些枢纽上建立一个覆盖网络。另外，文献[45]提出了 3 种社区探测算法。

Boldrini 等人[47]提出了一个内容放置框架的方法，当节点相遇时，节点首先通知对方感兴趣的数据对象，并且交换所携带的数据对象摘要。每个数据对象均附有效用值，节点根据效用值决定数据对象的放置位置。Ioannidis 等人[46]在该方法的基础上进一步研究了利用社会属性来分发动态内容的方法。

HiBOp 协议[48]以节点的档案和节点间的社会关系作为上下文信息，这些信息包括姓名、居住地、工作地、专业等，节点通过接触分享这些信息，并学习感兴趣的上下文信息。HiBOp 协议假设每个节点都存在一张包含用户个人信息的标识表，当发送接触时，自身的标识表和当前邻居的标识表构成了当前上下文信息，并构成节点上下文信息的一个快照。

在文献[49]中，上下文信息以属性-值对的节点档案形式表示，每个属性对应着一个表示重要性的权值。从安全的角度出发，每个节点档案包含散列过的属性-值对。在此基础上，文献[50]使用节点档案计算到达目标节点发送概率。数据发送过程为：发送端发送包含目标节点信息的消息头；两跳邻居根据与目标节点上下文信息的匹配程度来计算自身的发送概率，并将结果返回发送端；发送端选择发送概率最高的两跳路由转发消息内容。

一些学者在容忍时延网络（Delay Tolerant Network，DTN）路由中使用了 Web 服务技术，如 PeopleRank 算法[50]采用 Google 的 PageRank 算法对相遇节点的重要性进行排序，而文献[51]则定义了基于雅尔卡系数的社交距离。

公平路由[52]使用交互强度和结合性作为路由尺度。交互强度主要考虑节点的社会影响力（包括短期的和长期的），结合性主要考虑已相遇节点队列长度，以减少社会关系的无用传输。公平路由的路由决策是基于上述两者的联合考虑。

文献[53]提出了社会压力尺度（Social Pressure Measure，SPM）的概念。SPM 指节点从结束相遇到下一次相遇的时间间隔。将 SPM 的倒数作为链路质量，当链路质量超过某阈值时，节点便分类到友好社区中。文献[54]进一步研究了间接相遇节点的 SPM 计算问题。

社会自私感知路由（SSAR）[55]将自私性作为重要的服务必要条件，SSAR 并没有使用激励和信誉机制，而是允许节点具有普遍的自私行为，并在路由决策中使用由自私性定义的意愿作为重要考量。在此条件下，具有低发送率、高意愿的节点被认为比具有高发送率、低意愿的节点更加适合作为候选节点。

在国内，北京航空航天大学牛建伟等人[56]提出了一种基于社区机会网络的消息传输算法，能够根据节点之间的通信频繁程度，自动将节点划分成不同的社区，自适应地控制消息的复制数量，并依靠活跃节点将消息发送到目标社区。

西安电子科技大学于海征等人[57]提出了一种基于社会网络的容迟网络路由方案，解决了网络中存在较多自私节点而导致消息无法传输的问题。利用社会网络中节点间关系的评估方法，可得到源节点到目标节点的社会关系强度矩阵，比较社会关系强度的大小即可确定转发消息的节点，能够保证将消息有效、可靠地发送到目标节点，避免自私节点抛弃转发消息的情况。同时，结合容迟网络间断性连通的特点，在节点转发消息过程中采用基于身份的密码体制方法，确保转发的消息安全、高效地发送到目标节点。但在自私节点较少的情况下，该方法还有进一步提升的空间。

南京理工大学李陟等人[58]借鉴移动自组织网络利用分簇结构控制网络冗余数据包的思想，通过分析社交网络中节点的移动性，研究了在社交关系的约束下，聚合移动规律相近的节点构成最近社交圈的节点簇组成策略，并且基于该分簇结构提出了一种分为簇外喷射、簇间转发和簇内传染 3 个阶段的社交时延网络路由协议。这种基于最近社交圈分簇结构的路由能有效地控制冗余数据包副本的产生，并在高网络负载的情况下仍然能够达到较好的性能。

6.3　灾害现场机会网络的底层通信

6.3.1　底层通信的设计思路

应急搜救一般是指针对突发、具有破坏力的紧急事件而采取的预防、预备、响应和恢复的活动与计划。我国是世界上自然灾害最为严重的国家之一，自然灾害种类多、发生频率高、灾情严重，其中比较常见的灾害有地震、火灾、泥石流等。近年来，为了在黄金救援 72 小时内大幅提高应急救援效率，迫切需要快速响应和应对的应急搜救技术及其相关标准、预案、装备与平台。

综合国内外灾害事件的应急搜救的研究发展可以看到，无论应急搜救模式、应急决策支持研究，还是应急搜救系统，均处于探索阶段，迫切需要新的具备快速响应能力和高可靠性的应急搜救模式。

本节重点介绍在 Android 环境下，应急搜救平台中的搜救数据采集系统和搜救数据移交系统的通信，包括搜救数据采集系统中被困者感知程序和搜救程序中非阻塞式 Socket 通信，以及搜救数据移交系统中数据移交通信。基于非阻塞式 Socket 通信的搜救数据采集系统具有较好的稳定性和扩展性；基于 WiFi 网络的搜救数据移交系统可支持平板电脑之间的通信，具有较好的稳定性和可靠性。

6.3.2 底层通信的相关理论与开发技术

1. TCP/IP

传输控制协议/互联网协议（Transmission Control Protocol/Internet Protocol，TCP/IP）是互联网中最基本的协议，也是互联网的基础。

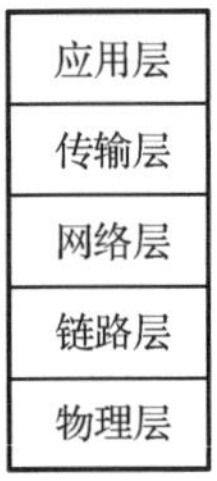

图 6.2 TCP/IP 的体系结构模型

TCP/IP 其实是协议的集合，核心内容有 3 个，分别是寻址、路由选择和传输控制。超文本传输协议（Hyper Text Transfer Protocol，HTTP）的基础是 TCP/IP，HTTP 实现了服务器与客户端间的请求与响应，TCP/IP 则实现了服务器与客户端间底层的数据传输。TCP/IP 的体系结构模型如图 6.2 所示。

2. Socket 编程

Socket 通常也称为套接字，用于描述 IP 地址和端口，是一个通信链路的句柄。应用程序通常可通过 Socket 向网络发出请求或者应答网络请求[59]。一个完整的 Socket 有一个本地唯一的由操作系统分配的 Socket 号。Socket 并不关心通信设备的细节，只要通信设备能提供足够的通信能力，就可满足 Socket 的条件，因此底层的实现对于 Socket 来说是透明的。Socket 实质上提供了进程通信的端点，在进程通信之前，双方必须先各自创建一个端点，否则就无法建立联系并进行通信。在网络内部，每个 Socket 可用协议、本地地址、本地端口来描述。利用 Socket 可以方便地进行数据传输。在实现上，Socket 类似于文件传输的输入/输出流原理，可以将网络资源当成读写数据来使用。Java 提供了两种套接通信方式，分别为流式 Socket 与数据报式 Socket，二者的比较如表 6.1 所示。

表 6.1 流式 Socket 与数据报式 Socket 的比较

类　型	流式 Socket	数据报式 Socket
实用的传输协议类型	TCP	UDP
通信服务类型	双向的数据流通信服务	双向的数据报通信服务
通信服务的特点	面向连接、有序、无差错、不用重复、可靠性高、可移植性好	面向非连接、不保证有序、无差错、不用重复、可靠性差、可移植性差

在服务器/客户端（Server/Client）模式中，通常将 Socket 实例看成一个特殊的对象，用于描述通信的 IP 地址和端口。客户端的流式 Socket 为 Socket 对象，服务器的流式 Socket 为 ServerSocket 对象。这两个对象都分别封装了输入流函数 getInputStream()和输出流函数

getOutputStream()，这两个函数是实现 Socket 的关键。Socket 实现网络通信的流程如图 6.3 所示。

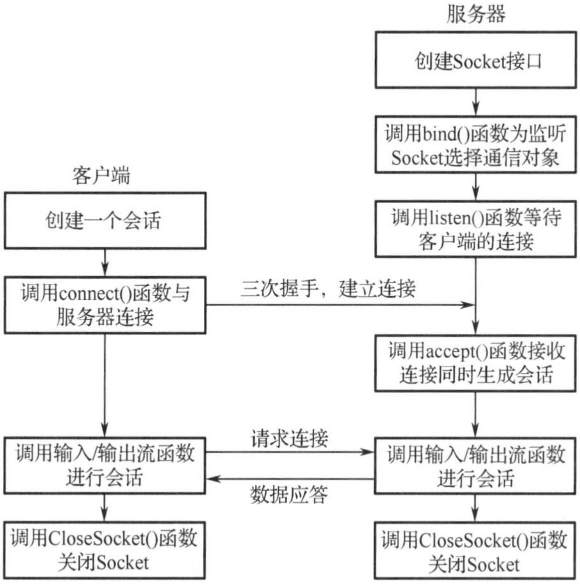

图 6.3　Socket 实现网络通信的流程

如图 6.3 所示，在服务器与客户端进行通信时，首先由服务器创建 Socket 接口，并调用 bind()函数为监听 Socket 选择通信对象，然后调用 listen()函数来等待客户端的连接、调用 accept()函数来接收连接并生成会话。客户端先创建一个会话，然后调用 connect()函数来连接服务器，成功建立连接后再调用输入/输出流函数来与服务器进行会话。在通信完成后，服务器和客户端调用 CloseSocket()函数来关闭 Socket。

在 Java 中，Socket 编程的具体范例如下：

服务器程序编写：在 Java 中，服务器的 Socket 稍微有一些特殊，其使用特殊的服务器类 ServerSocket 来创建服务器对象，并采用端口号作为传递参数，且端口号是每个设备接口的唯一标识。

（1）服务器的 Socket 流程如下：

① 在服务器上创建 Socket 接口并绑定到端口上。

```
ServerSocket server = new ServerSocket(int port);
```

② 服务器不停地监听客户端的连接请求，一旦监听到客户端连接请求后，就调用 accept()函数接收连接请求，并生成会话。

```
Socket s = ss.accept();
```

③ 服务器调用 Socket 类的输入/输出流函数以获取输入/输出流，并利用输入/输出流进行数据的传输。

```
OutputStream os = s.getOutputStream();          //创建输出流
InputStream is = s.getInputStream();            //创建输入流
```

```
os.write("Hello，welcome you!".getBytes());
byte [] aa = new byte[100];                    //建立字节数组
int len = is.read(a);                          //读取数据到数组，返回实际读取的字节数到 len 中
System.out.print(new String(a，0，len));
```

④ 关闭 Socket。

（2）客户端的 Socket 流程如下：

① 在客户端创建流式 Socket，并连接到服务器。

```
Socket s = new Socket(InetAddress.getByName(null)，port);
```

② 客户端调用 Socket 对象的输入/输出流函数获取输入/输出流，并利用输入/输出流进行数据的传输。

```
OutputStream os = s.getOutputStream();
InputStream is = s.getInputStream();
byte[] a = new byte[100]; int len = is.read(a);          //从服务器读取数据
System.out.print(new String(a，0，len));
os.write("Hello，this is mengmeng".getBytes());
```

③ 关闭 Socket。

3．BIO 分析

1）单线程模式

阻塞式输入/输出（Blocking Input/Output，BIO）适用于普通的短连接，具有方便、快速、简易等特点。BIO 通信或者基于 BIO 的通信得到了广泛的应用，移动端中的数据通信技术绝大部分都采用 BIO，这也验证了 BIO 使用的普遍性和适用性，BIO 完全可以满足一般情况下移动端的通信需求。互联网中的大多数连接请求都是短连接，当同时出现大量的连接请求时，如果服务器采用阻塞的方式则会使大量连接请求无法得到快速响应，从而导致网络的时延和抖动，甚至出现等待超时的连接错误。这是 BIO 的缺点，因此服务器需要处理大量并发的连接请求时一般不使用 BIO。

在传统的基于 Socket 通信的 Java 应用中[59]，需要使用 ServerSocket 监听本地端口（如 15666），从而接收来自外部的连接请求，并为之提供网络服务。

在服务器的搭建中，首先要创建一个新的服务器实例并绑定端口，代码如下：

```
ServerSocket server = new ServerSocket (15666);
```

然后接收连接请求，代码如下：

```
Socket newConnection = server.accept();
```

在 accept()函数中，由于等待连接会阻塞线程，直到接收到客户端的连接请求为止。服务器接收连接请求后，先通过 Socket 中的输入流来读取客户端的连接请求信息，再开始解析连接请求信息。

```
InputStream in = newConnection.getInputStream();
BufferedReader buffer = new BufferedReader(new InputStreainReader(in));
```

```
Request request = new Request();                                          //封装请求对象
while( ! request.isCompleteO)
{
      String line = buffer.readLine();
      request.addLine(line);
}
```

以上过程属于传统的方式，服务器获取 Socket 封装的输入流（InputStream），从中得到客户端的连接请求和要传输的数据。由于 readLine()函数会阻塞等待，因此当没有足够的内容可以读取时，readLine()函数就会一直等待客户端的输入。这是因为采用 BufferedReader 时，会首先将输入流中的数据缓存起来，只有数据填满了缓冲区或者客户关闭了 Socket，readLine()函数才会返回。另外，由于 String 是不可变的对象，这就导致在通信过程中会有大量的 String 被创建，并很快地变成无效的对象。虽然 BufferedReader 内部提供了 StringBuffer 来处理这一问题，但内存的消耗问题依然存在。例如，本例中的 line 对象所产生的大量 String 并不能够有效避免。同样的问题在发送响应代码的过程中也存在：

```
Response response = request.generateResponse();
OutputStream out = newConnection.getOutputStream();
InputStream in = response.getInputStream();
int ch;
while(-l ! = (ch = in.read()))
{
      out.write(ch);
}
newCormection.closeO;
```

可以看到，在单线程模式下，读写操作会被阻塞，使得服务器无法在解析数据的同时接收新的 Socket。如果向输入/输出流中一次写入一个字符又会造成效率低下，而使用缓冲区，又会产生更多的垃圾。综上所述可知，BIO 在单线程模式下的性能表现不佳。

2）多线程模式

多线程模式是指对每次连接请求都分配一个线程来处理，从而分担主线程在接收后处理数据时的工作量。多线程模式是传统的单线程模式的改造方案，通过分配多个线程可以有效减轻主线程的压力，提高主线程接收连接请求的成功率和效率，从而提高总体的工作效率。多线程模式的工作原理如图 6.4 所示，服务器会对每次连接请求都分配一个线程。多线程模式的使用，可以使服务器同时处理多个连接请求，但多线程模式的引入也同样造成了许多问题，例如，每个线程都需要自己的栈空间，并且需要占用 CPU 的时间，当线程数目过大时，线程间频繁切换造成的消耗是非常大的。

由于每个连接请求都需要创建一个对应的线程，而每个线程可能仅仅工作很短的时间就会结束，成为线程垃圾，这会造成巨大的资源浪费。另外，线程的创建和销毁同样也需要消耗极大的资源，因此多线程模式的改进方法——线程池模式应运而生。

3）线程池模式

由于无限制地创建和销毁线程，会导致多线程模式过度消耗资源，线程池模式便成了解决之道。

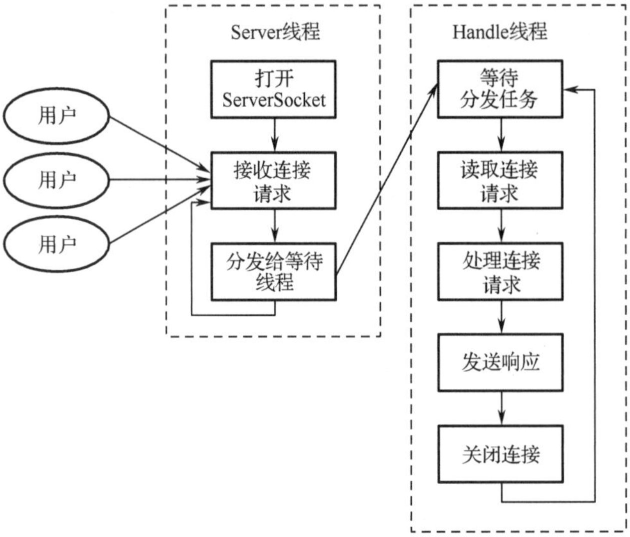

图 6.4　多线程模式的工作原理

从本质上讲，线程池模式是对多线程的一种管理策略。线程池模式会预先或者在需要时创建一定数量的线程，并能保证线程的生命周期是由线程池来控制的。一般情况下，线程池中拥有一定数量的线程，并让它们进入阻塞等待状态，在需要时唤醒其中一个线程即可，而不需要重新创建线程，从而避免了多次创建和销毁线程的开销。另外，由于线程是存在的，因而也减少了由于创建线程带来的时延，加快了系统的响应速度。

在实际使用线程池时，应注意网络请求的类型，以及避免循环等待，长时间的 I/O 操作会耗尽线程池中的可用线程。总体来说，线程池作为网络应用程序中较为常用的一种工具，非常适合存在大量短生存期任务的情况。在线程池模式下，BIO 的结构是最优的。

4．NIO 分析

1）NIO 组件

非阻塞式输入/输出（Non-blocking I/O，NIO）的设计是为了实现高速 I/O，NIO 将最耗时的填充和提取缓冲区 I/O 操作交还操作系统，因此可以极大地提高速度。另外，在 BIO 中，使用的是流 I/O，而在 NIO 中使用的是块 I/O，块 I/O 的效率要比流 I/O 的效率高很多。

通道、缓冲区和选择器是 NIO 中 3 个最关键的组件。

通道（Channel）是对流 I/O 的模拟，提供与 I/O 服务的直接连接。通道用于在字节缓冲区和位于通道另一侧的文件或 Socket 之间有效传输数据。和流 I/O 不同，通道是双向的，所以通道比流 I/O 更适合底层操作系统。

缓冲区（Buffer）是数据容器，由一个用来存储数据的数组和一系列控制数据读写的属性组成。NIO 通过对缓冲区的读写来传输数据，缓冲区内部由容量（Capacity）、上界（Limit）、位置（Position）、标记（Mark）4 个属性组成。

（1）容量指缓冲区能够容纳数据的最大数量，容量在创建缓冲区时就预设了，并且不能改变。

（2）上界是缓冲区的第一个不能被读写的数据。在将数据从缓冲区写入通道时，上界表明还有多少数据需要取出；在将数据从通道读入缓冲区时，上界表示还有多少空间可以存储数据。

（3）位置是下一个要被读写数据的索引，用于跟踪已经读写了多少数据。也就是说，位置指定了下一个字节将放到数组的哪一个数据中。位置会自动由相应的 get()函数和 put()函数更新。

（4）标记是一个备忘位置。标记在设定前是未定义的（undefined）。

如图 6.5 所示的缓冲区结构，四者应满足：0≤标记≤位置≤上界≤容量。

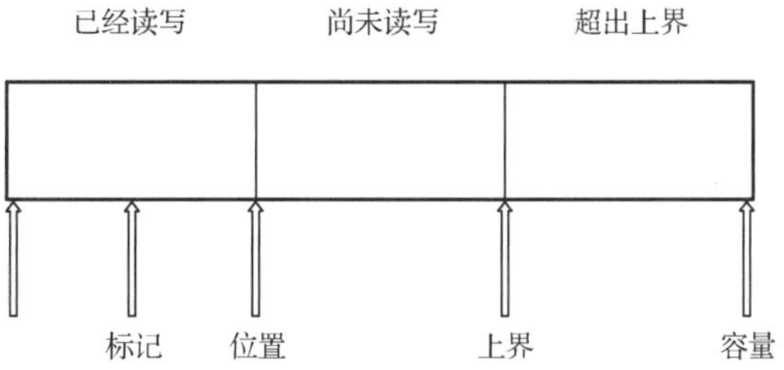

图 6.5　缓冲区结构

选择器（Selectors，也称为多路复用器）是用于维护已注册通道的集合，并且其中任意一条通道都封装在 SelectionKey 对象中。选择器中的选择键封装了特定通道与特定选择器的注册关系，选择键的集合可分为 3 种：一是已注册键的集合（Registered Key Set），表示与选择器关联的已经注册键的集合；二是已选择键的集合（Selected Key Set），表示已注册并准备好的键的集合；三是已取消键的集合（Cancelled Key Set），表示已注册但无效且未被注销键的集合。选择器提供了选择执行已经就绪任务的能力，实现了 I/O 的多元化。

2）NIO 框架

典型的 NIO 采用一个线程处理一个连接请求的模式，首先将客户端发送的连接请求注册到选择器，然后选择器开始不断轮询，如果有连接请求就会启动一个处理线程。典型的 NIO 模式如图 6.6 所示。

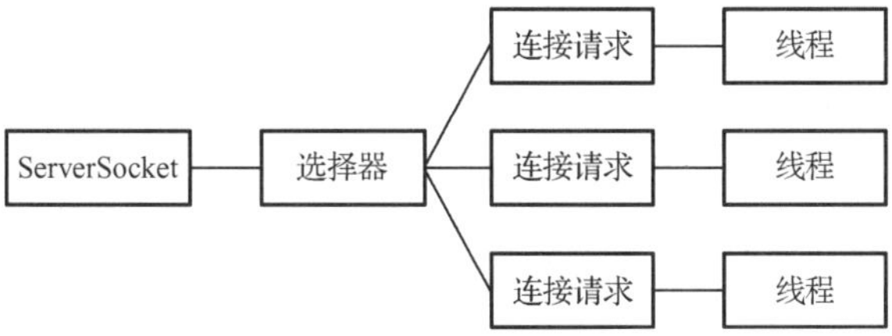

图 6.6　典型的 NIO 模式

在图 6.6 中，ServerSocket 创建的线程（Thread）对应着 NIO 中的选择器。在 NIO 中，选择器可以检测多个通道，并获取该通道连接、读写状态。因此，选择器只需要一个单独的线程便可以管理所有的通道，从而响应和处理网络事件。需要注意的是，对于操作系统，线程之间的上下文切换开销非常大，并且线程需要占用内存等资源，因此在可能的情况下，应尽量少使用线程，于是提出了线程池模式。图 6.7 所示为 NIO 的选择器关系示意图。

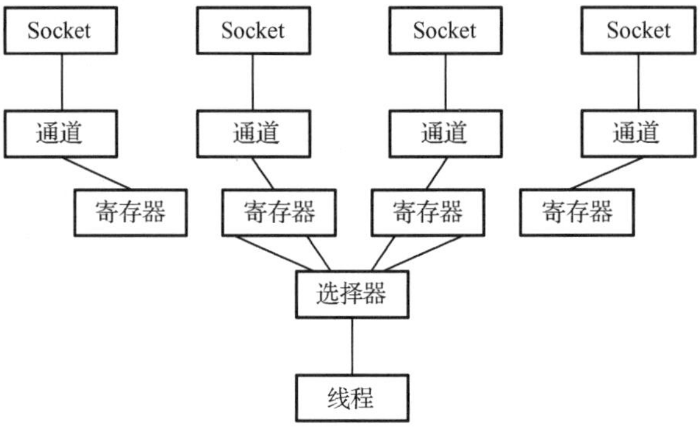

图 6.7　NIO 中选择器关系示意图

NIO 模式契合了高性能资源池的反应器（Reactor）模型，反应器负责响应 I/O 事件并广播给对应 Handler 去处理。图 6.8 所示为整合资源池的反应器模型框架图，上文中的选择器对应图 6.8 中的反应器。

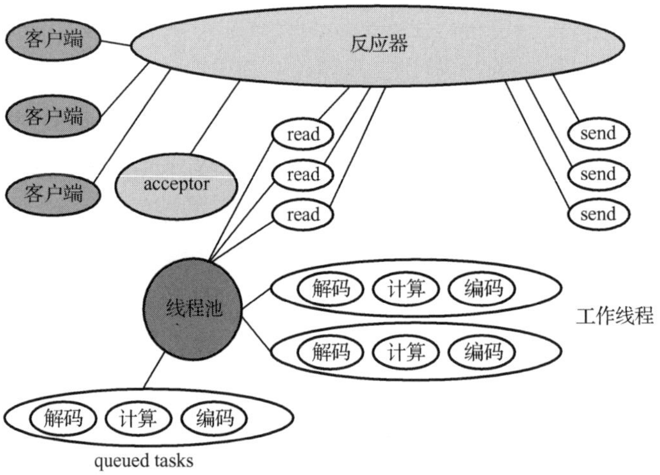

图 6.8　整合资源池的反应器模型框架图

6.3.3　底层通信的需求分析

搜救数据移交系统的功能是实现搜救数据、搜救指令的传输，应用场景是平板电脑之间或者平板电脑与计算机之间的点对点通信，无须扩展网络拓扑。考虑到可以采用便携式无线路由器进行搜救的应用场景，应采用支持无线路由（Router）模式、连接稳定、传输速度快的解决方案。鉴于应用情景对灵活性和便捷性有较高的要求，因此还应支持接入点（Access Point，AP）模式。无线路由（Router）模式与 AP 模式只是针对不同设备扮演的角色而划分的，从本质上来说，两者都属于 WiFi 网络。

搜救数据移交系统是在传统的 WiFi 网络下传输数据的，因此可以采用通用成熟的架构；又因为传输的数据包含短指令和长数据，以及搜救数据移交系统同时存在单播和广播的需求，因此开发了两套不同的传输方案，分别是基于传输控制协议（Transmission Control Protocol，TCP）的传输方案和基于用户数据报协议（User Datagram Protocol，UDP）的传输方案。在基于 UDP 的轻量级传输和基于 TCP 的可靠传输过程中，考虑到网络环境和传输要求，需要进行模块化解耦与暴露接口工作，以便使程序可以对上层进行封装，使程序结构具有明显的层次性，可满足扩展和移植的要求。

搜救数据移交系统的框架设计需要遵循以下几个原则：

（1）接口方法的通用性：要求接口方法具有通用性，不应耦合于特定的上层协议或者结构，无须修改接口方法就可以支持更多的上层协议或者其他程序框架。

（2）数据传输的可靠性：根据不同的上层协议，必须通过多个环节才能完成数据的传输。在多个环节中传输数据时，必须保证每个环节数据的一致性，即数据的可靠性，必须保证输入一个环节的数据同这个环节输出的数据是一致的，数据都能够在多个环节中追根溯源，做到有据可查。

（3）数据传输的稳定性：WiFi 网络是一个不稳定的网络环境，在设计接口时要充分考虑这个因素。如何在一个不稳定的网络环境中保证数据传输的稳定性，是必须重点考虑的问题。必须采用相关技术手段，保证在不稳定的网络环境下能够稳定地传输数据，不会出现漏传、重复传输、错传等问题；同时也要解决离线的数据传输问题。

（4）数据传输的高效性：由于搜救数据移交系统实时通信的数据量将会很大，系统所设计的接口必须能够支撑海量的数据，要采用必要的技术手段来保证数据传输的顺畅性，要有一定的自我恢复策略来应对可能发生的通信堵塞。

（5）数据传输的安全性：通道传输的数据通常都是比较敏感和关键的，因此不仅要采用一定的加密技术来保证数据不被泄露、盗取，也要采取一定的安全措施防止数据被篡改。

搜救数据移交系统通常没有类似服务器的并发连接请求，因此该系统采用了 BIO 模式，并在此基础上进行了改进。

6.3.4　底层通信的功能与实现

1. 底层通信的框架与协议设计

搜救数据移交系统需要在 WiFi 网络环境下传输数据，要求传输服务对数据具有透明性、稳定性和可扩展性。从数据接收对象的数量上来看，可分为单播和广播两种模式；从传输层的协议来看，可分为 TCP 与 UDP 两种模式。另外，传输层的协议还需要进行解耦，以支持一般的通信，使系统具有可移植性和可拓展性。

1）基于 UDP 的轻量级传输的设计

考虑到数据传输会涉及通知消息、协商消息、回应消息、维护消息、在线消息等轻量级传输，在这种情况下并不希望建立 TCP 类型的连接，因为 TCP 类型的连接速度相对慢、灵活性差，巨大的连接开销、维护开销同轻量级传输形成了鲜明的对比，而且 TCP 不支持广播消息，使得基于 UDP 的轻量级传输成为合理的选择。

UDP 的特点是数据传输速度快和无连接。由于 UDP 具有无连接的特性，所以不需要反馈传输是否成功的消息，只是在应用层采用了收到普通 UDP 的 Msg 类型消息需要回传 ACK 进行确认的机制，在数据传输的开销与速度之间找到了一种折中的解决方案。基于 UDP 的轻量级传输的设计如图 6.9 所示。

2）基于 TCP 的可靠传输的设计

当数据量较大时，如大文件、长二进制数据流等，基于 TCP 的可靠传输具有相当大的优势。TCP 本身具有了三次握手、窗口传输等协议，无论传输成功还是失败均可获得传输状态。搜救数据移交系统在接收数据过程中设置了缓冲区，能够根据数据输入的进度实时控制数据传输的速度，以保证数据传输的稳定性。在应用层中，将 MsgType 字段设置为 FRAGMENT，表示数据是基于 TCP 传输的，可以区分基于 UDP 的轻量级传输，无须回传 ACK。基于 TCP 的可靠传输的设计如图 6.10 所示。

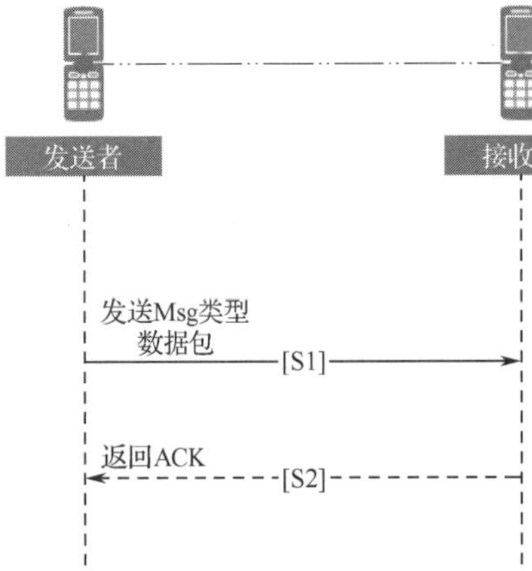

图 6.9　基于 UDP 的轻量级传输的设计

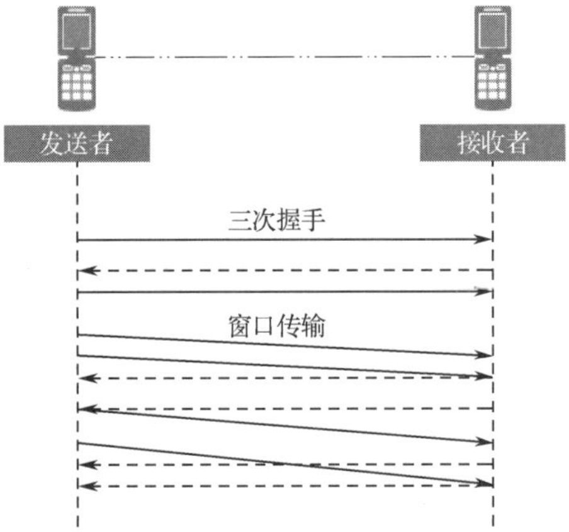

图 6.10　基于 TCP 的可靠传输的设计

2. 底层通信的数据包封装

为了提升数据的可扩展性，以及便于数据的发送和接收，需要统一数据包的格式。搜救数据移交系统在应用层定义了数据包的格式，将数据包封装成 MsgDao，其格式如表 6.2 所示，主要包括版本号、数据包号（时间）、发送端用户名、发送端 IP、接收端 IP、消息类型和主体等。

表 6.2　MsgDao 数据包格式

Edition	PacketID	SendUser	SendUserIP	ReceiveUserIP	MsgType	Body
版本号	数据包号（时间）	发送端用户名	发送端 IP	接收端 IP	消息类型	主体

在设计 MsgDao 数据包的格式时考虑了序列化（Serializable）设计。所谓的序列化设计，是指 Java 提供的通用数据保存和读取的接口，至于从什么地方读取数据以及将数据保存到哪里，则都隐藏在函数的参数背后。对于任何类型的数据包，只要采用序列化设计，就可以保存到文件中，或者作为数据流通过网络发送到其他地方，也可以通过管道发送到系统的其他程序。

考虑到版本的因素，MsgDao 数据包加入了版本号（Edition）字段，该字段用于识别不同的版本号，便于日后升级。

考虑到序列号因素，MsgDao 数据包加入了数据包号（PacketID）字段，该字段将数据发送的时间作为数据包唯一的身份标识，数据发送的时间可通过 Android SDK 获取。

考虑到用户名称的因素，MsgDao 数据包加入了发送端用户名（SendUser）字段，便于接收端对发送端进行分析，从而判断发送端是智能手机还是平板电脑，以及设备的厂商和具体型号等信息。如果有需要，还可以将该字段添加到应用层协议，用于日后的拓展。

考虑到发送地址的因素，MsgDao 数据包加入了发送端 IP（SendUserIP）字段，可以在应用层解析发送端 IP，无须考虑底层的 TCP 或 UDP 协议是如何获取发送端 IP 的，便于搜救数据移交系统的移植。

MsgDao 数据包同样也加入了接收端 IP（ReceiveUserIP）字段。

消息类型（MsgType）字段用于标识消息的类型，接收端通过该字段可判断协议类型，从而做出预先设定的反应。

主体（Body）字段是需要进行透明传输的二进制数据流。

3. 基于 UDP 的轻量级传输的实现

1）接收功能

搜救数据移交系统设计了一个 UDP Received 类，用于实现基于 UDP 的轻量级传输的数据接收功能。该类在系统初始化时被执行，使得系统在运行中总处于可接收 UDP 数据的状态。UDP Received 类主要包含两个类：UDP 接收线程类（UdpReceiveThread）和分析 UDP 数据线程类（AnalysisUdpThread）。

UDP 接收线程类用于创建实际的接收线程，实际的接收线程只会被创建一次，所有接收 UDP 数据的操作都是在该接收线程中完成的。接收线程的流程是：在预先设置好的 DatagramSocket 实例中调用 receive()方法，该方法用于接收 UDP 数据，接收到的 UDP 数据放入 DatagramPacket 实例中。若未接收到 UDP 数据，receive()方法将一直被阻塞，这意味着接收线程在释放之前也将一直被阻塞，从而保证搜救数据移交系统处于等待接收 UDP 数据的状态。若接收到了 UDP 数据，且该 UDP 数据并非本机发出的，将创建分析 UDP 数据线程类来单独地对数据包进行解析处理，从而使 UDP 接收线程类不需要在数据的解析处理上耗时，可以立即进入等待接收下一个 UDP 数据的状态。实际上，UDP 接收线程类专门用于 UDP 数据的接收，实现了数据接收过程与数据解析处理过程的分立解耦。

分析 UDP 数据线程类用于接收到 DatagramPacket 实例后的数据解析处理。分析 UDP 数据线程类有 3 个功能，分别是：将接收到的数据还原成 MsgDao 数据包格式，通知主线程收到了新的 UDP 数据和发送端 IP，调用 ParsePacket 进行数据的处理。

2）发送功能

搜救数据移交系统的数据发送功能是通过 UDP 数据发送线程类（UdpSendThread）来实现的，该类中的 run()方法用于发送数据。发送数据的流程是：首先创建一个 DatagramSocket 实例，在设置地址复用、允许广播、超时等参数后，再创建一个 DatagramPacket 实例，将需要发送的 MsgDao 数据包转换成二进制数据流的形式，最后调用 DatagramSocket 实例的 send()方法来发送数据包，发送数据后关闭 DatagramSocket 实例。

4. 基于 TCP 的可靠传输的实现

1）接收功能

搜救数据移交系统设计了一个 TCP Server 类，用于实现基于 TCP 的可靠传输的数据接收功能。该类在系统初始化时被执行，使得系统在运行中总处于可接收 TCP 数据的状态。TCP Server 类主要包含两个类：TCP 接收线程类（TcpSeverThread）和分析 TCP 数据线程类

（AnalysisTcpThread）。

TCP 接收线程类用于创建实际的接收线程，实际的接收线程只会被创建一次，所有接收 TCP 数据的操作都是在该接收线程中完成的。接收线程的流程是：在预先设置好的 SocketServer 实例中调用 accept()方法，该方法用于接收 TCP 数据。若未接收到 TCP 数据，accept()方法将一直被阻塞，这意味着接收线程在释放之前也将一直被阻塞，从而保证搜救数据移交系统处于等待接收 TCP 数据的状态。若接收到了 TCP 数据，且该 TCP 数据并非本机发出的，则进行数据流的缓冲和处理，创建分析 TCP 数据线程类来单独地对数据包进行解析处理，从而使 TCP 接收线程类不需要在数据的解析处理上耗时，可以立即进入等待接收下一个 TCP 数据的状态。实际上，TCP 接收线程类专门用于 TCP 数据的接收，实现了数据接收过程与数据解析处理过程的分立解耦。考虑到基于 TCP 的可靠传输主要用于大数据量的传输，因此使用数据输入缓冲流 BufferedInputStream 和数据输出缓冲流 BufferedOuputStream 来对数据进行预处理，大大增强了数据接收的稳定性。

分析 TCP 数据线程类主要用于对接收到的二进制数据流进行解析和处理，该类有 3 个功能，分别是将接收到的数据还原成 MsgDao 数据包格式，通知主线程收到了新的 TCP 数据和发送端 IP，调用 ParsePacket 进行数据的处理。

2）发送功能

搜救数据移交系统的数据发送功能是通过 TCP 数据发送线程类（TcpClient）来实现的，该类中的 run()方法用于发送数据。发送数据的流程是：创建一个 Socket 实例，在设置端口和地址复用后，创建一个数据输入缓冲流 BufferedInputStream 和一个数据输出缓冲流 BufferedOuputStream，BufferedInputStream 将 MsgDao 数据包转换成二进制数据流，BufferedOuputStream 将二进制数据流输出到网络通道中。BufferedOuputStream 可以发送指定大小的数据，协调数据接收速度与数据发送速度，并让数据发送程序与数据接收程序都有足够的缓冲区，以保证程序运行的稳定性。数据发送完成后关闭创建的 Socket 实例、数据输入缓冲流 BufferedInputStream 和数据输出缓冲流 BufferedOuputStream。

5．暴露接口

前文所述的用于数据接收和数据发送的类是在搜救数据移交系统内部实现的，无须用户操作和维护。为了方便调用，还需要设计对外调用接口类 SendMessage 和系统回调接口类 ParsePacket。

SendMessage 类采用单例模式，即在程序的整个生命周期，SendMessage 类的实例有且仅有一个。

1）发送数据

发送数据采用的是 SendManager 类的 sendMsg()方法，格式如下：

```
public int sendMsg(String destinationIP, byte[] sourceByte)
```

功能：将数据发送到指定的目的地址，不仅支持短数据和长数据，还支持短数据的广播，无须考虑数据的分片大小，以及数据传输的过程。注意：短数据和长数据的界定值是通过 setFragmentLength()方法来修改的，默认值为 1024 B。

参数：String destinationIP 表示目的地址 IP，如 192.168.0.2；支持短数据的广播，IP 为

255.255.255.255。

byte[] sourceByte 表示要发送的数据，透明传输。

返回值：返回 1 表示发送数据成功；返回-1 表示发送数据失败。

使用方法：在程序需要发送数据时直接调用该方法即可，例如：

```
SendManager.getInstance.sendMsg(lastRemoteIP, sourceByte)
```

2）修改长数据和短数据的界定值

长数据和短数据界定值的修改是通过 SendManager 类的 setFragmentLength()方法来实现的，格式如下：

```
public int setFragmentLength (int FRAGMENT_LENGTH)
```

功能：修改长数据和短数据的界定值。在接口内部，长数据使用基于 TCP 的可靠传输，短数据使用基于 UDP 的轻量级传输。

参数：FRAGMENT_LENGTH 用于设置长数据与短数据的界定值，允许的设置范围是 0～64 KB，建议的设置范围是 1024～4096 B。

返回值：返回 1 表示修改成功；返回-1 表示修改失败。

使用方法：在程序需要修改短数据和长数据的界定值时直接调用该方法即可，例如：

```
SendManager.getInstance. setFragmentLength (FRAGMENT_LENGTH)
```

3）接收数据的处理

接收数据的处理是通过 ParsePacket 类的 ParsePacket()方法来实现的，格式如下：

```
public ParsePacket(MsgDao msg)
```

功能：接收到数据时会自动回调 ParsePacket()方法来处理接收到的数据，可以通过改写该方法来添加用户需要的处理逻辑，以便实现更上层的协议。

参数：msg 表示收到 MsgDao 数据包，并对 MsgDao 数据包进行解析，如获取数据包号、发送端 IP、接收端 IP 等。

返回值：无。

使用方法：在程序接收到数据包时会自动回调 ParsePacket 类的 ParsePacket()方法。可以改写该方法，在其中添加用户自定义的 MsgType，并实现对 MsgType 的处理。

6. 使用 Otto 框架进行解耦

1）Otto 框架简介

Otto 框架是基于 Google Guava 项目中的事件总线机制开发的，其主要功能是降低多个类之间的耦合度，即解耦，同样适用于多个线程之间、Activity 之间。例如，在类 A 和类 B 之间，如果类 A 要使用类 B 中的某个方法，传统的方法是类 A 直接调用类 B 的方法（耦合在一起）；而采用事件总线机制（如 Otto 框架）的方法则类 A 无须调用类 B 的方法，仅需要产生并发送一个“事件通知”，如果类 B 订阅了该事件，当它接收到该事件时就会做出相应的操作，这样就实现了解耦。

2）使用 Otto 框架之前的准备

在 Android Studio 中，首先找到 build.gradle，并在 dependencies 中配置添加“compile 'com.squareup:otto:+'”，如图 6.11 所示；然后单击工具栏中的“▣”（同步）按钮，如图 6.12 所示，将新配置同步到工程，即可开始使用 Otto 框架。

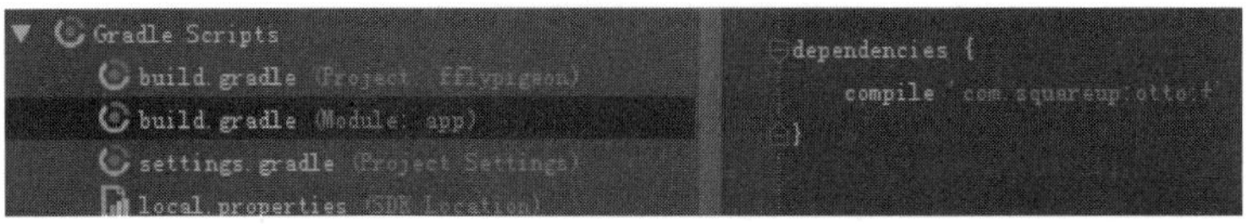

图 6.11　添加“compile 'com.squareup:otto:+'”

图 6.12　同步按钮

从 https://square.github.io/otto/#download 下载 otto.jar 包，在 Eclipse 中将下载好的 jar 包导入 lib 目录下即可开始使用 Otto 框架。

3）Otto 框架的使用操作

（1）新建一个 BusProvider 类文件，作为生成事件 Bus 的单例构造器。

（2）在所有需要进行事件发布或订阅的 Activity 和 Fragment 中加入 Bus 的注册与注销，加入的位置是 Activity 和 Fragment 的 onResume()方法与 onPause()方法。

4）新建一个或几个事件（Event）的类文件

Otto 架构中每个事件都是一个类，可以用不同的类及其参数来区分不同的事件。类可以是空类，空类适合在事件发生后执行固定的操作（如清理数据）；类也可以是带参类，带参类适合在事件发生后根据参数来进行不同的处理。

5）发布事件

Otto 架构可以在需要时发布事件给所有的订阅者，格式为：

```
BusProvider.getInstance().post(新事件);
```

新事件可以通过 new 来获得，例如：

```
BusProvider.getInstance().post(new SocketEvent(1, "收到 ACK 消息"));
```

新事件也可以通过事件构造器获得，方法是先在所属的类中新增一个带“@Produce”标记的函数，用来作为事件构造器，然后在需要发布事件时调用该函数即可。

6）订阅事件

订阅事件后就可以接收事件了，在调用的方法前加上“@Subscribe”标记即可订阅事件。

6.3.5　底层通信的测试与分析

为了验证底层通信的性能，必须进行测试。底层通信通常采用非阻塞式 Socket 通信和基于 WiFi 网络通信。底层通信主要测试各项功能是否能支持系统的正常运行，包括是否具有健壮性与容错性、是否高效与稳定。非阻塞式 Socket 通信的测试要求在 Ad Hoc 网络环境下进行，基于 WiFi 网络通信的测试要求在 WiFi 网络环境下进行。

1. 底层通信的测试方案

1）非阻塞式 Socket 通信的测试

表 6.3 到表 6.8 是针对非阻塞式 Socket 通信设计的，其目的是验证其各项功能的完备性。

表 6.3　非阻塞式 Socket 通信的图形化可视操作功能及其界面友好性测试

测试对象	图形化可视操作功能及其界面的友好性
测试目的	测试图形化可视操作的功能是否正常，及其界面是否友好
测试内容	测试内容 1：演示结果是否正确。测试内容 2：界面是否友好
测试用例及演示结果	测试用例 1：打开搜救者软件（见第 8 章）。 测试用例 1 的演示结果：主界面清楚明晰，正确地分为状态显示区与按钮区，按钮区分别显示“开启组网”“身份确认”“重传数据”“停止通信”等按钮。 测试用例 2：单击“身份确认”“重传数据”“停止通信”按钮。 测试用例 2 的演示结果：单击按钮时，按钮的颜色会变成橙色

表 6.4　非阻塞式 Socket 通信的软件间实现基本的数据收发功能测试

测试对象	软件间基本的数据收发功能
测试目的	测试软件间是否能实现基本的数据收发功能
测试内容	测试内容 1：演示结果是否正确。 测试内容 2：反应速度与执行效率（结果分别为非常好、好、一般、差），非常好表示能运行所有功能，反应速度快，执行效率高；好表示可以完成功能，可以在规定的时间内完成相应功能，具有一定的执行效率；一般表示可以完成功能，但需要较长的时间或多次运行；差表示出现了功能运行错误或在有限时间内没有反应。 测试内容 3：与其他模块是否能够协调工作
测试用例及演示结果	测试用例：在短距离连接的情况下，并发地发送和接收 10 条不同的数据。 测试用例的演示结果：成功地发送和接收 10 条不同的数据

表 6.5　非阻塞式 Socket 通信中数据的加密、传输和解密功能测试

测试对象	数据的加密、传输和解密功能
测试目的	测试数据的加密、传输和解密等功能是否正常
测试内容	测试内容 1：演示结果是否正确。 测试内容 2：反应速度与执行效率（结果分别为非常好、好、一般、差），非常好表示能运行所有功能，反应速度快，执行效率高；好表示可以完成功能，可以在规定的时间内完成相应功能，具有一定的执行效率；一般表示可以完成功能，但需要较长的时间或多次运行；差表示出现了功能运行错误或在有限时间内没有反应。 测试内容 3：与其他模块是否能够协调工作
测试用例及演示结果	测试用例 1：搜救者软件对数据进行加密后，发送给被搜救者软件。 测试用例 1 的演示结果：解密后的数据和加密前的数据一致。 测试用例 2：向被搜救者软件发送一条非法加密的数据。 测试用例 2 的演示结果：被搜救者软件正确识别加密码非法，并忽略了该条报文

表 6.6　非阻塞式 Socket 通信的基于跳数与剩余能量的路由选择功能测试

测试对象	基于跳数与剩余能量的路由选择功能
测试目的	测试基于跳数与剩余能量的路由选择功能是否正常
测试内容	测试内容 1：演示结果是否正确。 测试内容 2：反应速度与执行效率（结果分别为非常好、好、一般、差），非常好表示能运行所有功能，反应速度快，执行效率高；好表示可以完成功能，可以在规定的时间内完成相应功能，具有一定的执行效率；一般表示可以完成功能，但需要较长的时间或多次运行；差表示出现了功能运行错误或在有限时间内没有反应。 测试内容 3：与其他模块是否能够协调工作
测试用例及演示结果	测试用例 1：测试基于跳数的路由选择功能。将 1 台搜救者手机（安装搜救者软件的手机）A 与 2 台被搜救者手机（安装被搜救者软件的手机）B、C 按照 A-B-C 直线放置，间距为 50 m，C 在一跳的范围内只能搜寻到 B 而无法搜寻到 A，在这种情况下进行基于跳数的路由功能测试。 测试用例 1 的演示结果：C 可以正确地将数据发送到 B，B 可以正确地将数据转发到 A，完成了基于跳数的路由选择。 测试用例 2：测试基于剩余能量的路由选择功能。将 1 台搜救者手机 A 与 3 台被搜救者手机 B、C、D 按照 A-B(C)-D 直线放置（B 和 C 放在一起），间距为 50 m，其中 B 为低电量手机。D 在一跳的范围内只能搜寻到 B 和 C 而无法搜寻到 A，在这种情况下进行基于剩余能量的路由功能测试。 测试用例 2 的演示结果：D 可以正确地将数据发送到 C，C 可以正确地将数据转发到 A，完成了基于剩余能量的路由选择

表 6.7　非阻塞式 Socket 通信的 Ad Hoc 网络连接的稳定性测试

测试对象	Ad Hoc 网络连接的稳定性
测试目的	测试 Ad Hoc 网络连接是否稳定
测试内容	测试内容：Ad Hoc 网络连接的数据收发的成功率（结果分别为非常好、好、一般、差），非常好表示可以接收到所有的数据，好表示可以接收到大部分数据，一般表示可以接收到一半以上的数据，差表示只能接收到不足一半的数据
测试用例及演示结果	测试用例：搜救者手机与被搜救者手机间距 50 m，每隔 1 s 发送和接收一次数据，共发送和接收 20 条数据。 测试用例的演示结果：成功发送和接收 18 条数据

表 6.8　非阻塞式 Socket 通信的接收并处理大量并发数据时的稳定性测试

测试对象	接收并处理大量并发数据时的稳定性
测试目的	测试接收并处理大量并发数据时是否稳定
测试内容	测试内容：Ad Hoc 网络连接的数据收发的成功率（结果分别为非常好、好、一般、差），非常好表示可以接收到所有的数据，好表示可以接收到大部分数据，一般表示可以接收到一半以上的数据，差表示只能接收到不足一半的数据
测试用例及演示结果	测试用例：搜救者手机与被搜救者手机间距 50 m，每隔 1 s 发送和接收一次数据，共发送和接收 20 条数据。 测试用例的演示结果：成功发送和接收 18 条数据

2）基于 WiFi 网络通信的测试

为了简化测试过程和便于修改参数，作者开发了一个简单的测试工具，该测试工具可以模拟数据的发送和接收，并可以在测试工具的界面上显示测试的过程和状态，以及修改数据量的大小，可以极大地简化测试与分析的过程。例如，数据发送成功的状态如图 6.13 所示，发送和接收短数据的测试如图 6.14 所示，发送和接收长数据的测试如图 6.15 所示。

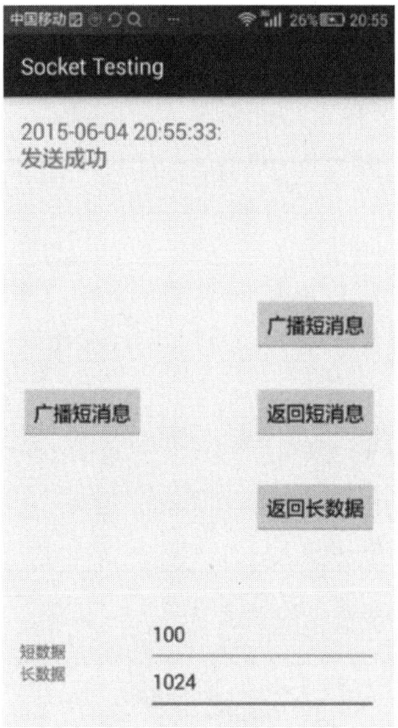

图 6.13　数据发送成功的状态

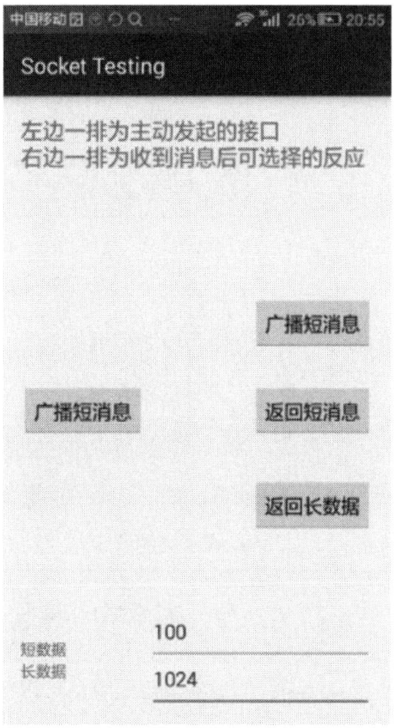

图 6.14　发送和接收短数据的测试

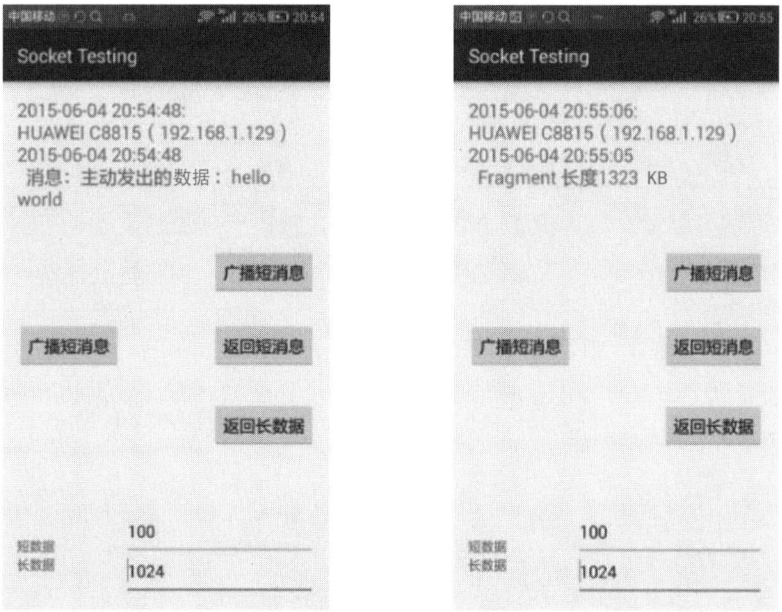

图 6.15　发送和接收长数据的测试

为了精确计算发送和接收数据所用的时间，在测试中通过 System.nanoTime()函数来获取系统的时间，单位为 ns。

除了上述测试工具的界面显示信息，还基于 Android 的 Logcat 控制台获取了程序的运行日志，用于分析测试结果，形成了一套完整的测试分析系统。

本节基于上述测试工具和 Android 的 Logcat 控制台对基于 WiFi 网络通信的稳定性进行了测试，接收并处理短数据时的稳定性测试如表 6.9 所示，接收并处理长数据时的稳定性测试如表 6.10 所示。

表 6.9　接收并处理短数据时的稳定性测试

测试对象	接收并处理短数据时的稳定性
测试目的	测试接收并处理短数据时的稳定性
测试内容	测试内容：在稳定的 WiFi 网络环境下进行测试，结果分别为非常好、好、一般、差。非常好表示可以接收到所有的数据，好表示可以接收到大部分数据，一般表示可以接收到一半以上的数据，差表示只能接收到不足一半的数据
测试用例及演示结果	测试用例：两个用户通过 WiFi 网络，在间距为 1 m 的情况下，互相向对方发送 10 条数据“hello world”，共计发送和接收 20 条数据。 测试用例的演示结果：成功发送和接收 19 条数据

表 6.10　接收并处理长数据时的稳定性测试

测试对象	接收并处理长数据时的稳定性
测试目的	测试接收并处理长数据时的稳定性
测试内容	测试内容：在稳定的 WiFi 网络环境下进行测试，结果分别为非常好、好、一般、差。非常好表示可以接收到所有的数据，好表示可以接收到大部分数据，一般表示可以接收到一半以上的数据，差表示只能接收到不足一半的数据
测试用例及演示结果	测试用例：两个用户通过 WiFi 网络，在间距为 1 m 的情况下，互相向对方发送 10 条大小为 1323 KB 的数据，共计发送和接收 20 条数据。 测试用例的演示结果：成功发送和接收 20 条数据

通过上述测试可以发现，基于 TCP 的可靠传输具有相当高的稳定性。下面进一步对底层通信进行拓展测试，测试传输数据量与传输速度的关系，以及几个极限参数，即极限数据传输量与极限传输速度。

选取的数据量为 1 KB、10 KB、100 KB、500 KB、1 MB、2.5 MB、5 MB、7.5 MB、10 MB、15 MB、20 MB、50 MB，对每组数据进行 5 次测试，分别测试每次数据传输所需要的时间。传输速度 V（KB/s）和传输时间 T（s）、传输数据量大小 A（KB）的关系为：

$$V=A/T \tag{6-1}$$

表 6.11 所示为测试的原始数据记录，当数据量为 50 MB 时，没有原始的数据记录，这是因为内存不足而导致程序崩溃。从表 6.11 中可以看出，在相当宽的范围（1 KB～20 MB）内，数据的传输都是相当稳定的，整个测试过程并未出现传输失败、传输时间严重抖动等现象。

表 6.11 测试的原始数据记录

组　别	数据量大小	传输时间/s	传输速度/(KB/s)	每组数据的平均速度/(KB/s)
1	1 KB	0.25335	3.94717	4.7478132
		0.48637	2.05603	
		0.14262	7.01195	
		0.22264	4.49152	
		0.16045	6.2324	
2	10 KB	0.21854	45.7579	34.233782
		0.37314	26.7996	
		0.13651	73.2569	
		0.52869	18.9148	
		1.55286	6.43971	
3	100 KB	0.06123	1633.27	520.39835
		0.33729	296.483	
		0.36336	275.21	
		0.66468	150.449	
		0.40555	246.58	
4	500 KB	0.51718	966.785	909.38043
		0.28838	1733.83	
		1.1187	466.947	
		0.88399	565.618	
		0.59972	833.724	
5	1 MB	1.02113	979.31	1029.5165
		0.6735	1484.79	
		0.90992	1098.99	
		0.93708	1067.15	
		1.93298	517.337	
6	2.5 MB	2.08608	1198.42	1505.353
		1.65552	1510.1	
		1.87719	1331.78	
		1.47206	1698.3	
		1.39807	1788.18	
7	5 MB	4.12795	1211.25	1726.6674
		2.30042	2173.52	
		2.48047	2015.75	
		2.77144	1804.12	
		3.49968	1428.7	

续表

组　　别	数据量大小	传输时间/s	传输速度/(KB/s)	每组数据的平均速度/(KB/s)
8	7.5 MB	3.72457	2013.65	1859.7701
		3.80994	1968.54	
		3.90147	1922.35	
		4.76973	1572.42	
		4.1166	1821.89	
9	10 MB	5.22725	1913.05	1867.7082
		5.45282	1833.91	
		4.59265	2177.39	
		5.47694	1825.84	
		6.29585	1588.35	
10	15 MB	8.73882	1716.48	1974.4095
		7.22556	2075.96	
		7.69015	1950.55	
		7.50352	1999.06	
		7.04226	2130	
11	20 MB	12.2821	1628.38	1807.2487
		11.7804	1697.74	
		11.5797	1727.16	
		10.4038	1922.38	
		9.706	2060.58	

对表 6.11 中的数据进行处理，可得到数据散点图和回归拟合线，如图 6.16 所示，图中的圆点表示表 6.11 中的原始数据记录；小方块表示该组数据传输速度的平均值；虚线表示回归拟合线；横轴表示数据量的大小，单位为 KB；纵轴表示数据传输速度，单位为 KB/s。根据测试结果可以发现，随着数据量的增大，TCP 的开销比例趋于无穷小，数据传输速度逐渐变高并且趋于某个固定的值。此外，从图 6.16 中可以看出，底层通信的数据传输速度可以稳定在 1.8 MB/s 左右，峰值可以达到 2.2 MB/s，数据传输速度极高。

2. 底层通信的测试结果分析

1）非阻塞式 Socket 通信的测试结果分析

通过上述的多项测试可以看出，底层通信可以满足基本的需求，在界面友好性、通信连通性、并发传输稳定性等方面都基本达到了预定的目标。这充分说明了基于 NIO 的整合资源池的反应器模型以及基于 Ad Hoc 网络的非阻塞式 Socket 通信能满足底层通信的需求，可适应应急救灾现场环境的多样性与复杂性。

在上述测试中，当接收并处理大量并发数据时，底层通信的稳定性并不是最优的，这是因为测试是在 Ad Hoc 网络最差的情况下进行的，物理连接不佳，底层通信的性能得不到保证。在 Ad Hoc 网络最差情况下的并发通信研究，还有很大的优化和发展空间。

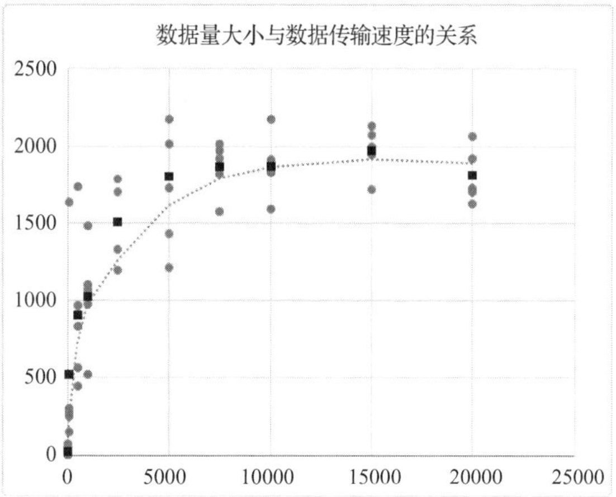

图 6.16　数据散点图和回归拟合线

2）基于 WiFi 网络通信的测试结果分析

在 WiFi 网络下，基于 UDP 的轻量级传输在发送和接收短数据时，存在偶尔丢包的现象。假设，普通的 UDP 数据在 WiFi 网络下的丢包率为 x，本节设计的基于 UDP 的轻量级传输包含了一个 ACK，ACK 在底层通信中也相当于一个普通的 UDP 数据，其丢包率也为 x。因此，一个完整通信过程的丢包率将变为：

$$1-(1-x)^2=2x-x^2 \tag{6-2}$$

由于丢包率一般小于 0.1，因此 $2x-x^2>x$，所以丢包率将变为原来的 2 倍左右，出现了比普通 UDP 的轻量级传输丢包率高的现象。注意到普通 UDP 的轻量级传输并没有状态维护，而本节设计的基于 UDP 的轻量级传输只是多了 ACK，而 ACK 本身的丢包率与普通 UDP 数据的丢包率并没有关系，因此基于 UDP 的轻量级传输的实际数据丢包率依然为 x。发送端可以根据 ACK 选择重发，实际的数据传输成功率可接近于 1。

基于 TCP 的可靠传输在丢包率方面的性能令人满意。在测试不同数据量的传输速度时，从回归拟合线可以看出，随着数据量的增大，TCP 的开销比例趋于无穷小，最后的数据传输速度逐渐提高并趋于某一固定值。平均的数据传输速度约为 1.8 MB/s，数据传输速度的峰值可达到 2.2 MB/s，大大高于没有传输缓冲的普通 TCP 协议。因此，基于 TCP 的可靠传输在功能上可以满足要求，在性能上超出了预期。

6.4　基于多行为属性机会数据分发协议

在应急搜救的现场环境中，某些地点的救援对全局的救援工作具有重要意义，如救援道路的位置、受灾人数较多的地点等，及时地将最新的数据传输给正在这些地点工作的搜救人员，对提高应急救援效率具有重要的意义。本节从用户的日常行为中提取多行为属性，将多行为属性映射到行为空间，引入基于排序函数 BM25[60]的相似性计算模型，提出了基于多行为属性机会数据分发协议。

6.4.1 多行为属性和相关计算模型

本节主要介绍多行为属性和相关计算模型。行为属性应该根据行为兴趣偏好反映用户的行为特征，相关的计算模型应当能够量化每个用户，以及在指定的行为集中尽可能多地匹配相应的行为属性。

表 6.12 列出了用户行为集中的常用符号。

表 6.12 用户行为集中的常用符号

符　号	描　述
U, n	用户集、用户的数量
L, m	地点集、地点的数量
TMBP, r	目标多行为属性集，行为特征的数量
UMBP, UMBP_i	用户多行为属性集，用户 i 的多行为属性集
x_{ij}	用户 i 对地点 j 的行为指标
tx_j	地点 j 的目标行为指标
w_j	地点 j 的权值
BF_{ij}	用户 i 对地点 j 的行为因子
t_{ij}	用户 i 在地点 j 花费的总时间
q_j	地点 j 下的所有用户数
K	经验参数

1. 多行为属性

假设用户集 $U=\{1,2,\cdots,n\}$ 和地点集 $L=\{1,2,\cdots,m\}$，其中 $n\geqslant 2$，$m\geqslant 2$，在行为空间中的每个地点 j 对应一种兴趣偏好，每个用户 i（$i\in U$）都有一个用户多行为属性集 $\text{UMBP}_i=(t_{i1},t_{i2},\cdots,t_{im})$，其中 t_{ij} 表示用户 i 在地点 j 花费的总时间（$j\in L$）。

需要注意的是，t_{ij} 是基于当前用户 i 的累加时间，并且这个值会随着时间的变化而变化。用户花费在特定地点的时间可以通过很多方式测算出来，一种广泛使用的方法是通过 GPS 持续监测特定地点的信息，特定地点的 WiFi 连接日志也可以帮助我们获取用户花费的时间，这种方法普遍应用在智能设备（如智能手机）中。

用户的多行为属性集 UMBP 可以被量化成一个以 t_{ij} 为元素的 $n\times m$ 阶行为矩阵，如图 6.17 所示。

在大多数情况下，行为矩阵是一个稀疏矩阵，因为大多数用户仅滞留在所有 m 个地点中的一小部分地点，因此使用一些特殊的数据结构（如三元表）能够节省空间、降低时间复杂度。UMBP 中的每个元素 t_{ij} 与行为指标 x_{ij} 相关，即：

$$x_{ij}=\begin{cases}1, & t_{ij}\neq 0\\ 0, & t_{ij}=0\end{cases} \tag{6-3}$$

对于目标多行为属性集 $\text{TMBP}=(\text{tx}_1,\text{tx}_2,\cdots,\text{tx}_m)$，其中 $1\leqslant j\leqslant m$，如果发送端希望接收端拥有关于地点 j 的行为特征，那么可以将 tx_j 设置为 1；否则将 tx_j 设置为 0。假设通过将兴趣行为

映射到相应地点可以得到 TMBP，则可以进一步得到 TMBP 中的行为特征数量 $r=\sum_{j=1}^{m}\mathrm{tx}_j$ 。

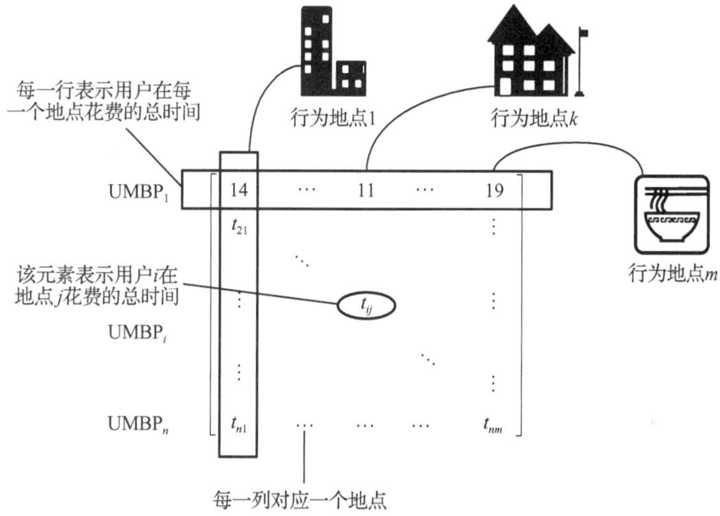

图 6.17　用户的多行为属性集 UMBP 对应的行为矩阵

2. 相关计算模型

为了发现潜在的接收端，我们需要通过相关的计算模型来计算目标多行为属性集和用户多行为属性集之间的内在联系。这种联系可以先通过 Score_i(TMBP, UMBP)来度量，其中 $1\leqslant i\leqslant n$，再使用排序函数 BM25 来计算这种度量值。排序函数 BM25 是基于 RSJ（Robertson-Sparck-Jones）概率模型来构建的。例如，搜索引擎可以使用排序函数 BM25 来计算给定搜索序列中的相关度，对匹配的文档进行排序。迄今为止，RSJ 概率模型仍是计算相关度的最成功的模型之一。

定义 UMBP 中用户 i 对地点 j 的行为因子为：

$$\mathrm{BF}_{ij}=\frac{t_{ij}(K+1)}{t_{ij}+K},\quad 1\leqslant i\leqslant n,\ 1\leqslant j\leqslant m,\ j=\underset{1\leqslant k\leqslant m}{\arg}\ \mathrm{tx}_k=1 \tag{6-4}$$

式中，K 为经验参数；行为因子 BF_{ij} 用来表示用户 i 在 Score_i(TMBP, UMBP)中的重要性。

在衡量用户 i 在地点 j 中花费的总时间时，行为因子 BF_{ij} 提供了一种基本的相关度。但行为因子 BF_{ij} 可能无法尽可能多地匹配行为要求，因为 BF_{ij} 并没有考虑用户分布在不同地点的情况，在实际中往往会出现一些用户根本不会滞留的地点，因此行为因子 BF_{ij} 仅考虑用户在某个地点花费的时间，可能会忽视一些用户很少到达的地点。为了平衡这些地点，我们引入了 w_j，即地点 j 的权值：

$$w_j=\log\frac{n-q_j+0.5}{q_j+0.5} \tag{6-5}$$

式中，$q_j=\sum_{i=1}^{n}x_{ij}$ 是地点 j 中用户的数量。

需要注意的是，q_j 越大，w_j 越小。地点 j 的权值反映了用户在不同地点分布的区别，可以提高 TMBP 中稀疏地点的重要性。

最终计算相关度的公式为：

$$\mathrm{Score}_i(\mathrm{TMBP},\mathrm{UMBP})=\sum_{j=1}^{m} w_j \times \mathrm{BF}_{ij},\quad 1\leqslant i\leqslant n; 1\leqslant j\leqslant m; j=\underset{1\leqslant k\leqslant m}{\arg}\ \mathrm{tx}_k=1 \tag{6-6}$$

6.4.2 基于多行为属性机会数据分发协议的设计

本节主要介绍机会数据分发协议的设计。根据小世界原理，人具有高聚合特性，即拥有相似行为特征的人往往有较高的相遇概率。基于多行为属性机会分发协议（Opportunistic Dissemination Protocol based on Multiple Behavior Profile，ODMBP）就是基于多行为属性和相关度来分发数据的。

每个用户的 UMBP 将会随着时间的变化而变化，并且以一种分布式的方式进行更新。我们假设用户 i 在其手机中存储了 UMBP_i，则 UMBP_i 可以通过位置传感器或者连接日志进行更新，当用户 i 与用户 j 相遇时，用户 j 的 UMBP_j 也会被更新（$j\neq i$）。

ODMBP 由 3 个阶段组成：用户初始化阶段、增值阶段和组播阶段。在用户初始化阶段，对于 TMBP 中的每个行为地点 r，ODMBP 将数据发送给相遇的用户 j，用户 j 的 UMBP_j 中同样具有这种行为属性。用户初始化阶段不仅会并行化分发过程，还可以有效减少时延。在增值阶段，数据持有者将数据传输给相关度较高的用户。如果相似性度量高于预设的阈值δ，那么数据持有者会将数据的副本传输给每一位相关度高于阈值的用户。这意味着 ODMBP 会将数据的副本传输给所有满足 $\mathrm{Score}_i(\mathrm{TMBP}, \mathrm{UMBP})\geqslant\delta$的用户，从而实现组播。ODMBP 的算法如下：

```
TMBP'←TMBP;
for each j encountered do
    update UMBP for i and j;
    if i is a message sender then
        if TMBP'≠0 then                                                    //阶段 1：用户初始化
            for each k∈{1,2,···,m} do
                if t_jk≠0 and tx_k' ≠0 then
                send message to j;
                tx_k' ← 0;
            break;
        else if δ>Score_j(TMBP, UMBP)>Score_i(TMBP, UMBP) then             //阶段 2：增值
            send message to j;
            delete message in i;
        else if Score_j(TMBP, UMBP)>Score_i(TMBP, UMBP)≥δ then             //阶段 3：组播
            send message to j;
```

6.4.3 基于多行为属性机会数据分发协议的评估

本节主要通过仿真来对 ODMBP 的性能进行评估。在进行仿真时，采用的数据集是 StudentLife[61]和 WiFi Location。数据集 StudentLife 包含了传感器数据、EMA 数据和教育调查结果；数据集 WiFi Location 包含了 49 个志愿者在达特茅斯学院（Dartmouth College）的 92 栋建筑物内的移动数据，时间范围是一个月。这些移动数据是通过达特茅斯学院内部署的无

线网络获得的，数据主要包括行为的地点和 UNIX 时间戳。例如，“1364359102[Kemeny]”表示一个志愿者在 UNIX 时间戳为 1364359102 时位于名为 Kemeny 的建筑物内。行为的地点是 92 栋建筑物中的随机一栋，使用 ONE 仿真器[62]进行仿真，仿真的结果是平均超过 1000 次仿真得到的。仿真环境的配置为：主机数为 49，地点数为 92，数据生存时间为 500 s，连接事件的数量为 172，仿真连接状态为 false，节点缓存大小为 1 MB，数据包发送间隔为 25～35 s，仿真运行时间为 960000 s。

1．关键仿真参数的影响

仿真有 3 个关键参数：衡量行为的参数 K、目标多行为属性数量 r 和阈值 δ，下面将分别讨论这 3 个参数的影响。

1）参数 K 的影响

在相关度模型中，K 用来衡量行为的重要性，K 是个经验参数。当使用排序函数 BM25 进行搜索时，K 的取值通常为 1.2。但在 ODMBP，1.2 并非理想值，为了揭示参数对 ODMBP 的影响，先将 r 固定为 5，然后设置不同的 K，仿真数据发送成功率和时延。参数 K 对 ODMBP 性能的影响如图 6.18 所示。仿真结果显示，当 $K\approx1.75$ 时，ODMBP 可获得最佳的数据发送成功率，同时时延也在可接受的范围内，因此将 K 设置为 1.75。

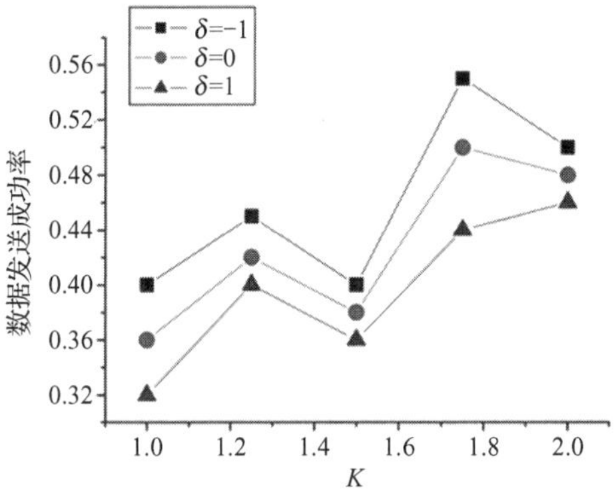

（a）数据发送成功率

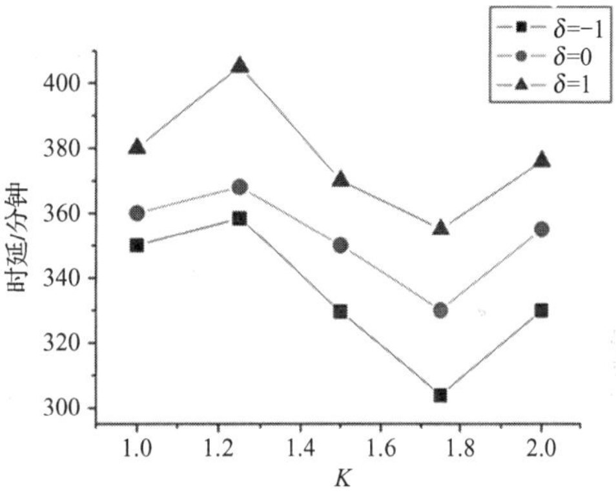

（b）时延

图 6.18　参数 K 对 ODMBP 性能的影响

2）参数 δ 的影响

参数 δ 用于检测合适的数据接收端，也是 ODMBP 第三个阶段（组播过程）的触发条件。参数 δ 对 ODMBP 性能的影响如图 6.19 所示，当 r 为 2、6 和 10 时，采用不同的 δ 值来仿真 ODMBP 的性能。从仿真结果可以看出，随着 δ 值的增加，数据发送成功率在逐渐降低，这是因为随着阈值 δ 的提高，接收端的数量变少了，从而需要花更多的时间去寻找接收端，因此时延也会逐渐增加。

3）参数 r 的影响

目标行为属性的数量 r 是已知条件，我们不能调整 r 来提高 ODMBP 的性能，但可以通过仿真来测试参数 r 对 ODMBP 性能的影响，如图 6.20 所示。从图 6.20 中我们可以看出发送成功率的曲线不是单调变化的。根据式（6-6）可知，Score_i 是根据 TMBP 中的属性数量不断变化的，需要注意的是 w_j：

$$w_j = \lg \frac{n - q_j + 0.5}{q_j + 0.5} \tag{6-7}$$

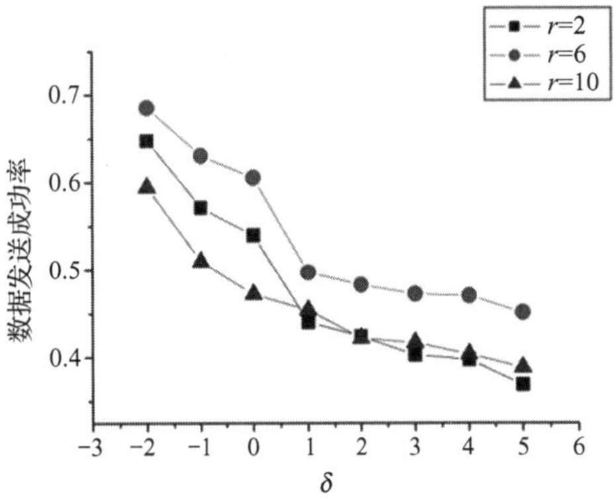

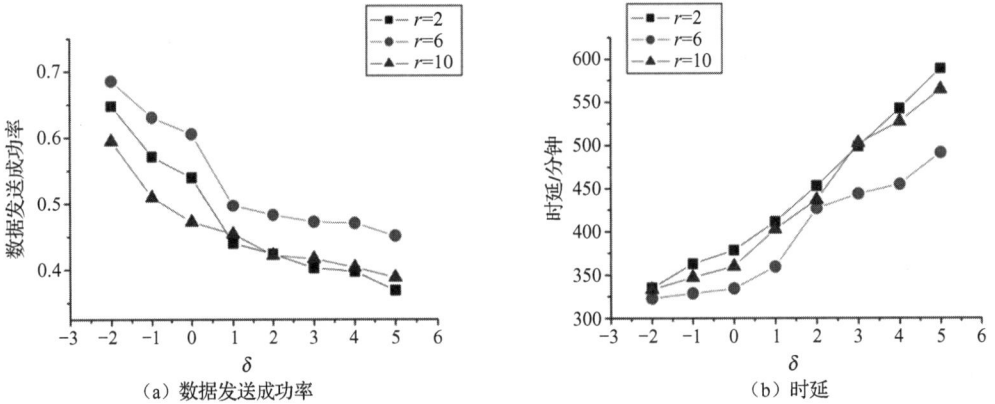

（a）数据发送成功率　　（b）时延

图 6.19　参数 δ 对 ODMBP 性能的影响

当 $q_j>n/2$ 时，w_j 是负数，因此如果 r 过大，将会使 Score_i 减少，接收端的数量也会减少。参数 r 对 ODMBP 性能的影响如图 6.20 所示，从仿真结果可以看出，当 r=6 时，ODMBP 具有相对较好的性能。

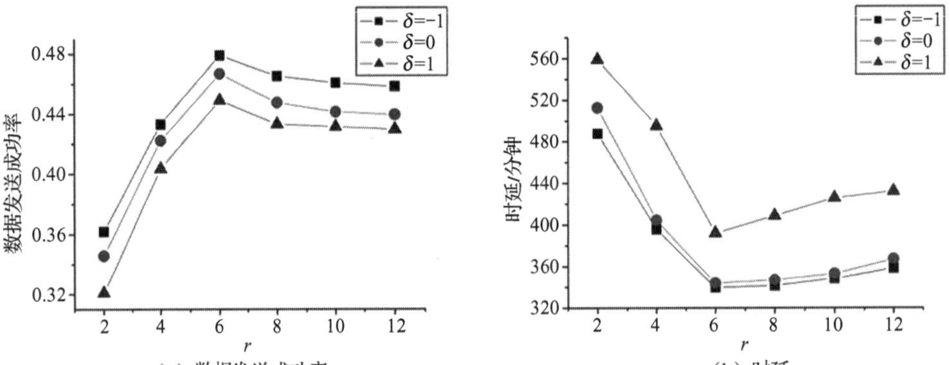

（a）数据发送成功率　　（b）时延

图 6.20　参数 r 对 ODMBP 性能的影响

2. 与其他协议的对比

在仿真 3 个关键参数对 ODMBP 性能的影响后，这里再对比 ODMBP 与其他典型的路由协议，如机会网络中的传染（Epidemic）路由协议[63]和 Spray & Wait 路由协议[64]。Spray & Wait 路由协议由两个阶段组成：喷射（Spray）阶段和等待（Wait）阶段。Spray & Wait 路由协议先在喷射阶段将数据副本转发到 l 个不同节点，然后进入等待阶段。Spray & Wait 路由协议分为二进制模式和非二进制模式，在进行仿真比较时，本节选择二进制模式，并将 l 设置为 6。对于 ODMBP，设置 $r = 6$、$K = 1.75$ 和 $\delta = 0$。

ODMBP、传染路由协议和 Spray & Wait 路由协议的性能比较如图 6.21 所示。

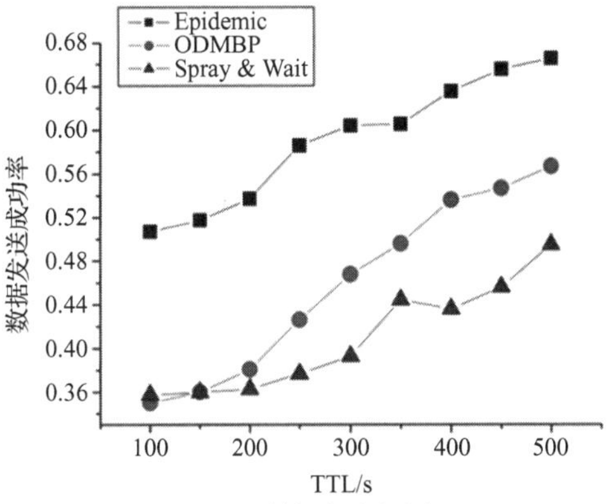

（a）数据发送成功率

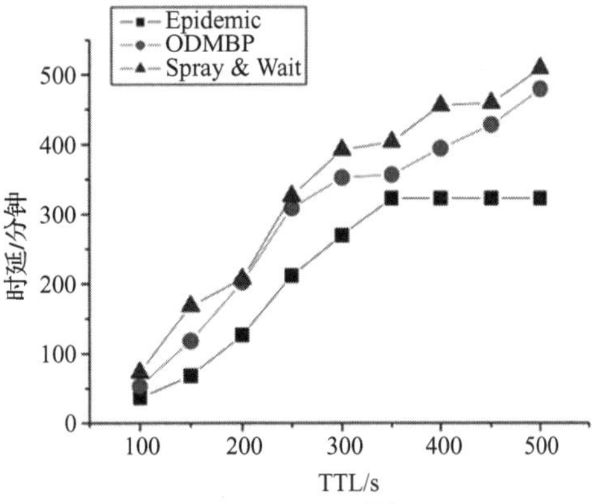

（b）时延

图 6.21　ODMBP、传染路由协议和 Spray & Wait 路由协议的性能比较

由图 6.21 可以看出，随着数据生存时间（TTL）的增加，3 种路由协议的数据发送成功率也随之增加。这是因为这 3 种路由协议在将数据发送到接收端前，有更多的时间来将数据转发到队列。但随着数据 TTL 的增加，这 3 种路由协议的时延也会增加。传染路由协议的时延最小，但该路由协议的开销比较高，在移动社交网络中并不实用。在大多数情况下，ODMBP 的性能要比 Spray & Wait 路由协议的性能好。在数据发送成功率和时延方面，ODMBP 的性能分别比 Spray & Wait 路由协议提高了 11.6%和 12.5%，这是因为 ODMBP 可以将数据转发到与用户相关度高的目标，而 Spray & Wait 路由协议不考虑相关度。

6.5　基于移动机会网络的数据移交协议

6.5.1　移动机会网络及其机会路由算法

1. 移动机会网络简介

移动机会网络是利用节点接触形成的通信机会来逐跳转发数据的，是满足物联网透彻感知与泛在互联的一种重要技术手段。作为实现间歇式连通环境下节点通信的基本方法，机会路由具有十分重要的研究意义，引起了研究人员的广泛关注。

1）移动机会网络的概念

移动机会网络是指在通信链路间歇式连通的情况下，利用移动节点相互接触形成的通信机会来进行数据传输的自组织网络。移动机会网络的数据传输过程如图 6.22 所示。

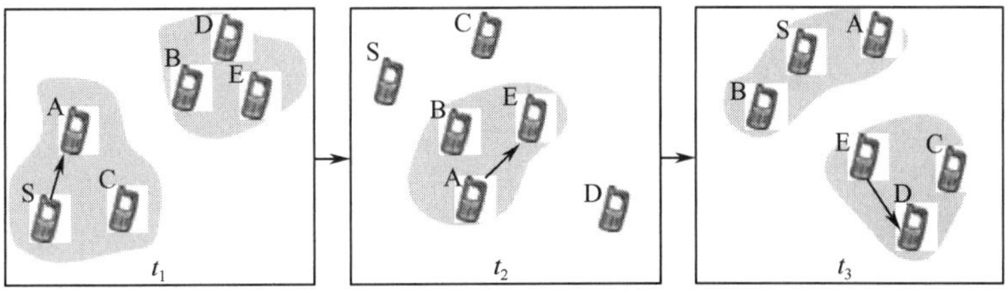

图 6.22　移动机会网络的数据传输过程

数据包从发送端发送到接收端的过程是：源节点 S 不断地移动，当进入节点 A 的通信范围时，源节点 S 将数据转发给节点 A，这个转发过程发生在 t_1 时刻，因为节点 A 不是目标节点，所以节点 A 会携带数据继续移动；在 t_2 时刻，当节点 A 进入节点 E 的通信范围时，就将携带的数据转发给节点 E，同样节点 E 也不是目标节点，因此节点 E 仍然需要将数据转发出去，于是节点 E 需要继续往前移动；在 t_3 时刻，当节点 E 进入节点 D 的通信范围时，就把携带的数据转发给节点 D，因为节点 D 是目标节点，所以结束整个通信过程。

移动机会网络源自间歇式连通网络（Intermittently Connected Networks，ICN）[65]和延迟容忍网络（Delay Tolerant Networks，DTN）[66]。ICN 通过在不连通的区域之间部署移动节点来完成数据采集的任务，解决了不连通区域之间的数据采集问题；DTN 是由 IETF 的 DTN 工作组提出的，主要目的是解决深空通信带来的长时延、高误码率等问题[67]。虽然移动机会网络源自 ICN 和 DTN，但是与 ICN 和 DTN 还是有些区别的，ICN 和 DTN 偏重于延迟容忍，而移动机会网络的限制较少，应用范围更广。

2）移动机会网络的体系结构

移动机会网络在 TCP/IP 体系结构的基础上，在传输层与应用层之间插入了一个新的协议层——束层（Bundle Layer）。束层通过与特定网络类型下的底层协议进行配合，可以使应用程序运行在不同的网络类型之上。束层在 TCP/IP 体系结构中的位置如图 6.23 所示，这里的 T_1、T_2、T_3 和 T_4 分别表示不同的传输层，N_1、N_2、N_3 和 N_4 分别表示不同的网络层。在同一个网络内，束层使用该网络的协议进行通信。在不同的网络之间，束层通过基于保管方式的重传、处理间歇式连通的能力、利用机会连接的能力，以及利用绑定标识符形成网络地址等功能来实现跨网络的通信。

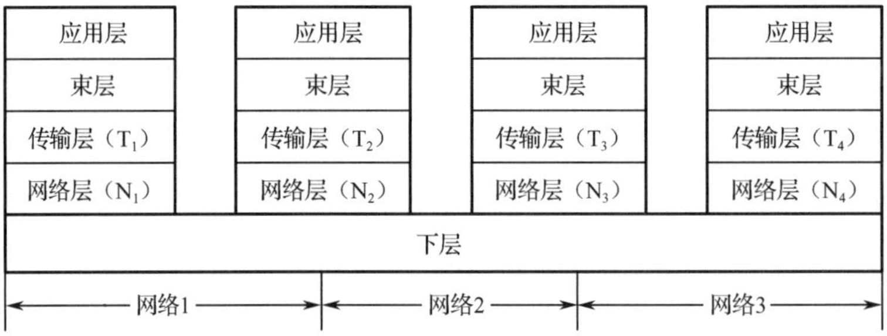

图 6.23　束层在 TCP/IP 体系结构中的位置

2. 移动机会网络的机会路由算法

移动机会网络最初是为满足稀疏移动自组织网络环境下的数据通信需求而提出来的[68]。2003 年，Fall 等人在 SIGCOMM 会议上进一步提出存储-携带-转发的数据传输机制来解决由节点移动性所带来的通信链路间歇式连通性问题。按照在数据转发过程中是否需要额外信息的辅助，可以将目前的机会路由算法分为零信息型算法和信息辅助型算法两类，如图 6.24 所示。

1）零信息型算法

零信息型算法可以细分为洪泛算法、直接等待算法、两跳转发算法、固定备份算法。

（1）洪泛算法。在洪泛算法中，主节点会向从节点广播数据，这样有可能造成网络拥塞问题，但通过限定数据的生存周期或者数据副本的数量可以避免网络拥塞和网络负载过重等问题。

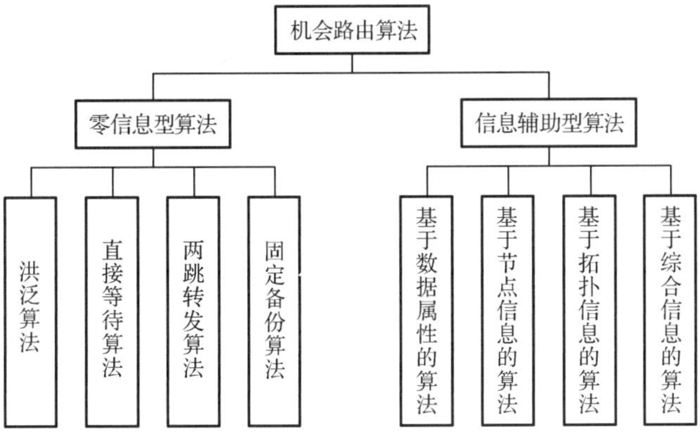

图 6.24　机会路由算法分类

（2）直接等待算法。直接等待算法（也称为 Direct Delivery 算法）依赖于转发机制，在该算法的数据传输过程中，节点不会复制数据，在网络中始终只有一个数据副本。在该算法中，源节点仅在遇到目标节点时才将转发数据。

（3）两跳转发算法。两跳转发算法（也称为 Spray & Wait 算法）分为两个阶段：Spray 阶段和 Wait 阶段。在 Spray 阶段，源节点中的部分数据被扩散到邻居节点；在 Wait 阶段，如果在 Spray 阶段没有发现目标节点，那么包含数据的节点会通过直接等待算法把数据发送到目标节点。两跳转发算法的优点是传输的数据量明显少于洪泛算法，而且传输时延较小，接近于最优，同时具有较好的扩展性，无论网络规模如何改变，都能保持较好的性能。

（4）固定备份算法。与洪泛算法中不限制数据副本数量不同，文献[69]通过向网络扩散一定数量数据副本的方式达到降低传输时延的目的。当两个节点相遇时，各自将携带的数据副本数量的一半转发给对方。若节点携带的数据副本数量为 1，则采取直接等待算法。

零信息型算法比较简单，容易实现，不过没有考虑参与转发过程的节点、网络拓扑等因素对算法性能的影响，数据传输的效率并不理想。上述的 4 种算法在投递率、时延、代价等方面的性能比较如表 6.13 所示。

表 6.13　4 种零信息型算法在投递率、时延、代价等方面的性能比较

	洪 泛 算 法	直接等待算法	两跳转发算法	固定备份算法
投递率	高	低	较低	较高
时延	小	大	较大	较小
代价	高	低	较低	较高

2）信息辅助型算法

信息辅助型算法可以进一步分为基于数据属性的算法、基于节点信息的算法、基于拓扑信息的算法，以及基于综合信息的算法，如表 6.14 所示。

表 6.14　4 种信息辅助型算法的主要研究内容和代表性工作

算法名称	主要研究内容	代表性工作
基于数据属性的算法	针对待传输数据的优先级、数据副本的数量等信息，研究基于数据属性的机会路由	最大化数据包转发增益的算法
基于节点信息的算法	针对参与节点的接触信息、情境信息、社会地位和社会关系，研究基于节点信息的机会路由	基于节点社交图的算法
基于拓扑信息的算法	针对通信链路、网络拓扑的局部变化，研究基于拓扑信息的机会路由	基于局部连通性的算法
基于综合信息的算法	综合利用上述的信息，研究多种信息协同的机会路由	基于投递率与数据包存活时间的算法

（1）基于数据属性的算法。文献[70]提出一种基于数据副本数与数据包预期传输时延的机会路由算法，当两个节点相遇时，优先交换效用值最高的数据包；当缓冲区的容量达到阈值时，优先删除那些效用值最低的数据包。文献[71]提出了一种以时间为度量的机会路由算法，为每个转发的数据包贴上了一个时间戳，这个时间戳可通过数据包的存活时间及衰退程度得到。

（2）基于节点信息的算法。节点信息主要分为节点接触信息、节点情境信息、节点社会地位和节点社会关系等信息。

① 节点接触信息。文献[72]利用节点之间的接触时长及接触次数，提出了一种基于节点接触概率的路由算法 PROPHET。节点之间相遇的概率越大，数据转发的可能性就越大。同时，PROPHET 还考虑了接触概率传输的情况：如果节点 A 遇到节点 B，节点 B 又遇到节点 C，那么节点 A 肯定也能遇到节点 C。

② 节点情境信息。文献[71]利用节点的剩余能量、运动速度、邻居节点的变化情况等情境信息，提出了一种新的机会路由算法——CAR（Context-Aware Routing）算法。CAR 算法充分利用了节点的情境信息，为不同的情境信息分配了不同的权值。

③ 节点社会地位。节点社会地位一般用节点的中心度表示，表示节点处于网络中心的程度。BUBBLE 算法[72]利用节点的中心度来计算节点社会地位，考虑了节点的中心度与所处网络的位置的关系。当节点没有进入网络前，节点将数据转发给中心度最大的节点。当节点进入网络后，节点会先找到网络中心度最大的节点，再将数据转发给目标节点。PeopleRank 算法[50]类似于 PageRank 算法，先计算每个节点的向内、向外两个方向的中心度，由此可得到每个节点的综合中心度，再将中心度小的节点携带的数据转发给中心度较大的节点。

④ 节点社会关系。文献[73]对人与人之间的接触进行了更加深层次的研究，认为朋友之间具有更长的接触时间、更高的接触频率，因此，提出了一种面向朋友之间的机会路由。

（3）基于拓扑信息的算法。机会路由受网络拓扑结构的影响也很大，不同的网络拓扑结构会产生不同的机会路由，因此设计一种能够随着网络拓扑结构不断变化的机会路由是非常有必要的。文献[74]提出了一种能够随着网络拓扑结构动态调整的机会路由。当网络的拓扑结构趋向于延迟容忍网络时，网络会自动增加数据副本的数量；当网络的拓扑结构趋向于传统的 Mesh 网络时，网络中的数据副本数量会自动减少。这种动态调整网络中数据副本数量的算法，能够减少网络的拥塞，降低网络的负载，使整个网络处于一种流畅运行的状态。

（4）基于综合信息的算法。很多研究表明，基于单一因素设计的机会路由算法有时很难描述现实的场景，因此有必要将多个因素结合起来设计机会路由算法。文献[75]提出了一种结合了数据投递率和数据优先级的机会路由算法。在网络中，节点总是根据投递率来决定是否转发数据的。如果需要转发数据，则优先转发生命周期较短的数据，让生命周期较短的数据能够在最短的时间内转发出去。

3. 移动机会网络中机会路由算法需要解决的问题

前文将机会路由算法划分为两类，每类算法又分为 4 种算法，并简要介绍了这些细分的算法。通过这些细分算法的简介可以发现，每种细分算法都不是万能的，并不能解决所有的问题，不适用于所有的情况，因此在实际中，机会路由算法还存在一些亟待解决的问题，通常可以通过以下几种方式来解决这些问题。

（1）自适应地获取辅助型信息。为网络提供辅助型信息，可以帮助网络节点转发数据，但太多的辅助型信息，以及过于频繁地发送辅助型信息，则会增加网络的负载、降低网络的整体性能。因此，采用自适应的方式获取辅助型信息可以进一步提高网络的整体性能。

（2）采用个性化激励方式激励节点转发数据。移动机会网络需要很多物理设备，现在的主要物理设备是智能设备（如智能手机），但大量的设备会耗费大量的人力资源和物力资源，同时还存在泄露用户隐私的风险，所以用户的参与度并不是很高。此外，用户参与的积极性并不是一成不变的，通常会随着时空情境的变化而变化，所以很难采用统一的激励方式来激励用户，需要根据不同的时空情境设置不同的激励方式。

（3）及时转发数据。由于用户的联网时间和通信方式不一致，导致移动机会网络呈现出了一种弱连接性，因此采用传统强连接的方式进行数据的采集、聚合、传输，很难解决现有的时效转发问题。针对移动机会网络的弱连接性，需要设计一种能够动态调整网络拓扑结构、及时转发数据的机会路由算法。

6.5.2　基于移动机会网络数据移交协议的设计

本节主要介绍基于移动机会网络数据移交协议的设计。相对于其他数据移交协议，本节介绍的协议对智能设备（如智能手机）的剩余能量和存储空间要求不是很高，适合低电量、小存储空间的环境，并且网络负载很小，不会造成网络拥塞，同时还有较高的数据投递率。

1. 基于移动机会网络数据移交协议中的数据特性

本节介绍的基于移动机会网络的数据移交协议适用于应急搜救场景，该协议结合了网络中的节点自身属性和社会属性，从节点的中心度、紧密度、剩余能量、剩余存储空间出发，对数据进行分类处理，按照数据优先级的不同设置了不同的组合系数，从而使该协议在移交不同类型的数据时可以提供富有弹性的多种机会路由。本节采用归一化加权组合属性作为选择机会路由算法的标准，避免了由于性能量纲不同造成的不公平现象，相对于传统的机会路由算法而言，具有能耗低、存储空间需求低和投递率高等特点，可广泛应用于应急搜救等场合中。

在基于移动机会网络的数据移交协议中，数据在被转发前一般要经过检测、判断等一系列处理过程，只有符合条件的数据才拥有被转发的“资格”。每个待转发的数据在全局都是唯一的，都会用一个全局唯一的变量来标识该数据。本协议通过数据编号来标识数据，这个数据编号通常和设备的物理地址或时间有关。除了数据编号，数据还具有不同的类型和优先级。由于在基于移动机会网络的数据移交协议中，待转发的数据具有数量多、数据包含的字段多，以及很多数据具有关联性等特点，因此需要对数据进行分类。根据应急救灾的实际情况，可以将数据分为 3 种，分别是感知数据、工作数据和搜救数据。感知数据是指采集到的数据，通常是一些资源信息，如气体数据、照片信息、视频信息、方位信息等数据，这类数据一般需要尽快发送到指挥平台中进行存储。工作数据是指在搜救过程中产生的数据，如灾情速报信息、搜索情况信息等数据，这类数据对其他人员的工作有影响，所以需要尽快发送出去。搜救数据是指被困者的信息，如本节中被困者的位置信息，搜救队员知道了被困者的位置信息，就可以进一步开展救援活动，这类数据属于紧急数据，需要以最快的速度发送出去。数据除了具有不同的类型，还有优先级的差别。优先级越高，意味着数据发送的权限越高，是优先发送的数据。本节将数据优先级分为 4 个等级，分别为 1、2、3、4，1 表示优先级最低、发送的权限最低，4 表示优先级最高、发送的权限最高。每种类型的数据都可以划分各自的优先级，相当于每种数据都可以享受不同的“待遇”，“待遇”好的数据可以被尽快发送出去，“待遇”不好的数据则安排在后面发送，这样做可以让携带数据的节点拥有更多的“权利”。待转发的数据除了具有上述的特点，还具有一个特点，即数据的生命周期。数据的生命周期就是数据的生存时间，也就是数据的“寿命”。基于移动机会网络的数据移交协议中数据并不是永久存在的，这些数据都是有时效性的。如果数据存在的时间超出了其生命周期，那么该数据将会被删除。需要注意的是，这里的删除是指在缓存区中删除数据，而不是指在数据库中将数据删除。

2. 基于移动机会网络数据移交协议中的节点特性

前文介绍的是与数据相关的一些特性，但仅有这些特性是不够的。在移动机会网络中，节点还需要其他的信息来发送或者接收数据，例如通常需要握手报文和确认报文，这两个报文与 TCP 协议中的 REQ 和 ACK 报文类似。握手报文用来告知其他节点即将有数据发送过去，符合条件的节点做好接收的准备。与之对应的是确认报文，确认报文包含两层含义：一是告知发送端接收端已接收数据；二是将接收端的信息返回给发送端，发送端可根据接收端的信息来决定下一步要进行的处理工作。这两个报文的共同特点是包含了节点（如发送端和接收端）的一些隐私信息，这些隐私信息涉及节点的自身属性和社会属性，自身属性主要包括剩余能量、剩余存储空间，社会属性主要包括中心度和紧密度。

1）节点的自身属性

剩余能量是指节点的剩余电量，一般用百分数表示。为了简单起见，本节介绍的基于移动机会网络数据移交协议取百分号前面的整数。剩余存储空间包括节点剩余的外部存储空间和剩余的内部存储空间，即节点剩余的整体存储空间。剩余能量和剩余存储空间对节点来讲是必需的。

对于不同的节点，剩余能量的作用是不同的。例如：对于发送端来说，当剩余能量低于临界值时，意味着发送端有关闭的可能，不利于数据的发送，因此需要将数据尽快地发送出去；对于接收端来说，当剩余能量小于临界值时，意味着如果接收端接收到别的节点发送的数据就可能会关闭，这样就有可能造成数据的丢失，不利于数据的后续发送。

对于剩余存储空间来说，如果接收端的剩余存储空间小于数据的大小，即使接收到数据，也没有空间来存储数据，这样做不仅会浪费宝贵的时间，还会消耗发送端的电量，因此需要检查接收端的剩余存储空间。

2）节点的社会属性

节点除了具有自身属性，还具有社会属性，即中心度和紧密度。中心度是指节点在网络中处于中心的程度，一般指局部中心度、整体中心度和中间度。局部中心度是指与某个节点直接联系的节点个数，直接联系是指两个节点在一跳范围内。整体中心度是指节点与其他所有节点之间的接近性，一般用节点之间的距离和的倒数表示，距离和越大，接近性越小，整体中心度也就越小。中间度也能表示中心度，但中间度的概念过于复杂，并不适合本节介绍的数据移交协议，所以这里不做介绍。局部中心度的优点是计算比较简单，容易理解，缺点是范围受限，只适合局部环境，不能反映整体情况；整体中心度的优点是可以反映整体情况，精度比较高，缺点是需要计算距离和，计算量较大。基于移动机会网络的数据移交协议需要频繁计算中心度，为了减少计算量，采用局部中心度的概念来计算中心度。该协议使用在一段时间内某节点与其他节点相遇的总次数来表示该节点的中心度。

紧密度是指节点与指挥平台亲密的程度。基于移动机会网络的数据移交协议使用一段时间内节点向指挥平台发送数据的次数来表示该节点的紧密度，发送数据的频率越高，紧密度就越大。中心度和紧密度都是用来表示节点移交数据的，节点移交数据的频率越高，中心度和紧密度的值越大。中心度和紧密度在数据移交协议中是不可缺少的，节点的自身属性和社会属性在数据移交协议中也是不可缺少的。

3）节点的性能

除了上述的自身属性和社会属性，基于移动机会网络的数据移交协议还涉及一个核心的概念——节点的性能。节点的性能是一个综合指标，可以通过节点的多个属性得到。节点的性能用于表示节点移交数据的能力，不仅指节点之间的数据移交能力，也包括节点向指挥平台移交数据的能力。节点的性能值与节点移交数据的能力相关，性能值越高，节点移交数据的能力就越强。在移动机会网络中，节点总是寻找性能值比自己高的节点，如果发现比自己性能值高的节点，则在节点之间会进行数据移交，否则不会进行数据移交。数据移交的趋势是：数据总是向性能值高的节点方向流动。节点的性能值由中心度、紧密度、剩余能量、剩余存储空间等属性值与各自对应系数乘积之和得到，如表6.15所示。

表6.15 节点性能值的计算

表示符号	表达式	含义
Re	$\text{Re}_i=$ 剩余能量（取百分号之前的整数）	剩余能量
Rs	$\text{Rs}_i=$ 剩余的外部存储空间+剩余的内部存储空间	剩余存储空间
Ce	$\text{Ce}_i=\sum_{j=1}^{n} p_{ij}(t)$，$i\neq j$	中心度
Cl	$\text{Cl}_i=p_{i0}(t)$	紧密度
ReU	$\text{ReU}_i=\dfrac{\text{Re}_i}{\text{Re}_i+\text{Re}_j}$	剩余能量的属性值
RsU	$\text{RsU}_i=\dfrac{\text{Rs}_i}{\text{Re}_i+\text{Rs}_i}$	剩余存储空间的属性值

续表

表示符号	表达式	含义
CeU	$\mathrm{CeU}_i=\dfrac{\mathrm{Ce}_i}{\mathrm{Ce}_i+\mathrm{Ce}_j}$	中心度属性值
ClU	$\mathrm{ClU}_i=\dfrac{\mathrm{Cl}_i}{\mathrm{Cl}_i+\mathrm{Cl}_j}$	紧密度属性值
Performance	$\mathrm{Performance}_i=\alpha_1\times\mathrm{ReU}_i+\alpha_2\times\mathrm{RsU}_i+\alpha_3\times\mathrm{CeU}_i+\alpha_4\times\mathrm{ClU}_i$	性能值

表 6.15 中：$p_{ij}(t)$ 表示 t 时间段内节点 i 与节点 j 相遇的次数，i 和 j 都是大于 0 的数（表示普通节点）；$p_{i0}(t)$ 表示 t 时间段内节点 i 与目标节点相遇的次数，0 表示目标节点，即指挥平台；α_t（t=1、2、3、4）表示属性值对应的系数值，系数值是由数据类型和数据优先级决定的。

3. 基于移动机会网络数据移交协议对不同数据类型的处理过程

下面通过具体的实例来介绍基于移动机会网络的数据移交协议。由于数据移交通常发生在两个节点之间，因此这里通过节点 A、节点 B 来描述该协议对不同数据类型的处理过程（假设 A 是携带数据的节点，B 是有可能接收数据的节点）。

首先节点 A 准备好要转发的数据和一个握手报文，当节点 A 广播握手报文后，如果节点 B 刚好进入节点 A 的通信范围内，则节点 B 会接收到节点 A 的握手报文；然后节点 B 检测本地是否存在和节点 A 待转发数据相同的数据，如果存在则节点 B 返回一个接收标识位为 0 的确认报文，并结束数据转发过程，如图 6.25 所示；如果不存在，则判断待转发数据的类型，根据具体的数据类型进行转发。

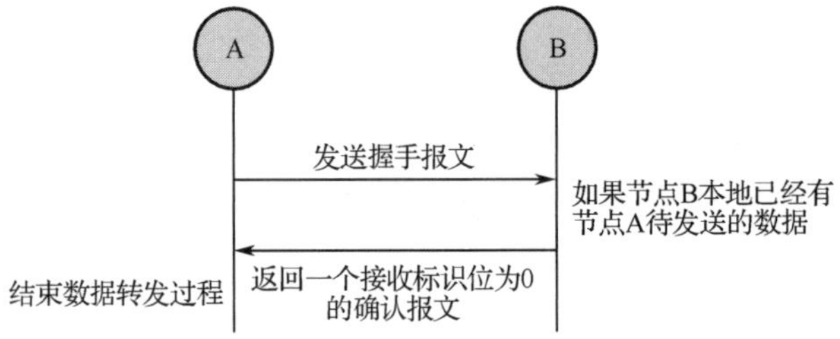

图 6.25　节点 B 的本地存在节点 A 待转发数据时的数据移交协议过程

下面分别讨论 3 种数据类型的情况。

1）感知数据

如果节点 A 转发的是感知数据，那么基于移动机会网络的数据移交协议会进一步判断节点 B 是否是目标节点。如果节点 B 是目标节点，则节点 A 将数据转发给节点 B，节点 B 接收到数据之后结束数据转发过程。此时的数据移交协议过程如图 6.26 所示。

如果 B 不是目标节点，则需要进一步比较节点 A、节点 B 的属性以及性能值。如果节点 B 的剩余能量小于阈值或者节点 B 的剩余存储空间小于待转发数据的大小，则结束数据转发过程。此时的数据移交协议过程如图 6.27 所示。

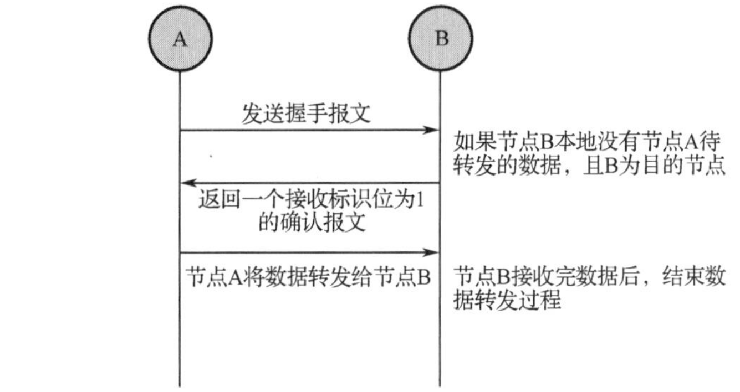

图 6.26　节点 A 转发感知数据并且节点 B 是目标节点时的数据移交协议过程

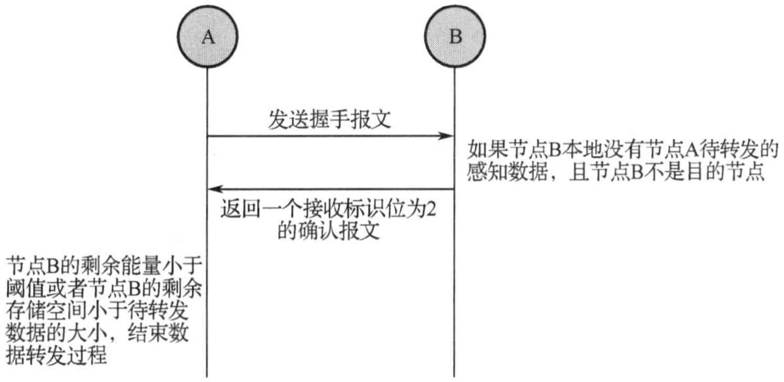

图 6.27　节点 A 转发感知数据、节点 B 不是目标节点并且节点 B 的剩余能量小于阈值或者剩余存储空间小于待转发数据大小时的数据移交协议过程

如果节点 B 的剩余能量不小于阈值且节点 B 的剩余存储空间不小于待转发的数据大小，则进一步判断节点 A 是否处于低电量状态。若节点 A 处于低电量状态，则立即将数据转发给节点 B。此时的数据移交协议过程如图 6.28 所示。

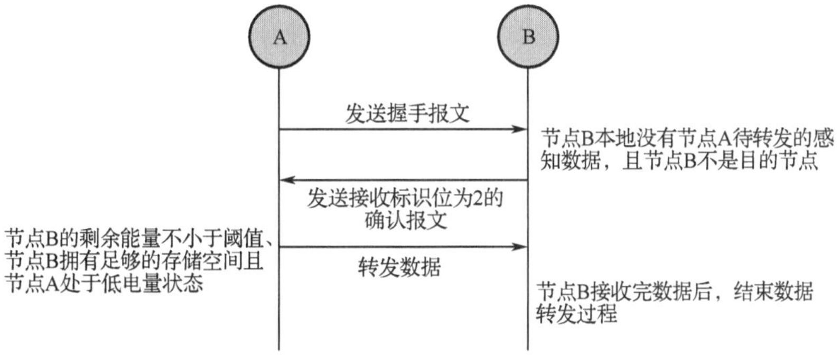

图 6.28　节点 A 转发感知数据、节点 B 不是目标节点、节点 B 的剩余能量不小于阈值、节点 B 有足够的存储空间并且节点 A 处于低电量状态时的数据移交协议过程

如果节点 A 不处于低电量状态，则需要进一步计算节点 A 的性能值和节点 B 的性能值。如果节点 A 的性能值小于节点 B 的性能值，那么节点 A 将数据转发给节点 B，此时的数据移

交协议过程如图 6.29 所示；否则结束数据转发过程，此时的数据移交协议过程如图 6.30 所示。

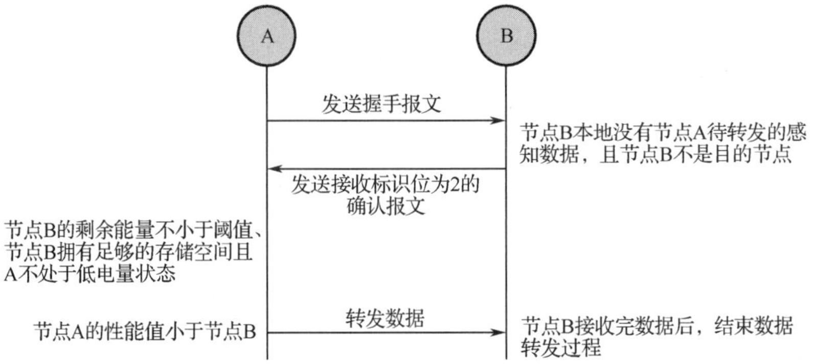

图 6.29 节点 A 转发感知数据、节点 B 不是目标节点、节点 B 的剩余能量不小于阈值、节点 B 有足够的存储空间、节点 A 不处于低电量状态并且节点 A 的性能值小于节点 B 的性能值时的数据移交协议过程

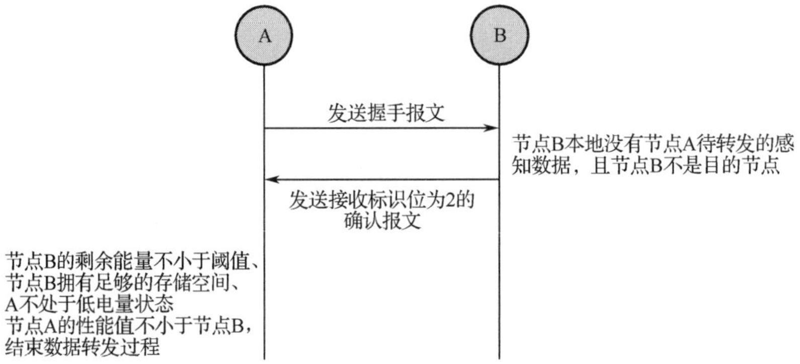

图 6.30 节点 A 转发感知数据、节点 B 不是目标节点、节点 B 的剩余能量不小于阈值、节点 B 有足够的存储空间、节点 A 不处于低电量状态并且节点 A 的性能值不小于节点 B 的性能值时的数据移交协议过程

2）工作数据

如果节点 A 转发的是工作数据，就需要计算并比较节点 A、节点 B 的属性值以及性能值。如果节点 B 的剩余能量小于阈值或者剩余存储空间小于待转发数据的大小，则结束数据转发过程。此时的数据移交协议过程如图 6.31 所示。

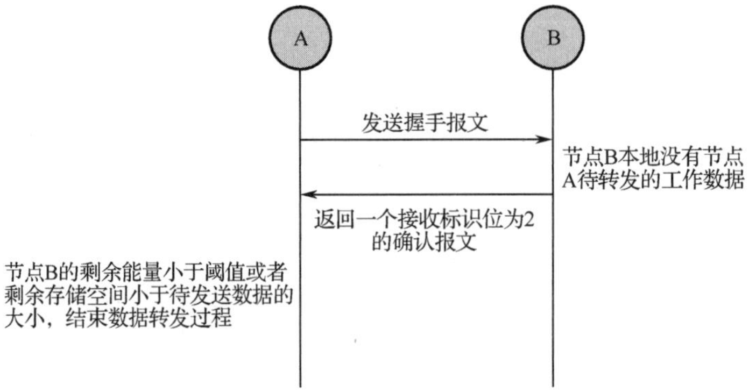

图 6.31 节点 A 转发工作数据、节点 B 的剩余能量小于阈值或者剩余存储空间小于待转发数据大小时的数据移交协议过程

如果节点 B 的剩余能量大于阈值且拥有足够的存储空间，则需要进一步判断节点 A 是否处于低电量状态。如果节点 A 处于低电量状态，那么节点 A 将数据转发给节点 B。此时的数据移交协议过程如图 6.32 所示。

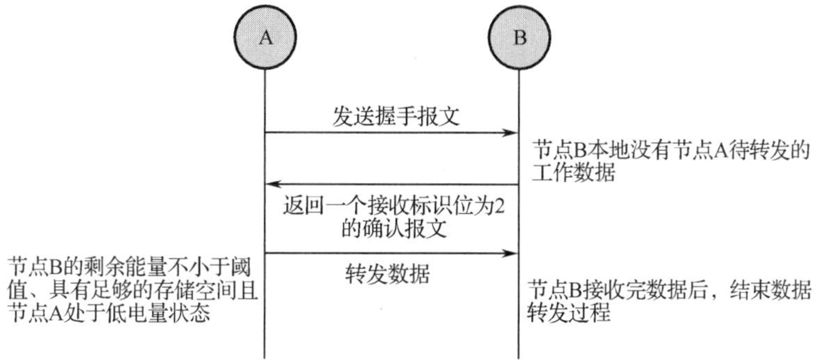

图 6.32　节点 A 转发工作数据、节点 B 的剩余能量大于阈值、具有足够的存储空间并且节点 A 处于低电量状态时的数据移交协议过程

如果节点 A 不处于低电量状态，那么需要进一步比较节点 A 和节点 B 的性能值。如果节点 A 的性能值小于节点 B，则节点 A 将数据转发给节点 B，此时的数据移交协议过程如图 6.33 所示；如果节点 A 的性能值不小于节点 B，那么节点 A 不转发数据，结束数据转发过程，此时的数据移交协议过程如图 6.34 所示。

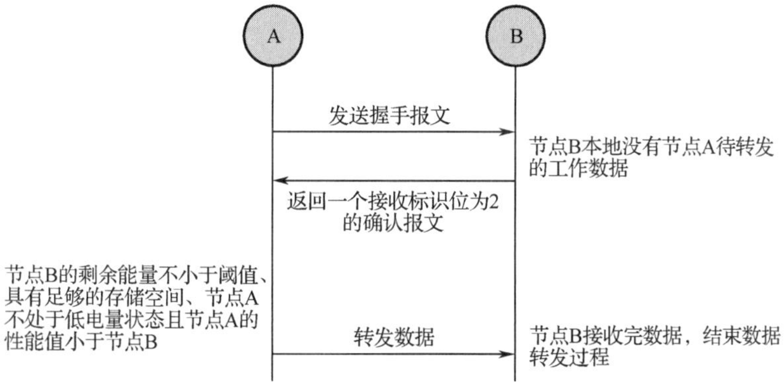

图 6.33　节点 A 转发工作数据、节点 B 不是目标节点、节点 B 的剩余能量大于阈值、节点 B 有足够的存储空间、节点 A 不处于低电量状态并且节点 A 的性能值小于节点 B 的性能值时的数据移交协议过程

3）搜救数据

如果节点 A 转发的是搜救数据，则需要进一步判断节点 B 的剩余能量是否小于阈值，以及剩余存储空间是否小于待转发的数据大小。如果节点 B 的剩余能量小于阈值，或者剩余存储空间小于待转发的数据大小，则结束数据转发，此时的数据移交协议过程如图 6.35 所示；否则节点 A 将数据转发给节点 B，此时的数据移交协议过程如图 6.36 所示。

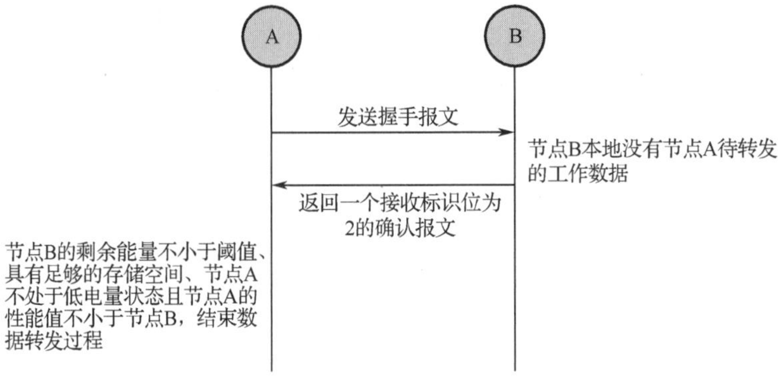

图 6.34　节点 A 转发工作数据、节点 B 不是目标节点、节点 B 的剩余能量大于阈值、节点 B 有足够的存储空间、节点 A 不处于低电量状态并且节点 A 的性能值不小于节点 B 的性能值时的数据移交协议过程

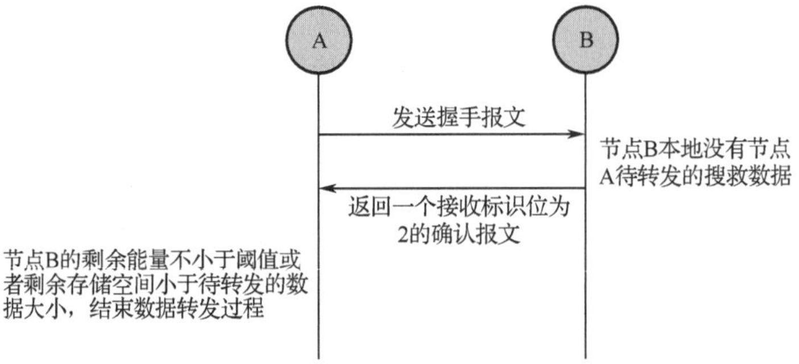

图 6.35　节点 A 转发的是搜救数据、节点 B 的剩余能量小于阈值或者剩余存储空间小于待转发的数据大小时的数据移交协议过程

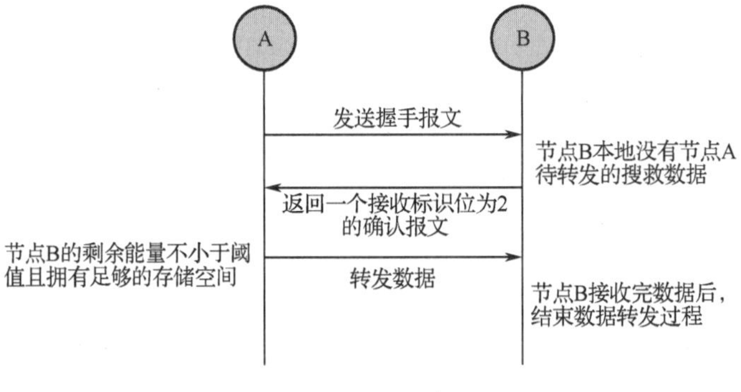

图 6.36　节点 A 转发的是搜救数据、节点 B 的剩余能量不小于阈值且剩余存储空间不小于待转发的数据大小时的数据移交协议过程

以上是 3 种不同类型数据的移交协议过程。基于移动机会网络数据移交协议的过程如图 6.37 所示。

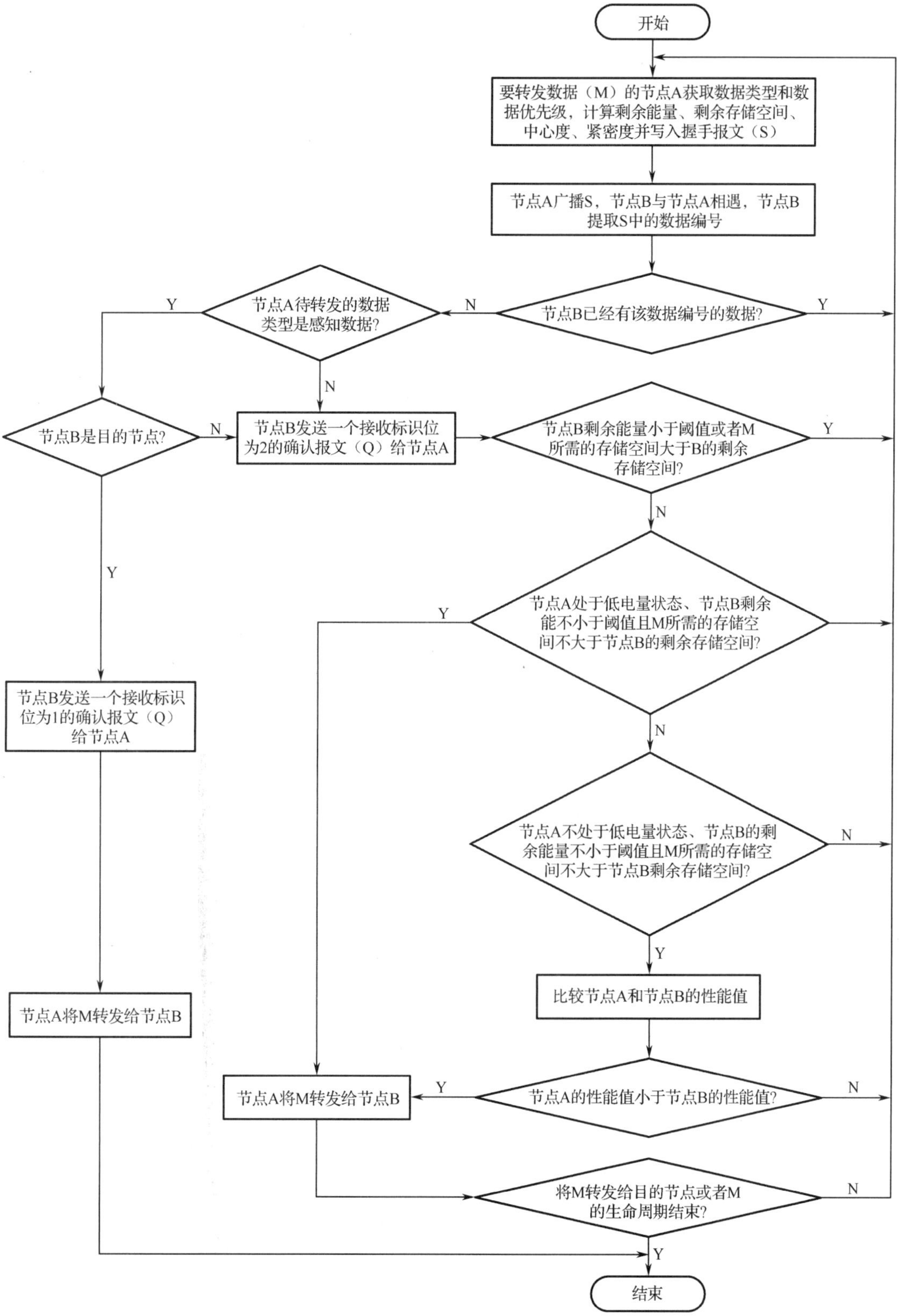

图 6.37　基于移动机会网络数据移交协议的过程

6.6 基于移动概要的灾害现场数据机会移交协议

6.6.1 TMP 协议的研究内容、方案和特点

1. TMP 协议的研究内容

本节主要研究一种基于移动概要的灾害现场数据机会移交协议——TMP（Terminal Monitor Program）协议。针对灾害现场中搜救人员移动行为具有规律性，以及移动设备电量和存储空间受限的特点，TMP 协议首先通过灾害现场移动机会网络中节点的移动行为，得到可以代表节点移动行为的移动概要；然后利用移动概要和剩余能量、空间参数相结合的方式，对不同紧急程度（优先级）的数据采用不同的数据移交模式。TMP 协议可以增加分组的投递率、降低转发的次数、避免出现负载不均匀，该协议对数据进行分类处理，可满足实际应用的需求。

2. TMP 协议的方案

TMP 协议通过节点的行为偏好关联矩阵来表示移动节点的行为，如图 6.38 所示。

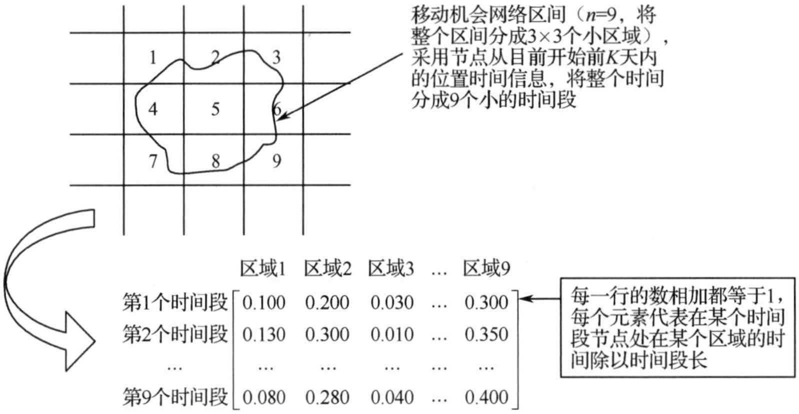

图 6.38　行为偏好关联矩阵

图 6.38 将整个移动机会网络区间分成 n 个小区域，同样将时间（前 K 天）也分成 n 个时间段，将节点在前 K 天的位置时间信息统计成百分比并绘制成矩阵。矩阵的行表示从第 1 到第 n 个时间段，矩阵的列表示从第 1 到第 n 个区域，第 i 行、第 j 列的元素表示在第 i 个时间段内节点在第 j 个区域所待的时间占比。例如，时间段为 9:00～12:00，节点在区域 j 呆了 1.5 小时，则元素值为 1.5/3=0.5。

节点的移动概要 MP 的定义是：对行为偏好关联矩阵 $\boldsymbol{M}$ 进行奇异值分解，奇异值分解公式为 $\boldsymbol{M}=\boldsymbol{U\Sigma V}^*$；特征行为向量 $\boldsymbol{v}$ 给出了原始矩阵 $\boldsymbol{M}$ 的重要趋势，$v_1,v_2,\cdots,v_{\mathrm{rank}(\boldsymbol{M})}$ 可以从矩阵中获得；相对应的奇异值 $\sigma_1,\sigma_2,\cdots,\sigma_{\mathrm{rank}(\boldsymbol{M})}$ 可以从矩阵的对角线上获得；向量 $\boldsymbol{w}$ 为移动概要，即：

$$w_i = \frac{\sigma_i^2}{\sum_{j=1}^{\mathrm{rank}(\boldsymbol{M})} \sigma_j^2} \tag{6-8}$$

两个关联矩阵 $\boldsymbol{A}$ 和 $\boldsymbol{B}$ 之间的相似性度量是基于它们的移动概要来定义的，向量 $\boldsymbol{a}_i$ 和向量 $\boldsymbol{b}_j$ 还有相应的权值，定义为：

$$\mathrm{Sim}[\mathrm{MP}(\boldsymbol{A}),\ \mathrm{MP}(\boldsymbol{B})] = \sum_{i=1}^{\mathrm{rank}(\boldsymbol{A})} \sum_{j=1}^{\mathrm{rank}(\boldsymbol{B})} W_{\boldsymbol{a}_i} W_{\boldsymbol{b}_j} |\boldsymbol{a}_i \cdot \boldsymbol{b}_j| \tag{6-9}$$

式（6-9）在本质上是两组特征行为向量的加权余弦相似性度量。

通过对节点的移动概要进行数学建模，可设计基于移动概要的数据移交协议，并在 Android 平台实现该数据移交协议。

3. TMP 协议的特点

TMP 协议通过灾害现场移动机会网络中节点的移动行为，得到了表示节点移动行为的移动概要，采用移动概要和剩余能量、空间参数相结合的方式，实现了高效、轻量化、通用的数据转发。

移动概要的特点是节点的一个内在属性和有效表示，只需要用短时间节点的位置时间信息得到的移动概要就能较好地代表节点的移动行为。移动概要把节点映射到了一个行为空间，移动概要的相似性决定了节点在行为空间中的距离，并且可以通过节点之间的相似性度量来合理地预测节点未来的相似性。

6.6.2　TMP 协议的数据移交模式

根据灾害现场数据紧急程度的不同，TMP 协议设计了 4 种数据移交模式：

- Emergency 模式：也称为 TMP-E 模式或 E 模式，该模式可以最快地把数据转发到指定移动概要的节点。
- Pressing 模式：也称为 TMP-P 模式或 P 模式，该模式可在最大程度上节约资源的情况下把数据转发到指定移动概要的节点。
- Urgent 模式：也称为 TMP-U 模式或 U 模式，该模式可在尽量节约资源的情况下尽快地把数据转发到指定移动概要的节点。
- Dissemination 模式：也称为 TMP-D 模式或 D 模式，该模式可将数据均匀地分散传播到行为空间中的各个节点，减小传输和存储的数据副本数量，使得大多数接收端快速地得到一个数据副本。

1. E 模式的数据转发过程

在实际情况中，灾害现场移动机会网络中的节点会遇到以下情况：需要将一个特别紧急的数据尽快发送出去，此时不考虑传输开销仅需要保证最小传输时延即可。在已有的一些路由算法中，Vahdat 等人提出的 Epidemic 算法比较适合这种情况。文献[76]详细介绍了 Epidemic 算法，给出了实现 Epidemic 算法的 3 个目标（最大传输成功率、最小网络资源消耗和最小传输时延）需要的特定场景。在多数的场景下，过度洪泛会导致路由算法的性能显著下降。

本节提出的 E 模式适合紧急数据的转发。在 E 模式中，为了保证紧急数据能够尽快地转发到目标节点，源节点向每个遇到的合格节点都转发一个数据副本，数据副本能迅速在网络中转发，因此可以保证最小的传输时延。为了判断合格节点，E 模式设置了两个剩余能量和剩余存储空间的阈值，即 $t_1(e_1,m_1)$和 $t_2(e_2,m_2)$，$t_1(e_1,m_1)$为低阈值，$t_2(e_2,m_2)$为高阈值。

设置低阈值的目的是给移动机会网络中参与此紧急数据转发的节点设置一个“门槛”，只有当节点的剩余能量和剩余存储空间都不小于 $t_1(e_1,m_1)$时，该节点才有“资格”参与紧急数据的转发，才能看成一个合格节点。当一个节点的剩余能量相当低时，即使向该节点转发数据副本，它也很有可能在遇到下一个节点之前就关闭；当一个节点的剩余存储空间很小时，该节点根本不足以接收数据副本，或者接收数据副本后会因为剩余存储空间极低而导致该节点无法维持正常的运作。如果节点的剩余能量和剩余存储空间小于 $t_1(e_1,m_1)$，则应该将该节点排除在合格节点之外，即该节点不参与数据的转发，这反而会降低时延和开销。

每个数据都有一定的 TTL，为了防止数据在转到目标节点之前由于超过 TTL 而被丢弃，E 模式设置了一个 token。token 是一个数据保留权，设置了 token 的节点将一直保留数据并参与数据转发，直到失去 token 为止。因此，E 模式还设置了剩余能量和剩余存储空间的 $t_2(e_2,m_2)$来挑选有资格设置 token 的节点，当设置了 token 的节点遇到的节点的剩余能量和剩余存储空间都不小于 $t_2(e_2,m_2)$时，设置了 token 的节点在转发数据副本的同时也会将 token 转发给遇到的节点，从而可以保证数据在转发到目标节点之前不会因为超过 TTL 而被丢弃。通过设置 $t_1(e_1,m_1)$和 $t_2(e_2,m_2)$，E 模式使数据的转发既可以达到最小传输时延，又可以减小不必要的开销。

假设节点 A（设置了 token）携带有紧急数据，需要采用 E 模式，节点 A 设置了 $t_1(e_1,m_1)$、$t_2(e_2,m_2)$和数据编号，节点 A 在移动机会网络中移动遇到了节点 B，节点 B 的剩余能量和剩余存储空间数值为 e_B和 m_B。下面分 4 种情况来讨论 E 模式的数据转发过程。

情况 1：节点 B 本地已经携带相同数据编号的数据。情况 1 的 E 模式数据转发过程如图 6.39 所示。

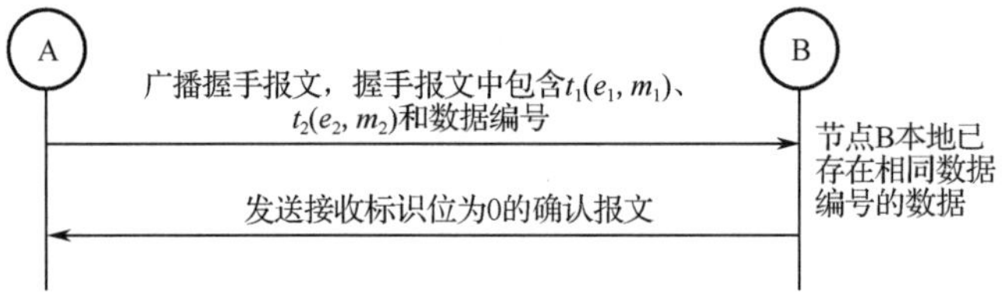

图 6.39　情况 1 的 E 模式数据转发过程

节点 A 广播握手报文，握手报文中包含 $t_1(e_1,m_1)$、$t_2(e_2,m_2)$和数据编号。当节点 B 与节点 A 相遇时（节点 B 进入节点 A 的通信范围内并接收节点 A 发送的握手报文），节点 B 提取握手报文中的数据编号。如果节点 B 本地已存在相同数据编号的数据，则向节点 A 发送接收标识位为 0 的确认报文（确认报文中的接收标识位为 0 表示不接收数据，确认报文中的接收标识位为 1 表示准备接收数据，确认报文中的接收标识位为 2 表示准备接收数据并保留数据权限），以此来告知节点 A 不需要转发数据给节点 B。当节点 A 接收到接收标识位为 0 的确认报文时，不将数据转发给节点 B，结束数据转发过程。节点 A 和节点 B 继续移动并按照 E 模式转发该数据编号的数据。

情况 2：节点 B 本地不存在指定数据编号的数据，节点 B 的剩余能量或者剩余存储空间小于 $t_1(e_1,m_1)$。情况 2 的 E 模式数据转发过程如图 6.40 所示。

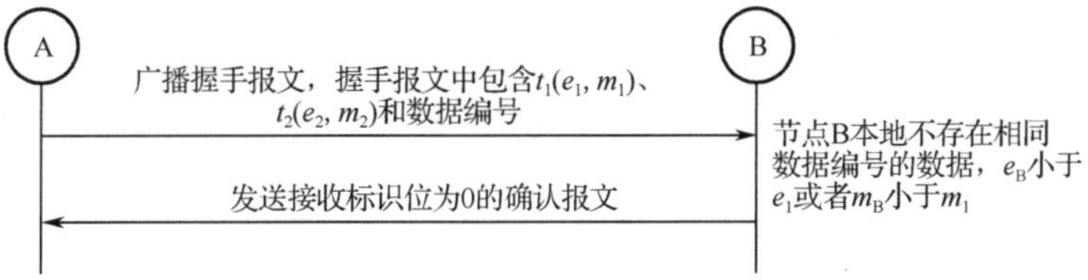

图 6.40　情况 2 的 E 模式数据转发过程

节点 A 广播握手报文，握手报文中包含 $t_1(e_1,m_1)$、$t_2(e_2,m_2)$和数据编号。当节点 B 与节点 A 相遇时，节点 B 提取握手报文中的数据编号。如果节点 B 本地不存在该数据编号的数据，则节点 B 继续提取握手报文中的 $t_1(e_1,m_1)$、$t_2(e_2,m_2)$，并与自身的剩余能量和剩余存储空间进行比较。如果剩余能量或剩余存储空间小于 $t_1(e_1,m_1)$，则向节点 A 发送接收标识位为 0 的确认报文，以此来告知节点 A 不需要转发数据给节点 B。当节点 A 接收到接收标识位为 0 的确认报文时，不将数据转发给节点 B，结束数据转发过程。节点 A 和节点 B 继续移动并按照 E 模式转发该数据编号的数据。

情况 3：节点 B 本地不存在指定数据编号的数据，节点 B 的剩余能量或者剩余存储空间不小于 $t_1(e_1,m_1)$，但小于 $t_2(e_2,m_2)$。情况 3 的 E 模式数据转发过程如图 6.41 所示。

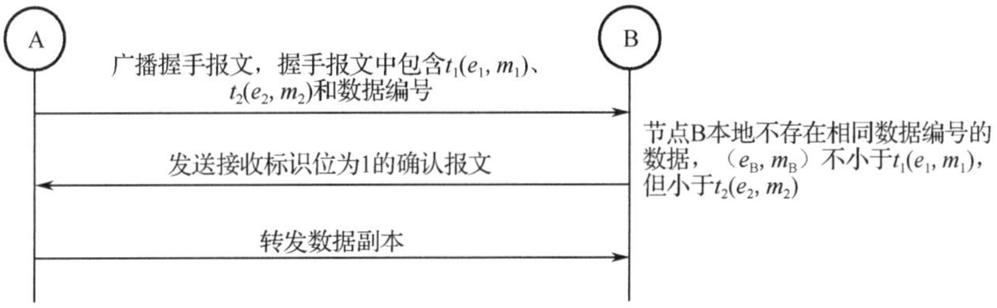

图 6.41　情况 3 的 E 模式数据转发过程

节点 A 广播握手报文，握手报文中包含 $t_1(e_1,m_1)$、$t_2(e_2,m_2)$和数据编号。当节点 B 与节点 A 相遇时，节点 B 提取握手报文中的数据编号。如果节点 B 本地不存在该数据编号的数据，则节点 B 继续提取握手报文中的 $t_1(e_1,m_1)$、$t_2(e_2,m_2)$，并与自身的剩余能量和剩余存储空间进行比较。如果剩余能量或剩余存储空间不小于 $t_1(e_1,m_1)$但小于 $t_2(e_2,m_2)$，则向节点 A 发送接收标识位为 1 的确认报文。当节点 A 接收到接收标识位为 1 的确认报文时，将数据转发给节点 B，结束数据转发过程。节点 A 和节点 B 继续移动并按照 E 模式转发该数据编号的数据。

情况 4：节点 B 本地不存在指定数据编号的数据，节点 B 的剩余能量或者剩余存储空间不小于 $t_2(e_2,m_2)$。情况 4 的 E 模式数据转发过程如图 6.42 所示。

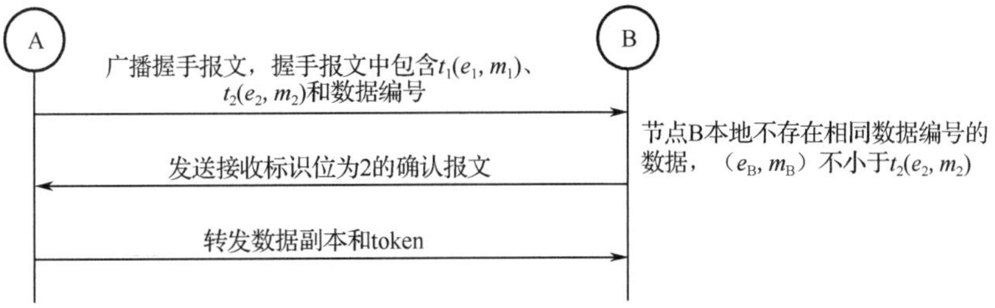

图 6.42　情况 4 的 E 模式数据转发过程

节点 A 广播握手报文，握手报文中包含 $t_1(e_1,m_1)$、$t_2(e_2,m_2)$和数据编号。当节点 B 与节点 A 相遇时，节点 B 提取握手报文中的数据编号。如果节点 B 本地不存在该数据编号的数据，则节点 B 继续提取握手报文中的 $t_1(e_1,m_1)$、$t_2(e_2,m_2)$，并与自身的剩余能量和剩余存储空间进行比较。如果剩余能量或剩余存储空间不小于 $t_2(e_2,m_2)$，则向节点 A 发送接收标识位为 2 的确认报文。当节点 A 接收到接收标识位为 2 的确认报文时，在将数据转发给节点 B 的同时也将 token 转发给节点 B，结束数据转发过程。节点 A 和节点 B 继续移动并按照 E 模式转发该数据编号的数据。

根据 E 模式特点，假设：①每个节点的社交广度为 H（在移动机会网络中，节点的社交广度是指与该节点直接相遇的其他节点个数）；②假定节点以随机路点（Random Way Point，RWP）的方式移动。当移动机会网络区域为 $E\times E$，且所有的节点服从独立同分布时，可得到 E 模式的转发树[77]，如图 6.43 所示。

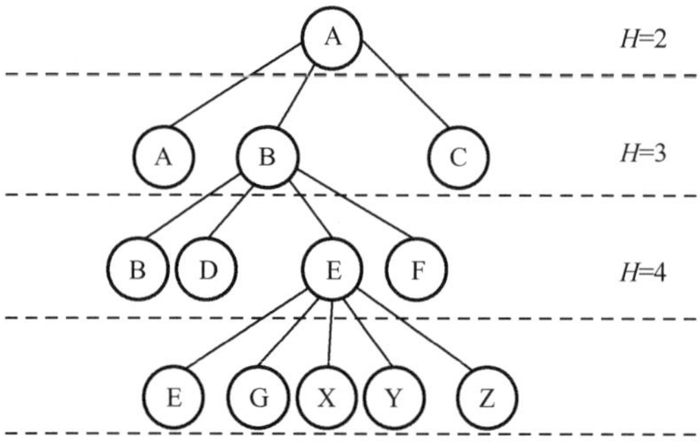

图 6.43　E 模式的转发树

从图 6.43 中可以看出，节点 A 的转发树高度为节点 A 的社交广度，采用文献[77]的直接传输路由方式时，平均传输时延为：

$$T_{\mathrm{EM}}=\frac{\dfrac{E}{2rL}\times(T+T_{\mathrm{stop}})}{\dfrac{T}{T+T_{\mathrm{stop}}}\times 1.75+2\left(1-\dfrac{T}{T+T_{\mathrm{stop}}}\right)} \tag{6-10}$$

式中：L 是采用 RWP 方式时每次移动的平均步长；T 是每次移动的平均时间，T 等于平均步长除以平均移动速度；T_{stop} 是两次移动之间的等待时间。

由此可以得到，当采用 E 模式进行数据转发时，网络中的数据副本数量最多为 2^H 个，达到最大数据副本数量所需的时间为 $2^H\times T_{\mathrm{EM}}$。这两个数值是在理想情况下得到的，可以在实际情况中作为参考。

E 模式的数据转发过程如图 6.44 所示。

2．P 模式的数据转发过程

在实际情况中，也会遇到这种情况：需要转发的数据并不紧急，这时应尽量降低传输开销。在降低开销方面，经典的 Label 算法[77]仅将数据副本转发给目标节点所在社区节点，从而实现了超低的开销。但经典的 Label 算法针对的是联系相对紧密的同一社区节点，而不是针对移动节点的。对于移动机会网络中具有规律移动特征的节点之间的数据转发，经典的

Label 算法起不到较好的效果。P 模式是基于节点的移动概要来进行数据转发的，大大减少了移动机会网络中数据转发的开销。

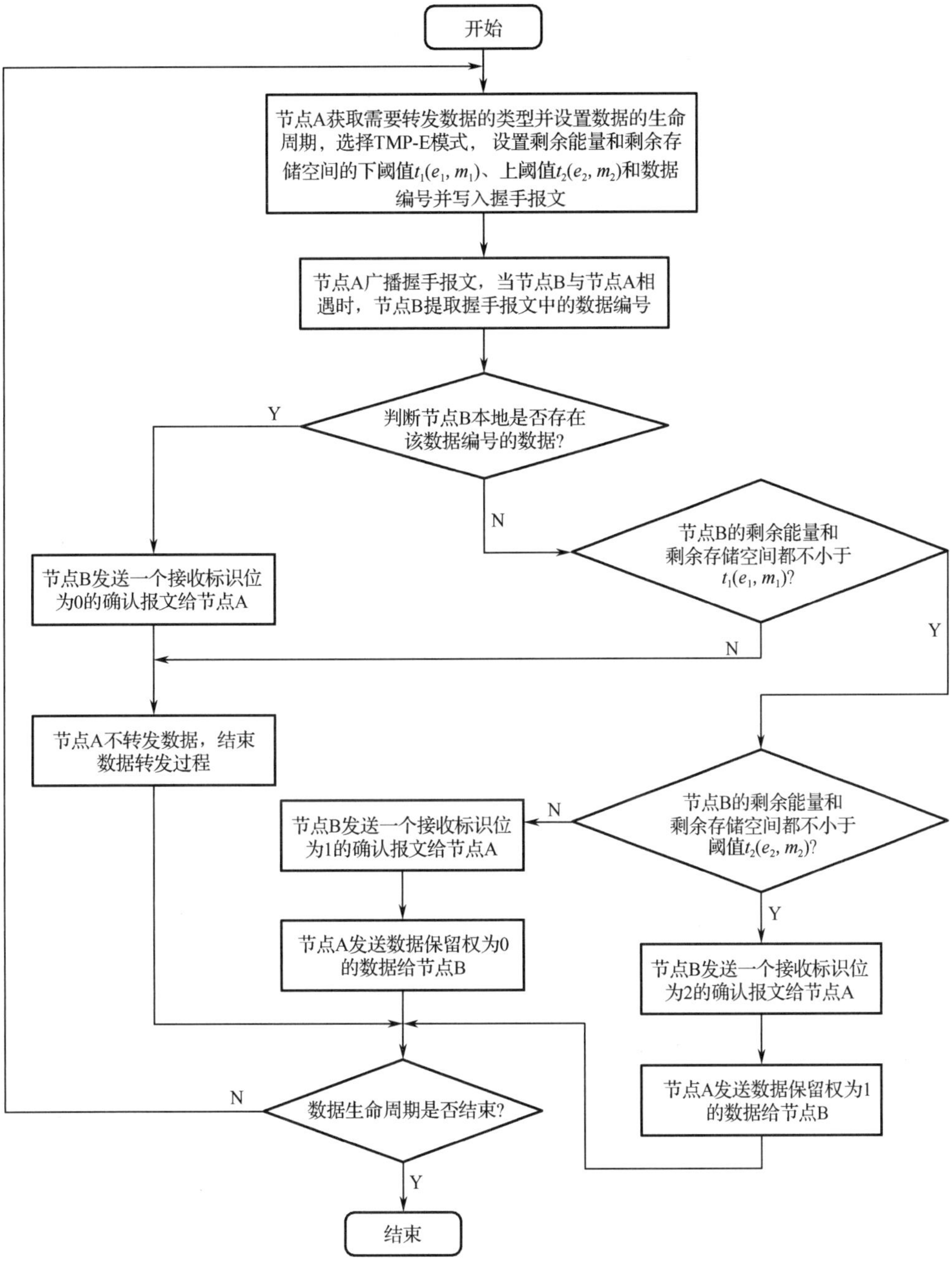

图 6.44　E 模式的数据转发过程

在 P 模式中，需要设置目标节点的移动概要 T_p（简称目标概要，用于表示目标节点的移动特征），以及相似性度量阈值 MAXsim。当一个节点的移动概要和 T_p 的相似性度量大于 MAXsim 时，该节点就是一个目标节点。P 模式分为两个阶段，即梯度上升阶段和群传播阶段。在梯度上升阶段，节点只转发数据但不保留数据，并且只沿着相似性度量增加的方向转发数据；在群传播阶段，参与数据转发的节点都是目标节点，在进行数据转发的同时并不会删除自身携带的数据。

P 模式的两个阶段如图 6.45 所示。

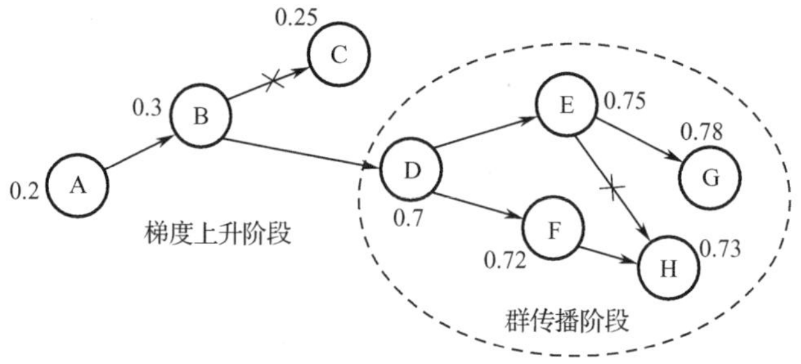

图 6.45　P 模式的两个阶段

在梯度上升阶段，节点 A 的移动概要与 T_p 的相似性度量为 0.2，当遇见移动概要与 T_p 相似性度量为 0.3 的节点 B 时，由于 0.3>0.2，因此节点 A 先将数据转发给节点 B，再删除自身携带的数据，不再参与数据的转发。节点 B 在移动过程中遇到了移动概要与 T_p 相似性度量为 0.25 的节点 C，由于 0.25<0.3，节点 C 不符合要求，因此节点 B 不会将数据转发给节点 C。节点 B 继续移动又遇到了节点 D，节点 D 的移动概要与 T_p 的相似性度量为 0.7，由于 0.7>0.3，因此节点 B 将数据转发给节点 D（节点 B 删除自身携带的数据，不再参与数据的转发）。在梯度上升阶段，所有节点的移动概要与 T_p 的相似性度量都小于 MAXsim，每个节点在转发数据后都会删除自身携带的数据，不再参与数据转发。

在群传播阶段中，所有节点的移动概要与 T_p 的相似性度量（TH）都大于或等于 MAXsim，每个节点都是目标节点，节点在转发数据后不会删除自身携带的数据。需要注意的是，群传播阶段的每个节点仍然只向移动概要与 T_p 相似性度量大于自己的节点转发数据，如图 6.45 中的节点 E 不可以把数据转发给节点 H。尽管从移动概要与 T_p 相似性度量来看，节点 H 确实是一个目标节点，但由于 0.75>0.73，所以节点 E 不会把数据转发给节点 H。不过这并不表示节点 H 无法获得待转发的数据，从图 6.45 中可以看到，节点 F 可以向节点 H 转发数据，因为节点 F 的移动概要与 T_p 的相似性度量为 0.72，小于 0.73。实际上，群传播阶段也用到了梯度上升阶段的“上升”特性，两个阶段的不同之处是节点在转发数据后是否删除数据。在采用 P 模式进行数据转发时，存在目标节点，数据本身与梯度上升阶段的节点并没有直接的关系，梯度上升阶段的节点仅用于帮助数据的转发。将 P 模式分为两个阶段的目的是降低开销，尤其是当源节点与目标节点在行为空间中的距离很大时。

P 模式的优点就是可以通过设置不同的 T_p 和 MAXsim 来将数据转发到不同移动特征的节点。由前文可知，移动概要是通过一个行为偏好关联矩阵得到的，节点的行为偏好关联矩阵直观地表示了该节点在以前某段时间之内的移动特征。当想要把数据转发到经常在某个区域活动的节点时，可以在行为偏好关联矩阵中将该区域对应列的值都设置为 1，得到的移动概要就是只在该区域活动的节点移动概要，这就是待转发数据的目标概要 T_p。同理，当想要把数据转发给经常在某两个区域活动的节点时，可以在行为偏好关联矩阵中将这两个区域对应列的值都设置为 0.5，得到的移动概要就是只在这两个区域活动节点的移动概要。以此类推，可以将数据转发到经常在多个区域活动的节点。需要注意的是，指定目标节点的活动区域越少，数据移交的效果就越好。

仅通过 T_p 来约束目标节点的方法太过“苛刻”，因为移动概要仅概括了单个节点的近似移动特征。在移动机会网络中，移动情况相似的节点的移动概要是不可能一模一样的（除非两个节点结伴而行，此时这两个节点的移动情况一模一样），因此 P 模式通过设置 MAXsim 来放大目标节点的范围。MAXsim 的取值范围为 0～1，例如当 MAXsim 为 0.8 时，表示移动概要与 T_p 的相似性度量超过 0.8 的节点就是目标节点。通过设置 T_p 和 MAXsim，既可以提高数据移交的成功率，也可以使 P 模式更加灵活、多样。

P 模式的数据转发过程如图 6.46 所示。

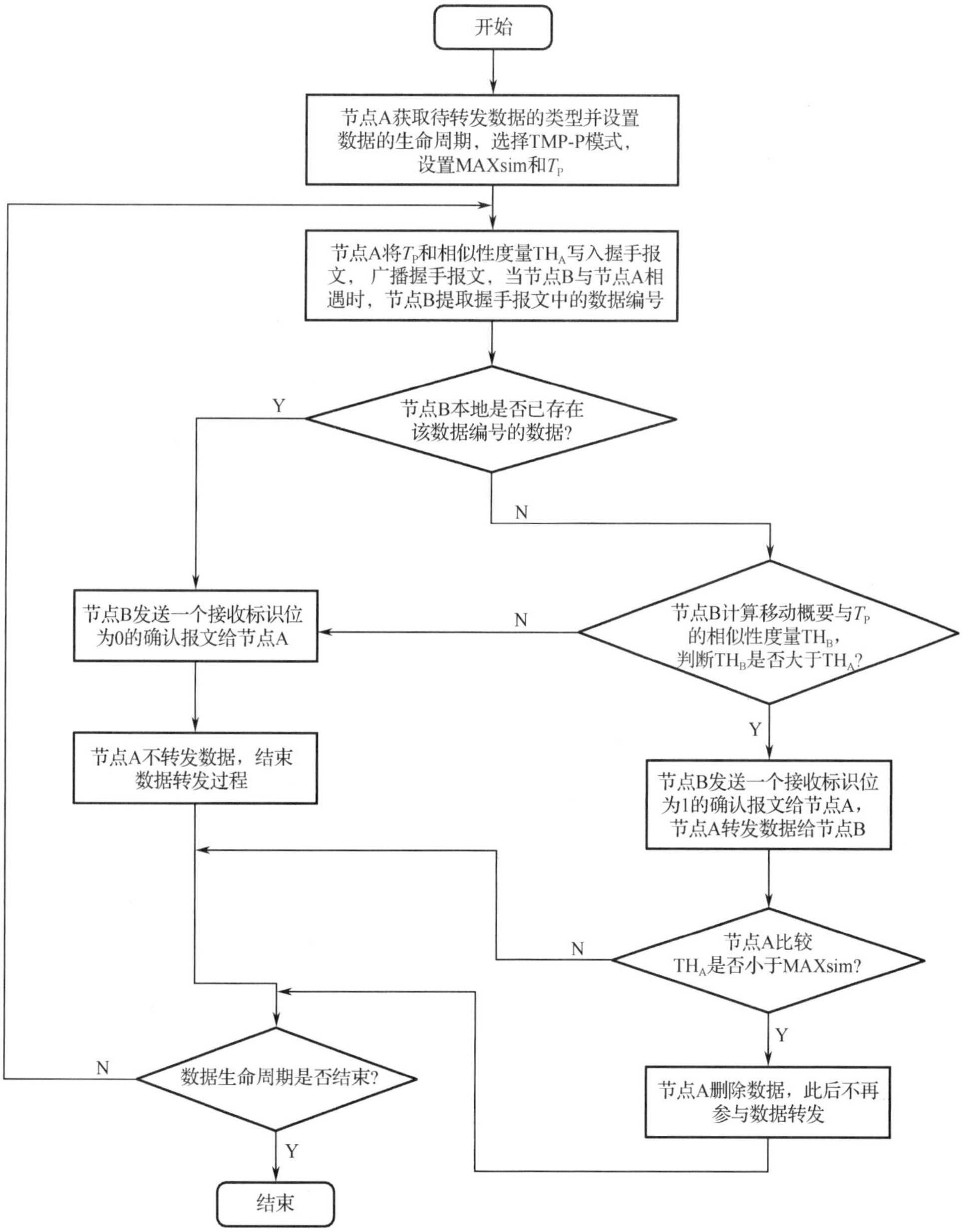

图 6.46　P 模式的数据转发过程

3. U 模式的数据转发过程

从前文介绍的 E 模式和 P 模式可以看出，TMP 协议对最小时延和最小开销这两种情况都有涵盖。但在实际情况中，常常需要平衡时延和开销，希望在这两个方面都做到相对最小，这也是 U 模式的特点。

U 模式对 E 模式和 P 模式进行了综合，先采用 E 模式在移动机会网络中迅速扩散数据；当移动机会网络中的数据副本数量达到一定的值后，每个携带数据的节点都将作为源节点，再采用 P 模式以最小开销来转发数据，直到数据被转发到目标节点群为止。E 模式和 P 模式的内容在前文已经详细介绍过了，在介绍 U 模式时不再介绍重复的内容，仅介绍新增的不同点。

因此，在 U 模式中，不仅需要设置 $t_1(e_1,m_1)$、$t_2(e_2,m_2)$、T_p 和 MAXsim，还需要为每个节点设置一个计数器 count 和计数阈值 N。当节点成功转发一个数据副本时，count 值加 1；当 count 值为 N 时，采用 P 模式进行数据转发。

由此可见，通过控制 N 可以决定数据传输的时延和开销。N 值越大，时延越小，开销越大；N 值越小，时延越大，开销越小。当 N 为 0 时，U 模式就变成了 P 模式；当 N 大于或等于移动机会网络中节点的社交广度时，U 模式就变成了 E 模式。因此，可以将 E 模式和 P 模式看成 U 模式的特例。从这个结论也可以看出，TMP 协议并不是简单地将几种在特定情况下性能最优的模式组合到一起的，这几种最优的模式是相互关联的，共同构成了一个整体最优的数据移交协议。

U 模式的数据转发过程如图 6.47 所示。

4. D 模式的数据转发过程

前文介绍的 E 模式、P 模式和 U 模式用于将数据转发到指定特征的节点，E 模式利用群发的方法减小时延，使数据迅速被转发到目标节点。在实际情况中，有时需要将数据转发到网络中。例如，在地震救灾现场，指挥中心通常需要将一份特别大的数据资料转发给救灾队员。为了节约存储空间和减小时延等，结合实际情况，将数据转发给每个区域中的一位救灾队员（如救灾队长）就可以了。D 模式正是适用于这种情况的一种低时延、低消耗的数据移交模式，D 模式的目标是在具有相似移动概要的节点中仅选取一个节点转发数据，即在行为空间的邻域只选择一个节点来转发数据。例如，图 6.48 所示的情况，D 模式根据节点移动情况将整个移动机会网络分为 4 个节点群，每个节点群中的节点的移动情况是相似的，它们在行为空间中的距离很小，只需要选择其中一个节点来转发数据即可。

具体实现方式为：在 D 模式中设置一个移动概要相似性度量阈值 THsim，每个参与转发数据的节点都建立了一个移动概要表格，移动概要表格用来记录已经拥有此数据的节点移动概要，用于控制并删除行为空间相同邻域的重复数据副本。下面通过两种具体的情况来介绍 D 模式。

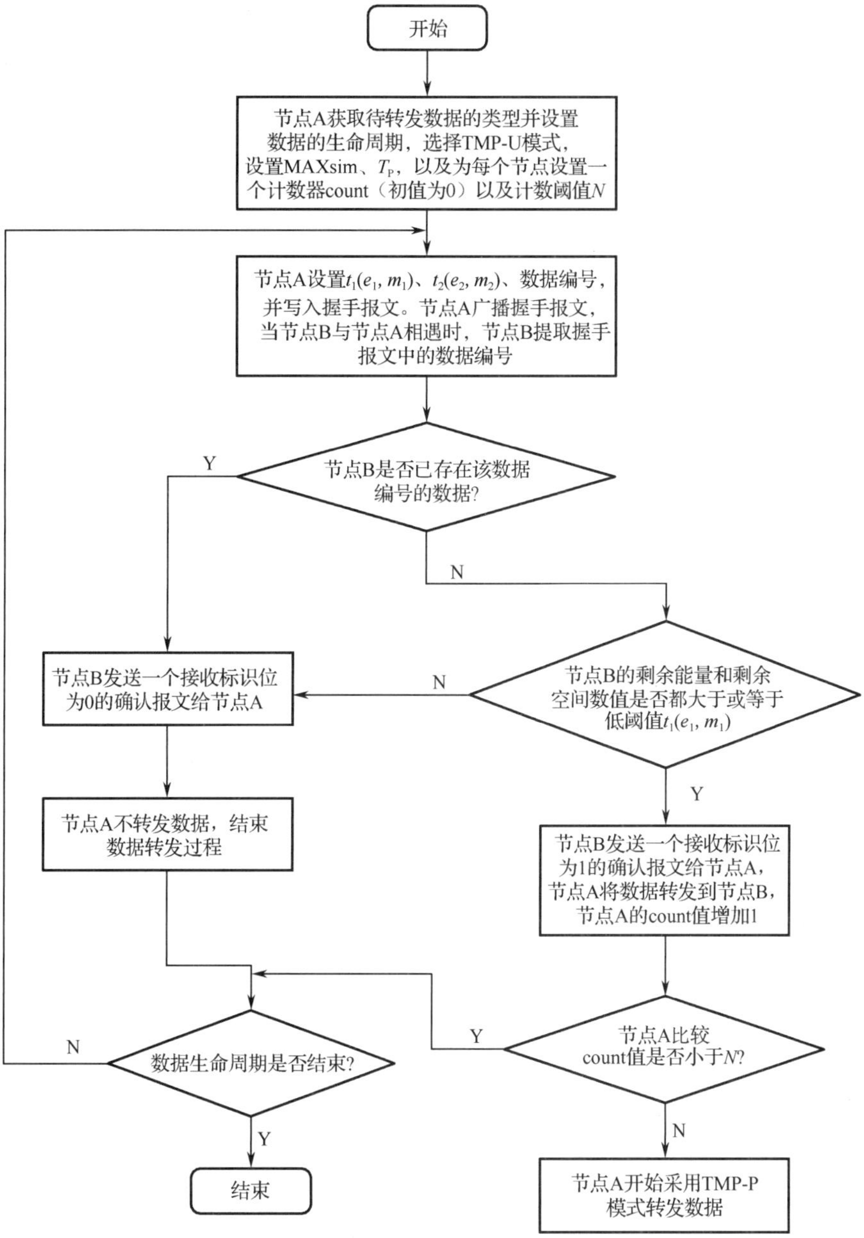

图 6.47　U 模式的数据转发过程

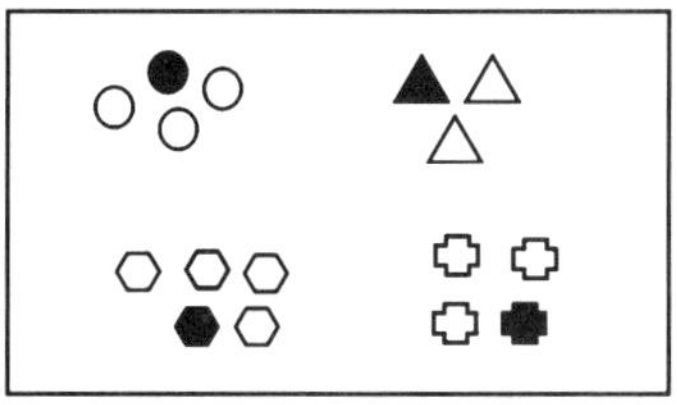

图 6.48　D 模式图示 1

情况 1：当携带数据的节点 A 遇到没有携带该数据的节点 B 时，节点 A 会获取节点 B 的移动概要，并与节点 A 移动概要表格中的每个节点的移动概要进行比较，计算相似性度量。如果节点 B 的移动概要与节点 A 移动概要表格中所有节点的移动概要的相似性度量都小于 THsim，则表示节点 B 与节点 A 移动概要表格中所有携带此数据的节点都不相似（属于不同的移动特征节点群）。这时节点 B 满足转发数据的条件，节点 A 将更新自己的移动概要表格，即把节点 B 的移动概要增加到节点 A 的移动概要表格中，并向节点 B 转发数据，同时将更新后的移动概要表格转发到节点 B，节点 B 将移动概要表格作为自己的移动概要表格。如果节点 B 的移动概要与节点 A 移动概要表格中所有节点的移动概要的相似性度量都不小于 THsim，则表示节点 B 不满足数据转发的条件，节点 A 不会向节点 B 转发数据。

情况 2：当携带数据的节点 A 遇到携带该数据的节点 B 时（两个数据持有者相遇），节点 A 将获取节点 B 的移动概要，并与节点 A 移动概要表格中每个节点的移动概要进行比较，并计算相似性度量。如果节点 B 的移动概要与节点 A 移动概要表格中至少一个节点的移动概要相似性度量大于 THsim，则说明在节点 A 移动概要表格的节点中，至少有一个节点与节点 B 属于同一个移动特征节点群，该移动特征节点群中有不少于一个数据副本。这时节点 A 会向节点 B 发送消息，让节点 B 删除该数据副本，同时也删除节点 B 的移动概要，即节点 B 不再参与数据转发。如果节点 B 的移动概要与节点 A 移动概要表格中的任何一个节点移动概要相似性度量都小于 THsim，则表示节点 B 与节点 A 移动概要表格中所有节点都不属于同一个移动特征节点群，节点 B 不必删除数据，节点 A 和节点 B 继续采用 D 模式参与数据转发。

D 模式设计上述两种不同的情况分别进行处理的原因是可能会出现如图 6.49 所示的情况。

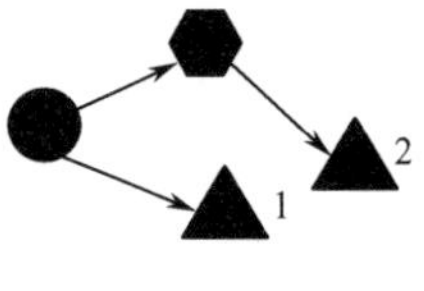

图 6.49　D 模式图示 2

在图 6.49 中，携带数据的圆形节点将数据转发到六边形节点后，圆形节点与六边形节点采用 D 模式转发数据。此后，圆形节点会将数据转发到三角形节点 1，而六边形节点也遇到了和三角形节点 1 属于同一个移动特征节点群的三角形节点 2，由于六边形节点不知道圆形节点已经向三角形节点 1 转发了数据，因此六边形节点也会向三角形节点 2 转发数据，这样就会导致三角形节点所在的移动特征节点群中有两个节点携带数据，造成重复。这种情况在移动机会网络中是无法避免的，因此 D 模式设计了情况 2 的处理方式来避免上述情况的发生。当三角形节点 1 与三角形节点 2 相遇时，其中一个节点会删除自身携带的数据，并不再参与数据转发。三角形节点 1 和三角形节点 2 属于同一个移动特征节点群，它们相遇的概率是很大的。

D 模式的数据转发过程如图 6.50 所示。

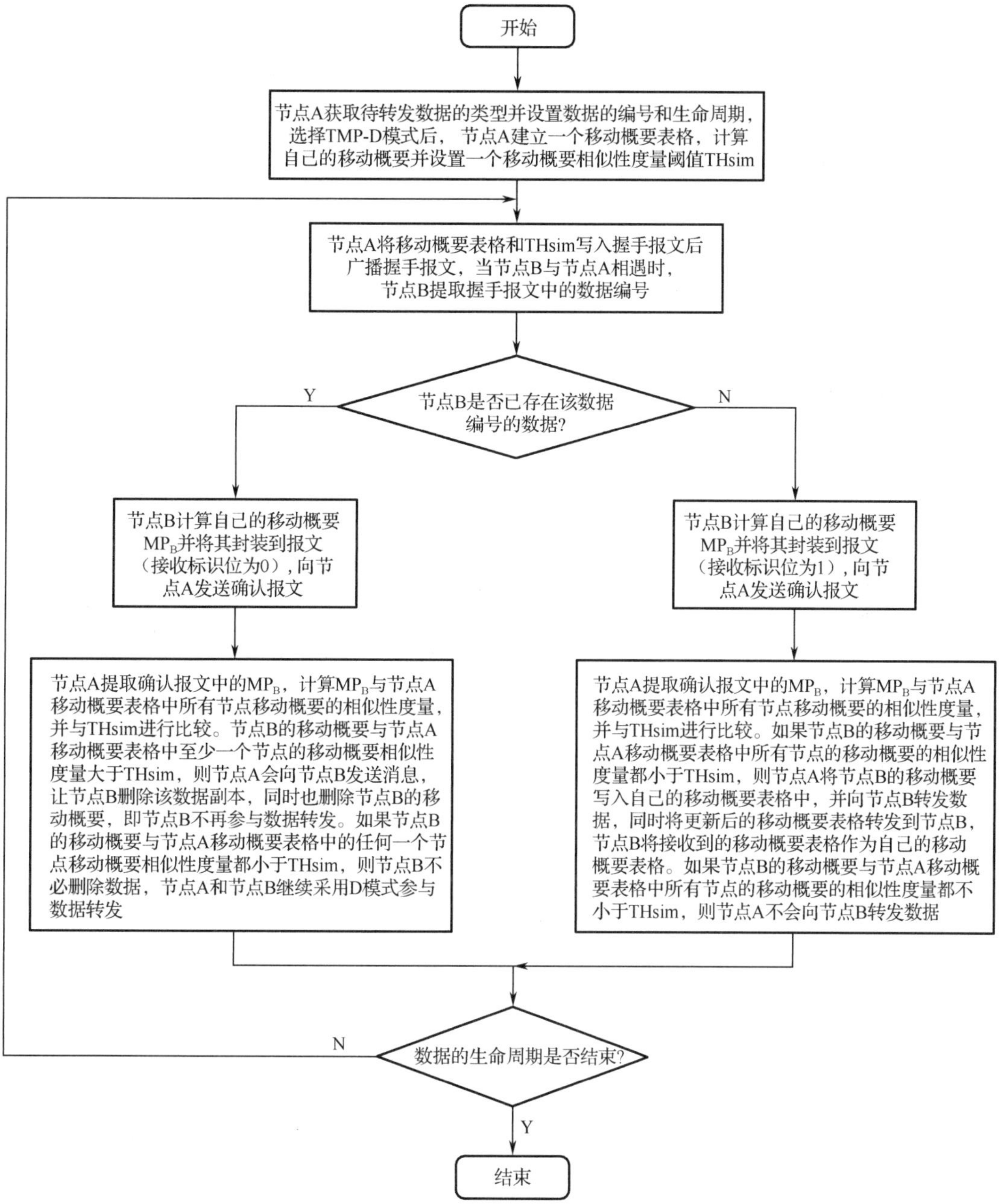

图 6.50　D 模式的数据转发过程

6.6.3　数据移交协议模块的设计与实现

1. 数据移交协议模块的设计

数据移交协议模块包括两种数据移交协议：一种是基于性能的数据移交协议；另一种是基于移动概要的数据移交协议。数据移交协议模块的结构如图 6.51 所示，本节主要介绍基于移动概要的数据移交协议。

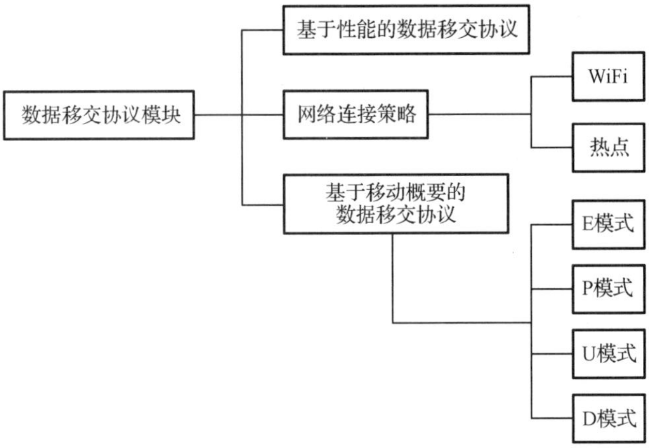

图 6.51　数据移交协议模块的结构

通过图 6.51 可以看出，数据移交协议模块共包括 3 个部分的内容：基于性能的数据移交协议、网络连接策略、基于移动概要的数据移交协议。网络连接策略包括 WiFi 和热点两种连接方式；基于移动概要的数据移交协议包括 4 种模式，分别是 E 模式、P 模式、U 模式、D 模式。

明确了数据移交协议模块的结构后，就可以进行数据移交协议模块的设计了。基于性能的数据移交协议的设计详见 6.5.2 节，网络连接策略和基于移动概要数据移交协议的设计如下。

1）网络连接策略的设计

网络连接策略设计的关键是 NetConnection 类（网络连接策略类）的设计。NetConnection 类的 UML 图如图 6.52 所示。

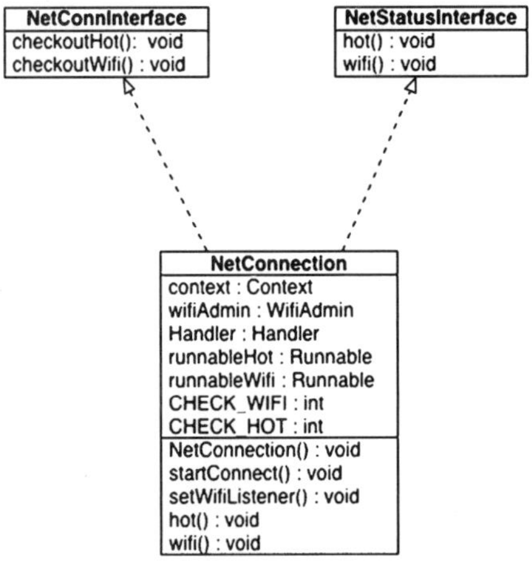

图 6.52　NetConnection 类的 UML 图

由图 6.52 可知，网络连接策略类 NetConnection 定义了两个接口：一个接口是 NetConnInterface，属于内部接口；另一个接口是 NetStatusInterface，属于外部接口。NetConnection 类的核心思想如下：

（1）运行程序得到一个[0, 240]之间的随机数，判断该数除以2的余数的奇偶性。若余数是奇数，则开启热点等待节点接入；若余数是偶数，则开启WiFi开关寻找特定的热点（处于待接入状态）。

（2）若节点A发现可以进行通信的节点B（有两种情况，节点A处于开启热点状态、节点B处于待接入状态，或者节点B处于开启热点状态、节点A处于待接入状态），则两个节点进行通信，通信完成后结束此次通信。

（3）若节点A处于开启热点状态或待接入状态时并没有立即进行通信（数据移交），则先运行程序得到一个[0, 60]之间的随机数，然后根据得到的随机数设定一个定时器，定时器的时间为随机数（单位为s）。若在定时器设定的时间内进行了通信，则定时器失效；若在定时器设定的时间内没有进行通信，则定时器被触发时，切换节点A的状态。

下面根据NetConnection类的核心思想对NetConnection类的设计进行分析。NetConnection()是NetConnection类的构造方法，startConnect()是开启网络连接策略的方法，setWifiListener()是设置WiFi状态监听的方法，hot()方法和wifi()方法是对NetStatusInterface接口的重写。NetStatusInterface接口的作用是在数据移交协议中判断智能设备（如智能手机）是处于WiFi状态还是处于热点状态，当设备处于热点状态时回调hot()方法，当设备处于WiFi状态时回调wifi()方法。NetStatusInterface接口（外部接口）和NetConnInterface接口（内部接口）是由用户实现的回调接口。回调接口是Java中的一个重要的概念。这里通过一个简单的例子来说明回调接口的含义，当顾客去商店购买某种物品时，如果该物品暂时缺货，则售货员会登记顾客的联系方式（如电话号码）。当该物品到货时，售货员会拨打顾客的电话号码告知有货，顾客会重新去商店购买该物品。在这个示例中，顾客的电话号码就是回调函数，售货员登记顾客电话号码的事件称为登记回调函数，物品到货事件称为触发回调关联事件，售货员给顾客打电话的事件称为调用回调函数，顾客重新去商店购买物品的事件称为响应回调事件。NetConnection类内部的WifiAdmin类、Handler类是用户实现、封装或者继承、重写的类，WifiAdmin类用于对WiFi状态的所有管理工具类进行封装，Handler类用于数据延迟转发，其功能类似于网络连接策略中的计时器。

2）基于移动概要数据移交协议的设计

基于移动概要数据移交协议设计的核心是数据管理。MtDataManager类（数据管理类）的UML图如图6.53所示。

MtDataManager类继承自DataManager类，DataManager类封装了基于移动概要数据移交协议中所有的接口和方法。例如：TTLInterface接口，在数据生命周期结束时回调该接口；getLocalID()方法，用于获取本地ID；getDataSerialNum()方法，用于获取当前数据的编号等。这些接口和方法对基于移动概要数据移交协议来说是必不可少的，因此将它们封装在DataManager类中，从该类继承出来的子类拥有了这些已经实现的接口和方法。MtDataManager类中设计了4个类，分别是Emergency、Pressing、Urgent和Dissemination，这4个类分别对应了E模式、P模式、U模式和D模式。这是对模式进行的一种封装，之所以要进行封装，是为了代码的健壮性和可扩展性。封装的思路是：4种模式分别对应MtDataManager类中的4个类，通过这4个类来实现基于移动概要数据移交协议的具体内容，如数据构造、解析、回传判断等；在MtDataManager类中将4种模式封装到一起，设置一些公共参数并将外部参数暴露出来。MtDataManager类中的方法如图6.54所示。

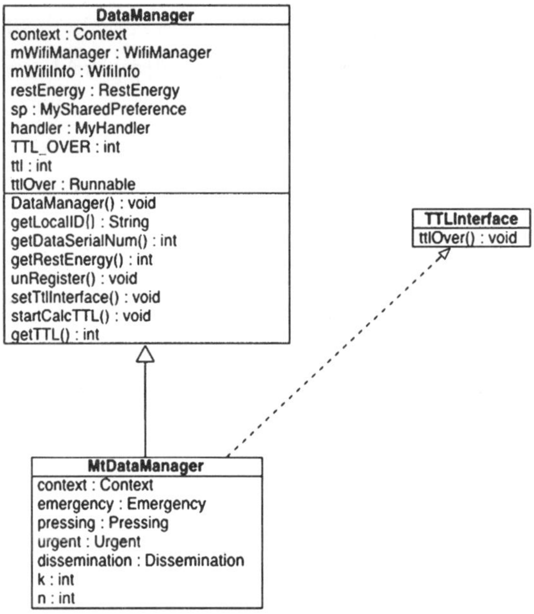

图 6.53 MtDataManager 类的 UML 图

通过图 6.54 可以看出，除了构造方法和单例，其他的方法是对 Emergency、Pressing、Urgent、Dissemination 等类的方法进行的封装。当外部调用这些方法时，只需要获取 MtDataManager 类的单例即可。数据移交协议模块中包的划分如图 6.55 所示。

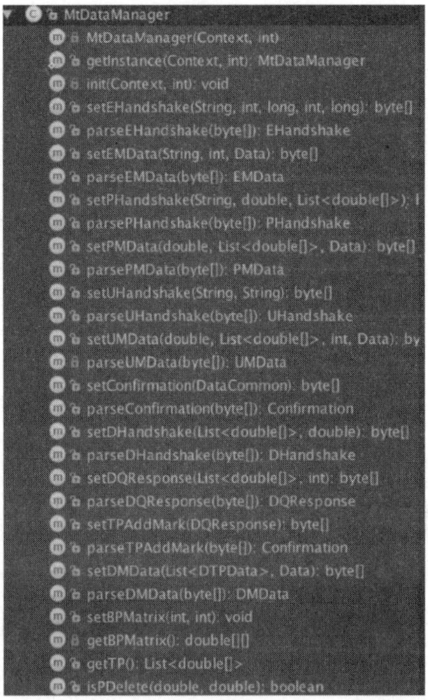

图 6.54 MtDataManager 类中的方法

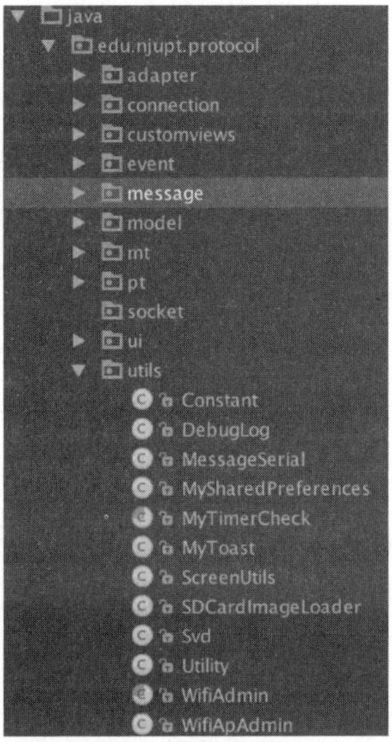

图 6.55 数据移交协议模块中包的划分

adapter 文件夹中保存的是对适配器的封装，这里采用 Java 的适配器模式，用于对界面进行数据控制。connection 文件夹中保存的是对网络连接策略的封装。customviews 文件夹中保存的是对自定义控件的封装。event 文件夹中保存的是对所有的事件和 Otto 单例的封装。message 文件夹中保存的是对数据管理器的封装。model 文件夹中保存的是对 Java 的 Model 层的封装，封装了所有的 Bean 对象和业务逻辑对象。mt 文件夹中保存的是对基于移动概要数据移交协议的界面和模式等特定内容的封装。pt 文件夹中保存的是对基于性能数据移交协议的界面和模式等特定内容的封装。socket 文件夹中保存的是对 Socket 通信的封装。ui 文件夹中保存的是对公共界面的封装。utils 文件夹中保存的是对工具类的封装，如数据序列化和反序列化、矩阵的奇异值分解、相似性度量的计算、WiFi 和 AP 的管理类、SharedPreference 的封装类等。将数据移交协议模块划分成不同的包，可以使数据移交协议的设计思路变得非常清晰，大大提高开发效率。

2. 网络连接策略的实现

与网络连接策略相关的所有内容（如类和接口）都在 connection 文件夹中，如图 6.56 所示。

图 6.56　connection 文件夹中的内容

connection 文件夹中包括一个类和两个接口，网络连接策略是在 NetConnection 类中实现的。NetConnection 类中的方法如图 6.57 所示。

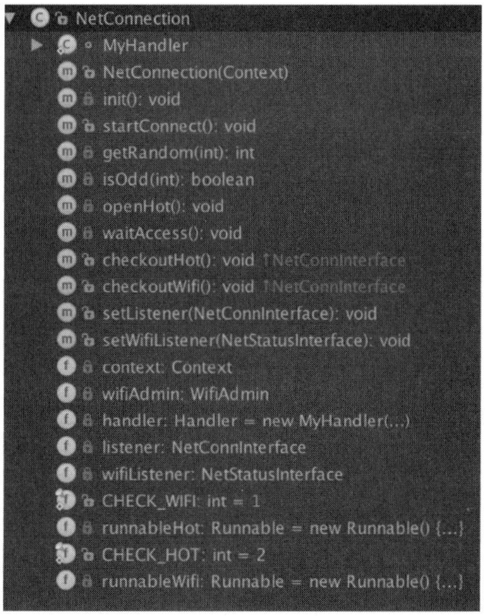

图 6.57　NetConnection 类中的方法

从 NetConnection 类中方法的名称可以看出每个方法的工作，网络连接策略是先进行方法的构造，在调用 startConnect()方法启动网络连接策略。startConnect()方法的代码如图 6.58 所示。

```
public void startConnect() {
    boolean isHot = isOdd(getRandom(240));
    DebugLog.i(isHot + "");
    if (isHot) {
        openHot();
    } else {
        waitAccess();
    }
```

图 6.58　startConnect()方法的代码

首先运行程序得到一个[0, 240]之间的随机数；然后用该随机数除以 2，并判断余数的奇偶性；最后根据余数的奇偶性来进行不同的操作。若余数是奇数（判断结果为 true），则开启热点等待节点接入；若余数是偶数（判断结果为 false），则开启 WiFi 开关寻找特定的热点（处于待接入状态）。openHot()方法的代码如图 6.59 所示。

```
private void openHot() {
    WifiApAdmin wifiAp = new WifiApAdmin(context);
    wifiAp.startWifiAp("TPHotSpot", "");
    wifiListener.hot();
    if (wifiAp.getClientList(true).size() == 0) {
        DebugLog.d("没有设备接入热点");
        handler.postDelayed(runnableHot, 10 * 1000);
    } else {
        handler.removeCallbacks(runnableHot);
    }
}
```

图 6.59　openHot()方法的代码

如果在开启热点的状态下，没有设备接入热点，则不会进行通信。这时，Handler 类的 handleMessage()方法等待 10 s 后发送一个数据，该数据表明没有设备接入热点，需要进行状态切换。Handle 类会根据发送的不同数据做出不同的判断。Handler 类的 handleMessage()方法代码如图 6.60 所示。

```
@Override
public void handleMessage(Message msg) {
    NetConnection netConnection = reference.get();
    switch (msg.what) {
        case CHECK_WIFI:
            netConnection.listener.checkoutWifi();
            break;
        case CHECK_HOT:
            netConnection.listener.checkoutHot();
            break;
        default:
            break;
    }
    super.handleMessage(msg);
}
```

图 6.60　Handler 类的 handleMessage()方法代码

在 handleMessage()方法内部使用了回调接口，当接收到的数据是 CHECK_WIFI 时，调用 checkoutWifi()方法，在该方法中开启 WiFi 开关寻找特定的热点，即将状态切换为待接入状态。checkoutWifi()方法的代码如图 6.61 所示。

```
@Override
public void checkoutWifi() {
    waitAccess();
}
```

图 6.61　checkoutWifi()方法的代码

同理，也可以将待接入状态切换为开启热点状态。

3. 基于移动概要数据移交协议的实现

基于移动概要数据移交协议的实现相对于网络连接策略的实现要稍微困难一些。基于移动概要数据移交协议实现中的关键是相似性度量的计算。相似性度量的理论意义和计算公式在前文已经介绍过了，这里仅介绍相似性度量计算的实现。计算相似性度量时需要对矩阵进行奇异值分解（Singular Value Decomposition，SVD），进行奇异值分解时使用的是 Java 的高性能线性计算库 EJML。EJML 库可以构造矩阵来进行奇异值分解，可以获得 $\boldsymbol{U}$、$\boldsymbol{\Sigma}$、$\boldsymbol{V}$ 共 3 个矩阵的值。要想使用 EJML 库，需要将其引用到数据移交协议模块工程中。EJML 库在 Gradle 中的配置如图 6.62 所示。

```
compile group: 'org.ejml', name: 'all', version: '0.27'
```

图 6.62　EJML 库在 Gradle 中的配置

数据移交协议模块工程使用的开发环境是 Android Studio，是基于 Gradle 来构建项目的。在 Gradle 中配置了 EJML 库，就可以使用这个库了。Svd 类封装了相似性度量的计算，该类中的方法如图 6.63 所示。

```
Svd
    getSvd(double[][]): List<double[]>
    buildMatrix(double[][]): DenseMatrix64F
    formatDouble(double): double
    getSimMeasure(List<double[]>, List<double[]>):
    getWeight(int, double[]): double
    getDotProduct(double[], double[]): double
```

图 6.63　Svd 类中的方法

getSvd()方法用于传入一个 double[][]参数来计算奇异值的 List，double[][]是一个矩阵，List.get(0)是奇异值的 double[]，List 中剩下的 double[]是矩阵 $\boldsymbol{M}^{*}\boldsymbol{M}$ 的特征向量（矩阵 $\boldsymbol{V}$ 的列集合），在计算相似性度量时要用到这些特征向量。getSimMeasure()方法用于计算相似性度量，传入的参数是两个奇异值的 List，相似性度量实质上是两个矩阵的相关度，所以要先计算两个矩阵的奇异值再计算相似性度量。getWeight()方法用于计算权值。getDotProduct()方法用于计算向量点积，这里向量的表示形式是 double[]。相似性度量的计算公式被拆分后封装在 Svd 类中，最终实现了相似性度量的计算。

基于移动概要数据移交协议的实现过程为：首先构建继承自 DataManager 类的 MtDataManager 类，然后在 MtDataManager 类的内部实现了 E、P、U、共 4 种模式的数据构造、解析、确认报文判断等基于移动概要数据移交协议中的公共方法。这些公共方法保存在

mt 文件夹中，如图 6.64 所示。

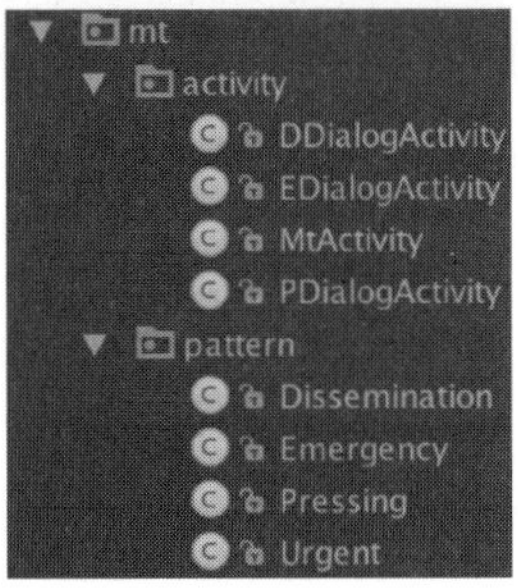

图 6.64　mt 文件夹中内容

mt 文件夹中保存的内容分为两个部分，activity 是用来实现界面显示的，pattern 是上述 4 种模式具体的实现。Emergency 类中的方法（封装在 Emergency 类中）如图 6.65 所示。

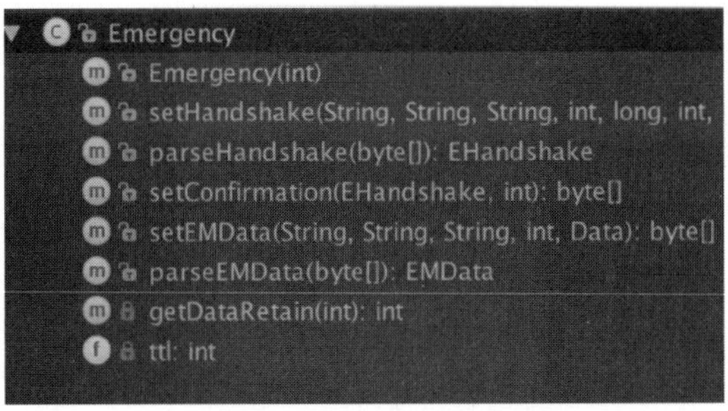

图 6.65　Emergency 类中的方法

Emergency 类中的方法主要用于设置和解析握手报文、设置和解析确认报文、设置和解析数据，这些方法都是根据数据移交协议设定好的数据构造类型进行封装的，在传输和解析时使用的是 Java 的序列化和反序列化，每种数据的构造都对应着一个 Bean 对象，Bean 对象在 Java 的 model 层，如图 6.66 所示。

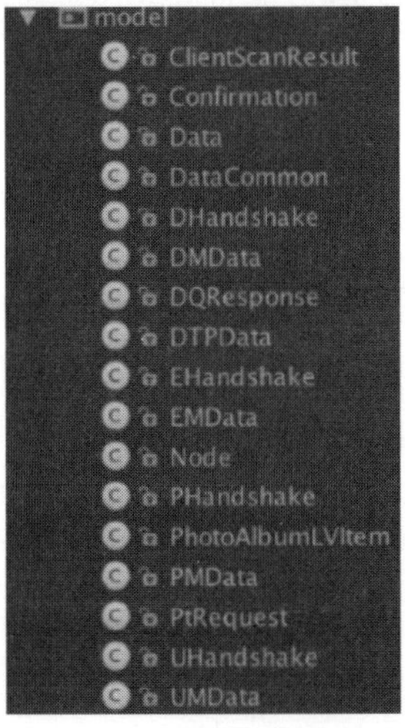

图 6.66　model 层的 Bean 对象

数据移交协议对每种数据都做了封装，其中 DataCommon 和 Confirmation 是两个父类的 Bean 对象，主要封装了确认报文和其他报文的公共方法。报文对象先从 DataCommon 和 Confirmation 继承出来，实现 Java 的序列化接口；再添加针对不同报文的不同内容，就可以形成各种各样的 Bean 对象。

在 Socket 通信模块中，发送和接收的数据都是 byte 数组，有了这个序列化工具类，就可以直接使用对象序列化发送数据，接收端再使用反序列化工具将数据转换成对象，这是一种规范、高效的做法，可以避免对字符串进行分割操作。在 Java 中，对字符串进行过多的分割容易导致空指针的错误。

在 mt 文件夹中，activity 部分封装的是不同模式的设置界面及流程。以 E 模式为例，该模式在 activity 部分中对应的类是 EDialogActivity，EDialogActivity 类需要实现一个外部接口 TTLInterface，当数据的生命周期结束时会调用 ttlOver()方法，该方法主要实现数据的删除操作。EDialogActivity 类定义了一个 bool 型的全局变量并默认为 false，在数据的生命周期结束时该变量会变成 true，所以数据移交协议的循环条件是“while(!isTTLOver)”，可在数据的生命周期结束时检查后续步骤的流程。

在数据生命周期结束时，数据移交协议是如何删除缓存中的数据呢？所有 Bean 对象中的数据都保存在缓存中，在需要删除数据时，只要将数据对应的 Bean 对象设置为 null 即可，也就是置空，此时这个 Bean 对象就变成了空指针，Bean 对象中的数据就变成了 Java 中的垃圾，利用 Java 的垃圾回收机制即可回收删除后的数据。

上面主要针对 E 模式介绍了基于移动概要数据移交协议的实现，P、U、D 模式可以按照类似结构来实现。P、U、D 模式对应的类分别为 Pressing、Urgent、Disseminationm，这 3 个类中的方法分别如图 6.67 到图 6.69 所示。

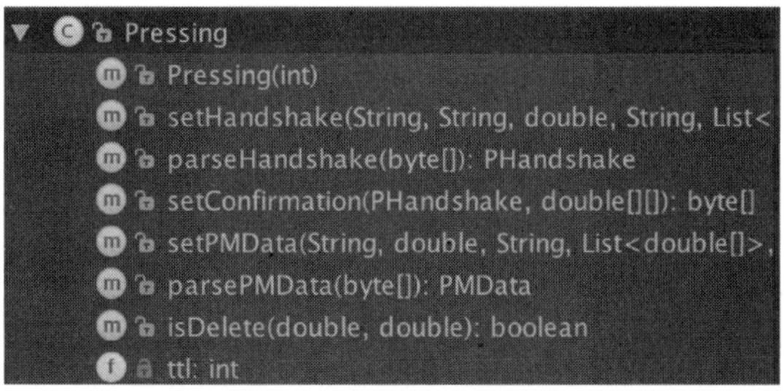

图 6.67　Pressing 类中的方法

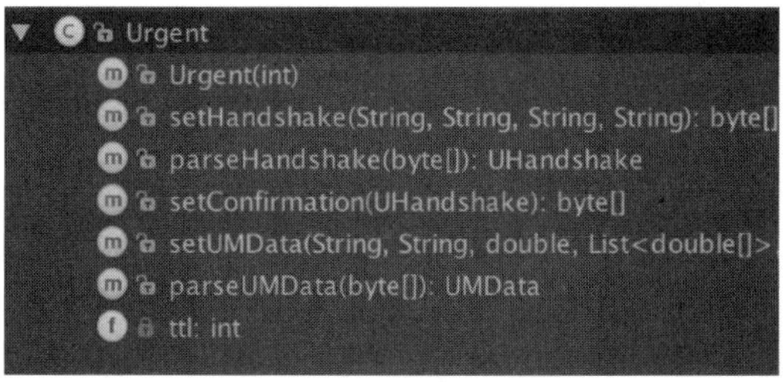

图 6.68　Urgent 类中的方法

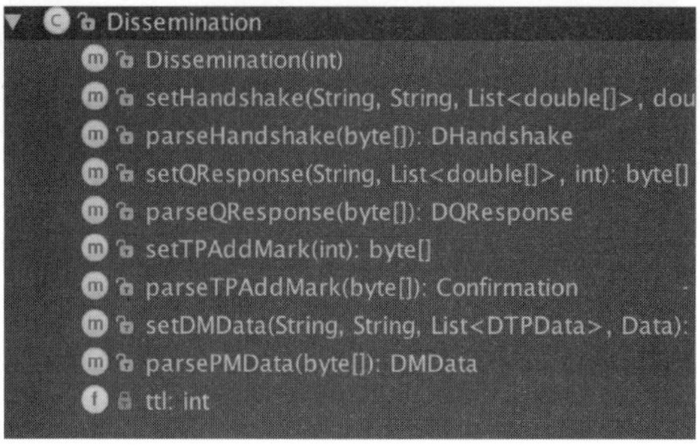

图 6.69 Dissemination 类中的方法

6.7 本章小结

本章主要介绍灾害现场数据的采集和转发。本章首先介绍了基于社会行为分析的机会网络的数据采集；然后给出了灾害现场机会网络的底层通信；最后在底层通信的基础上，介绍了 3 种灾害现场数据的采集和转发协议，即基于多行为属性机会数据分发协议、基于移动机会网络的数据移交协议，以及基于移动概要的灾害现场数据机会移交协议。基于多行为属性机会数据分发协议可以采集受灾人数较多的位置信息，并将位置信息转发给在该区域附近的搜救人员，提高搜救效率；基于移动机会网络的数据移交协议主要是根据节点的性能和社会属性来转发数据的，将采集到的数据通过移动机会网络转发出去；基于移动概要的灾害现场数据机会转发协议利用灾害现场移动机会网络中节点的移动行为，得到可以代表节点移动行为的移动概要，采用移动概要和剩余能量、剩余存储空间相结合的方式，是一种高效、轻量化、通用的数据移交协议。上述 3 种灾害现场数据的采集和转发协议考虑到了不同的需求，能够满足灾害现场数据的采集和转发的需要，对灾害应急救援有重要意义。

本章参考文献

[1] 刘玉玉．我国自然灾害预防管理审计问题研究[D]．济南：山东财经大学，2014．

[2] 余念芝，余晖，刘艳，等．一种自然灾害应急监测预警机：CN201610089070.8[P]．2016-02-17．

[3] 范旭，林燕．电力系统自然灾害应急救援的广东模式探究[J]．灾害学，2017, 32(3):159-163．

[4] 何秉顺，张葆蔚，陈尧.日本自然灾害应急技术工作组派遣机制与借鉴[J]．中国应急救援，2019(1):55-58．

[5] 东北财经大学经济与社会发展研究院“众志成城：5・12 汶川大地震抗震救灾研究”课题组．重大自然灾害灾后重建的政策框架与政策体系——以汶川地震为例[J]．财经问题研究，2008(9):10-18．

[6] 张笑颜，蒋孟璇．城市灾后重建工程的研究[J]．经贸实践，2017(16):319．

[7] 雷宇，张宝军，范一大．卫星定位技术在自然灾害管理工作中的应用前景[C]//第一届中国卫星导航学术年会论文集，2010．

[8] 崔希国，陆永生，陈伟．基于物联网技术在煤矿企业应急救援指挥中的应用[J]．山东煤炭科技，2013(6):110-112．

[9] 徐沛文，郝娟. 基于物联网的地震应急救援系统的设计[J]. 电脑与电信，2011(4):41-43．

[10] Mileti D S, Cress D M, Darlington J D. Earthquake Culture and Corporate Action[J]. Sociological Forum, 2002, 17:161-180.

[11] Phithakkitnukoon S, Dantu R. Mobile Social Closeness and Communication Patterns[C]//7th Consumer Communications and Networking Conference(CCNC), 2010:1-5.

[12] Dong Z , Song G , Xie K , et al. Statistical Analysis of Real Large-Scale Mobile Social Network[C]//6th International Conference on Fuzzy Systems & Knowledge Discovery, 2009:612-616.

[13] Sapuppo A. Spiderweb: A Social Mobile Network[C]//Wireless Conference, 2010:475-481.

[14] Gaonkar S, Li J, Choudhury R R, et al. Micro-blog: sharing and querying content through mobile phones and social participation[C]//Proceedings of the 6th international conference on Mobile systems, applications, and services. ACM, 2008:174-186.

[15] Agapie E, Chen G, Houston D, et al. Seeing our signals: Combining location traces and web-based models for personal discovery[C]//Workshop on Mobile Computing Systems & Applications, ACM, 2008:6-10.

[16] Morris M E . Social networks as health feedback displays[J].Internet Computing, 2005, 9(5):29-37.

[17] Miluzzo E, Lane N D, Krist, et al. Sensing meets mobile social networks: the design, implementation and evaluation of the CenceMe application[C]//6th International Conference on Embedded Networked Sensor Systems, NC, USA, 2008.

[18] Chang Y, Liu H, Wang T. Mobile social networks as quality of life technology for people with severe mental illness[J]. Wireless Communications, 2009, 16(3):34-40.

[19] Beach A, Gartrell M, Akkala S, et al. WhozThat? evolving an ecosystem for context-aware mobile social networks[J].IEEE Network, 2008, 22(4):50-55.

[20] Kumar R, Novak J, Tomkins A. Structure and evolution of online social networks[C]//ACM SIGKDD International Conference on Knowledge Discovery and Data Mining(KDD'06), 2006:611-617.

[21] Bringmann B, Berlingerio M, Bonchi F, et al. Learning and Predicting the Evolution of Social Networks[J]. IEEE Intelligent Systems, 2010, 25(4):26-35.

[22] Zhang Y, Zhao J. Social network analysis on data diffusion in delay tolerant networks[C]//10th ACM international symposium on Mobile ad hoc networking and computing, 2009:345-346.

[23] Rachuri K K, Musolesi M, Mascolo C, et al. EmotionSense: a mobile phones based adaptive platform for experimental social psychology research[C]//12th ACM international conference on Ubiquitous computing, 2010:281-290.

[24] Noulas A, Musolesi M, Pontil M, et al. Inferring interests from mobility and social interactions[C]//NIPS Workshop on Analyzing Networks and Learning with Graphs, 2009:2-88.

[25] Jin J H, Chul L H. Semantic Web Technology Using Collective Intelligence of Mobile Social Networks[C]//International Conference on Next Generation Web Services Practices, 2008:113-116.

[26] Musolesi M, Mascolo C. Designing mobility models based on social network theory[J]. ACM SIGMOBILE Mobile Computing and Communication Review, 2007, 11(3):59-70.

[27] Counts S. Mobile Social Networking: An Information Grounds Perspective[C]// International Conference on Systems Science (HICSS-41 2008), 2008:153-153.

[28] Dong Z, Song G, Xie K, et al. An experimental study of large-scale mobile social network[C]//18th International conference on World wide web, 2009: 1175-1176.

[29] Freeman LC. Centrality in social networks: conceptual clarification[J]. Social networks, 1979, 1(3):215-239.

[30] Daly E M, Haahr M. Social Network Analysis for Information Flow in Disconnected Delay-Tolerant MANETs[J]. IEEE Transactions on Mobile Computing, 2009,8(5):606-621.

[31] Chang Y, Liu H, Chou L, et al. A General Architecture of Mobile Social Network Services[C]//International Conference on Convergence Information Technology (ICCIT 2007), 2007:151-156.

[32] Motani M, Srinivasan V, Nuggehalli P. Peoplenet: Engineering a wireless virtual social network[C]//11th Annual International Conference on Mobile Computing and Networking, 2005:243-257.

[33] Karki B, Hämäläinen A, Porras J. Social networking on mobile environment[C]//ACM/IFIP/USENIX 9th International Middleware Conference, 2008:93-94.

[34] Pietiläinen A K, Oliver E, LeBrun J, et al. MobiClique: Middleware for mobile social networking[C]//2nd ACM Workshop on Online Social Networks, 2009:49-54.

[35] 王玉祥，乔秀全，李晓峰，等．上下文感知的移动社交网络服务选择机制研究[J]．计算机学报，2010, 33(11):2126-2135.

[36] 曹怀虎，朱建明，潘耘，等．情景感知的 P2P 移动社交网络构造及发现算法[J]．计算机学报，2012,35(6):1223-1234.

[37] 郑啸，罗军舟，曹玖新，等．面向机会社会网络的服务广告分发机制[J]．计算机学报，2012,35(6):1235-1248.

[38] 安健，桂小林，张文东，等．物联网移动感知中的社会关系认知模型[J]．计算机学报，2012,35(6):1164-1174.

[39] LeBrun J, Chuah C N, Ghosal D, et al. Knowledge Based Opportunistic Forwarding in Vehicular Wireless Ad Hoc Networks[C]//Vehicular Technology Conference, 2005:2289-2293.

[40] Leguay J, Friedman T, Conan V. Evaluating Mobility Pattern Space Routing for DTNs[C]//25th IEEE International Conference on Computer Communications, 2006:1-10.

[41] Daly E M, Haahr M. Social network analysis for routing in disconnected delay-tolerant MANETS [C]//8th ACM Interational Symposium on Mobile Ad Hoc Networking and Computing, 2007:32-40.

[42] Hui P, Crowcroft J, Yoneki E. BUBBLE Rap: Social-Based Forwarding in Delay-Tolerant Networks[J]. Mobile Computing, 2011,10(11):1576-1589.

[43] Boldrini C, Conti M, Passarella A. Modelling data dissemination in opportunistic networks[C]//3rd ACM workshop on Challenged networks, 2008: 89-96.

[44] Yoneki E, Hui P, Chan S,et al. A sociol-aware overlay for publish/subscribe communication in delay tolerant networks[C]//International Symposium on Modeling Analysis & Simulation of Wireless & Mobile Systems, 2007:225-234.

[45] Boldrini C, Conti M, Passarella A. ContentPlace: social-aware data dissemination in opportunistic networks[C]//11th International Symposium on Modeling Analysis and Simulation of Wireless and Mobile Systems, 2008:203-210.

[46] Ioannidis S, Chaintreau A, Massoulié L. Optimal and scalable distribution of content updates over a mobile social network[C]//IEEE INFOCOM,2009: 1422-1430.

[47] Boldrini C, Conti M, Jacopini J, et al. HiBOp: a History Based Routing Protocol for Opportunistic Networks [C]//IEEE International Symposium on World of Wireless, Mobile & Multimedia Networks, 2007: 1-12.

[48] Nguyen H A, Giordano S, Puiatti A. Probabilistic Routing Protocol for Intermittently Connected Mobile Ad hoc Network (PROPICMAN)[C]//World of Wireless, Mobile and Multimedia Networks, 2007: 1-6.

[49] Nguyen H A, Giordano S. Spatiotemporal routing algorithm in opportunistic networks[C]//2008 International Symposium on a World of Wireless, Mobile and Multimedia Networks. IEEE, 2008: 1-6.

[50] Mtibaa A, May M, Diot C, et al. PeopleRank: Social Opportunistic Forwarding[C]//29th IEEE International Conference on Computer Communications, 2010: 1-5.

[51] Jahanbakhsh K, Shoja G C, King V. Social-Greedy: a socially-based greedy routing algorithm for delay tolerant networks[C]//2nd International Workshop on Mobile Opportunistic Networking, 2010:159-162.

[52] Pujol J M, Toledo A L, Rodriguez P. Fair Routing in Delay Tolerant Networks[C]//IEEE INFOCOM, 2009:837-845.

[53] Bulut E, Szymanski B K. Friendship based routing in delay tolerant mobile social networks[C]//Global Telecommunications Conference (GLOBECOM 2010), 2010: 1-5.

[54] Bulut E, Geyik S C, Szymanski B K. Utilizing correlated node mobility for efficient DTN routing[J]. Pervasive and Mobile Computing, 2014, 13:150-163.

[55] Li Q, Zhu S, Cao G. Routing in socially selfish delay tolerant networks[C]//29th IEEE International Conference on Computer Communications, 2010: 1-9.

[56] 牛建伟，周兴，刘燕，等．一种基于社区机会网络的消息传输算法．计算机研究与发展，2009,46(12):2068-2075.

[57] 于海征，马建峰，边红．容迟网络中基于社会网络的可靠路由．通信学报，2010,31(12):20-26.

[58] 李陟，李千目，张宏，等．基于最近社交圈的社交时延容忍网络路由策略．计算机研究与发展，2012,49(6):1185-1195.

[59] 罗伟．基于 Android 平台的即时通讯系统的研究与实现[D]．长沙：湖南师范大学，2009.

[60] Robertson S, Zaragoza H. The Probabilistic Relevance Framework: BM25 and Beyond[J]. Foundations and Trends® in Information Retrieval, 2009, 3(4): 333-389.

[61] Wang R, Chen F, Chen Z, et al. StudentLife: assessing mental health, academic performance and behavioral trends of college students using smartphones[C]//the 2014 ACM International Joint Conference on Pervasive and Ubiquitous Computing, 2014: 3-14.

[62] Keränen A, Ott J, Kärkkäinen T. The ONE simulator for DTN protocol evaluation[C]// International Conference on Simulation Tools & Techniques, 2009: 55.

[63] 左朝树，雷仕英，李云．机会网络中基于传染路由的 TCP 性能分析[J]．应用科技，2011, 38(5):27-31.

[64] 孙践知，韩忠明，陈丹，等．Wait and Spray：一种改进的机会网络路由算法[J]．计算机工程与应用，2011, 47(31):91-93.

[65] Zhao W, Ammar M, Zegura E. A Message Ferrying Approach for Data Delivery in Sparse Mobile Ad Hoc Networks [C]//Proceedings of ACM Mobihoc, 2004:187-198.

[66] Fall K. A delay-tolerant network architecture for challenged internets[C]//the 2003 conference on Applications, technologies, architectures, and protocols for computer communications, 2003: 27-34.

[67] Ivancic W, Eddy W M, Stewart D, et al. Experience with Delay-Tolerant Networking from Orbit[C]//4th Advanced Satellite Mobile Systems, 2008:173-178.

[68] Juang P, Oki H, Wang Y, et al. Energy-efficient computing for wildlife tracking: design tradeoffs and early experiences with ZebraNet [C]//10th international conference on Architectural support for programming languages and operating systems, 2002:96-107.

[69] Spyropoulos T, Psounis K, Raghavendra C. Efficient routing in intermittently connected mobile networks: The multiple-copy case[J]. IEEE/ACM Transactions on Networking, 2008,16(1):77-90.

[70] Lindgren A, Doria A, Schelen O. Probabilistic routing in intermittently connected networks[J]. Lecture Notes in Computer Science, 2004, 3126:239-254.

[71] Musolesi M, Hailes S, Mascolo C. Adaptive Routing for Intermittently Connected Mobile Ad Hoc Networks [C]//6th IEEE International Symposium on World of Wireless Mobile and Multimedia Networks, 2005:183-189.

[72] Pan H, Crowcroft J, Yoneki E. BUBBLE Rap: Social-Based Forwarding in Delay-Tolerant Networks[J]. IEEE Transactions on Mobile Computing, 2011, 10(11):1576-1589.

[73] Bulut E, Szymanski B K. Exploiting Friendship Relations for Efficient Routing in Mobile Social Networks [J]. IEEE Transactions on Parallel and Distributed Systems, 2012, 23(12):2254-2265.

[74] Tie X, Venkataramani A, Balasubranmanian A. R3: Robust Replication Routing in Wireless Networks with Diverse Connectivity Characteristics[C]//MobiCom'11;Annual International Conference on Mobile Computing and Networking, 2011: 181-192.

[75] Burgess J, Gallagher B, Jensen D, et al. MaxProp: Routing for Vehicle-Based Disruption-Tolerant Networks[C]// IEEE INFOCOM, 2006:1-11.

[76] Mohan P, Padmanabhan V N, Ramjee R. Nericell: Rich Monitoring of Road and Traffic Conditions using Mobile Smartphones [C]//ACM Conference on Embedded Network Sensor Systems, 2008:323-336.

[77] 蒋凌云，孙力娟，王汝传，等. 移动无线传感网能量时延约束的自适应路由及性能评估[J]. 电子学报，2012(12):2495-2500.

[78] 刘艳萍，王青山，王琦，等. 移动社交网络中基于影响力的数据转发算法[J]. 合肥工业大学学报（自然科学版），2015(2):195-198.

第7章 应急疏散路径规划

7.1 应急疏散路径规划的研究背景与问题分析

近年来，人们待在室内的时间越来越长，密集化建筑物在给人们带来众多便利的同时，也存在很多安全隐患。一旦发生安全事故或突发事件，如何快速、安全、有效地疏散人群成为应急救援的首要问题。对于建筑物或场馆内的应急疏散问题，传统的方法是根据经验和建筑物的结构来量身定制应急疏散方案[1]，或者定期组织人们进行演习，通过演习来让人们熟悉建筑物的结构，从而在发生灾难时，可以及时逃生[2]。但是，随着建筑物结构变得越来越复杂，量身定制的应急疏散方案已经不足以应对安全事故或突发事件发生时应急疏散的复杂度。定期组织人们进行演习的方法不仅耗时、耗力，而且一旦发生灾害，人们通常处于恐慌状态时，都在同一条路径上疏散，容易造成拥堵，从而产生不可想象的后果，如踩踏事件等；另外，随着建筑物的结构变得越来越复杂，组织人们进行演习也变得越来越不可行了。

随着科学技术的不断发展，研究人员开始对建筑物内的应急疏散进行研究，从微观和宏观层面进行建模，并建立了各种疏散模型来模拟应急疏散，为建筑物或场馆的应急疏散提供一种有效的解决方案。但目前很多疏散模型不仅缺乏在室内人员三维定位方面的研究，也没有考虑多个因素对于应急疏散的影响，因此疏散模型的设计还有很多改进的空间和值得研究的地方。

为了解决上述问题，本章重点介绍一种应急疏散路径规划机制，主要包含以下内容：

（1）深入分析基于数据融合的三维室内定位技术[3]，用于解决目前室内人员三维定位方面的问题，主要包括室内定位技术、基于 WiFi 的行人初始位置判定、基于惯导的行人动态位置跟踪、基于虚拟路标点的惯导定位修正、基于惯导和气压计的楼层判定等。

（2）在元胞自动机的基础上，重点介绍基于元胞自动机的建筑物或场馆的疏散模型[3]，用于解决建筑物或场馆的应急疏散路径规划问题。该模型不仅考虑了出口对行人的吸引力，行人之间、行人与墙壁之间以及障碍物之间的排斥力和摩擦力，行人的从众行为对应急疏散时的影响，还深入分析了行人一步损耗和累积竞争力这两个因素对应急疏散的影响，从而提高发生灾害时应急疏散的效率，减小应急疏散的时间，避免发生拥挤。同时，利用该疏散模型也可以对每个行人的应急疏散路径进行追踪，从而可以为每个行人提供路径规划，引导每个行人离开建筑物或场馆，并避免与他人发生拥挤。

（3）在提出的三维室内定位机制和疏散模型的基础上，重点介绍面向建筑物或场馆的灾难应急疏散信息系统[3]。在日常生活中，该系统可以对行人进行准确而高效的定位，为行人提供友好的定位功能。在发生灾害时，不仅可以为人们提供有效的应急疏散路径，指引人们快速应急疏散，并避免发生拥挤，提高应急疏散效率，还可以向管理人员显示应急疏散信息，以便管理人员根据应急疏散信息做出相应的应对策略。

7.2 基于数据融合的三维室内定位技术

7.2.1 室内定位技术

1. 定位模型

由于环境的特殊性，室内定位技术与室外定位技术有着明显的区别。目前，常见的室内定位技术[4]有基于 WiFi 的定位技术、基于低功耗蓝牙（Bluetooth Low Energy，BLE）的定位技术、基于射频识别（Radio Frequency Identification，RFID）的定位技术、基于红外线的定位技术、基于超声波的定位技术、基于超宽带（Ultra Wideband，UWB）的定位技术等，这些定位技术都需要依靠特定的设备。近几年，利用惯性导航（Inertial Navigation，简称惯导）进行定位与利用地磁信息进行定位变成了研究热点，因为这两种定位技术不需要依赖特定的设备，定位成本较低。

随着 IEEE 802.11 协议的完善，以及 WiFi 设备的广泛使用[5]，基于 WiFi 的定位技术成为很多室内定位系统的首选技术。当前，利用 WiFi 进行定位的方法不断发展，但利用这种技术进行定位的前提是存在 WiFi。基于 WiFi 的定位技术是利用接收到的无线 AP 的 RSSI（Received Signal Strength Indication）来进行定位的。与其他定位技术相比，基于 WiFi 的定位技术优势是定位范围广、定位效果稳定，并且可以利用建筑物已有的 WiFi，因此在一定程度上降低了定位成本。但基于 WiFi 的定位技术会受到多径效应的影响，有时定位精度不是很理想，还存在信号连接和信号传播的稳定性等问题。

基于 BLE 的定位技术在本质上是利用接收到的蓝牙信号强度进行定位的，其最大的优点是模块体积小，并且目前大多数智能设备中都集成了蓝牙模块，因此这种技术很容易推广。理论上讲，只要待定位对象有蓝牙模块并且开启了蓝牙功能，基于 BLE 的定位技术就能确定该对象的位置。正因如此，苹果公司很早就推出了 iBeacon 技术，并不断推进室内定位的研究。但由于蓝牙本身的信号范围很小，所以利用 BLE 技术进行定位的最大缺点是定位范围小且距离短。而且很多用户为了省电，并不会随时开启蓝牙功能，因此目前基于 BLE 的定位技术还处于推广的初级阶段。

基于 RFID 的定位技术是通过触发不同位置的 RFID 感知器，即通过参考点的信息来进行定位的，参考点的密度决定了这种技术的定位精度。一般来说，基于 RFID 的定位技术的定位精度也不是很高，但一定程度上可以满足一些应用的要求。这种技术的优点是定位响应迅速，并且用户体验较好。

基于红外线、超声波和 UWB 的定位技术通常需要专门的装备，并且利用红外线、超声波、UWB 来进行定位，定位精度比较高。由于红外线只能进行视距传播、穿透性差、容易受外部环境的影响、传输距离较短，因此基于红外线的定位技术的应用范围很窄。基于超声波的定位技术优点相对来说较多，首先，该技术的定位精度很高，达到了厘米级，其次，该技术的实现结构也相对简单，穿透性也比较强；但超声波在空气中传播时的信号衰减很大，因此该技术的应用范围比较小，成本也比较高。基于 UWB 的定位技术对时间分辨率的要求很高，因此定位精度很高；但 UWB 设备目前在室内还不普及。综合上述原因，目前的室内定位技术一般不采用这 3 种定位技术。

目前，很多定位系统中都采用了基于惯导的定位技术。这种定位技术建立在惯性原理之上，由于惯性是所有质量体的基本属性，所以建立在惯性原理上的惯导系统具有高度自主的突出优点。基于惯导的定位技术以牛顿力学为理论基础，只需要惯性传感器就可以获得待定位对象的加速度、方向等信息，从而完成定位和导航，无须其他辅助信息，也不向外辐射任何信息，具有自主性和隐蔽性[6]。近年来，越来越多的研究人员开始研究惯导系统（Inertial Navigation System，INS），尤其是随着微机电系统（Micro-Electro-Mechanical System，MEMS）和智能设备的普及应用[7]，惯性传感器变得越来越小，功耗越来越低，制造成本也越来越低，很多智能设备都集成了惯性传感器，使基于惯导的定位技术变得越来越重要。

近年来，基于地磁信息的定位技术开始应用于室内定位解决方案或系统[8]。地磁是天然存在地球内部的，地球表面上的任何地方都存在一个可以由地磁传感器测得的地磁值，不同位置的地磁值不同，根据不同位置的不同地磁值可以对物体进行定位。基于地磁信息的定位技术的精度可以达到 3 m 内，但该技术通常是通过指纹地图进行定位的，需要先采集相应环境中各点的地磁信号特征，从而建立相应的地磁数据库，再根据地磁数据库进行匹配来得到位置信息。基于地磁信息的定位技术的前期工作量较大，对 MEMS 地磁传感器的精度要求较高。

从目前的室内定位技术来看，有的定位技术成本低、部署简便，但定位精度较低，有的定位技术对环境要求高、成本高，但定位精度较高，所以单一定位技术的普适性较差，在实际中一般不会采用单一的定位技术来进行定位，通常会采用多种定位技术相结合的方法来进行室内定位。

由于本章后续介绍的室内定位机制采用了基于惯导的定位技术，因此接下来将详细介绍该定位技术。基于惯导的定位技术是指基于惯性传感器、通过一系列计算得到行人位置信息的技术。目前，常用的惯性传感器主要有加速度计、陀螺仪和方向传感器等。加速度计可测得设备运动产生的实时加速度；方向传感器可测得设备当前的前进方向；陀螺仪可测得前进方向的变化，一旦得知设备运动的初始方向，就可以得到设备的实时前进方向。

在获得惯性传感器的数据后，根据计算位置原理的不同，基于惯导的定位技术有两种模型[9,10]：一种模型是连续积分定位模型，该模型建立在传统的惯导原理之上，其理论依据是牛顿第二定律；另一种模型是行人航位推算（Pedestrian Dead Reckoning，PDR）模型，该模型结合了行人的运动生理学特征，可根据行人行走时的步数、步长、航向等进行位置计算。连续积分定位模型主要用于具有惯性传感器的待定位对象（如车辆、行人等），行人航位推算模型只能对行人进行定位和导航，接下来将分别介绍这两种定位模型。

1）连续积分定位模型

连续积分定位的理论依据是牛顿第二定律[11]，当测得物体运动的加速度后，对加速度进行两次积分运算即可得到该物体的位移大小，再通过测量物体移动的方向即可计算出物体的当前位置。

假设在二维正交坐标系下，物体在初始时刻的速度为 $v(0)$，位移为 $s(0)$，物体的加速度为 $a(t)$，则物体在 t 时刻的速度和位移分别如式（7-1）和式（7-2）所示。

$$v(t)=v(0)+\int_0^t a(t)\,\mathrm{d}t \tag{7-1}$$

$$s(t)=s(0)+\int_0^t v(t)\,\mathrm{d}t \tag{7-2}$$

连续积分定位模型的优点是定位对象不受限制，可以是车辆、行人、飞行器等，理论定位精度很高。由于连续积分定位模型要对加速度进行两次积分运算，所以对传感器的精度要求很高。但精度再高的传感器所测得的加速度与实际运动的加速度还是会存在误差的，因此随着时间的增加，定位误差将会由于累积作用而急剧增大。

2）行人航位推算模型

行人航位推算模型的原理是根据行人行走时的运动生理学特征，如步数、步长、航向等，通过计算来得到行人的实时位置[12]，近几年广泛应用于对行人的定位和导航。行人航位推算模型的基本思想是：首先，在初始时刻获得行人初始位置的坐标，然后根据行人每步的位移（步长）和方向（航向角）来计算下一个位置的坐标，其中的位移并不是通过对加速度进行积分运算获得的，而是通过加速度数据推测行人走过的步数和每一步的步长，用每一步的步长作为这一步产生的位移，通过方向传感器或陀螺仪可测得行人每一步的航向角，从而得到行人每一步后的位置坐标。行人航位推算示意图如图 7.1 所示。

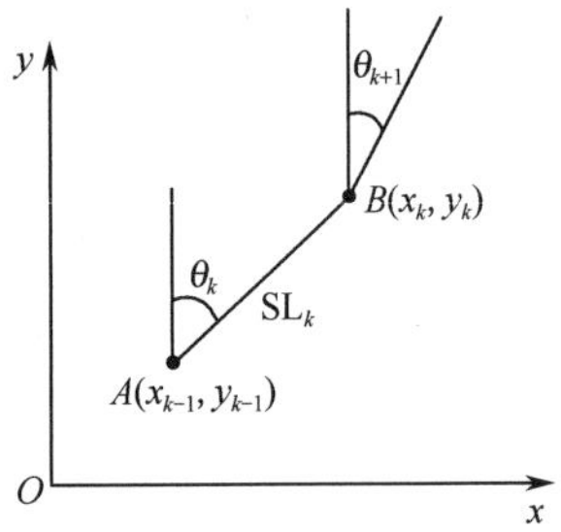

图 7.1　行人航位推算示意图

在二维正交坐标系下，假设 $k-1$ 时刻行人所在位置为点 $A(x_{k-1},y_{k-1})$，下一时刻行人从点 A 走至点 $B(x_k,y_k)$，通过加速度推测得到的行人的步长为 SL_k，航向角为 θ_k，那么行人在点 B 的坐标为：

$$\begin{cases} x_k=x_{k-1}+\mathrm{SL}_k\sin\theta_k \\ y_k=y_{k-1}+\mathrm{SL}_k\cos\theta_k \end{cases} \tag{7-3}$$

同理，行人在 $k+1$ 时刻的位置坐标也可由 k 时刻的坐标 (x_k,y_k) 得到。因此，一旦给定行人的初始位置 (x_0,y_0)，那么行人在任意时刻 k 的位置坐标为：

$$\begin{cases} x_k=x_0+\sum\limits_{i=0}^{k-1}\mathrm{SL}_i\sin\theta_i \\ y_k=y_0+\sum\limits_{i=0}^{k-1}\mathrm{SL}_i\cos\theta_i \end{cases} \tag{7-4}$$

因此，行人航位推算模型包含以下几个重点研究内容：行人步态识别、行人步长估算和行人航向角确定。

（1）行人步态识别。行人步态识别的目的是识别出行人是否走了一步，也就是要完成计步的功能。研究发现，人在行走时每一步都呈现周期性的规律[12]，大致可以分为脚离开地面、跨步、脚后跟着地、脚落地等阶段，加速度会随着每一步的周期大致呈周期性的变化。因此，行人步态识别就是要根据周期性变化的加速度来准确识别行人的每一步，为后续步长估算打下基础。

目前常用的行人步态识别方法是波峰检测法[13]，该方法是根据行人迈步时产生的加速度波峰数来判断行人走了多少步的。但是在行走过程中，身体的抖动会对加速度产生噪声，会产生伪波峰，从而导致波峰法测得的步数与实际的步数并不一致，导致后续在估计步长时也会产生误差。因此，精确有效的计步算法是行人航位推算模型的关键之一。

（2）行人步长估算。不同行人的步长与其身体因素有关，如性别、身高、体重、行走习惯等，不同行人的步长也不尽相同。对于同一个行人来说，其步长与行走状态有关，不同行走状态下的步长也不尽相同。行走状态与行走的速度有关，大致可分为慢走、正常行走和奔跑等。因此，在估算行人的步长时，不仅需要考虑到不同行人的步长差异，还要考虑同一个行人在不同行走状态下的步长差异。常用的步长估算模型有以下 3 种：

① 常数步长估算模型[14]：在建立该模型时，首先需要对不同身体因素（如身高、体重等）的很多成年人进行实验，以获得不同身体因素行人的步长，然后用步长的平均值作为某种身体因素的行人在行人航位推算模型中的步长。常数步长估算模型并未考虑行人的跨步习惯和迈步频率（步频）等因素，因此在实际中会对不同的行人产生较大的误差，经过一段时间累积后误差会变得更大，所以该模型不适合行人航位推算模型。

② 线性步长估算模型[15]：相关研究表明，行人在行走时的每一步的步长与其步频有关，文献[15]指出，当行人的步频为 1.25～2.45 步/秒时，行人的步长为：

$$\mathrm{SL}=0.4504f-0.1656 \tag{7-5}$$

式中，SL 为行人步长；f 为行人的步频。

③ 非线性步长估算模型[16]：该模型认为行人某一步的步长与其在该步中的加速度的最大值和最小值有关，即：

$$\mathrm{SL}=k\times\sqrt[4]{a_{\max}-a_{\min}} \tag{7-6}$$

式中，SL 为行人步长；$a_{\max}$ 和 $a_{\min}$ 分别为某一步中加速度的最大值和最小值；k 为可训练的模型参数，一般取值为 0～1。

线性步长估算模型和非线性步长估算模型既可以定性地描述行人的步长与其步频的关系，也可以根据不同行人的不同特征估算出其步长。步长估算模型在行人航位推算模型中起着至关重要的作用，一个准确的步长是精确估算行人下一个位置的决定性因素，因此选取合适的步长估算模型尤为重要。

（3）行人航向角确定。行人每一步的航向角可以看成行人在该步中的前进方向，有两种方法可以获得行人的航向角：

① 基于智能设备中方向传感器来获取行人的航向角。方向传感器通常由智能设备中的加速度计和磁力计组成，可根据方向传感器的数据来获取行人行走时每一步的航向角。

② 基于陀螺仪来获取行人的航向角。陀螺仪可获得物体运动时各个轴的角速度，一旦知道初始时刻物体的航向角，就可以先通过对角速度进行积分运算来获取下一时刻的相对航向角，再通过坐标转换即可获取行人的航向角。

随着距离的增大，行人航位推算模型会有一定的累积误差，但该模型对传感器精度的要求低，可以减少硬件系统误差对定位结果的影响，并降低算法实现的难度和复杂度，因此该模型广泛用于各种智能设备来对行人进行定位。

2. 室内定位算法

虽然室内定位的技术多种多样，但采用的定位算法大体相同。在定位时，根据是否需要计算到信号源的距离，可从将定位算法分为两种：测距定位算法和非测距定位算法。

1）测距定位算法

测距定位算法适合基于无线网络的定位技术，该算法可分为两个步骤：距离测量和位置计算。

（1）距离测量。在距离测量中，目前常用的方法有 3 种：到达角度（Angle of Arrival，AOA）法[17,18]，到达时间（Time of Arrival，TOA）法[19,20]和到达时间差（Time Difference of Arrival，TDOA）法[21,22]，以及接收信号强度指示（Received Signal Strength Indication，RSSI）法。

① AOA 法。AOA 法是利用接收端硬件设备感知源节点发射信号的到达方向来计算接收端和源节点的距离的，采用这种方法时，需要待定位对象上具有可以测得发射信号到达角度的天线，虽然会在一定程度上获得较高的定位精度，但会使接收端的功耗变大，而且这种天线通常没有集成在接收端的硬件设备中，因此 AOA 法的实用性和适用性并不强。

② TOA 法和 TDOA 法。采用 TOA 法进行的距离测量，可分为单程测距和双程测距两种。单程测距是根据源节点发射信号的时间和接收端接收到信号的时间来计算距离的，双程测距是根据源节点发射信号的时间和信号返回源节点的时间来计算距离的。单程测距和双程测距的原理较为简单，在一定程度上测距的精度也比较好。但在实际应用时，单程测距需要发射信号的源节点和接收信号的接收端在时间上保持严格的同步，但非常严格的时间同步往往难以做到；双程测距则需要发射信号的源节点有精准的时钟，实现难度也较大。另外，在很多定位场合中，待定位的对象往往不仅很密集，而且彼此之间距离很小，由于信号的传播速度很快，因此会难以区分和计算每个信号的传播时间，从而出现定位误差。

根据对 TOA 法的介绍可知，在采用 TOA 法测距时，需要发射信号的源节点和接收信号的接收端之间保持严格的时间同步，实际操作的难度较大，实用性不高。为了解决 TOA 法存在的问题，研究人员提出了 TDOA 法。TDOA 法在基于无线网络的定位方案或系统中使用得较多，该方法需要先知道超声波和射频两种信号的收发装置位置，再通过待定位对象接收到两种信号的时间差来计算待定位对象和源节点的距离。TDOA 法不像 TOA 那样需要严格的时间同步，但 TDOA 法需要两种设备，并且对设备的要求高，同时信号的传播保持在视距范围内，范围较小。

③ RSSI 法。相比于上面介绍的距离测量方法，由于 RSSI 法具有简单可行的特点，使其成为目前使用最多的测距方法之一。目前，大部分智能设备都集成了通信模块，RSSI 法只需要使用这些通信模块，无须添加额外的硬件设备，因此 RSSI 法的实现比较简单，并且成本较低。在采用 RSSI 法测距时，一般都使用信号传播模型，信号传播模型描述了待定位对象接收到的信号强度与其距离发射该信号的源节点距离的关系，一旦待定位对象得到了接收信号强度，便可根据信号传播模型来确定待定位对象和源节点的距离。目前，常见的信号传播模型[23]有地面反射模型（Ground Reflection Model）、自由空间传播模型（Free Space Propagation Model）和对数正态阴影衰落模型（Log-Normal Shadowing Shadow Fading Model），其中对数正态阴影衰落模型的使用最为广泛，该模型认为接收端的接收信号强度与其到发射信号的源节点距离

存在对数关系，即：

$$\mathrm{PL}(d)=\mathrm{PL}(d_0)+10\alpha\lg\left(\frac{d}{d_0}\right)+\zeta \tag{7-7}$$

式中，$\mathrm{PL}(d)$和 $\mathrm{PL}(d_0)$分别表示距离接收端和发射信号的源节点为 d 和 d_0（单位为 m）处的接收信号强度；d_0 为参考距离，在定位过程中一般取为 1 m；α 为路径损耗系数；d 为接收端和发射信号的源节点距离；ζ 为遮蔽因子，是一个均值为 0 的高斯随机变量。

根据上述的信号传播模型，接收端可以实时计算出它与源节点之间的距离，从而进行位置计算。

（2）位置计算。在获得待定位对象与发射信号的源节点距离或者相应角度后，就可以对待定位对象进行位置计算了。常用的位置计算方法[24,25]有几何估计法、最大似然估计法和极小极大定位法。

① 几何估计法。常用的几何估计法有三边测量法和三角测量法。三边测量法的原理如图 7.2（a）所示，如果 3 个源节点 S_1、S_2、S_3 的位置坐标是已知的，以及节点 O（待定位对象）到这 3 个源节点的距离也是已知的，那么利用这 3 个源节点和距离可以构成 3 个圆，3 个圆的交点即节点 O 的位置，根据 3 个圆的圆心、交点、半径即可得到节点 O 的位置坐标。三角测量法的原理如图 7.2（b）所示，如果 3 个源节点 S_1、S_2、S_3 的位置坐标是已知的，以及节点 O（待定位对象）到这 3 个源节点的相对角度也是已知的，那么可根据每两个源节点连线与节点 O 构成 3 个圆并得到 3 个圆的圆心位置坐标（图中给出了其中一个圆的圆心 O_1），采用三边测量法即可得到节点 O 的位置坐标。

② 最大似然估计法。最大似然估计法的原理如图 7.2（c）所示，如果 n 个源节点的位置坐标是已知的，以及节点 O 与这 n 个源节点的距离也是已知的，那么可得到关于 n 个源节点和节点 O 的坐标和距离的方程（共 n 个方程）。分别用前 $n-1$ 个方程减去第 n 个方程，可以得到 $n-1$ 个方程，这 $n-1$ 个方程可组成一个线性方程组，利用最小二乘法可估算出节点 O 的位置坐标。

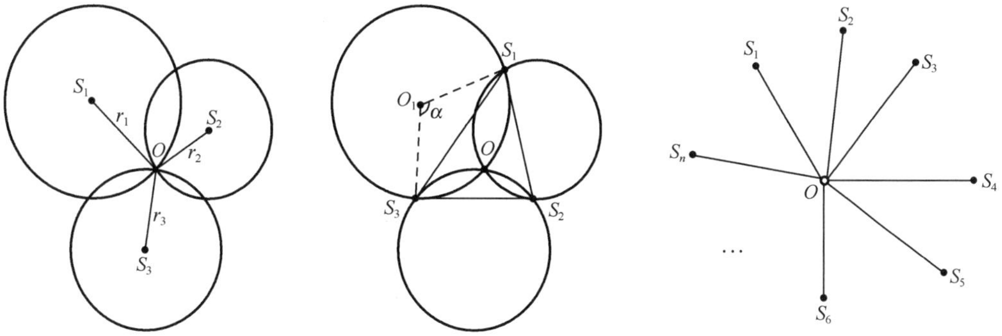

（a）三边测量法　　（b）三角测量法　　（c）最大似然估计法

图 7.2　几何估计法和最大似然估计法的原理

③ 极小极大定位法。极小极大定位法广泛应用在无线传感器网络中，但这种方法需要事先有一定数量位置坐标已知的节点才能获得较好的定位精度，并且节点的数量需要在一定范围内。

2）非测距定位算法

测距定位算法需要先测量距离才能估计出待定位对象的位置，非测距定位算法不需要测量距离即可对待定位对象进行定位。常用的非测距定位算法有航位推算法和指纹定位法。

航位推算法[26]属于惯导定位中的一种，该法无须测量距离，只需要待定位对象具有惯性传感器即可，通过计算惯性传感器的一系列数据即可得到待定位对象的位置。目前航位推算法常用于对行人的定位系统和方案中。

指纹定位法[27,28]在基于 WiFi 或 BLE 的定位中经常使用，该方法通常分为两个阶段：离线阶段和在线阶段。离线阶段的主要任务是建立信号的指纹数据库，在线阶段根据事先建立的指纹数据库，通过有效的指纹匹配方法来得到待定位对象的位置。常用的指纹匹配方法有最近邻（Nearest Neighbor，NN）算法[29]、K 近邻（K-Nearest Neighbor，KNN）算法[30]和 K 加权近邻（Weighted adjusted K-Nearest Neighbor，WKNN）算法[31,32]等，其中 KNN 算法和 WKNN 算法都是对 NN 算法的优化。

指纹定位法是利用 RSSI 来定位的，例如，在利用 WiFi 和 NN 算法进行定位时，假设待定位对象在当前位置可以扫描到 n 个 WiFi 信号，并获取每个信号的 RSSI 作为该位置的指纹，记为 $R=(r_1,r_2,\cdots,r_n)$，其中 r_i（$1\leqslant i\leqslant n$）代表在这个位置的第 i 个 WiFi 信号的 RSSI。离线阶段需要记录一定空间范围内所有的位置（m 个位置）及其对应 WiFi 信号（n 个 WiFi 信号）的 RSSI 并构成 WiFi 指纹数据库，记为 $F_j=(f_{j1},f_{j2},\cdots,f_{jn})$，其中 $1\leqslant j\leqslant m$，F_j 表示在第 j 个位置的指纹。当在线阶段利用 NN 算法进行指纹匹配待定位对象的位置时，将待定位对象实时得到的 n 个 WiFi 信号的 RSSI 与指纹数据库进行距离匹配，匹配的公式如式（7-8）所示，从指纹数据库中选择一个距离最小指纹值对应的位置作为定位的结果。

$$D_j=\sqrt[q]{\left|\sum_{i=1}^{n}(r_i-f_{ji})^q\right|},\qquad 1\leqslant i\leqslant n,\ 1\leqslant j\leqslant m \tag{7-8}$$

式中，D_j 表示指纹数据库中第 j 个指纹与待定位对象当前接收到的 n 个 WiFi 信号的 RSSI 之间的指纹距离；r_i 表示当前位置检测到的第 i 个 WiFi 信号的 RSSI；f_{ji} 表示指纹数据库中的第 j 个指纹中第 i 个 WiFi 信号的 RSSI；q 表示匹配时选择的距离，当 $q=1$ 时，D_j 表示的是利用曼哈顿距离计算得到的指纹距离，当 $q=2$ 时，D_j 表示的是利用欧氏距离计算得到的指纹距离，一般取 $q=2$，即计算欧氏距离。

NN 算法找出的是最接近的一个指纹距离；KNN 算法找出的是 K 个最接近的指纹距离，将 K 个指纹距离的平均值作为待定位对象的位置；WKNN 算法在 KNN 算法的基础上对 K 个指纹距离赋予一定的权值来计算出待定位对象的位置。

目前，常用的定位算法就是上述的两大类，在实际应用中可以根据不同的应用场景选择不同的定位技术，并根据相应的技术来选择合适的定位算法，以达到尽可能提高定位精度的目的。

3. 定位系统和方案

近年来，室内定位的研究开展得如火如荼，国内外的许多高校、研究机构和 IT 公司都在室内定位方面做了很多研究，陆续提出了很多室内定位的解决方案并开发出了相关的室内定位系统。例如，AT&T Laboratories Cambridge 开发了 Active Bat 系统[33]，Olivetti 实验室开发了 Active Badge 系统[34]，MIT 开发了 Cricket 系统[35]，Georgia Tec 公司开发了 Smart Floor 系统[36]，Microsoft 公司开发了 Easy Living 系统[37]和 RADAR 室内定位与跟踪系统[38]等。这些系统除了运用了 AOA 法、TOA 法、TDOA 法和指纹定位法这些主流的定位方法，还提出了一些创新的定位方法，如利用自适应判别神经网络（Discriminant-Adaptive Neural Network，DANN）进行定位[39]、利用遗传算法（Genetic Algorithm，GA）进行定位[40]等。

这里简要介绍几个比较典型的室内定位解决方案和系统。

Google 公司早在 Google 手机地图 6.0 版中就在一些地区加入了室内定位导航功能，当时还是主要依靠 GPS 来定位的。虽然 GPS 信号在室内会受到严重衰减，但一般来说还可以获得 2～3 颗卫星的信号，因此 GPS 也是一种室内定位手段。除了 GPS，Google 公司还加入了 WiFi 信号和手机基站信号，同时还融合了一些室内盲点（那些没有 GPS、WiFi 和手机基站信号的具体位置）来进行定位。但这种定位方案的精度并不令人满意，后来 Google 公司又开发了一个名为 Google Maps Floor Plan Marker 的应用，该应用让用户按照规定的步骤来进行定位，可以提高室内定位和导航的精度。近年来，Google 公司一直在努力提高室内定位和导航的精度，例如通过众包的方式来获取建筑物或场馆的平面图。所谓众包，就是让所有用户都参与上传建筑物或场馆的平面图，利用用户的力量来获取更多的建筑物或场馆的平面图，这些平面图是室内定位和导航的基础，可以解决数据源的问题，提高定位方案和系统的实用性。另外，当用户使用 Google 公司的定位系统时，该系统也会记录用户设备检测到的 WiFi 信号、手机基站信号等信息，这些信息被服务器处理分析之后可为用户提供更精准的定位服务。

杜克大学则对生活中的很多路标进行了研究，并提出了 UnLoc 定位系统，该系统通过添加一些信号死角（如电梯、楼梯）的位置信息（路标）来校正用户的位置。当用户移动时，定位系统是通过各种运动感应器来跟踪用户位置的，在跟踪过程中定位精度会逐渐降低。当用户经过某个路标时，其位置就会重新被更新并校准，通过不断更新和校准，可以提高定位精度。

近几年，随着各种传感器的不断出现和发展，地磁信息也被应用到了室内定位系统，很多公司推出了基于地磁的定位系统，例如芬兰著名的、专注于室内定位和导航解决方案的 IndoorAtlas 公司推出了一个室内定位系统 IndoorAtlas，该系统是利用地磁技术来进行定位的。IndoorAtlas 系统通过地球表面不同位置地磁信息的差异来确定用户的位置，虽然 IndoorAtlas 公司声称该系统是基于纯地磁的定位，但还是融合了惯导、WiFi 等技术，但这些技术并不是必需的。使用 IndoorAtlas 系统进行定位导航还是比较烦琐的，用户在定位时需要进行的操作很多，首先需要用户上传其所在的建筑物或场馆的平面图；然后还需要用户拿着装有该系统的设备在室内所有地方行走一遍以便记录所经地点的地磁信息，并将这些地磁信息上传到 IndoorAtlas 系统的服务器进行处理；最后服务器才能根据这些地磁信息来进行定位。目前，IndoorAtlas 系统的定位精度还不是特别理想，同时可执行性也不高，在很多方面仍需要技术上的突破。

除了地磁信息，很多定位系统利用了无线电信号。例如，Qubulus 公司提出的定位方案就是通过无线电信号来进行定位的。在不同的位置，无线电信号的数量、频率和强度等是不同的，因此可以根据无线电信号的差异来计算待定位对象的位置。但基于无线电信号的定位方案在日常生活中难以应用，而且这种方案需要用户主动采集室内的无线电信号。

除了上述的室内定位系统和方案，国内外的很多高校和 IT 公司也提出了自己的定位系统和方案。例如，Apple 公司提出的基于 BLE 的 iBeacon 室内定位方案；我国在北斗卫星导航系统的基础上推出了羲和定位系统，这是一个室内外通用的定位系统；清华大学刘云浩带领的团队推出了 LiFS 定位系统。很多专注于地图领域的 IT 公司也都推出了自己的室内定位系统。

上述的定位系统和方案都是二维室内定位系统和方案，三维定位采用的技术与二维定位相差不大。三维定位在二维定位的基础上增加了测高，既可以利用 GPS、专门的光学仪器、超声波、UWB、RSSI 来测高，也可以利用气压计来测高。利用 GPS 测高时的精度较差，利用专门的光学仪器来测高，虽然可以大幅提高定位精度，但这种设备的成本很高，一般用于无人机定位或者工业生产中，在普通室内环境安装这些仪器的成本太高。与光学测高类似，利用超声波和 UWB 来测高也需要安装特定的设备，在普通室内环境中实施的难度较大。利用 RSSI 来测高是目前较为主流的方法，这种方法通常使用 WiFi 信号，定位算法通常使用 KNN 算法和指纹定位法，但这种方法的定位精度较低、时延较大。

为了在测高时摆脱对额外硬件的依赖性，有的研究人员提出利用设备内置的气压计来测高。例如，叶海波等人[41]利用众包方式，让所有用户都采集不同楼层、不同位置点的气压，并利用气压在短时间内变化不大的特性来判断用户所在的楼层。有的研究人员提出利用差分气压的方法来测高，即在定位前先规定一个基准点并获得该基准点的气压，在定位时获取待定位对象与该基准点的气压的差值，并根据该差值来计算待定位对象的高度。但由于气压会根据环境的温度，以及环境内的人群密度等的变化而不断变化，因此利用差分气压来测高的方法往往会产生一定的误差，随着时间的推移和环境的变化，该方法产生的误差会变得越来越大。还有的研究人员将气压计与 WiFi 信号结合起来进行测高，如陈岳燊等人[42]对用户使用众包方式采集的不同楼层气压和 WiFi 信号进行了层次聚类，从而完成了楼层的识别，这种方法也需要用户不停地采集数据，实用性较差，同时还需要额外的 WiFi 信号，对硬件的依赖性较大。该方法利用的也是气压在短时间内变化不大的特性，进行长时间定位的效果较差。

除了上述的方法，还有研究人员通过对固定在行人足部的惯性传感器数据进行积分来计算行人行走时的高度变化，但这种方法对惯性传感器的精度要求很高，目前智能设备中集成的惯性传感器还无法满足精度的要求，并且惯性传感器需要固定在行人的足部，通常是不可能实现的。

在目前的三维定位系统和方案中，较为出名的是博通（Broadcom）公司发布的集成在芯片中的室内三维定位系统，该芯片通过 GPS、WiFi、蓝牙、NFC 以及传感器等技术来进行三维室内定位。该芯片通过 GPS 获得用户的初始位置（包括高度值）后，利用芯片内集成的加速度计获取用户的前进距离，利用陀螺仪和磁力计获取前进方向，利用高度计获取高程值，可以在任意时刻得到用户的三维位置。但由于该芯片目前还未集成到智能设备中，因此其定位效果和精度还不清楚。

综上所述，目前在室内定位技术、算法等方面还存在着很大的改进空间。随着互联网的飞速发展、智能设备的普及应用、城市化现象的不断加剧、人们在室内活动时间的不断增多，如何为人们提供精准的室内定位服务仍是一个值得深入研究的问题。

7.2.2 基于 WiFi 的行人初始位置确定

由于惯导只能跟踪行人的位置变化，而不能获得行人的初始位置，因此还需要结合其他定位技术来获取行人的初始位置。目前的建筑物或场馆都覆盖了 WiFi 信号，本节主要介绍基于 WiFi 来确定行人初始位置的方法。在实际的定位中，该方法一般不适用于临时布置的 WiFi

路由器，因此，如何利用好室内环境已有的 WiFi 信号是比较重要的。

根据 7.2.1 节的介绍可知，在基于 WiFi 进行定位时，有两种方法：RSSI 法和指纹定位法。RSSI 法是测距定位算法，主要利用接收信号强度与发射信号源节点（如 WiFi 的 AP）距离的关系，根据信号传播模型，通过测距来确定行人的位置。这种方法受信号强度的影响大，由于信号会随环境的变化而变化，因此 RSSI 法的定位误差较大。此外，在室内往往很难知道 AP 的准确位置，因此也难以根据 AP 的位置来确定行人的位置。指纹定位法分为离线和在线两个阶段，离线阶段需要先建立 WiFi 指纹数据库，指纹数据库中每条数据称为位置指纹，位置指纹是在特定空间位置和特定时间采集的一个或多个 WiFi 信号的相关参数信息的集合，每个位置的指纹代表了这个位置独一无二的特征，用于区别其他位置。指纹定位法使用了无线局域网（Wireless Local Area Network，WLAN）信道传输模型下的信息，这些信息一般都包括每个信号的 RSSI。在线阶段通过匹配实时测得的 WiFi 信号与指纹数据库中的数据，可以得到行人的位置，这种方法在定位时较为稳定。

在现实场景中，行人在定位开始时通常会大概率地出现在某些特定的地点，如楼梯口或房间门口，因此基于 WiFi 来确定行人的初始位置时，通常会在楼层设置若干个固定位置作为行人的初始位置，按照这种方式建立指纹数据库时复杂性较低，可以采用指纹定位法来确认行人的初始位置。

文献[43]对在室内采用指纹定位法进行定位时应使用的 AP 数量进行了研究。研究结果表明：当离线阶段和在线阶段采用的 AP 数量一致时，定位的精度比较高；当 AP 的数量为 4～7 个时定位误差较小，继续增加 AP 数量对减小定位误差的作用并不明显。因此本节在离线阶段和在线阶段设置了 5 个 AP。

1．定位原理

采用指纹定位法进行定位时，需要预先部署多个 WiFi 路由器和 AP。在指纹定位法的离线阶段，首先规定采集指纹的距离间隔，距离间隔一般为 0.6～2 m；然后在定位空间中根据距离间隔确定要采集指纹的位置点；最后用智能设备在这些位置点上采集指定 AP 的信息，并将对应位置点和在该位置点检测到的 AP 信息保存到指纹数据库中。在指纹定位法的在线阶段，智能设备在某一位置采集对应 AP 的信息，并将该信息与指纹数据库中的数据进行匹配，计算指纹距离，采用 NN、KNN 或 WKNN 算法计算行人的位置。

在多楼层的室内环境中，一般每个楼层都会有多个 AP，这些 AP 通常都比较稳定、名称相同，但位置未知，在定位前要采集室内环境中不同位置 AP 的信息。由于行人的初始位置点相对比较固定，因此对固定位置 AP 的信息采集了 150 次，并将采集到的 AP 信息（信号强度）取平均值，得到前 5 个信号强度最大的 AP 信息，如图 7.3 所示。

x	y	floor	ap0	ap0level	ap1	ap1level	ap2	ap2level	ap3	ap3level	ap4	ap4level
0.5321428571428	0.6320754716981	4	70:ba:ef:c7:48:10	-42	70:ba:ef:c7:20:d0	-45	70:ba:ef:c7:48:00	-50	70:ba:ef:c7:4b:d0	-56	70:ba:ef:c7:4e:70	-61
0.8321428571428	0.4716981132075	4	70:ba:ef:c7:4e:70	-32	70:ba:ef:c7:48:10	-34	70:ba:ef:c7:20:d0	-42	70:ba:ef:c7:4e:b0	-44	70:ba:ef:c7:4e:60	-47
0.8321428571428	0.4716981132075	3	70:ba:ef:c7:4d:a0	-32	70:ba:ef:c7:4d:b0	-38	70:ba:ef:c7:58:70	-40	70:ba:ef:c7:4e:60	-49	70:ba:ef:c7:69:90	-53
0.3214285714285	0.6320754716981	4	70:ba:ef:c7:4e:90	-39	70:ba:ef:c6:de:90	-47	70:ba:ef:c7:20:d0	-57	70:ba:ef:c7:77:50	-58	70:ba:ef:c7:85:b0	-58
0.0267857142857	0.6320754716981	4	70:ba:ef:c7:43:f0	-41	70:ba:ef:c7:85:b0	-49	70:ba:ef:c5:ca:10	-53	70:ba:ef:c7:43:e0	-55	70:ba:ef:c7:4e:90	-60
0.0267857142857	0.6320754716981	3	70:ba:ef:c5:ca:10	-40	70:ba:ef:c6:df:10	-61	70:ba:ef:c7:43:e0	-61	70:ba:ef:c5:ca:00	-62	70:ba:ef:c7:4e:90	-63
0.3214285714285	0.6320754716981	3	70:ba:ef:c6:41:d0	-45	70:ba:ef:c6:df:10	-51	70:ba:ef:c6:de:90	-55	70:ba:ef:c6:de:80	-57	70:ba:ef:c6:06:b0	-58
0.5321428571428	0.6320754716981	3	70:ba:ef:c6:06:b0	-39	70:ba:ef:c6:41:d0	-40	70:ba:ef:c6:de:90	-49	70:ba:ef:c6:e1:b0	-51	70:ba:ef:c7:4d:b0	-53

图 7.3　前 5 个信号强度最大的 AP 信息

由图 7.3 可知，由于不同的位置相距一定的距离，因此在每个位置上采集到的 AP（信号强度最大的前 5 个 AP）信息在一定程度上存在差异，在每个位置上检测到信号强度最大的 AP 的 BSSID（每个 AP 的地址，也是 AP 的唯一标识符）也不是完全相同的，与每个 AP 对应的 RSSI 也不同。在离线阶段时，需要在每个位置采集在该位置上最稳定的 AP 信息，并将信号强度最大的前 5 个 AP 的信息作为该位置的指纹保存至 WiFi 指纹数据库。指纹数据库中数据的格式为：

$$x, y, \text{floor}, \text{ap1BSSID}, \text{ap1RSSI}, \cdots, \text{ap}n\text{BSSID}, \text{ap}n\text{RSSI}$$

其中，x 和 y 为位置的坐标；floor 为位置的楼层信息；ap1BSSID、ap1RSSI 到 ap$n$BSSID、ap$n$RSSI 分别为在(x,y)采集到信号强度最大的前 n 个 AP 的 BSSID 和 RSSI。

在开始定位时，即处于在线阶段时，智能设备采集不同位置的 AP 信息。当智能设备获取到信号强度最大的前 n 个 AP 的 BSSID 和 RSSI 信息后，将这些信息和指纹数据库中的数据进行匹配。在进行数据匹配时，首先根据 BSSID 进行匹配，在指纹数据库中搜索 BSSID 相同的个数最多的记录，若个数最多的记录是唯一的，则将对应的位置作为智能设备的位置；若个数最多的记录有多条，则再进行指纹距离计算，找出指纹距离最小的记录对应的位置作为智能设备的位置。根据上述方法，利用室内已经部署的 WiFi 就可以确定行人的初始位置，无须额外的成本，简单可行。

2. 定位流程

1）离线阶段的流程

根据上文所述，离线阶段需要建立位置指纹的指纹数据库，将位置指纹作为在线阶段的匹配依据。离线阶段的流程如图 7.4 所示。

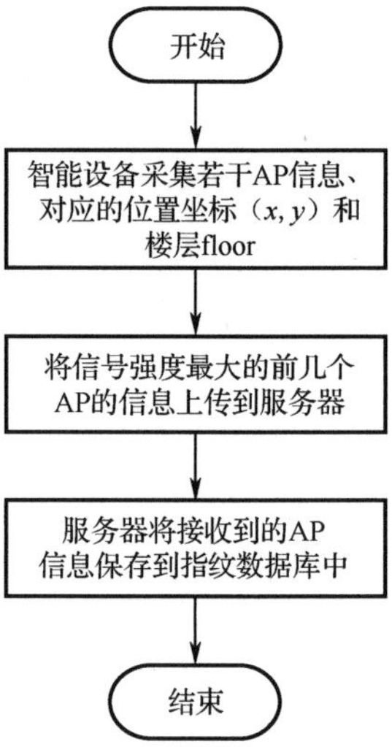

图 7.4　离线阶段的流程

2）在线阶段的流程

在线阶段的流程如图 7.5 所示。

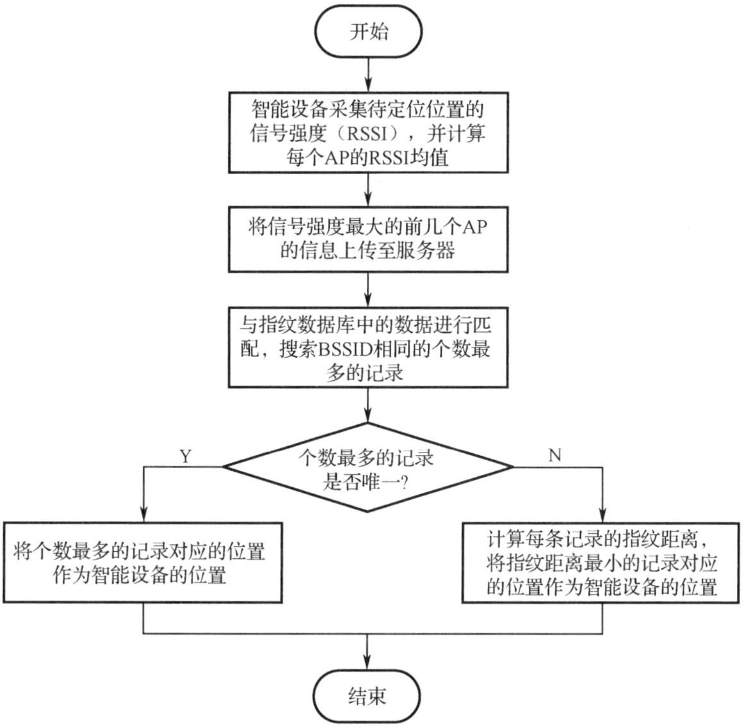

图 7.5　在线阶段的流程

3．定位实验环境

定位实验环境如图 7.6 所示，该实验环境是某建筑物的 3 楼和 4 楼，这两个楼层的结构基本一致，长为 66.4 m，宽为 25.14 m。7.2.4 节到 7.2.6 节中的实验环境与本节的实验环境相同。

在进行定位实验时，为了确定行人的初始位置，在楼层中预设了一些固定位置，这些固定位置在图 7.6 中用“*”标记，依次间隔十几米，目的是利用 WiFi 确定行人的初始位置属于这些固定位置中的哪一个。本节的实验环境中有很多名为 NJUPT 的 AP，这些 AP 是建筑物内自带的，但是 AP 的具体位置并不知道。

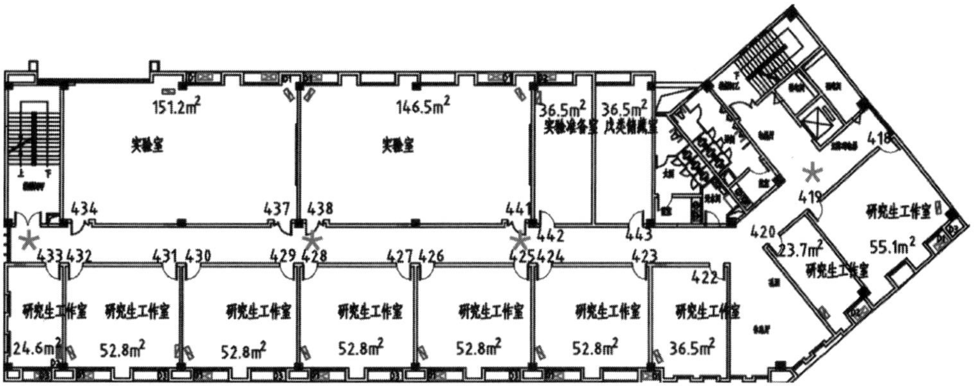

图 7.6　定位实验环境

4．定位实验结果与分析

在基于 WiFi 的行人初始位置确定实验中，智能设备是小米 Note3，该设备具有采集 AP 信息的功能；在计算机中构建用于定位的服务器，智能设备和服务器通过无线网络进行数据传输。

在图 7.6 中，将从左至右的 4 个固定位置标记为 A、B、C、D，并对这 4 个固定位置按照离线阶段的流程建立指纹数据库。在进行定位时，分别在每个楼层的 4 个固定位置进行 3 次定位实验，定位结果如表 7.1 所示。

表 7.1　基于 WiFi 的行人初始位置确定的实验结果

实 验 次 数	行人真实位置	行人真实楼层	定位出的位置	定位出的楼层
1	A	3	A	3
2	B	3	B	3
3	C	3	C	3
4	D	3	D	3
5	A	3	A	3
6	B	3	B	3
7	C	4	C	4
8	D	4	D	4
9	A	4	A	4
10	B	4	B	4
11	C	4	C	4
12	D	4	D	4

从表 7.1 中的数据可知，根据本节介绍的定位方法可以确定行人的初始位置。由于 4 个固定位置相距一定的距离，因此在每个固定位置采集到的 AP 信息具有较为明显的特征，定位结果较为理想。基于 WiFi 的行人初始位置确定方法可以完全利用室内现有的 AP，成本较低，无须指定 AP 的具体地址信息，灵活性强。

7.2.3　基于惯导的行人动态位置跟踪

基于惯导的行人动态位置跟踪使用的是基于惯导的定位技术，根据 7.2.1 节可知，基于惯导的定位技术有两种实现方案，即连续积分定位模型和行人航位推算模型。连续积分定位模型对传感器的精度要求比较高，智能设备（如智能手机）上的传感器一般达不到那么高的精度，在基于惯导的行人动态位置跟踪中通常不使用连续积分定位模型。考虑到智能设备中传感器的精度，本节采用行人航位推算模型来实现对行人的动态位置跟踪。

1．定位原理

根据 7.2.1 节可知，行人航位推算模型包括行人步态识别、行人步长估算以及行人航向角确定 3 个部分，本节将详细介绍这 3 个部分的实现。

1）行人步态识别

行人在行走过程中，迈步具有周期性的规律，这些规律可以通过数据的形式反映在三轴加速度上。行人在静止时的三轴加速度如图 7.7（a）所示，三轴加速度不会有较大的波动。当行人在匀速行走时，伴随“落步-抬步-落步”的过程，y 轴和 z 轴的加速度会出现相应的“波谷-波峰-波谷”，加速度具有周期性的规律。行人在匀速行走时的三轴加速度如图 7.7（b）所示。通过加速度的变化可以完成对行人步态的识别，从而判断行人是否行走了一步。

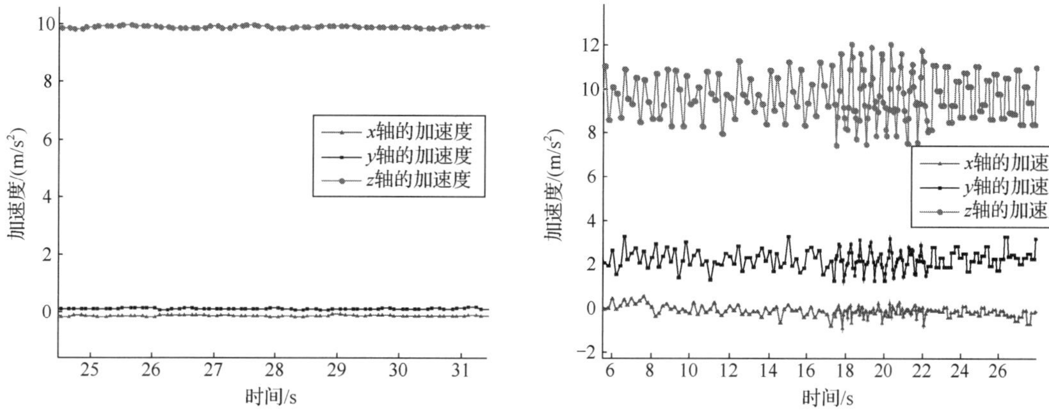

（a）行人在静止时的三轴加速度　　（b）行人在匀速行走时的三轴加速度

图 7.7　行人在静止时和在匀速行走时的三轴加速度

仔细观察图 7.7（b）可以发现，行人在匀速行走时的加速度并不平稳，存在较大的波动，在波峰周围存在很多伪波峰，在波谷周围也存在很多伪波谷，这是由行人在行走过程中身体的摇晃、抖动等产生的噪声造成的。因此，通过加速度的波峰和波谷来判断行人是否行走了一步（波峰法）会产生很大的误差。在对行人步态进行识别时，首先要对加速度的原始数据进行平滑处理，过滤掉原始数据中的噪声。对原始数据进行平滑处理的主要方法有快速傅里叶滤波法、邻近平均值法和分位数滤波法等，在实际中多采用邻近平均值法。

行人在行走时，y 轴和 z 轴的加速度都会产生波动，对三轴加速度都进行判断会很麻烦。为了方便判断行人行走一步时加速度的波动，在对加速度的原始数据进行滤波前，先按式（7-9）计算整体加速度，即：

$$a=\sqrt{a_x^2+a_y^2+a_z^2} \tag{7-9}$$

式中，a 为整体加速度；a_x 为 x 轴的加速度；a_y 为 y 轴的加速度；a_z 为 z 轴的加速度。

邻近平均值法采用滑动窗口的方式对加速度的原始数据进行滤波[44]，其核心思想为：假设在某一段时间内共测得 n 个加速度，第 i 个时刻的整体加速度为 a_i，k 为邻近范围，即滑动窗口大小，经过邻近平均值法处理后的第 i 个时刻的加速度为该时刻相邻的 k 个时刻，即 $i-(k-1)/2,\cdots,i-1,i,i+1,\cdots,i+(k-1)/2$ 加速度的平均值，即：

$$a_i=\frac{1}{k}\sum_{j=-(k-1)/2}^{(k-1)/2}a_{i+j}\,,\qquad i\in\left[\frac{k+1}{2},n-\frac{k+1}{2}\right] \tag{7-10}$$

图 7.8（a）所示为行人在匀速行走时的整体加速度，采用窗口大小为 5 的邻近平均值法对加速度的原始数据进行处理后的整体加速度如图 7.8（b）所示。通过图 7.8 可以看出，经过平滑处理后的加速度在一定程度上消除了噪声，即去掉了一些伪波峰和伪波谷。但如果此

时通过判断加速度的上升趋势来判断行人的步态，则相当于前述的波峰法的变形，依旧会因为加速度的波峰不够大而出现误判的情况，因此并不能准确判断行人是否行走了一步。

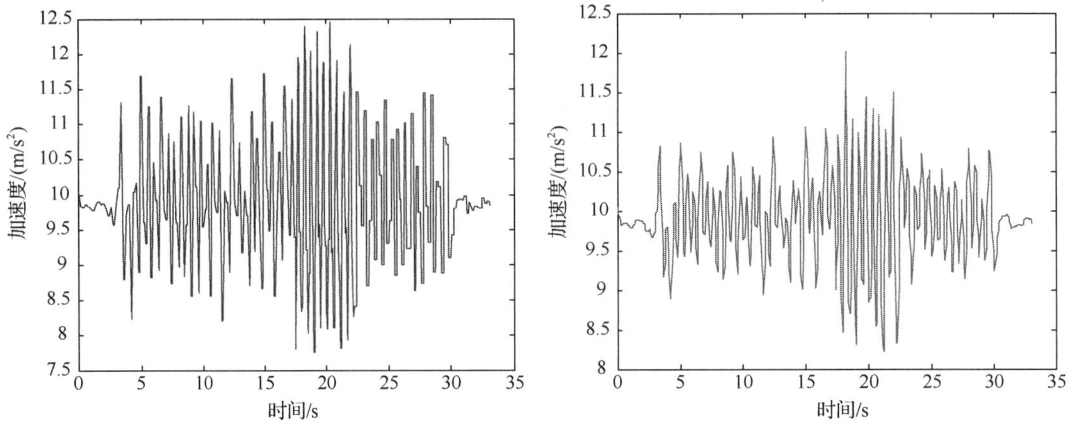

（a）行人在匀速行走时的整体加速度　　（b）经过邻近平均值法处理后的整体加速度

图 7.8　行人在匀速行走时的整体加速度以及经过邻近平均值法处理后的整体加速度

为了准确识别行人的步态，在邻近平均值法的基础上，本节采用了基于双滑动窗口的行人步态识别算法，利用两个滑动窗口来对加速度的原始数据进行滤波和分析[45]。该算法的核心思想为：在对加速度的原始数据进行平滑处理时，不采用固定窗口大小的邻近平均值法，而采用滑动窗口进行平均处理，即采用固定的时间作为滑动窗口的大小，将一段时间内的加速度的平均值作为某一时刻的加速度。两个滑动窗口的时间一个长、一个短，通过训练可以得到两个窗口具体的大小，使两个窗口的交点恰好为原始加速度的波峰，从而可以去除大部分噪声，准确判断行人的步态。

因为智能设备（如智能手机）是按照一定的频率来采集加速度数据的，采集到的加速度数据是离散的，为了使加速度更接近真实值并且更加平滑，定义 i 时刻加速度为：

$$a_i=(a_{i-1}+a_i)/2 \tag{7-11}$$

式中，a_i 为第 i 个时刻的加速度。对采集的加速度数据采用滑动窗口的邻近平均值法进行平滑处理，假设 a_i 为第 i 个时刻的加速度，t 为滑动窗口的时间，则进行平滑处理后第 i 个时刻的加速度 a_i 为：

$$a_i=\frac{\sum a_j \times l_j}{\sum l_j} \tag{7-12}$$

式中，j 为最靠近 i 的前 n 个测得加速度的时刻且满足 $\sum l_j < t$；l_j 为第 j 个时刻与第 j−1 个时刻之间的时间间隔。通过上述方法对加速度的原始数据进行平滑处理后的效果如图 7.9 所示。

为了使行人步态的识别更加稳定，分别采用了长时间滑动窗口和短时间滑动窗口的邻近平均值法对加速度的原始数据进行平滑处理，其效果如图 7.10 所示。

图 7.10 中五角星标记位于原始加速度的波峰，是两个滑动窗口加速度平均值曲线的交点，在相邻的两个五角星标记处，长时间滑动窗口加速度平均值与短时间滑动窗口加速度平均值的大小不同。比较长时间滑动窗口加速度平均值与短时间滑动窗口加速度平均值，若二者大

小不同，并且短时间滑动窗口加速度平均值开始大于长时间滑动窗口加速度平均值，则行人在此时可能行走了一步。经过训练拟合后，将长时间滑动窗口的大小设为 1 s，短时间滑动窗口的大小设为 0.2 s，可以使两个滑动窗口的交点处于原始加速度的波峰。

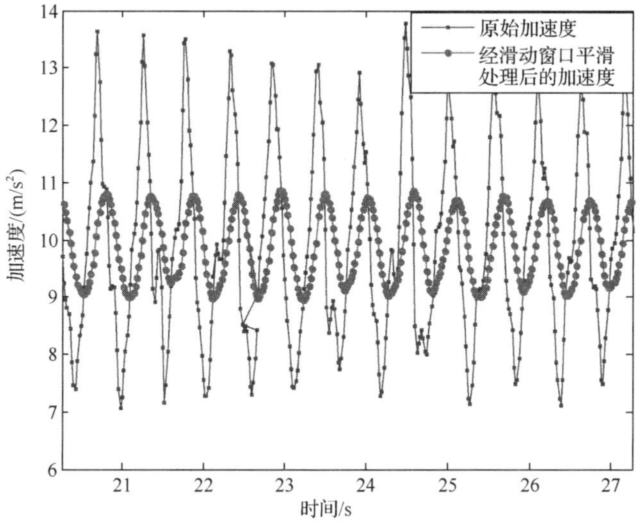

图 7.9　采用滑动窗口的邻近平均值法对加速度的原始数据进行平滑处理后的效果

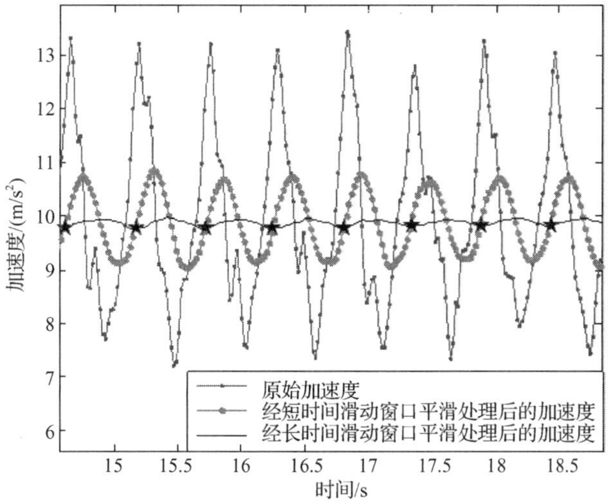

图 7.10　采用两个滑动窗口的邻近平均值法对加速度的原始数据进行平滑处理后的效果

判断行人是否行走了一步的流程如图 7.11 所示。

在判断行人是否行走了一步时，除了需要按照图 7.11 所示的流程进行判断，还需要对步行周期，以及加速度的波峰和波谷进行判断。研究发现，步行周期通常为 0.2～2 s[46]，因此，只有当两个连续被检测到的可能一步的时间间隔为 0.2～2 s 之间时，才可能是真正的一步，否则将重新计步。由于在行人从步行到静止或从静止到步行时的加速度会有相应的波峰或波谷，但此时并不是行人行走了一步，并且加速度的波动不够大。因此，为了准确地判断行人是否行走了一步，还需为加速度的波峰值和波谷设置相应的阈值。经过反复实验发现，波峰和波谷的阈值与长时间滑动窗口加速度的平均值有关。综上所述，在判断行人是否真正行走了一步时，可以按照式（7-13）进行，即：

$$\begin{cases} \text{stepDetected=true} \\ 0.2 < \text{nowStepDetectedTime} - \text{lastStepDetectedTime} < 2 \\ \text{stepPeakValue} - \text{longMovingWindowAcc} > 0.2 \\ \text{longMovingWindowAcc} - \text{stepValleyValue} > 0.7 \end{cases} \tag{7-13}$$

式中，stepDetected 为图 7.11 中判断出可能一步的状态结果；nowStepDetectedTime 为当前判断出可能一步状态的时间；lastStepDetectedTime 为上一次判断出可能一步状态的时间；stepPeakValue 为可能一步的加速度波峰；stepValleyValue 为可能一步的加速度波谷；longMovingWindowAcc 为判断出可能一步状态时的长时间滑动窗口加速度平均值。当满足式（7-13）中的所有条件时，可以判断行人真正行走了一步，从而完成行人步态识别。

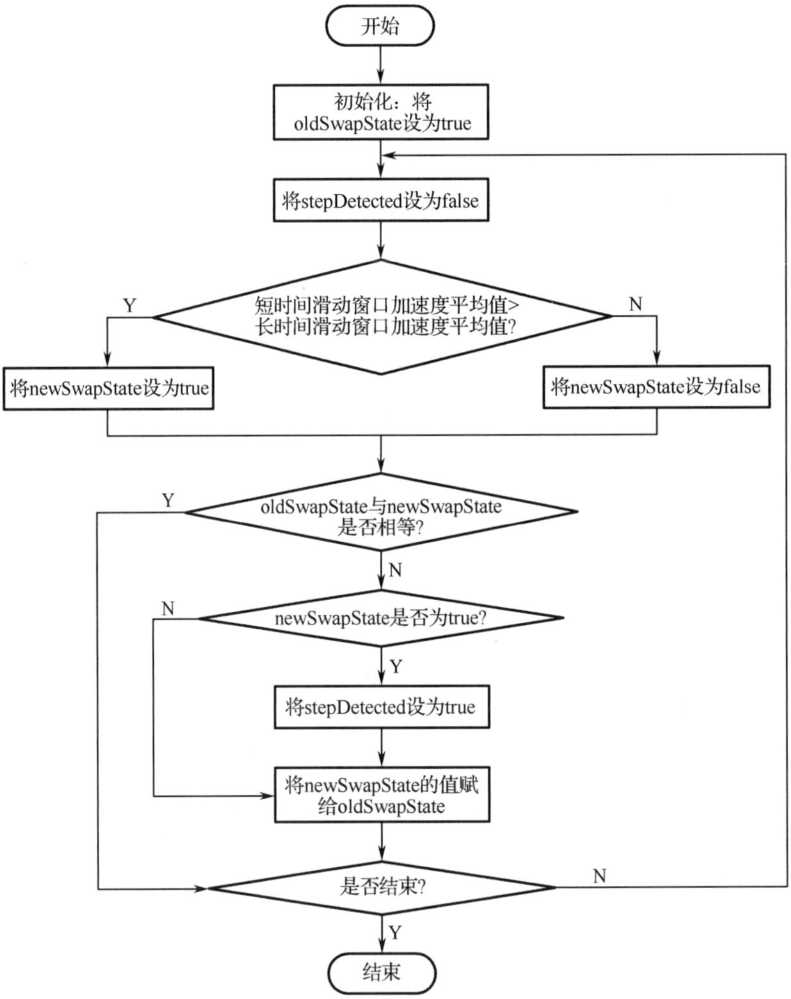

图 7.11　判断行人是否行走了一步的流程

2）行人步长估算

行人航位推算模型的定位精度与行人步长估算的精度有很大的关系，可以说，行人航位推算模型的定位精度是由行人步长估算的精度决定的，因此，选择一个高精度的行人步长估算模型是至关重要的。

考虑到智能设备（如智能手机）中传感器的精度，本节采用线性步长估算模型来对行人的步长进行建模和预测。行人的步长不仅与行人的步频有关，还和行人在一步中加速度的方差有关[47]。线性步长估算模型如式（7-14）所示：

$$\begin{aligned} &\mathrm{SL}=\lambda+bF(k)+cV(a)+\delta \\ &F(k)=\frac{1}{t_k-t_{k-1}}, \qquad k=1,2,3,\cdots \\ &V(a)=E(a^2)-E(a)^2 \end{aligned} \tag{7-14}$$

式中，SL 为行人的步长；λ 为常数项，b、c 分别为对应变量的参数值，λ、b、c 可以通过对不同行人进行训练得到；δ 为线性步长估算模型的系统噪声，一般设 $\delta=0$；$F(k)$为行人的步频；$V(a)$为行人在一步中加速度的方差；$E(a)$为行人在一步中加速度的期望；a 为行人在一步中的加速度；t_k 为行人走每一步的时刻。

在确定了行人步长估算模型后，还需要进行离线训练来得到模型的参数。在进行离线训练时，规定行走的距离，分别让行人慢速和快速地行走，通过测量得到步长、步频和加速度方差等样本，对样本进行线性拟合后即可得到不同行人的步长模型。在定位时可以根据不同的步长模型来估算不同行人在不同时刻的步长，再结合航向角即可获得行人的动态位置。

3）行人航向角确定

在识别行人的步态并估算出行人的步长后，只要再获取行人每一步的航向角，就可以获得行人每一步后的动态位置。考虑到通过对智能设备陀螺仪进行积分运算来获取航向角的方法比较复杂，并且为了节省智能设备的能量，本节通过智能设备（如智能手机）中的方向传感器来获取行人每一步的航向角。

智能设备（如智能手机）的方向传感器通过加速度计采集的数据和磁传感器采集的数据来生成旋转矩阵，再通过旋转矩阵可获得将智能设备 y 轴方向水平投影到地理坐标系水平面时与磁北方向的夹角，从而获得行人每一步相对于磁北方向的航向角。磁北方向与地理正北方向之间存在磁偏角，不同地域的磁偏角不同，通过查表可获得当地的磁偏角[48]。通过式（7-15）可计算出行人每一步的航向角，即：

$$\alpha=\beta-\varepsilon \tag{7-15}$$

式中，α 为行人每一步的航向角；β 为智能设备方向传感器测得的航向角；ε 为当地的磁偏角。

如果行人在行走时智能设备 y 轴的方向与行人行走的方向一致，那么在行人每一步的开始时刻，方向传感器测得的航向角并不是行人这一步的航向角。为了精准地确定行人每一步的航向角，在行人每一步的最后时刻读取方向传感器测得的航向角，用该航向角与当地的磁偏角进行计算后可获得行人相对于地理正北方向的航向角，从而确定行人的行走方向。

4）行人动态位置跟踪及移动轨迹绘制

为了实时跟踪行人的动态位置，并绘制其移动轨迹，首先需要将行人所处位置的平面图通过一定的比例显示在智能设备上；然后通过行人航位推算模型获得行人的动态位置，完成行人的实时定位；最后将行人在三维空间中的位置实时转换成地图中的相应位置点，将每个时刻的位置点用线段连接起来即可绘制出行人的移动轨迹。

2. 定位流程

基于惯导的行人动态位置跟踪的流程如图 7.12 所示。

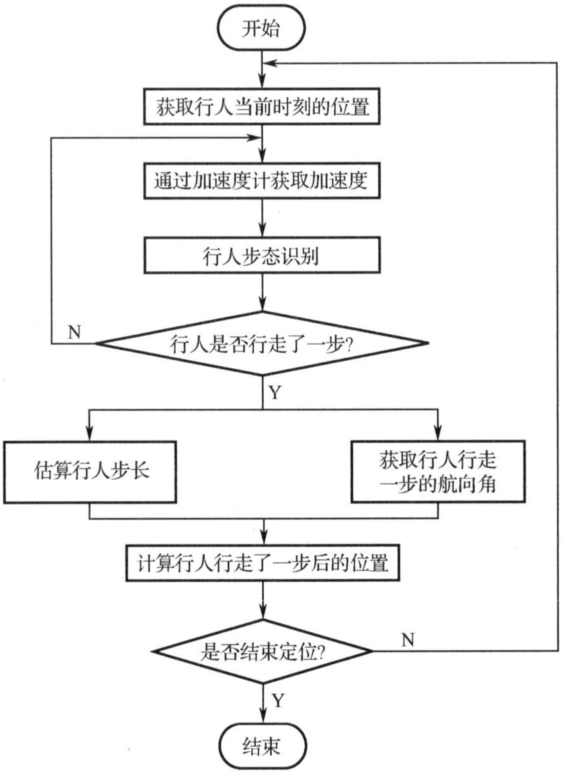

图 7.12　基于惯导的行人动态位置跟踪的流程

3. 定位实验结果与分析

在基于惯导的行人动态位置跟踪实验中，采用的智能设备是小米 Note3。为了避免偶然误差，每次实验都进行 3 次，观察整体准确率。行人移动轨迹绘制实验环境是一个正方形区域，规定行人的移动轨迹后，观察绘制的行人移动轨迹，以测试行人动态位置跟踪的效果。接下来将分别展示各部分的测试结果。

1）行人步态识别实验结果与分析

根据行人步态识别的要求，让行人在走廊中行走 3 次，分别记录行人行走的实际步数与行人步态识别算法的计步。行人步态识别的实验结果如表 7.2 所示。

表 7.2　行人步态识别的实验结果

实验次数	实际步数	算法计步	准确率
1	20	20	100%
2	30	30	100%
3	40	42	95%

第 1 次实验和第 2 次实验是在行人匀速行走的情况下进行的，第 3 次实验是在行人变速行走的情况下进行的。根据表 7.2 中的数据可知，行人步态识别算法在行人匀速行走时的效果很好，准确率可达 100%；当行人变速行走时，该算法会由于行人步频的变化而出现误差，但从整体上看，该算法具有较高的准确性。

2）行人步长估算实验结果与分析

在行人步长估算模型中，步长、步频（可用时间间隔来表示）和加速度方差这 3 个参数会因行人的不同而不同，因此本节对同一个行人采集了若干实验数据。行人步长估算模型的离线训练数据如表 7.3 所示。

表 7.3　行人步长估算模型的离线训练数据

距离/m	时间/s	步　数	平均步长/m	时间间隔/s	加速度方差/（m/s^2）
35	19.5	44	0.7955	0.4372	2.7514
35	22.7	46	0.7609	0.4878	1.7123
35	26.05	49	0.7143	0.5200	1.0568
35	31.92	54	0.6481	0.5833	0.6884
35	39.60	57	0.6140	0.6761	0.5141
35	46.18	61	0.5738	0.7299	0.4490

根据离线训练数据对行人步长估算模型进行线性拟合，可得到行人步长估算模型，如式（7-16）所示。

$$SL=0.2371+0.2487f-0.0011v \tag{7-16}$$

根据所建立的行人步长估算模型，让行人在走廊中行走 3 次，行人的实际行走距离与算法计量的距离，如表 7.4 所示。

表 7.4　行人的实际行走距离与算法计量的距离

实 验 次 数	实际距离/m	估算距离/m	准　确　率
1	6	6.79	88.37%
2	13.8	14.687	93.96%
3	26.4	27.967	94.40%

由表 7.4 中的数据可知，第 1 次步行的距离较短，步长估算的误差比较大；当行走的距离变长时，步长估算的误差固定在 6%左右。从整体上看，行人步长估算模型在短时间内具有较高的准确率。

3）行人移动轨迹绘制结果

为了测试行人移动轨迹的绘制效果，分别让行人按照以下 4 种线路行走，以测试不同移动轨迹的绘制效果。

（1）行人在一条 4.8 m 的直线上往返行走一次，移动轨迹的绘制效果如图 7.13 所示。

（2）行人围绕一个 3.6 m×4.8 m 的矩形行走一圈，移动轨迹的绘制效果如图 7.14 所示。

（3）行人按照折线行走，移动轨迹的绘制效果如图 7.15 所示。

（4）行人围绕一个直径为 3.6 m 的圆行走，移动轨迹的绘制效果如图 7.16 所示。

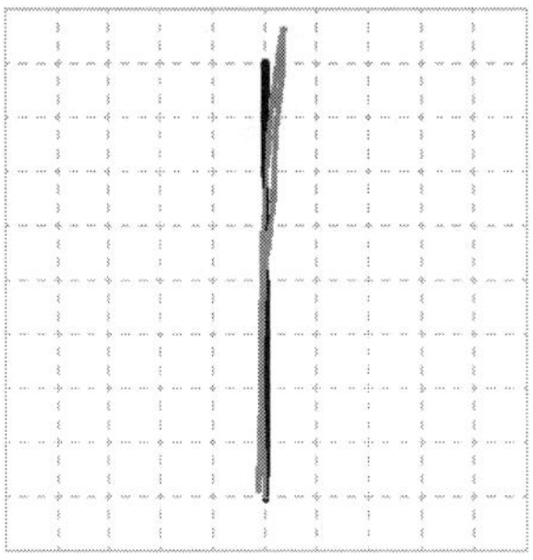

图 7.13　行人沿直线往返行走一次

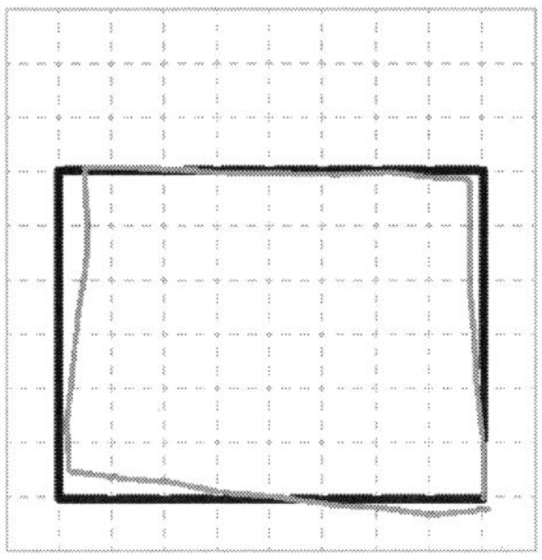

图 7.14　行人围绕矩形行走一圈

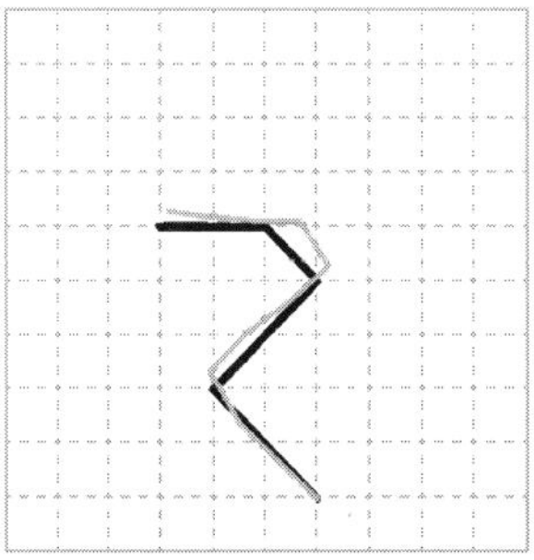

图 7.15　行人按照折线行走

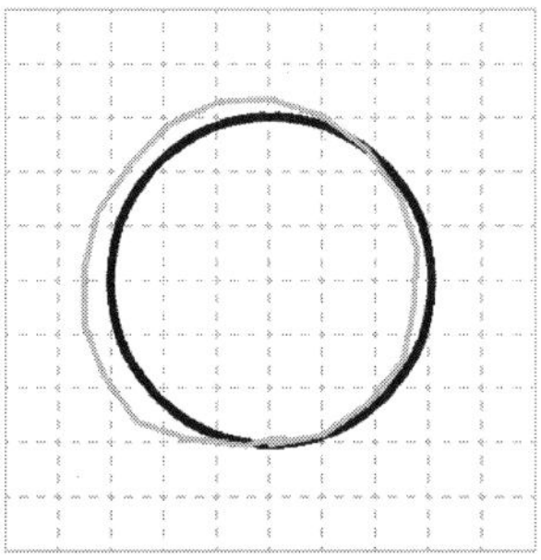

图 7.16　行人围绕圆行走

在上面的 4 个图中，网格边长为 0.6 m，黑色线为行人的实际移动轨迹，灰色线为绘制的移动轨迹。在图 7.13 中，行人沿着直线行走，绘制的移动轨迹与行人的实际移动轨迹基本一致，误差也很小。在图 7.14 中，绘制的移动轨迹不是很标准的矩形，这是因为行人步长估算存在一定的误差；绘制的移动轨迹不是笔直的，这是因为在拐角处智能手机会晃动，导致航向角存在一定的偏差。在图 7.15 中，在两个拐角处绘制的移动轨迹与实际移动轨迹的偏差较大，这是因为行人在这两个拐角处行走时的偏转角大于 90°，使手机晃动过大从而导致航向角的测量出现了偏差，但在实际的行走中转角不会超过 90°。在图 7.16 中，当行人围绕着一个圆行走时，绘制的移动轨迹不是一个标准的圆形，这是由于这种行走方式的航向角变化太快，因此在这种行走方式下绘制的移动轨迹偏差最大。通过上述 4 种情况下绘制的行人移动轨迹可知，根据初始位置，以及行人的步态、步长和航向角，可以实时地定位行人的动态位置并大致绘制出行人的移动轨迹。

综上所述，在行人航位推算模型的基础上，本节利用智能设备（如智能手机）内置的方向传感器实现了行人动态位置的跟踪，并绘制了行人的移动轨迹。由于智能手机中方向传感器的精度低、惯导本身的累积误差，以及行人在行走过程中的抖动，导致最后结果有一定误差，但从整体上看，该方法仍具有较高的准确率，具有良好的实用价值。

7.2.4　基于虚拟路标点的惯导定位修正

惯导是一种离线的定位方式，不需要网络和额外的设备，仅需要带有惯性传感器的智能设备即可，通过惯性传感器采集的数据即可定位行人的二维位置，具有实时性和连续性。但随着行人行走时间和步数的增加，惯导会出现累积误差，并且误差会变得越来越大，绘制的行人移动轨迹会越来越偏离行人的实际移动轨迹，因此需对惯导的定位进行修正。

在基于 WiFi 和 BLE 进行定位时，需要不断检测 WiFi 信号和 BLE 信号。由于信号的检测需要一定的时间，因此不可能做到每行走一步就实时地采用 WiFi 信号和 BLE 信号来定位行人的位置，从而实时进行惯导定位修正，而且在采用 WiFi 信号和 BLE 信号进行惯导定位修正时，还需要额外的硬件设备，会增加成本。除了上述两个缺点，采用 WiFi 信号和 BLE 信号还需要待定位的智能设备（如智能手机）一直处于开启的状态，这是比较耗电的，对用户也不友好。因此，需要研究一种比较简单、成本较低、对用户友好、能实时进行惯导定位修正的方法来提高定位精度。基于虚拟路标点的惯导定位修正技术应运而生。

1．惯导定位修正原理

在行人行走的过程中，如果出现拐角，则行人的航向角将会产生±90° 左右的变化。行人在左转和右转时航向角的变化如图 7.17 所示，在左转时航向角将发生−90° 左右的变化，在右转时航向角将发生 90° 左右的变化。如果将室内拐角作为虚拟路标点[49]，在利用惯导对行人进行定位时，则可以将航向角发生了±90° 左右变化的位置看成虚拟路标点，这时可将离定位位置最近的虚拟路标点当成惯导定位的结果，从而完成惯导定位修正。

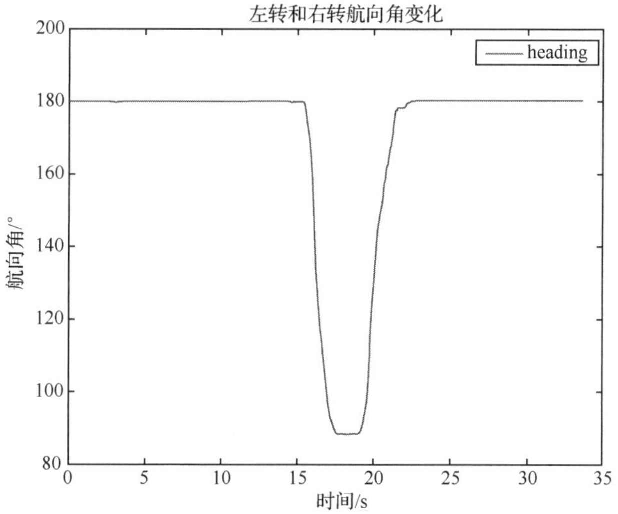

图 7.17　行人在左转和右转时航向角的变化

行人在行走过程中，通常 3～4 步就可以通过一个拐角。在采用惯导对行人进行定位时，通常都会进行计步，因此可以通过大小为 4 的滑动窗口来检测 4 步内行人的航向角变化是否为±90° 左右。若航向角的变化为±90° 左右，通过惯导定位出行人的位置后，则可以用离定位位置最近的虚拟路标点的位置来作为最后的定位结果，从而完成惯导定位修正。若航向角的变化不是±90° 左右，则表示行人在正常行走，无须对定位进行修正。当行人经过虚拟路标点时，可以进行惯导定位修正，虚拟路标点的间隔通常不会特别大，因此可以减少惯导的累积误差，使对行人的定位更加准确。另外，基于虚拟路标点惯导定位修正技术的成本低，简便易行。

2. 惯导定位修正流程

惯性导航的定位结果是通过智能设备（如智能手机）中的室内地图来显示的，智能设备的显示界面有一个坐标系，它通常以左上角为原点，沿水平向右的方向为 x 轴，沿竖直向下的方向为 y 轴。室内地图相当于这个坐标系下的一个图形，室内环境中的每个点都对应着室内地图上的某个点，也对应这个坐标系下的一个坐标。惯导定位的结果会随着行人的每一步，在地图上计算出一个坐标，该坐标与行人在现实中每一步的位置相对应。由于虚拟路标点是室内环境中的某些点，因此在进行基于虚拟路标点惯导定位修正时，要先确定虚拟路标点在坐标系中的坐标，同时还要确定行人行走每一步后的坐标。

基于虚拟路标点惯导定位修正的流程如图 7.18 所示。

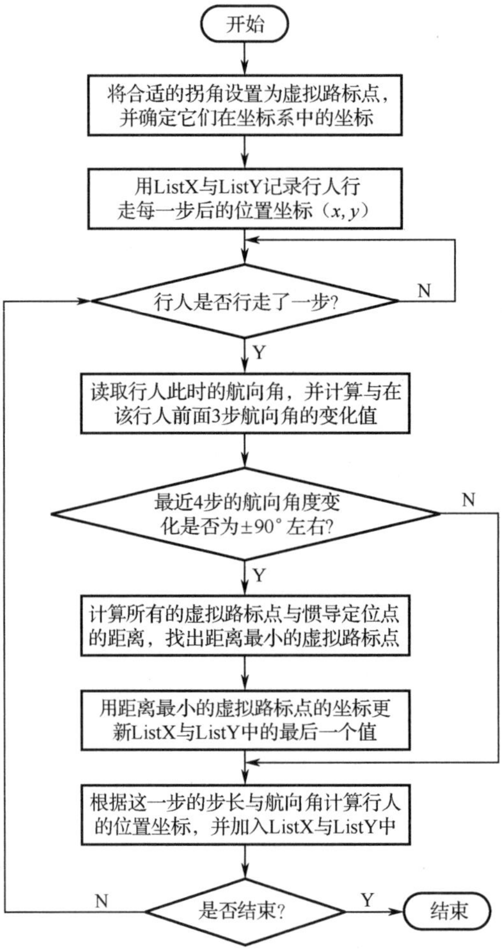

图 7.18　基于虚拟路标点惯导定位修正的流程

3. 惯导定位修正实验结果与分析

本节进行的惯导定位修正实验是在 7.2.2 节实验环境的 4 楼进行的，将最右边的标记点作为虚拟路标点，并提前将该点的坐标保持在实验代码中，行人行走过程中的定位可通过虚拟路标点进行修正。行人从实验室 441 门口出发，行走到右边楼梯口。行人移动轨迹如图 7.19 所示。

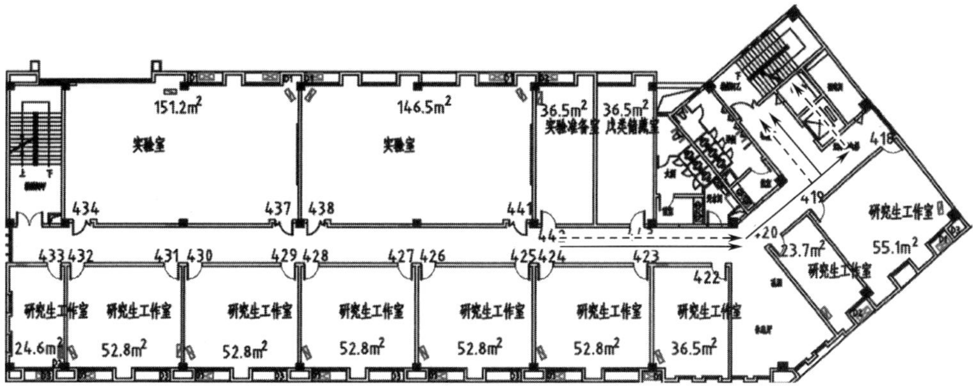

图 7.19 行人移动轨迹

在图 7.19 中，实线表示行人的实际移动轨迹，点画线表示未采用基于虚拟路标点惯导定位修正时的移动轨迹，虚线表示采用基于虚拟路标点惯导定位修正时的移动轨迹，虚线和点画线都是在行人行走时实时绘制的。从图中可以看出，采用基于虚拟路标点惯导定位修正后的移动轨迹（虚线）与行人的实际移动轨迹（实线）更加贴合，采用基于虚拟路标点惯导定位修正后，可以减少由于步长估算、航向角等误差造成的惯导累积误差，提高定位的准确度。

为了更直观地显示采用基于虚拟路标点惯导定位修正的效果，图 7.20 给出了采用基于虚拟路标点惯导定位修正前后与实际移动轨迹的偏差。

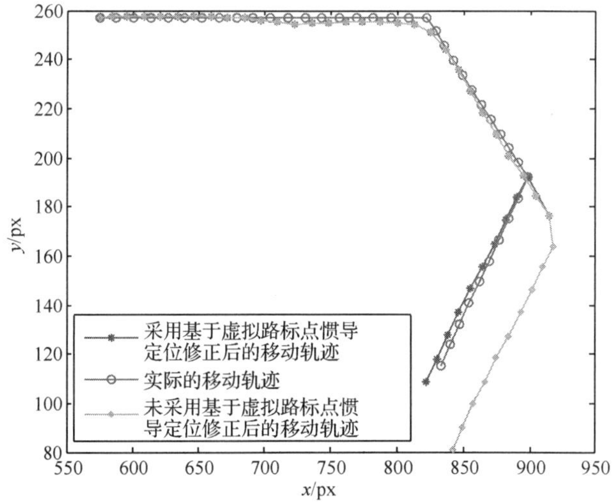

图 7.20 采用基于虚拟路标点惯导定位修正前后与实际移动轨迹的偏差

从图 7.20 中可以看出，采用基于虚拟路标点惯导定位修正后的移动轨迹更贴近实际的移动轨迹。为了分析修正前后的定位误差，将定位误差定义为真实位置与定位位置的欧氏距离，修正前后的数据是基于同一路径采集的。修正前的平均定位误差为 0.9656 m，修正后的平均定位误差为 0.5376 m，定位精度提高了 44.42%。采用误差累积分布函数表示的定位效果如图 7.21 所示，图中给出了采用基于虚拟路标点惯导定位修正前后的定位误差累积分布函数

（Cumulative Distribution Function，CDF）曲线，大方块线条和小方块线条分别表示基于虚拟路标点惯导定位修正前后的定位误差CDF曲线。从图7.21中可以看出，采用基于虚拟路标点惯导定位修正明显提高了定位精度。

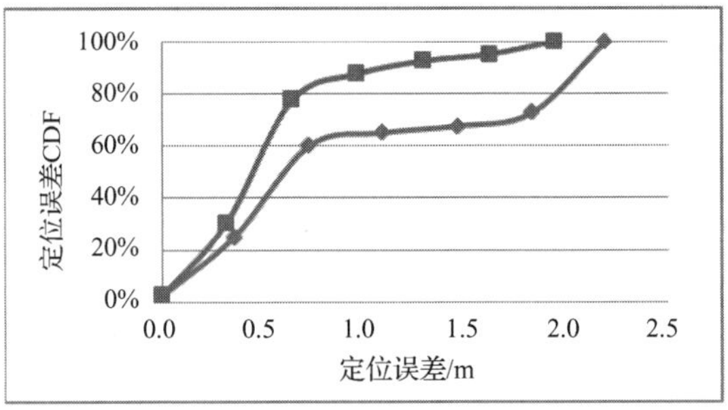

图7.21　采用误差累积分布函数表示的定位效果

7.2.5　基于惯导和气压计的楼层判定

根据7.2.1节可知，在室内三维定位中，既可以采用WiFi信号进行楼层判定，也可以采用气压计进行楼层判定。在采用WiFi信号进行楼层判定时需要依赖WiFi路由器，硬件依赖性较强，并且WiFi信号的时延性较大，无法实时进行楼层判定。目前，许多智能设备中都集成了气压传感器（如气压计），利用已经集成的气压计进行楼层判定，无须增加额外的硬件。

1. 楼层判定原理

研究表明，虽然海拔高度与大气压强（简称大气压或气压）在理论上并不是一一对应的关系，但一般情况下，海拔高度与气压存在一定的线性关系。海拔越高，气压越小；反之，海拔越低，气压越大。因此，可以采用差分气压法来测量高度，其原理是先选取一个高度为基准点，然后通过基准点的高度和气压，以及待测点的气压来计算出待测点与基准点的高度差，最后可以根据基准点的高度来估算出待测点高度，计算公式为：

$$H=H_0+44330\times\{[1-(P/1013.25)^{0.193}]-[1-(P_0/1013.25)^{0.193}]\} \tag{7-17}$$

式中，H_0为基准点的高度，单位为m；P_0为基准点的气压，单位为hPa（百帕）；H是估计出的待测点高度，单位为m。

采用差分气压法的前提是假设在短时间内气压是稳定的。在进行楼层判定时，通常将一楼设置为基准点，测量基准点的气压或通过众包方式来获得气压。气压在短时间内是稳定的，一般基准点设为一楼。例如，利用智能设备中集成的气压计可以测量气压，根据测得的气压即可估算出高度。气压计测得的气压数据往往包含了很多“毛刺”，一般需要通过滑动窗口来进行滤波，然后根据滤波后的数据来估算高度。但智能设备测得的气压是绝对气压，即使智能设备保持不动，其测得的气压也会有轻微的波动，而气压的轻微波动会导致估算的高度有很大的变化。另外，环境温度的变化对气压计的准确度和灵敏度有很大的影响。在采用绝对气压来估算高度时，会产生较大的误差，因此需要采用相对气压来进行楼层判定。

采用相对气压来进行楼层判定是指根据行人上下楼时气压变化的相对值来进行楼层判定。在实际中，行人上一层楼时气压会下降0.5 hPa左右，行人下一层楼时气压会增加0.5 hPa

左右，因此，完全可以根据气压的相对变化来判断行人是上了一层楼还是下了一层楼。

由于行人上下楼的时间是不确定的，因此将一定的时间作为气压变化的判断点是不够理想的。考虑到每层楼的台阶数是固定的，行人通过拐角的步数通常是3～4步，因此可以根据行人在一定步数内气压的变化来判断行人所处的楼层是否发生了变化，并且可以进一步根据气压的增加或减少来判断行人是上了一层楼还是下了一层楼。

2. 楼层判定流程

根据楼层判定原理可知，需要利用一定步数的滑动窗口来测量气压的变化是否为0.5 hPa左右。若设置的步数为N步，则检测序列为1～N、2～N+1、3～N+2、…。

基于惯导和气压计的楼层判定流程如图7.22所示。

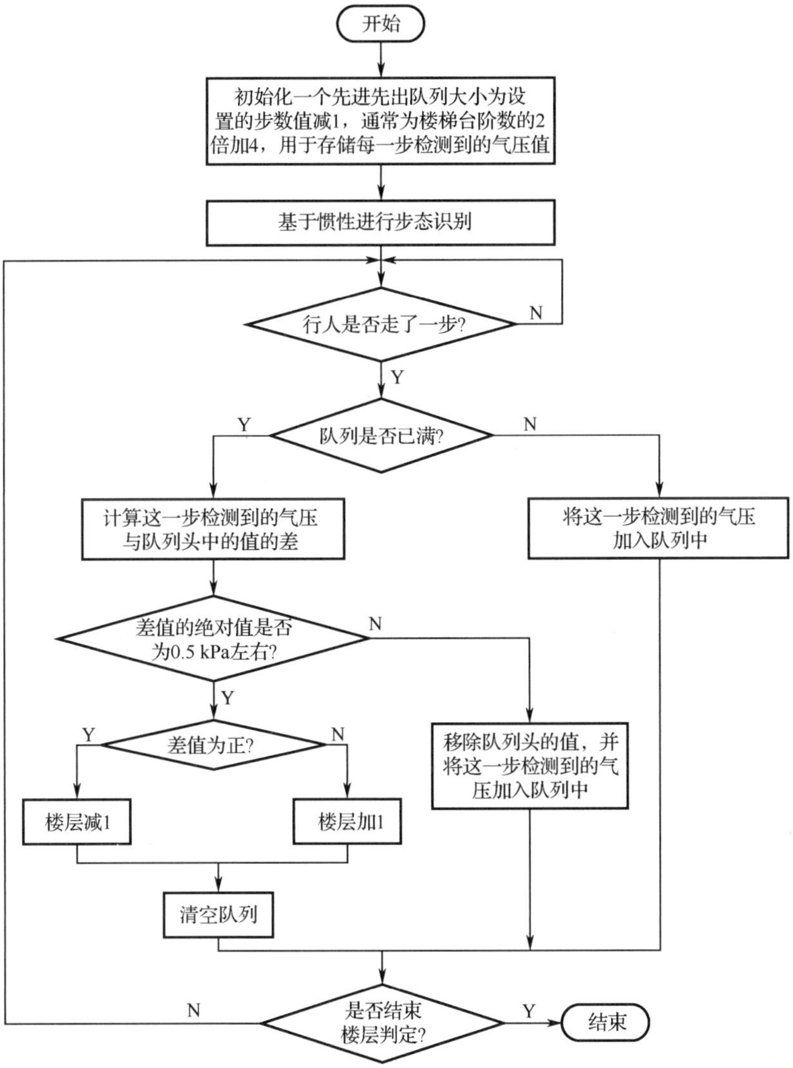

图7.22　基于惯导和气压计的楼层判定流程

3．楼层判定实验结果与分析

在进行楼层判定实验时，行人手持智能设备从 4 楼开始，从 4 楼走到 1 楼，再从 1 楼走到 5 楼，最后从 5 楼回到 4 楼。智能设备判定出的楼层也是相应地从 4 楼到 1 楼、从 1 楼到 5 楼再到 4 楼，而且判定到楼层的变化和行人的步数也是相吻合的。由此可以验证，基于惯导与气压计的楼层判定是有效且正确的，并且实时性也比较好。

7.2.6 定位机制实验结果和分析

本章的 7.2.2 节到 7.2.5 节对三维室内定位技术的每一部分进行了详细的介绍和实验，本节对基于数据融合的三维室内定位技术进行实验，并分析实验结果。

行人手持小米 Note3 首先从 4 楼的实验室 441 门口出发，向右行走经过右边楼梯到达 3 楼；然后穿过 3 楼的走廊，从 3 楼左边的楼梯上至 4 楼；最后回到实验室 441 门口。预定的移动轨迹如图 7.23 所示。

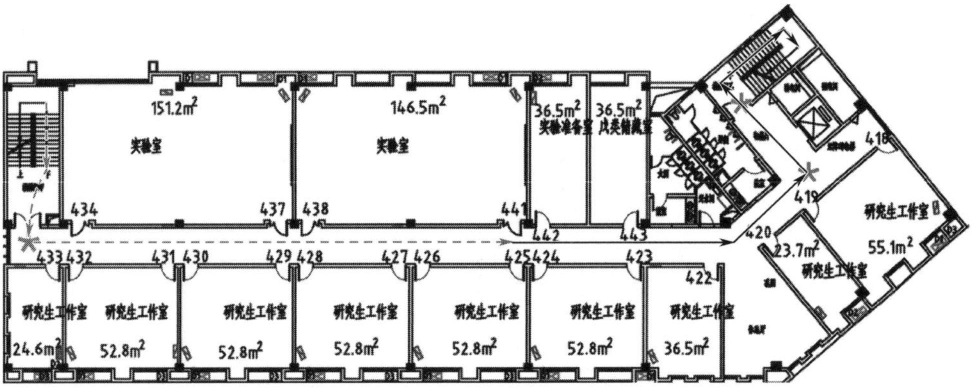

（a）预定的移动轨迹（4楼）

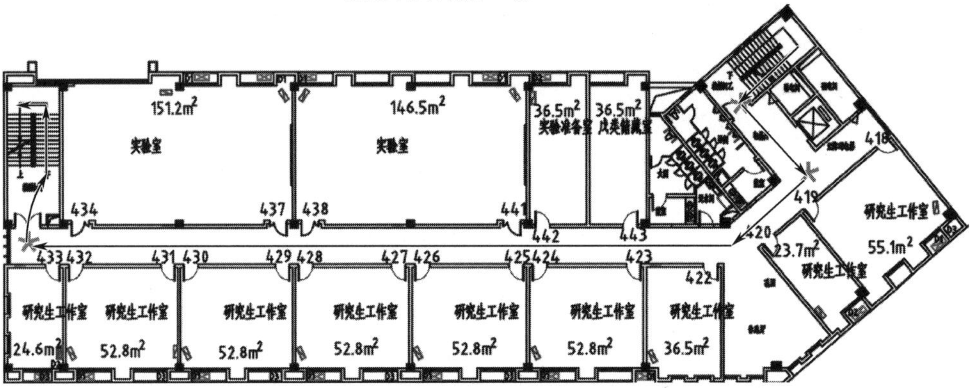

（b）预定的移动轨迹（3楼）

图 7.23 预定的移动轨迹

在图 7.23（a）中，实线表示行人从实验室 441 门口出发后在 4 楼的预定移动轨迹，虚线表示从 3 楼绕上来后在 4 楼的预定移动轨迹。图 7.23 中的“*”表示设置的虚拟路标点。

绘制的移动轨迹如图 7.24 所示。

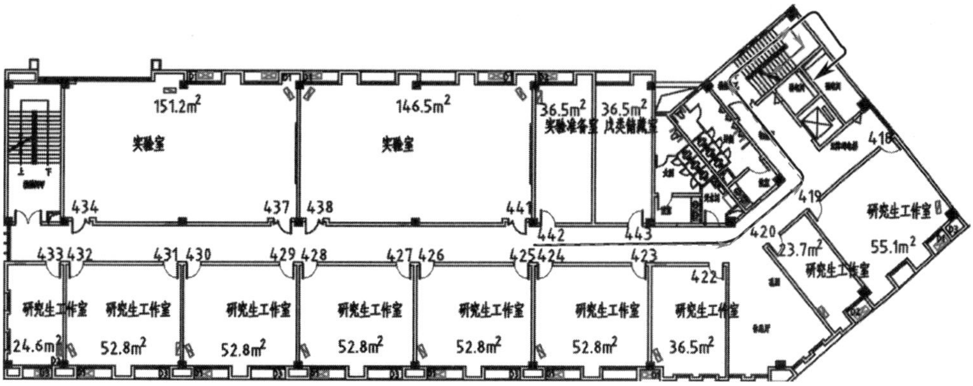

（a）绘制的移动轨迹（行人从4楼实验室441门口开始下到3楼）

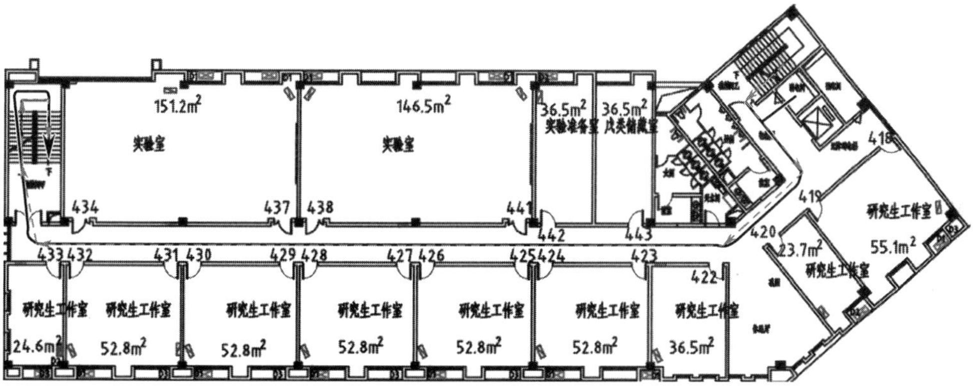

（b）绘制的移动轨迹（穿过3楼的走廊后上到4楼）

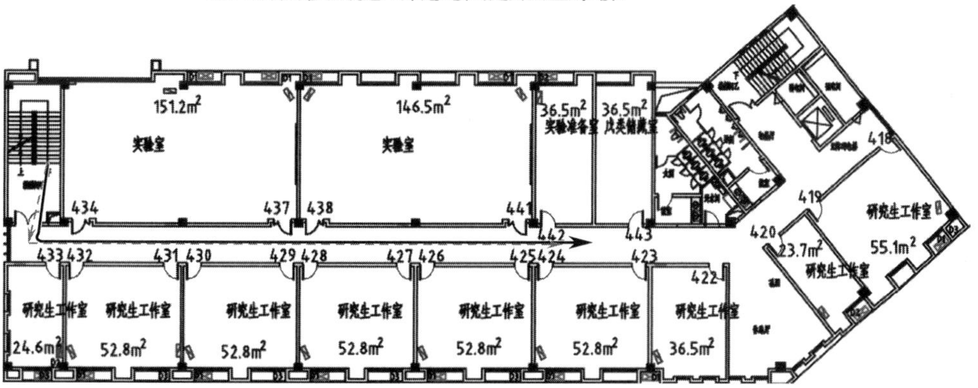

（c）绘制的移动轨迹（从4楼走廊回到4楼实险室441）

图 7.24　绘制的移动轨迹

图 7.24 中，虚线为预定的移动轨迹，即行人实际的行走路线；实线表示绘制的移动轨迹。在整个定位并绘制移动轨迹的过程中，行人在实验室 441 门口的初始位置是通过 WiFi 来定位的；对行人动态位置的跟踪是通过惯导来实现的，并利用虚拟路标点进行定位修正；行人上下楼是通过惯导和气压计来判定的，根据楼层的变换实时显示楼层的室内地图。

从绘制的移动轨迹来看，在每一层楼中，绘制的定位轨迹与预定的移动轨迹（行人的行走路径）之间的偏差不是很大，基本符合预期的定位效果，实现了对行人的实时定位。但是在行人上下楼时，绘制的移动轨迹与预定的移动轨迹之间的偏差较大，主要原因是行人上下楼时的步长是按照平地时的步长来估算的。在行人上下楼时，行人的步长通常是楼梯台阶的宽度，但由于无法准确捕捉到行人开始上下楼的时间，并用在平地的步长代替了上下楼时的步长，因此导致在行人上下楼时，绘制的移动轨迹不准确。由于目前将基于数据融合的三维室内定位技术的重点放在楼层的判定，以及二维位置的定位，只关注能否准确掌握行人在哪一层楼，以及在楼层中二维定位的准确性，所以定位的精度是可以接受的。

为了更直观地显示基于数据融合的三维室内定位技术的定位效果，图 7.25 给出了采用基于虚拟路标点惯导定位修正前后和预定的移动轨迹之间的偏差。

本节的实验未考虑楼梯处的误差，从图 7.25 中可以明显地看到，采用基于虚拟路标点惯导定位修正后，绘制的移动轨迹更加接近于预定的移动轨迹。在本节的实验中，修正前的平均定位误差为 2.8881 m，修正后的平均定位误差为 1.3619 m，定位精度提高了 52.84%，行走时间越长，虚拟路标点的修正作用就越明显。

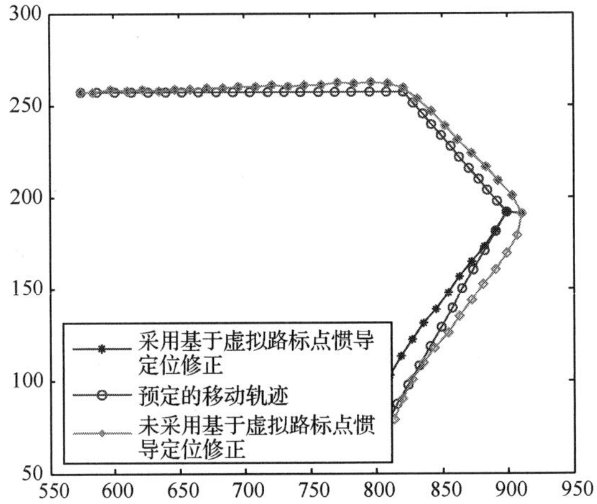

（a）从实验室441到4楼右边楼梯口

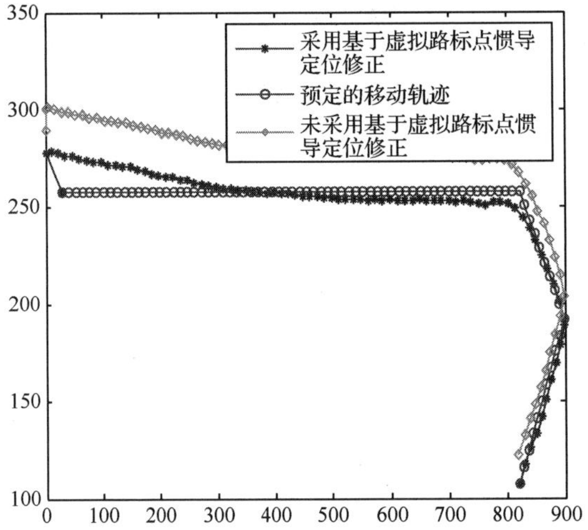

（b）3楼走廊

图 7.25　采用基于虚拟路标点惯导定位修正前后和预定的移动轨迹之间的偏差

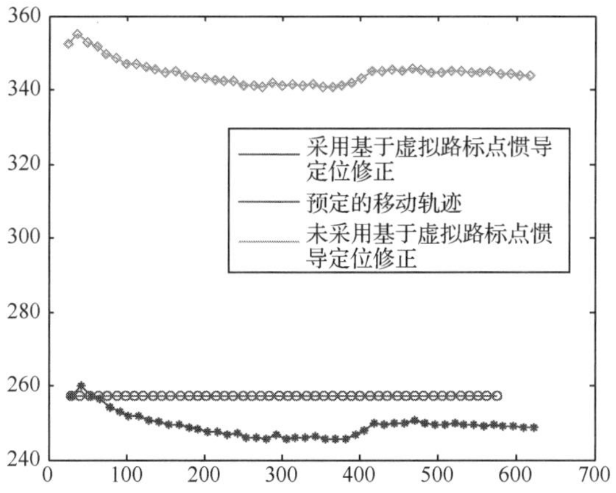

（c）从4楼走廊回到实验室441门口

图 7.25　采用基于虚拟路标点惯导定位修正前后和预定的移动轨迹之间的偏差（续）

采用误差累积分布函数表示的定位效果如图 7.26 所示，图中给出了采用基于虚拟路标点惯导定位修正前后的定位误差累积分布函数（Cumulative Distribution Function，CDF）曲线，大方块线条和小方块线条分别表示基于虚拟路标点惯导定位修正前后的定位误差 CDF 曲线。从图 7.26 中可以看出，采用基于虚拟路标点惯导定位修正明显提高了定位精度，证明了基于数据融合的三维室内定位技术的有效性和正确性，该技术只需要在开始时使用 WiFi 信号，其余时间均采用离线定位，对硬件的依赖性较低，定位成本较低，对用户也较友好。

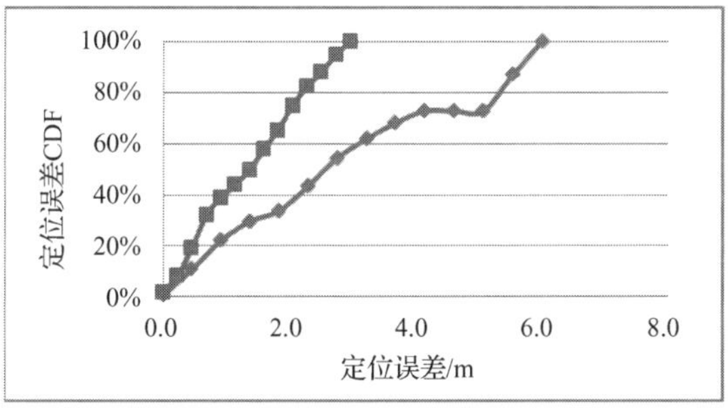

图 7.26　采用误差累积分布函数表示的定位效果

从本节的实验结果可知，本章介绍的基于数据融合的三维室内定位技术可以在室内环境对行人进行三维定位，不仅具有较高的定位精度，还具有实时性和低成本性。

7.3　基于元胞自动机的应急疏散路径规划

7.3.1　疏散模型

所谓的应急疏散，是指当建筑物或场馆内发生紧急情况或危险时，人们可根据自身的位置做出相应的判断，选择相应的通道和出口来逃生。在应急疏散过程中，不仅需要尽量保证应急疏散效率，还要尽量保证每个人的安全，避免因人群拥挤而发生意外[43]。

美国在 20 世纪 30 年代初开始对应急疏散进行研究，早期主要定性分析应急疏散，侧重于火灾方面。从 20 世纪 70 年代开始侧重于应急疏散的行为方面，更多地考虑人的不确定因素。到了 20 世纪 80 年代，研究人员开始对人群在紧急情况下的应急疏散行为规律进行研究。到了 1985 年，计算机开始用于应急疏散仿真，应急疏散成为重点研究领域，研究的场地不仅仅局限于室内，即建筑物或场馆内，也开始延伸到了轮船甚至一个地区；研究的范围也不仅仅局限于火灾，还包括了其他灾难与突发情况。到了 21 世纪，我国也开始了应急疏散的研究工作，并且在不断地开发和完善各种疏散模型[2]。

对应急疏散的研究，归根究底是对行人流（Pedestrian Flow）的研究。行人流是由很多行人构成的复杂多主体系统[50]，这些行人之间存在着较强的相互作用。行人流理论是对行人流进行管理和控制的基础理论，行人流的研究源于交通流的研究，但行人流又不同于交通流，它比交通流更复杂、更灵活，更注重人的因素，只有理解行人流在微观方面和宏观方面的特征，才能更好地对应急疏散进行规划。

目前，对应急疏散的模拟和建模主要有两种思路：一种是借鉴了交通流的研究思路，将人群看成流动的介质；另一种思路是将人群看成具有相互作用的粒子，在粒子的基础上，可以给行人赋予一定的属性，同时在行人移动时赋予一定的规则等。在这两种思路的基础上，可以将疏散模型分为宏观模型和微观模型两种[51]，具体如下。

1. 宏观模型

宏观模型从客观情况出发，只考虑建筑物或场馆的应急疏散能力，未考虑人群的因素，将人群作为一个整体来分析其整体运动。典型的宏观模型有流体力学疏散模型、排队网络疏散模型等。

流体力学疏散模型是由 Henderson 等人于 1971 年提出的[52]，该模型将人群的移动近似地看成流体，用流体的特性来描述人群的移动。例如，将人群的移动速度、密度和流量等建模成与时间和空间相关的函数，用函数来分析人群的移动。流体力学疏散模型可以在宏观上很好地描述人群移动的特征，但该模型忽略了人群移动在微观方面的自我个性。

在流体力学疏散模型的基础上，Helbing 等人于 2001 年建立了气体力学疏散模型[53]，该模型在流体力学疏散模型的基础上，考虑了人群移动在个性方面的特征，如每个行人期望的移动速度、行走的意图，以及行人之间的相互作用等。气体力学疏散模型进一步将人群的移动过程分为连续移动过程和非连续移动过程，并分别进行了模拟。在采用气体力学疏散模型进行建模时，其时间与人群的数量无关，因此计算耗时较少，但需要设置较多的参数，比较复杂；另外，该模型属于宏观模型，实践性较差。

排队网络疏散模型是由 Watts 等人提出的[54]，该模型将建筑物或场馆的室内地图转换为节点图，在离散的时间内行人在这些节点上移动，行人在移动时遵循排队理论，每个行人都向距离其最近的出口节点移动，目的是尽快离开建筑物或场馆。排队网络疏散模型也是从宏观上进行建模的，没有考虑到行人自身的特性、个体行为，以及行人之间的相互作用，实践性较差。

除了上述两个比较典型的模型，宏观模型还有转换矩阵疏散模型、随机疏散模型等。

2. 微观模型

由于宏观模型在建模时没有考虑到行人的个人因素，微观模型逐渐成为研究的热点。微观模型侧重于行人的个体研究，可以分为连续型疏散模型和离散型疏散模型[65]。

1）连续型疏散模型

在连续型疏散模型中，每个行人的位置、移动时间等都是连续的变量，并通过一系列运动学方程来描述各个连续变量之间的关系，在给定初始条件后，就可以计算出不同行人在不同时刻的状态和位置。

社会力疏散模型[56]是典型的连续型疏散模型。社会力是指行人所处的环境会对他产生各种影响的量化，这些影响会驱使行人移动。社会力疏散模型是 Helbing 等人于 1995 年在流体力学疏散模型的基础上提出的，该模型主要考虑了行人与障碍物、行人与行人之间的相互作用，并将这些相互作用量化为排斥力或吸引力等，通过具体的函数来描述行人移动方向与排斥力或吸引力之间的关系。社会力疏散模型如今已经得到了很多研究，如胡清梅等人在社会力疏散模型的基础上研究了应急疏散过程中阻塞区域人群的避让行为，并针对人群的拥挤情况对原模型进行了改进[57]；Taras I. Lakoba 等人对应急疏散中某些小型人群或某个行人出现的不合常理的行为进行了研究，在社会力疏散模型中加入了新的参数来改进该模型[58]；Teknomo 在社会力疏散模型的基础上对行人之间的排斥力或吸引力进行了深入研究，建立了相关的改进模型[59]。

除了社会力疏散模型，典型的连续型疏散模型还有方正等人提出的网格模型[60]、EvacSim 模型[61]、SIMULEX 模型[62]等。

2）离散型疏散模型

离散型疏散模型通常将建筑物或场馆的平面切分为一个个很小的网格，在同一时刻，每个网格只能被一个行人或一个障碍物占据，或者不被任何人或任何障碍物占据，行人的位置由网格的编号来标识，行人的移动时间被分成一个个相等的时间段，因此行人的移动时间、位置等都是离散的，行人在行走每一步后的位置是通过概率来计算其下一个要占据的网格位置。

元胞自动机（Cellular Automata，CA）疏散模型[73]是一种典型的离散型疏散模型，该模型在时间、空间和状态上都是离散的。元胞自动机疏散模型将每个网格定义为一个个元胞，个体（如行人）可以根据更新规则在有限时间内从一个元胞移动到另一个元胞。元胞自动机疏散模型是一个动态的模型，该模型从微观层面出发，具有演进特性，通过演进可以模拟各种应急疏散过程和过程中可能产生的现象，而且演进效率较高，目前已经广泛应用于应急疏散建模领域。

在元胞自动机疏散模型的基础上，现在又扩展出了一些其他模型，如格子气疏散模型[64]、两步骤更新疏散模型[65]、领域疏散模型[66]等。

目前，国内在元胞自动机疏散模型方面有很多研究成果。例如，宋卫国等人在经典的元胞自动机疏散模型上，加入了行人之间相互作用力对模型的影响，对经典的元胞自动机疏散模型进行了改进，并研究了出口宽度等对应急疏散速度的影响[67]；Yuan 等人延伸了二维元胞自动机疏散模型，在原模型的基础上考虑了行人的冒险行为和惯性行为对应急疏散的影响[68]；Yue 等人在行人视线受到影响但不会发生踩踏行为的情况下，对行人应急疏散情况进行了研究，并建立了相应的元胞自动机疏散模型[69]；Guo 等人结合了格子气疏散模型和元胞自动机模型，研究了人群密度、出口处的拥挤度对应急疏散效率的影响[70]；李世威等人在行人移动的方向上增加了模糊可视域，改进了元胞自动机疏散模型[71]；王茹等人结合蚁群算法对元胞自动机疏散模型进行了改进[72]。

应急疏散的过程是一个复杂的、会受到很多因素影响的过程。虽然目前的元胞自动机疏散模型通过设置一些规则可以模拟很多现象，但很多研究都没有考虑到多个因素对应急疏散的影响，还有很大的改进空间。元胞自动机疏散模型不仅可以从微观层面出发，逐步综合环境、行人所处位置和状态等来决定该行人下一步的位置，还可以在宏观层面上反映人群拥挤聚集、越快越慢（行人移动越快应急疏散越慢）的特性。本节在元胞自动机疏散模型的基础上，考虑了人群在应急疏散时的心理和行为特点，包括出口对行人的吸引力、行人之间的排斥力和摩擦力、行人与障碍物之间的排斥力和摩擦力、行人之间的从众性、行人的一步损耗和累积竞争力，模拟了建筑物或场馆内的应急疏散过程，并根据模拟的结果为每个行人提供应急疏散路径，避免人群拥挤，提高应急疏散的效率。

元胞自动机是由 von Neumann 在 20 世纪 50 年代提出的，元胞自动机是一个动力学系统，具有一个由许多离散的、包含有限状态的元胞组成的元胞空间，在这个空间中，元胞可以根据某些局部规则，在离散的时间上不断进行演进[73]。

元胞自动机为复杂系统的建模提供了一种有效途径。复杂系统往往包含很多单元或子系统，复杂系统的整体特性是通过这些单元或子系统之间的相互作用形成的，而不是通过这些单元或子系统的简单叠加形成的。元胞自动机模型的空间按照具有某种规则的网格形式分为多个单元（称为元胞或网格），这些元胞组成了元胞空间。每个元胞都有许多以离散值表示的状态，并可以根据相同的全局规则或者已经确定的某些局部规则来更新它的状态。一般来说，每个元胞的下一刻状态是根据它在当前时刻的状态和与其相邻的其他元胞在当前时刻的状态共同决定的。

元胞自动机既是一个在离散时间域中不断演进的复杂动力学系统，也是一种用来模拟复杂系统的数学模型。元胞、元胞空间、元胞的状态集、元胞邻域、元胞状态更新规则是一个元胞自动机的基本组成部分，因此可以用一个四元组来表示一个元胞自动机[74]，即：

$$\mathrm{CA}=(\Omega_n, S, N, F) \tag{7-18}$$

式中，CA 表示一个 n 维元胞自动机；Ω_n 表示该元胞自动机的元胞空间，n 是元胞空间的维数；S 表示元胞的状态集，它是一个有限集合，在任一时刻，元胞空间中的每个元胞都必须且只能处于这些状态集中的某一个状态；N 表示元胞邻域，是与当前元胞相邻的所有元胞的集合；F 表示元胞的状态更新规则，在某个时刻，元胞空间中的元胞可根据这些规则来计算出其下一步的状态。

（1）元胞。元胞是一个元胞状态机最基本的组成部分，也称为单元、网格或基元等。不同于具有连续状态的动力学系统，需要将其中的个体表示成数学对象而忽略它的某些细节来突出它的一些特征，元胞只具有离散的状态，它可以直接表示成符号序列。

（2）元胞空间。元胞空间是所有元胞的集合，这些元胞的规格都相同。元胞空间可以用任意维数的空间规则来划分，如一维、二维或多维的空间规则。最常见的是被二维的空间规则划分，即被划分为二维元胞自动机，它可以将平面均匀地划分成相同的四边形或任意多边形。

（3）元胞的状态集。元胞自动机是一个离散的模型，因此在元胞空间中，每个元胞的状态都是离散的，这些离散状态的集合就是元胞的状态集。元胞的状态集表示了元胞空间中的所有元胞的所有可能状态，这些状态是可以被序列化的。例如，可以用二进制集合来表示元胞的状态集，0 和 1 是元胞可能的状态。元胞的状态集是一个有限的集合，即元胞空间中的所有元胞状态数是有限的。

（4）元胞邻域。元胞邻域是针对每个元胞单独而言的，是指与当前元胞相邻的所有元胞的集合，这些相邻的元胞会对当前元胞的状态更新产生影响。同样，当前元胞也会对其相邻元胞的状态更新产生影响[75]。如果说元胞、元胞空间和元胞的状态集是元胞自动机的静态组成部分，那么元胞邻域就是元胞自动机的动态组成部分。

元胞邻域是一个有限集合，在根据空间规划划分元胞空间后，一个元胞的邻居元胞是有限的。例如，对于元胞 c，它的邻域可以表示为：

$$N=\{N_1,\ N_2,\cdots,\ N_m\} \tag{7-19}$$

式中，m 为元胞 c 的邻居元胞个数；N_i（$1\leqslant i\leqslant m$）表示元胞 c 的第 i 个邻居元胞的位置。

对于二维元胞自动机，其元胞邻域类型主要有 3 种，如图 7.27 所示。

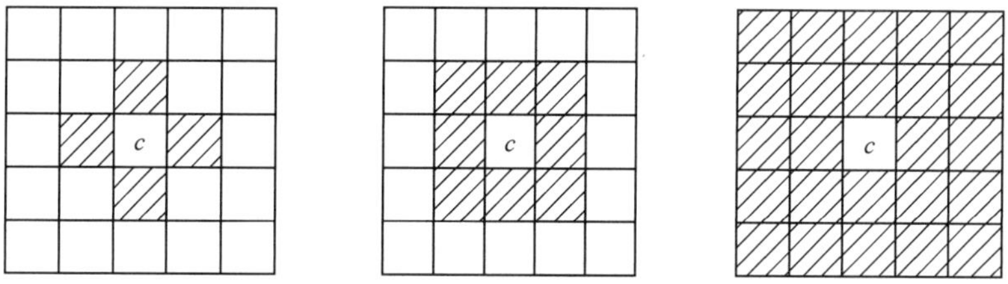

（a）von Neumann型的元胞邻域　（b）Moore型的元胞邻域　（c）Moore型的扩展元胞邻域

图 7.27　二维元胞自动机元胞邻域的主要类型

图 7.27 中，中间的空格表示当前元胞 c，其周围的阴影网格表示该元胞的邻域。图 7.27（a）所示为 von Neumann 型的元胞邻域，该元胞邻域包括 4 个方向的 4 个邻居元胞，当前元胞的状态只与这 4 个邻居元胞的状态相互影响，这种类型的元胞邻域也称为四邻居型元胞邻域，其邻居半径是 1。图 7.27（b）所示为 Moore 型的元胞邻域，该元胞邻域包括 8 个方向（左上、上、右上、左、右、左下、下、右下）的 8 个邻居元胞，其邻居半径也是 1。图 7.27（c）所示为 Moore 型的扩展元胞邻域，该元胞邻域在 Moore 型的元胞邻域的基础上，将邻居半径扩展成了 2。

（5）元胞的状态更新规则。由于元胞自动机是一个会不停演进的系统，但这种演进并不是漫无目的的，而是要能去解决某个问题、有某个目标，因此，元胞空间中的每个元胞在演进时都需要遵循一定的规则，即状态更新规则。在元胞自动机中，元胞状态更新规则通常用动力学函数来表示，元胞根据元胞状态更新规则来实时改变自身的状态。元胞状态更新规则和当前元胞的状态，以及该元胞的邻居元胞状态有关。元胞状态更新规则可以表示为：

$$F=\{f_1,\ f_2,\cdots,\ f_r\} \tag{7-20}$$

式中，r 表示规则数量；f_j（$1\leqslant j\leqslant r$）表示元胞在更新时遵循的是第 j 个规则，该规则与元胞目前的状态、该元胞的邻居元胞状态有关。

假设在某个时刻 t，元胞 c 的状态为 $S(c,t)$，则该元胞在下一时刻的状态 $S(c,t+1)$可以根据第 j 个规则来计算，其状态可以表示为：

$$S(c,t+1)=f_j[S(c,t),\ S(N_1,t),\ S(N_2,t),\cdots,S(N_m,t)] \tag{7-21}$$

式中，N_i（$1\leqslant i\leqslant m$）表示元胞 c 的第 i 个邻居元胞位置，即上述元胞邻域中的邻居元胞。由此可见，元胞自动机中的每个元胞可根据相应的规则不停地更新自己的状态，直到解决问题为止。

7.3.2 应急疏散路径规划模型及其工作流程

在应急疏散过程中，行人的路径不同于道路上行驶的汽车，汽车的行驶有特定的车道，而行人的路径不是固定的，路径的选择具有很强的灵活性，不仅行人的自主选择性很强，而且在选择时会受到周围环境的影响，因此行人的应急疏散路径规划不能使用传统的数学模型。元胞自动机不仅可以从微观上对行人的行走进行建模，其中的元胞可以模拟行人，元胞状态的改变可以模拟行人的行走，还可以从宏观上反映人群的整体移动，因此元胞自动机可以很好地模拟应急疏散的过程[76]。

本节主要采用二维元胞自动机疏散模型来模拟建筑物或场馆内的应急疏散路径规划，详细介绍一种应急疏散路径规划模型——SRFHLC 模型。在 SRFHLC 模型中，每个行人占据一个元胞，元胞状态的改变用来模拟行人的行走，在每个元胞的下一时刻状态更新时考虑了出口对行人的吸引力、行人之间的排斥力和摩擦力、行人与障碍物之间的排斥力和摩擦力、行人间的从众行为的影响，并提出了行人一步损耗和累积竞争力两个影响因素，从而完成应急疏散路径规划的建模。SRFHLC 模型可以为人群中的每个人提供一条应急疏散路径，指引其从目前所处的位置快速、安全地逃离所在建筑物或场馆，提高疏散效率，避免人群拥挤。

SRFHLC 模型的工作流程如下：首先在离线阶段获取需要进行应急疏散的建筑物或场馆的平面图，并根据某种空间规则将平面图划分成相应的平面网格（元胞空间），每个网格对应一个元胞，每个元胞既可以是空闲的，也可以被一个行人或障碍物占据，根据出口对行人的吸引力计算每个元胞的静态收益；然后在应急疏散路径规划阶段，获取每个行人在元胞空间中的位置，即占据的元胞；最后计算每个行人的下一步位置，即每个行人下一步要占据的元胞，直到所有的行人都离开建筑物或场馆为止。SRFHLC 模型的工作流程如图 7.28 所示。

SRFHLC 模型的工作流程可以概括为：

（1）根据建筑物或场馆的平面图，按空间规则将平面图划分成元胞空间，并对元胞空间进行初始化，如确定出口位置、行人位置、障碍物位置，以及相应的元胞状态。

（2）获得元胞空间中所有行人的位置，并根据行人信息对元胞空间进一步进行初始化。

（3）确定元胞状态更新规则，根据该更新规则，在离散的时间步内更新每个行人占据元胞的状态，并记录每个离散的时间步内的行人位置。

（4）当所有行人都离开了建筑物或场馆后，表示完成了应急疏散路径的规划，可根据规划的结果为每个行人提供应急疏散路径。

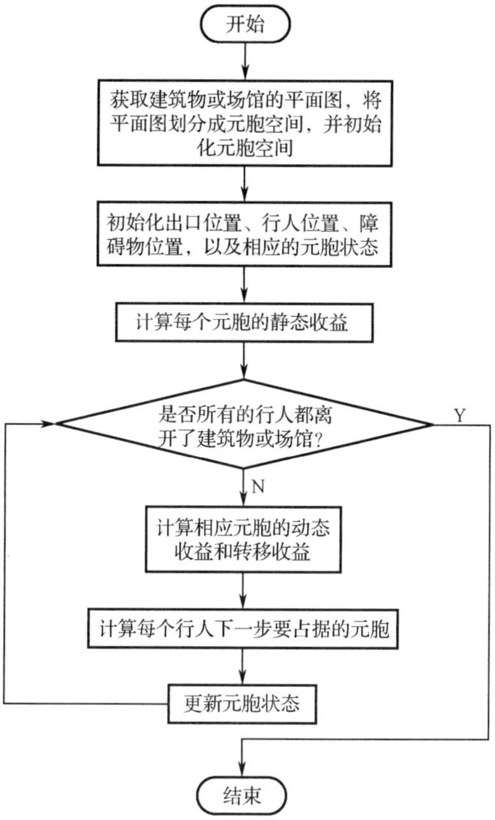

图 7.28 SRFHLC 模型的工作流程

7.3.3 元胞空间和元胞状态的初始化

SRFHLC 模型使用的是二维元胞自动机，将建筑物或场馆的平面图划分为正方形的元胞空间。在密集的人群中，每个人可占据的最佳面积大小是 0.5 m×0.5 m，即元胞空间中每个元胞的大小为 0.5 m×0.5 m，因此可以根据建筑物或场馆的平面图来确定元胞空间中的元胞个数，如图 7.29 所示，可用一个二维数组来表示整个元胞空间。

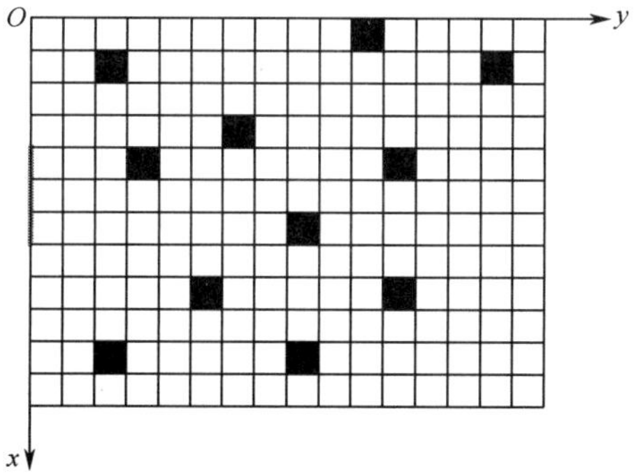

图 7.29 根据建筑物或场馆的平面图确定元胞空间中的元胞个数

在图 7.29 中，将平面图的最左上角作为原点，向下的方向为 x 轴，向右的方向为 y 轴，每个元胞对应着二维数组中的一个元素，每个元胞在建筑物或场馆中的实际位置坐标(x,y)可表示为：

$$\begin{cases} y=0.25+0.5i \\ x=0.25+0.5j \end{cases} \tag{7-22}$$

式中，(i,j)为元胞在二维数组中的一维和二维下标。一旦某个元胞被某个行人占据，则该行人的位置坐标可由式（7-22）得到。

在元胞空间中，每个元胞的状态集都是一个离散序列集，将元胞的状态集设为{0,1}，即每个元胞只可能有 0 和 1 两种状态，0 表示元胞当前处于空闲状态，即没有被行人或障碍物占据；1 表示元胞当前已被行人或障碍物占据。一旦元胞被行人或障碍物占据，其状态在每个离散的时间步都不会改变。在 SRFHLC 模型中，进行了如下约定：在任意时刻，一个元胞只能被一个行人或障碍物占据，即一个元胞只能容纳一个人或障碍物。

在确定元胞空间大小和元胞的状态集后，首先要将所有元胞的状态都初始化为 0，并且标记出哪些元胞代表出口（一个大的出口可以用几个元胞来表示）；然后根据障碍物的分布情况，确定障碍物所占据的元胞位置，将这些被行人或障碍物占据的元胞状态更新为 1，在后续离散的时间步内，这些元胞的状态不可以被改变，即不能变为空闲或被行人占据；最后将出口占据的元胞的状态初始化为 0，至此就完成了整个元胞空间和元胞状态的初始化。元胞空间和元胞状态的初始化流程如图 7.30 所示。

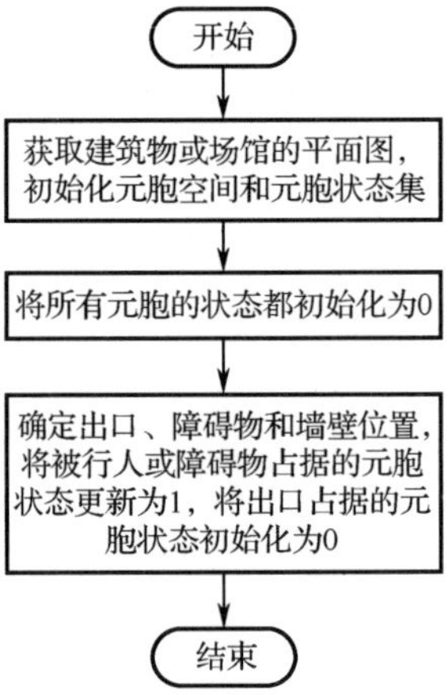

图 7.30　元胞空间和元胞状态的初始化流程

7.3.4　行人位置的初始化

在疏散开始时，需要获取所有行人的位置来进一步初始化元胞空间。在实际的应用中，可以通过定位软件来获得行人的初始位置，这个初始位置是行人在实际建筑物或场馆平面坐标系中的位置，可以通过式（7-23）来计算该行人对应元胞的一维和二维下标：

$$\begin{cases} i=(y-0.25)/0.5 \\ j=(x-0.25)/0.5 \end{cases} \tag{7-23}$$

式中，(i,j)为行人位置对应的元胞在二维数组中的一维和二维下标；(x,y)为行人在实际建筑物或场馆平面坐标系中的位置坐标。

在获得每个行人位置坐标对应的元胞在二维数组中的一维和二维下标后，这些元胞原来的状态是空闲状态，即 0，将这些元胞的状态更新为 1，表示这些元胞已被行人占据，将行人中的元胞指向当前元胞，当前元胞对象中的行人指向当前行人，由此可完成行人位置的初始化，并进一步初始化元胞空间。

7.3.5　行人的应急疏散

在移动的过程中，行人在每个时间步内只能从一个元胞移动到与其相邻的某个元胞，因此，行人的一步代表了元胞状态更新的每个时间步，即一个时刻，在一个时间步内，行人的移动距离约为 0.5 m，而行人的移动速度约为 1 m/s，因此，一个时间步约为 0.5 s。

在应急疏散过程中，假设行人都是同时移动的，在每个时间步内所有的元胞都会更新一次状态，并进行一次状态转移计算以确定下一时刻的状态，即每个行人都会确定下一步的位置，行人只能选择停在原地或移动一步，而行人的移动在当前元胞的领域内进行，即下一步只能选择当前元胞的邻居元胞中的一个。一旦确定元胞空间，那么就可以确定当前元胞的元胞邻居类型。本章选择 Moore 型的元胞邻域来更新行人的状态，即行人可以有 8 个移动方向，如图 7.31 所示的 8 个箭头。在这 8 个移动方向上的元胞中，行人不会选择那些已经被其他行人或障碍物占据的元胞，当然行人也可以选择停留在当前元胞。

在元胞空间中，每个元胞都有转移收益。行人是根据转移收益的大小来选择下一个要占据的元胞的，某个元胞的转移收益越大，表示该元胞对行人的吸引力越大，行人每次都选择转移收益最大的元胞作为下一步要占据的元胞，并相应地更新元胞状态。转移收益的计算规则是元胞自动机中元胞状态更新规则。本章综合考虑出口对行人的吸引力、行人之间的排斥力和摩擦力、行人与障碍物之间的排斥力和摩擦力、行人之间的从众行为、行人每一步的损耗等因素来计算转移收益，出口对行人的吸引力产生的转移收益称为静态收益，其他因素产生的转移收益称为动态收益。接下来详细介绍转移收益的计算规则。

在计算转移收益时，对于每个元胞，只计算该元胞 Moore 型的元胞邻域中 8 个元胞的转移收益，因为行人下一步的位置只可能是这 8 个元胞或停留在原地。在 Moore 型的元胞邻域中需要计算的元胞转移收益如图 7.32 所示，对于行人目前占据的元胞 c（处于中心位置），需要计算其周围 8 个方向上元胞的静态收益和动态收益，并综合计算元胞的转移收益，选择转移收益最大的元胞作为行人下一个要占据的元胞。

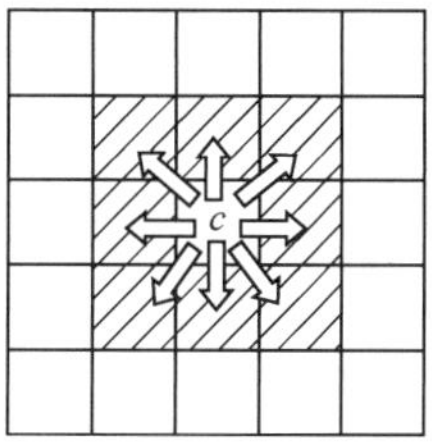

图 7.31　行人的 8 个移动方向

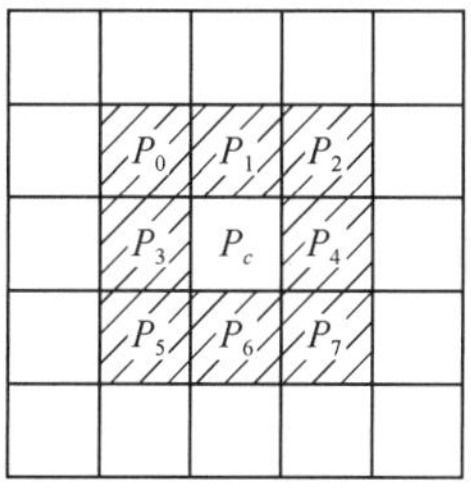

图 7.32　在 Moore 型的元胞邻域中需要计算的元胞转移收益

1. 静态收益

本章将所有出口到元胞的最小距离（欧氏距离）作为出口对行人的吸引力。在确定元胞空间、出口位置后，就可以计算每个元胞到出口的最小距离，出口对行人的吸引力是一个静态值，因此将该因素产生的转移收益称为静态收益，记为 S_{ij}，其计算方法为：

$$S_{ij}=\begin{cases}\min\limits_{(i_e,j_e)\in E}\{\sqrt{(i-i_e)^2+(j-j_e)^2}\}, & \text{元胞}(i,j)\text{为空闲状态}\\ +\infty, & \text{元胞}(i,j)\text{被行人或障碍物占据}\end{cases} \tag{7-24}$$

式中，E表示所有代表出口的元胞集合；(i_e,j_e)表示某个出口元胞在二维数组中的下标；(i,j)表示当前元胞在二维数组中的下标；S_{ij}表示从当前元胞位置(i,j)到所有的出口中的最小距离。静态收益可以让行人向离其最近的出口移动。

当建筑物或场馆内不存在障碍物时，利用欧氏距离来计算某个元胞到出口最小距离的方法没有任何问题，两点之间的最小距离可以作为静态收益。当建筑物或场馆内存在障碍物时，有些路径无法通过，这时就不能用欧氏距离来计算某个元胞到出口的最小距离了，否则会使计算的最小距离偏小，导致最后的静态收益不准确。

为了适应建筑物或场馆内存在障碍物的情况，有的研究人员提出采用迪杰斯特拉（Dijkstra）算法来计算每个元胞到出口的最小距离。但迪杰斯特拉算法在时间和空间方面的复杂度较高，如果每个元胞都执行一次迪杰斯特拉算法，则计算的复杂度就更高了。在实际应用中，为了降低在时间和空间方面的复杂度，通常采用“$S+\lambda$”方法来计算元胞的静态收益[77]。

采用“$S+\lambda$”方法计算元胞静态收益时，要先采用先进先出队列来存储静态收益的元胞，计算静态收益的主要步骤如下：

步骤 1：在进行元胞空间初始化时，将元胞空间中所有元胞静态收益赋值为+∞。

步骤 2：将所有代表出口的元胞静态收益赋值为 0，并将这些元胞加入先进先出的队列中。

步骤 3：判断先进先出的队列是否为空，若该队列为空，则结束计算；若该队列不为空，则取出该队列中第一个元胞作为中心元胞 c，并假设中心元胞 c 的静态收益为 S，计算在中心元胞 c 周围 8 个方向上的元胞静态收益，具体计算方法如步骤 3.1 到步骤 3.3 所示。

步骤 3.1：遍历 8 个方向上的元胞，对于每一个元胞，判断其状态是否被行人或障碍物占据，如果被占据则判断下一个元胞；如果未被占据，则计算该元胞的静态收益（继续执行步骤 3.2）。遍历完 8 个方向上的元胞后跳转至步骤 4。

步骤 3.2：若该元胞是中心元胞 c 直线方向（包括上、左、右、下 4 个方向）上的元胞，则将其静态收益 S_n 设置为 $S+1$；若该元胞是中心元胞 c 斜线方向（包括左上、左下、右上、右下 4 个方向）上的元胞，则将其静态收益 S_n 设置为 $S+1.5$。

步骤 3.3：获取该元胞原来的静态收益 S_p，若 $S_n<S_\text{p}$，则更新该元胞的静态收益，继续执行步骤 3.4；若满足 $S_n\geqslant S_\text{p}$，则不更新该元胞的静态收益，执行步骤 4。

步骤 3.4：判断先进先出队列中是否已存在该元胞，若不存在，则将该元胞加入先进先出队列中并转到步骤 3.1，若已存在，则直接转到步骤 3.1。

步骤 4：判断先进先出队列是否为空，若为空则表示元胞空间中所有元胞的静态收益计算完毕。

采用“$S+\lambda$”方法计算元胞静态收益的流程如图 7.33 所示。

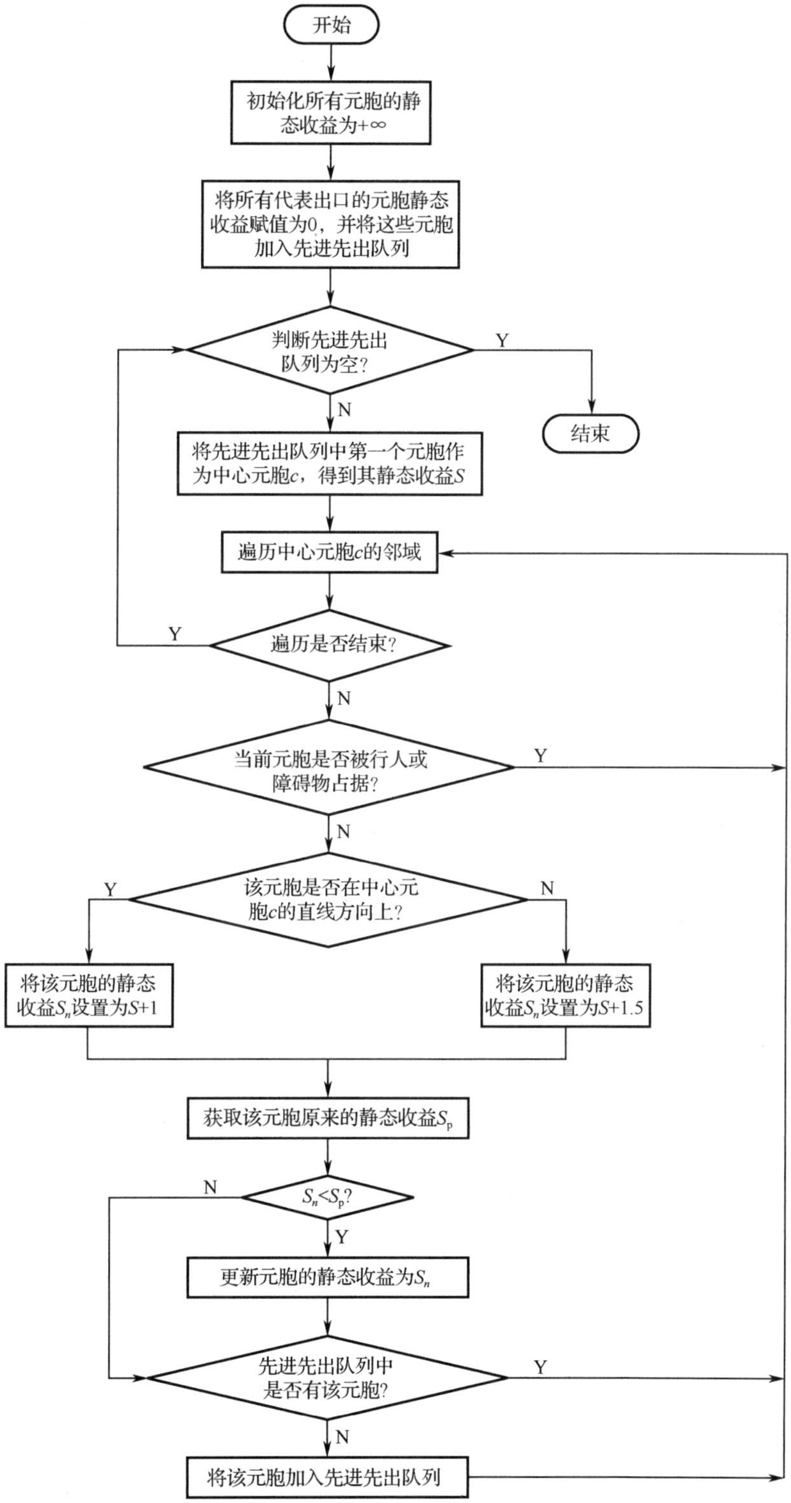

图 7.33　采用“$S+\lambda$”方法计算元胞静态收益的流程

采用“$S+\lambda$”方法计算元胞静态收益是在应急疏散开始之前完成的，因此不会增加应急疏散的时间。为了比较采用“$S+\lambda$”方法和欧氏距离计算的元胞静态收益，在一个 10×10 的元胞空间中，分别模拟了存在障碍物和不存在障碍物的情况，结果如图 7.34 和图 7.35 所示。在不存在障碍物的情况下，通过两种方法得到的元胞静态收益的走势是一样的；在存在障碍物的情况下，通过“$S+\lambda$”方法得到的元胞静态收益更符合实际。

Inf	Inf	Inf	Inf	0	0	Inf	Inf	Inf	Inf
Inf	3.5	2.5	1.5	1	1	1.5	2.5	3.5	Inf
Inf	4	3	2.5	2	2	2.5	3	4	Inf
Inf	4.5	4	3.5	3	3	3.5	4	4.5	Inf
Inf	5.5	5	4.5	4	4	4.5	5	5.5	Inf
Inf	6.5	6	5.5	5	5	5.5	6	6.5	Inf
Inf	7.5	7	6.5	6	6	6.5	7	7.5	Inf
Inf	8.5	8	7.5	7	7	7.5	8	8.5	Inf
Inf	9.5	9	8.5	8	8	8.5	9	9.5	Inf
Inf	Inf	Inf	Inf	Inf	Inf	Inf	Inf	Inf	Inf

（a）通过“$S+\lambda$”方法得到的元胞静态收益

Inf	Inf	Inf	Inf	0	0	Inf	Inf	Inf	Inf
Inf	10	5	2	1	1	2	5	10	Inf
Inf	13	8	5	4	4	5	8	13	Inf
Inf	18	13	10	9	9	10	13	18	Inf
Inf	25	20	17	16	16	17	20	25	Inf
Inf	34	29	26	25	25	26	29	34	Inf
Inf	45	40	37	36	36	37	40	45	Inf
Inf	58	53	50	49	49	50	53	58	Inf
Inf	73	68	65	64	64	65	68	73	Inf
Inf	Inf	Inf	Inf	Inf	Inf	Inf	Inf	Inf	Inf

（b）通过欧氏距离得到的元胞静态收益

图 7.34　在不存在障碍物的情况下得到的元胞静态收益

Inf	Inf	Inf	Inf	0	0	Inf	Inf	Inf	Inf
Inf	3.5	2.5	1.5	1	1	1.5	2.5	3.5	Inf
Inf	4	Inf	Inf	2	2	2.5	3	4	Inf
Inf	5	4.5	3.5	3	3	3.5	Inf	Inf	Inf
Inf	6	5	4.5	4	4	4.5	5	6	Inf
Inf	6.5	Inf	Inf	5	5	5.5	6	6.5	Inf
Inf	7.5	7.5	6.5	6	6	Inf	Inf	7.5	Inf
Inf	8.5	8	7.5	Inf	Inf	7.5	8.5	8.5	Inf
Inf	9.5	9	8.5	9	9	8.5	9	9.5	Inf
Inf	Inf	Inf	Inf	Inf	Inf	Inf	Inf	Inf	Inf

（a）通过“$S+\lambda$”方法得到的元胞静态收益

Inf	Inf	Inf	Inf	0	0	Inf	Inf	Inf	Inf
Inf	10	5	2	1	1	2	5	10	Inf
Inf	13	Inf	Inf	4	4	5	8	13	Inf
Inf	18	13	10	9	9	10	Inf	Inf	Inf
Inf	25	20	17	16	16	17	20	25	Inf
Inf	34	Inf	Inf	25	25	26	29	34	Inf
Inf	45	40	37	36	36	Inf	Inf	45	Inf
Inf	58	53	50	Inf	Inf	50	53	58	Inf
Inf	73	68	65	64	64	65	68	73	Inf
Inf	Inf	Inf	Inf	Inf	Inf	Inf	Inf	Inf	Inf

（b）通过欧氏距离得到的元胞静态收益

图 7.35　在存在障碍物的情况下得到的元胞静态收益

2．动态收益

在应急疏散路径规划中，还需要考虑行人之间的排斥力和摩擦力、行人与障碍物之间的排斥力和摩擦力、行人间的从众行为，以及行人一步损耗等因素对行人选择下一步位置的影响。由于这些因素并不像静态收益那样固定不变，无法在应急疏散过程开始之前确定，因此将这些因素产生的收益称为动态收益。对于元胞(i,j)，由行人之间的排斥力，以及行人与障碍物之间排斥力产生的收益记为 R_{ij}，由行人之间摩擦力，以及行人与障碍物之间摩擦力产生的收益记为 F_{ij}，由行人间从众行为产生的收益记为 $Follow_{ij}$，由行人一步损耗产生的收益记为 L_{ij}，下面将具体介绍各部分收益的计算方法。

1）由排斥力产生的收益

排斥力主要包括行人之间的排斥力，以及行人与障碍物之间的排斥力。宋卫国等人曾量化了摩擦概率和排斥概率的计算方法[60]，本章借鉴这种方法来计算排斥力产生的收益。

在元胞空间中，考虑到行人移动时的状态和心理，通常会在 3 种情况下产生排斥力，如图 7.36 所示。当多个行人向同一个元胞移动时会产生排斥力，如图 7.36（a）所示，这是会因为竞争关系产生排斥力；当一个行人向元胞移动的方向上存在静止行人时会产生排斥力，如图 7.36（b）所示，这时会为了避免与他人碰撞而产生排斥力；当一个行人向元胞移动的方向上存在障碍物时会产生排斥力，如图 7.36（c）所示，这时会为了避免与障碍物碰撞而产生排斥力。

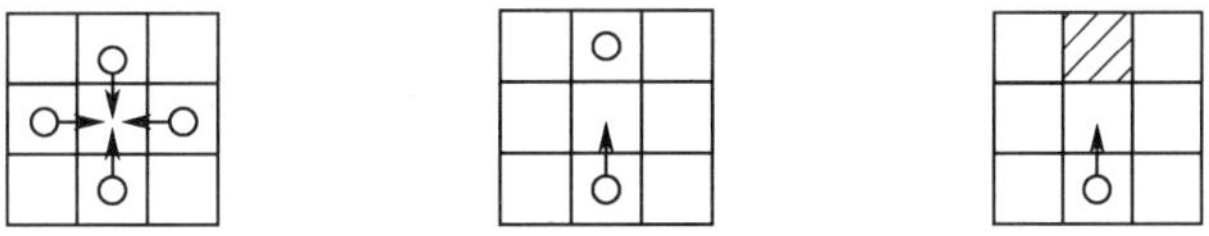

图 7.36　在元胞空间中产生排斥力的 3 种情况

与社会力模型中的排斥力一样，排斥力是由行人避免碰撞的心理造成的。排斥力越大，行人就越想躲避，因此可以用排斥概率来量化排斥力，排斥概率与排斥力成正比。在现实中，行人对碰撞的承受能力有一个极限，当超过这个极限时，排斥概率应当趋向于 1。考虑到行人避免碰撞的行为是一种本能的神经系统反应，因此可以利用神经网络中 Sigmoid 函数描述的排斥概率来计算[69]某个元胞排斥力产生的收益，排斥概率的计算公式为：

$$P_{\mathrm{r}}=\frac{1-\mathrm{e}^{-\lambda v}}{1+\mathrm{e}^{-\lambda v}} \tag{7-25}$$

式中，P_{r} 表示排斥概率；λ 表示硬度系数，$\lambda \in [0,+\infty)$，表示人与人或人与障碍物碰撞时可能产生的伤害大小，当人与人碰撞时取 $\lambda=1$，当人与墙壁碰撞时取 $\lambda=2$；v 表示行人移动的相对速度，通常假设行人移动的相对速度为 1 m/s，当多个行人向同一个元胞移动时，$v=2$ m/s，当行人向一个静止的行人移动时，$v=1$ m/s，当行人向障碍物移动时，$v=1$ m/s。

行人移动的示意图如图 7.37 所示。假设行人目前占据的是中心元胞 c，其坐标为(i,j)，需要计算中心元胞 c 的元胞邻域中所有元胞的排斥概率，以便计算元胞排斥力产生的收益。假设行人下一个可能要占据的元胞为 c_n，元胞排斥力的具体计算步骤如下：

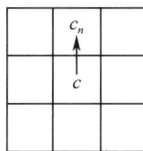

图 7.37　行人移动的示意图

步骤 1：获取行人目前占据的中心元胞 c 的坐标，以及其下一个可能要占据元胞 c_n 的坐标，根据两个坐标确定行人目前的移动方向 d。

步骤 2：初始化行人在其移动方向上可能发生碰撞的障碍物数量 rObstacleNum、可能发生碰撞的其他正在移动的行人数量 rMovePersonNum、可能发生碰撞的其他静止行人数量 rStaticPersonNum，将这些数量均初始化为 0。

步骤 3：根据中心元胞 c 的坐标，计算行人在其目前的移动方向 d 上可能发生碰撞的障碍物或静止行人所在元胞的坐标，记为(x_0,y_0)。

步骤 4：遍历元胞 c_n 的元胞邻域中除中心元胞 c 外的其他 7 个元胞，若遍历结束，则跳转到步骤 9；否则，判断当前遍历到的元胞是否被障碍物占据。若被障碍物占据，则执行步骤 5；否则，判断当前元胞是否被行人占据。若被行人占据，则跳转步骤 6；否则，转步骤 4。

步骤 5：判断当前元胞的坐标是否为(x_0,y_0)，若是(x_0,y_0)，则将 rObstacleNum 加 1 后跳转到步骤 4；否则，直接跳转到步骤 4。

步骤 6：计算当前元胞中行人的移动方向，并判断该行人是否处于静止状态，若处于静止状态，则执行步骤 7；否则，跳转到步骤 8。

步骤 7：判断当前元胞坐标是否为(x_0,y_0)，若是(x_0,y_0)，则将 rStaticPersonNum 加 1 后跳转到步骤 4；否则，直接跳转到步骤 4。

步骤 8：根据行人目前占据的元胞位置，以及该行人的移动方向，计算该行人下一步可能占据的元胞位置(x_p,y_p)，判断(x_p,y_p)是否为元胞 c_n 的位置，若是，则将 rMovePersonNum 加 1 后跳转到步骤 4；否则，直接跳转到步骤 4。

步骤 9：根据得到的 rObstacleNum、rMovePersonNum、rStaticPersonNum 和式（7-25）计算该元胞排斥力产生的收益，计算公式为：

$$
\begin{aligned}
&\text{obstacleR}=\text{rObstacleNum}\times P_{\text{ro}}\\
&\text{personR}=\text{rStaticPersonNum}\times P_{\text{rs}}+\text{rMovePersonNum}\times P_{\text{rm}}\\
&R_{ij}=\text{obstacleR}+\text{personR}
\end{aligned}
\tag{7-26}
$$

式中，obstacleR 为行人可能碰撞的所有障碍物排斥力产生的收益；P_{ro} 为根据式（7-25）得到的障碍物排斥概率；personR 为行人可能碰撞的所有行人排斥力产生的收益；P_{rs} 为根据式（7-25）得到的静止行人的排斥概率；P_{rm} 为根据式（7-25）得到的移动行人的排斥概率；R_{ij} 为当前坐标为(i,j)的中心元胞 c 排斥力产生的收益。

通过上述步骤，即可得到中心元胞 c 的元胞邻域中所有未被行人或障碍物占据的元胞排斥力产生的收益。需要注意的是，如果中心元胞 c 的元胞邻域中某个元胞被行人或障碍物占据，则会跳过上述的计算。

计算元胞排斥力产生的收益流程如图 7.38 所示。

2）摩擦力产生的收益

计算摩擦力产生的收益和计算排斥力产生的收益类似，但摩擦力的产生情况与排斥力的产生情况不一样，摩擦力主要存在行人之间、行人和障碍物或墙壁之间，它的来源也有 3 种情况，如图 7.39 所示。当行人与其他行人的移动方向相反时会产生摩擦力，如图 7.39（a）所示；当行人经过静止行人时会产生摩擦力，如图 7.39（b）所示；当行人经过障碍物或墙壁时会产生摩擦力，如图 7.39（c）所示。

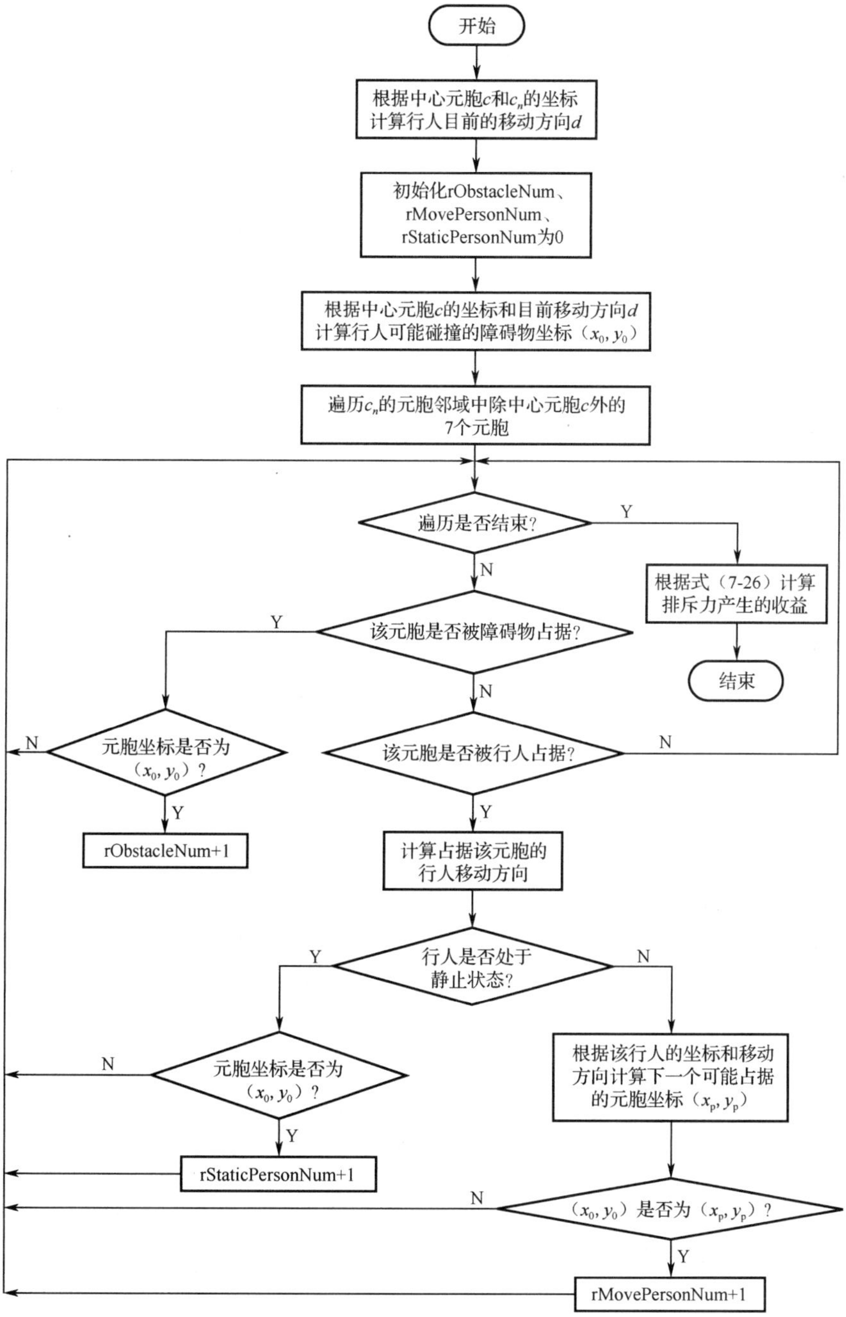

图 7.38 计算元胞排斥力产生的收益流程

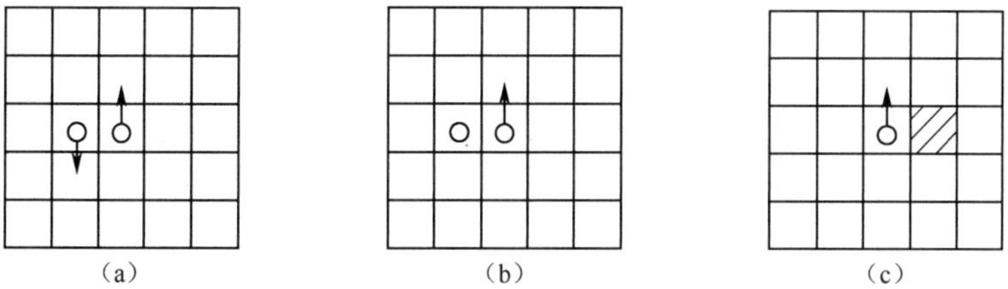

图 7.39 产生摩擦力的 3 种情况

摩擦力的大小主要与行人移动的相对速度、摩擦时的接触面积，以及摩擦系数有关。在SRFHLC 模型中，每个元胞的大小相同，因此摩擦时的接触面积都是一样的，因此可引入摩擦概率来量化摩擦力，摩擦概率与摩擦力成正比，根据摩擦力的计算原理，摩擦概率的计算公式为：

$$P_{\mathrm{f}} = \mu v \tag{7-27}$$

式中，P_{f}表示摩擦概率；μ 表示摩擦系数，$\mu \in [0,1]$，表示不同物体摩擦时的摩擦强度，当人与人摩擦时 μ=0.1，当人与障碍物摩擦时 μ=0.5；v 表示行人移动的相对速度，假设行人移动速度为 1 m/s，因此当两个行人的移动方向相反时，v=2 m/s；当一个移动的行人与一个静止的行人摩擦时，v=1 m/s；当行人与障碍物摩擦时，v=1 m/s。

在图 7.39 所示的 3 种情况中，行人占据的是中心元胞 c，其坐标为(i,j)，还需要计算中心元胞 c 的元胞邻域中所有元胞的摩擦概率，以便计算元胞摩擦力产生的收益。假设行人下一个可能占据的元胞为 c_n，计算元胞摩擦力产生的收益步骤如下：

步骤 1：获取行人目前占据的中心元胞 c 的坐标，以及行人下一个可能要占据的元胞 c_n 的坐标，根据两个坐标确定行人的移动方向 d，可分解为水平方向 d_x 和竖直方向 d_y。

步骤 2：初始化行人在其移动方向上可能发生摩擦的障碍物数量 fObstacleNum、可能发生摩擦的其他正在移动的行人数量 fMovePersonNum、可能发生摩擦的其他静止行人数量 fStaticPersonNum，将这些数量均初始化为 0。

步骤 3：在计算摩擦力产生的收益时，仅考虑当前元胞的元胞邻域中与行人当前移动方向平行的元胞，如图 7.40 所示的 3 种情况。当行人下一步向上方移动时，如图 7.40（a）所示（也可以向下方移动），仅考虑当前元胞的左、右两个邻居元胞，即元胞$(i, j-1)$和元胞$(i, j+1)$的状态；当行人下一步向右方移动时，如图 7.40（b）所示（也可以向左方移动），仅考虑当前元胞的上、下两个邻居元胞，即元胞$(i-1, j)$和元胞$(i+1, j)$的状态；当行人下一步向斜右上方移动时，如图 7.40（c）所示（也可以向斜左下方移动），仅考虑元胞$(i+d_x, j)$和元胞$(i, j+d_y)$的状态。

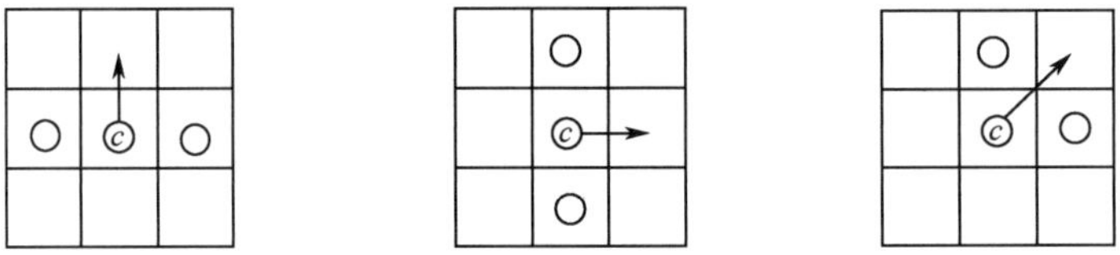

（a）（b）（c）

图 7.40　在计算摩擦力产生的收益时需要考虑的 3 种情况

步骤 4：遍历要考虑的每个元胞，如果遍历结束则跳转到步骤 7；否则判断当前遍历的元胞是否被障碍物占据。若被障碍物占据，则将 fObstacleNum 加 1 后跳转到步骤 4 开始；否则判断当前元胞是否被行人占据。若被行人占据，则执行步骤 5；否则，直接跳转到步骤 4 开始。

步骤 5：计算占据当前元胞的行人移动方向 d_c，并判断该行人是否处于静止状态，如该行人处于静止状态，则将 fStaticPersonNum 加 1 后跳转到步骤 4；否则，执行步骤 6。

步骤 6：判断当前行人的移动方向 d_c 是否与 d 相反，若相反，则将 fMovePersonNum 加 1 跳转到步骤 4；否则，直接跳转到步骤 4。

步骤 7：根据得到的 fObstacleNum、fMovePersonNum、fStaticPersonNum 和式（7-27）计算该元胞摩擦力产生的收益，计算公式为：

$$\begin{aligned}&\text{obstacleF}=\text{fObstacleNum}\times P_{\text{fo}}\\&\text{personF}=\text{fStaticPersonNum}\times P_{\text{fs}}+\text{fMovePersonNum}\times P_{\text{fm}}\\&F_{ij}=\text{obstacleF}+\text{personF}\end{aligned} \tag{7-28}$$

式中，obstacleF 为行人与所有可能障碍物的摩擦力产生的收益；P_{fo} 为根据式（7-27）得到的障碍物摩擦概率；personF 为行人与所有行人的摩擦力产生的收益；P_{fs} 为根据式（7-27）得到的静止行人摩擦概率；P_{fm} 为根据式（7-27）得到的移动行人摩擦概率；F_{ij} 为当前坐标为(i,j)的中心元胞 c 摩擦力产生的收益。

通过上述步骤，即可得到中心元胞 c 的元胞邻域中所有未被行人或障碍物占据的元胞摩擦力产生的收益。需要注意的是，如果中心元胞 c 元胞邻域中某个元胞被行人或障碍物占据，则会跳过上述的计算。

计算元胞摩擦力产生的收益流程如图 7.41 所示。

3）行人间从众行为产生的收益

在应急疏散过程中，很多行人会随着人群移动，这就是行人的从众行为，因此在计算动态收益时需要考虑行人的从众行为。行人的从众行为与其在行走时的视线范围有关，因此在考虑行人的从众行为时，将行人的视线范围规定为行人移动方向上半径为 3 以内的元胞[78]。

在图 7.37 所示的情况中，行人目前占据的中心元胞为 c，其坐标为(i,j)，需要计算其元胞邻域中 8 个元胞从众行为产生的收益。假设行人下一个可能占据的元胞为 c_n，行人从众行为产生的收益计算步骤如下：

步骤 1：获取行人目前占据的中心元胞 c 的坐标，以及该行人下一个可能要占据的元胞 c_n 的坐标，根据两个坐标计算行人目前的移动方向为 d，可分解为水平方向 d_x 和竖直方向 d_y。

步骤 2：初始化行人移动方向的视线范围内与该行人移动方向相同的行人数量 sameDirectionNum 为 0。

步骤 3：在考虑从众行为时，仅考虑行人前进方向上半径为 3 以内的元胞状态。由于行人有 8 个移动方向，因此需要分 8 种情况讨论。这 8 种情况又可以归纳为两类：直线方向和斜线方向，如图 7.42 所示。

步骤 4：遍历需要考虑的每个元胞，如果遍历结束，则跳转到步骤 6；否则，判断元胞是否被行人占据。若元胞被行人占据，则执行步骤 5；否则，重新执行步骤 4。

步骤 5：计算占据当前元胞行人的移动方向，如果方向为 d_c，则将 sameDirectionNum 加 1 并跳转到步骤 4；否则，直接跳转到步骤 4。

步骤 6：遍历结束后，将元胞 c_n 从众行为产生的收益 Follow_{ij} 设置为 sameDirectionNum，至此就可得到元胞从众行为产生的收益。

计算元胞从众行为产生的收益流程如图 7.43 所示。

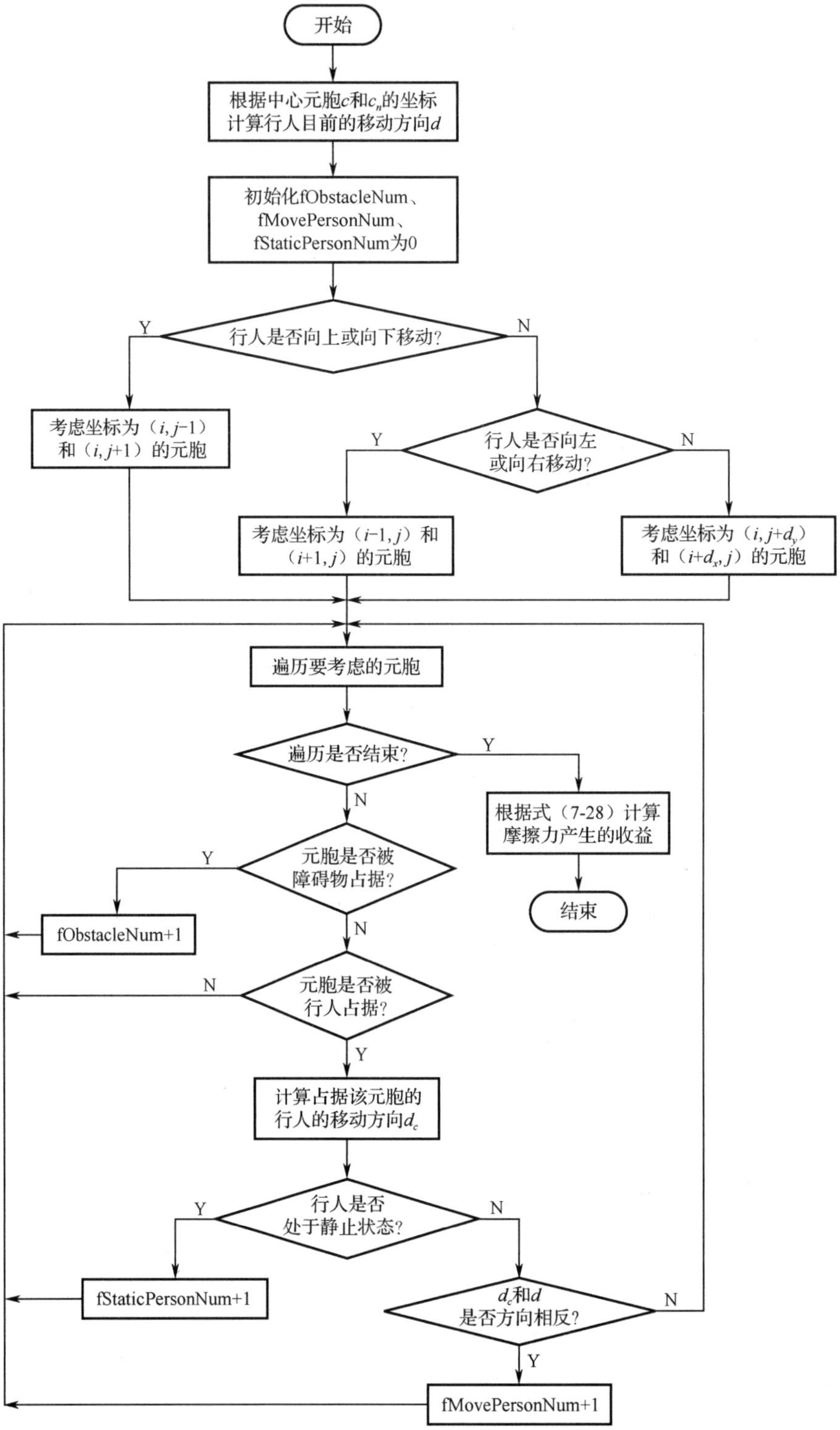
开始
根据中心元胞c和c_n的坐标计算行人目前的移动方向d
初始化fObstacleNum、fMovePersonNum、fStaticPersonNum为0
行人是否向上或向下移动?
Y
N
考虑坐标为（i, j-1）和（i, j+1）的元胞
行人是否向左或向右移动?
Y
N
考虑坐标为（i-1, j）和（i+1, j）的元胞
考虑坐标为（i, j+d_y）和（i+d_x, j）的元胞
遍历要考虑的元胞
遍历是否结束?
Y
N
根据式（7-28）计算摩擦力产生的收益
结束
元胞是否被障碍物占据?
Y
N
fObstacleNum+1
元胞是否被行人占据?
N
Y
计算占据该元胞的行人的移动方向d_c
行人是否处于静止状态?
Y
N
fStaticPersonNum+1
d_c和d是否方向相反?
N
Y
fMovePersonNum+1

图 7.41　计算元胞摩擦力产生的收益流程

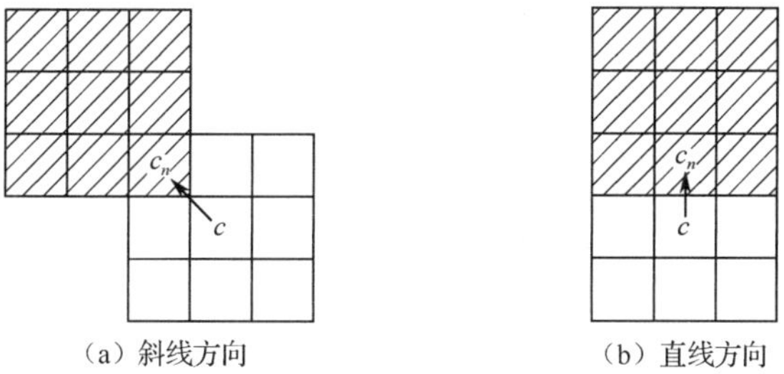

图 7.42 斜线方向和直线方向上半径为 3 以内的元胞

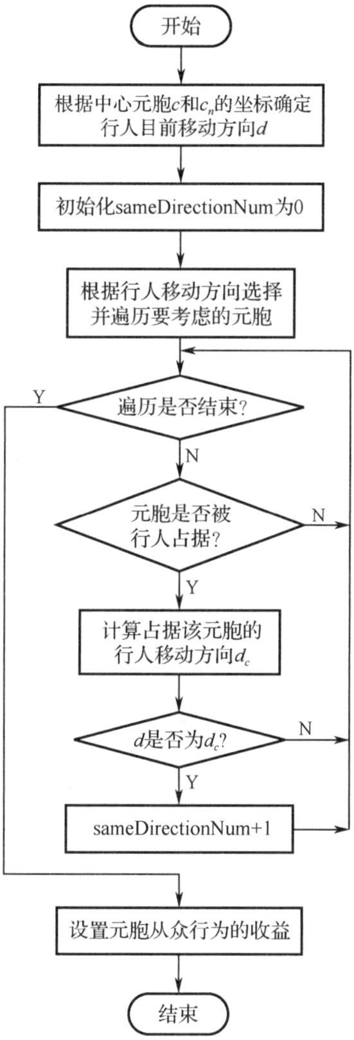

图 7.43 计算元胞从众行为产生的收益流程

4）行人一步损耗产生的收益

在考虑行人之间、行人与障碍物或墙壁之间的排斥力与摩擦力，以及行人间的从众行为等因素产生的收益之后，还要考虑行人的行走习惯和行走时的心理等因素产生的收益，为此提出了行人一步损耗产生的收益。行人在行走时，往往会走更短的路，习惯按照直线方向行走，而不是按斜线方向行走，因此当遍历当前元胞的邻居元胞时，应该将邻居元胞到当前元胞的欧氏距离作为被遍历的邻居元胞的一步损耗收益 L_{ij}，一步损耗收益越小，说明行人越想按照这个方向行走。根据欧氏距离计算一步损耗收益，可以表征行人更想按直线方向行走的习惯，更贴近于实际的行走。

3. 转移收益

根据前文介绍的静态收益和动态收益，当行人占据坐标为(i,j)的中心元胞 c，对于中心元胞 c 的元胞邻域内的元胞，可以得到每个元胞由出口吸引力产生的静态收益 S_{ij}，由行人之间的排斥力和行人与障碍物之间排斥力产生的收益 R_{ij}，由行人之间和行人与障碍物之间摩擦力产生的收益 F_{ij}，由行人间的从众行为产生的收益 Follow_{ij}，由行人一步损耗产生的收益 L_{ij}。每个元胞的各种收益都不一定是相同的，转移收益和各部分的收益关系也不一致，在选择行人下一步要占据的元胞时，即选择行走方向时，总是选择转移收益最大的元胞，S_{ij}、R_{ij}、F_{ij} 和 L_{ij} 越小越好，Follow_{ij} 越大越好。前文在计算各部分收益时并没有看到这些收益的关系，因此在考虑转移收益时，还应当对各部分收益做进一步的处理。在计算转移收益时，要对各部分收益进行类似归一化的处理，以便在最后计算转移收益时，不会因为各部分收益相差过于悬殊而导致计算结果有偏向性[78]。转移收益的具体计算步骤如下：

步骤 1：将静态收益、排斥力产生的收益、摩擦力产生的收益、从众行为产生的收益、一步损耗产生的收益最大值 $S_{\max}$、$R_{\max}$、$F_{\max}$、$\text{Follow}_{\max}$ 和 $L_{\max}$ 初始化为$-\infty$，将这些收益最小值 $S_{\min}$、$R_{\min}$、$F_{\min}$、$\text{Follow}_{\min}$ 和 $L_{\min}$ 初始化为$+\infty$。

步骤 2：遍历中心元胞 c 的元胞邻域中的 8 个元胞，获取 8 个元胞中的各部分收益的最大值和最小值，并更新 $S_{\max}$、$R_{\max}$、$F_{\max}$、$\text{Follow}_{\max}$、$L_{\max}$、$S_{\min}$、$R_{\min}$、$F_{\min}$、$\text{Follow}_{\min}$ 和 $L_{\min}$。

步骤 3：遍历中心元胞 c 的元胞邻域中的 8 个元胞，更新每个元胞的各部分收益。具体的更新公式为：

$$
\begin{aligned}
&S_{ij}=\begin{cases}-\dfrac{S_{ij}-S_{\min}}{S_{\max}-S_{\min}}, & S_{\max}\neq S_{\min}\\ 1, & S_{\max}=S_{\min}\end{cases}\\
&R_{ij}=\begin{cases}-\dfrac{R_{ij}-R_{\min}}{R_{\max}-R_{\min}}, & R_{\max}\neq R_{\min}\\ 1, & R_{\max}=R_{\min}\end{cases}\\
&F_{ij}=\begin{cases}-\dfrac{F_{ij}-F_{\min}}{F_{\max}-F_{\min}}, & F_{\max}\neq F_{\min}\\ 1, & F_{\max}=F_{\min}\end{cases}\\
&\text{Follow}_{ij}=\begin{cases}-\dfrac{\text{Follow}_{ij}-\text{Follow}_{\min}}{\text{Follow}_{\max}-\text{Follow}_{\min}}, & \text{Follow}_{\max}\neq \text{Follow}_{\min}\\ 1, & \text{Follow}_{\max}=\text{Follow}_{\min}\end{cases}\\
&L_{ij}=\begin{cases}-\dfrac{L_{ij}-L_{\min}}{L_{\max}-L_{\min}}, & L_{\max}\neq L_{\min}\\ 1, & L_{\max}=L_{\min}\end{cases}
\end{aligned}
\tag{7-29}
$$

至此，就可以得到未被障碍物占据的元胞的各部分收益，并使这些收益与转移收益的关系一致，各部分收益越大，转移收益就越大。转移收益需要综合考虑各部分收益的影响程度，不能简单地叠加各部分收益，应当给各部分收益加权，转移收益 T_{ij} 的计算公式为：

$$T_{ij}=\alpha_S S_{ij}+\alpha_R R_{ij}+\alpha_F F_{ij}+\alpha_{FL}\mathrm{Follow}_{ij}+\alpha_L L_{ij} \tag{7-30}$$

式中，α_S、α_R、α_F、α_{FL} 和 α_L 分别为各部分收益的权值，权值越大，说明该部分收益在应急疏散中的影响程度越高。在完成转移收益的计算后，就可以根据转移收益来更新行人的位置了，即更新行人占据的元胞状态。

4. 行人位置更新

在元胞自动机中，需要在每个离散的时间步内计算每个行人的下一步位置，即在每个离散的时间步内更新一次每个行人占据的元胞状态。根据 Moore 型的元胞邻域的规则，以及元胞状态更新规则，每个行人都可以选择当前元胞的元胞邻域中未被其他行人或障碍物占据的元胞作为该行人的下一步位置，通常选择的是转移收益最大的元胞。但在这种情况下，会出现多个行人同时竞争同一个元胞的情况，这时可以通过累积竞争力来选择哪个行人来占据这个元胞，其他行人停留在原元胞上。

1）累积竞争力

在考虑累积竞争力时，有的研究者会考虑行人的性别、是否携带小孩等因素。但现在人们为了保护自己的隐私，往往会选择部分虚假信息，而且是否携带小孩往往是个不可测的因素。为了使 SRFHLC 模型更具有普适性，将行人在疏散过程中与其他行人产生位置冲突时，累积竞争成功的次数看成累积竞争力。在初始时，所有行人的累积竞争力均为 0，当发生位置冲突时，系统会随机选择行人来占据元胞，并在更新元胞状态时，占据元胞的行人的累积竞争力加 1。随着系统的不断运行，某些行人的累积竞争力会变大，说明这些行人在占据位置时拥有更大的优势。

2）行人位置更新流程

行人位置更新的步骤如下：

步骤 1：获取所有行人的位置信息，将行人加入行人队列，初始化离散的时间步 t 为 0。

步骤 2：判断行人队列是否为空，若为空，则跳转到步骤 5；否则，将时间步加 1，对行人队列中的每个行人进行遍历，计算行人占据的元胞的元胞邻域中空闲（未被行人或障碍物占据）的元胞转移收益，将转移收益最大的元胞作为行人下一个要占据的元胞。

步骤 3：当所有行人计算对象都遍历结束后，判断是否有多个行人选择转移收益最大的元胞。如果有多个行人竞争该元胞，则选择累积竞争力最大的行人占据该元胞，并更新该行人的累积竞争力，其他行人则停留在原地，执行步骤 4。如果只有一个行人占据转移收益最大的元胞，则直接执行步骤 4。

步骤 4：判断被选择的元胞是否为出口，如果该元胞是出口，则将行人移出行人队列，表示该行人已安全离开，并记录行人最后一步的位置。如果该元胞不是出口，则将行人当前占据的元胞更改为当前元胞，将之前占据的元胞状态修改为空闲状态，即 0，将占用的元胞状态修改为 1，并将当前元胞中的行人修改为该行人，记录该行人的位置后，将离散的时间步加 1，以便后续进行路径规划。

步骤 5：如果行人队列为空，则说明所有行人都已离开建筑物或场馆，结束应急疏散过程。

至此，建筑物或场馆内的行人均已安全离开，SRFHLC 模型会存储每个行人的应急疏散路径，该应急疏散路径可帮助行人尽快、安全地离开建筑物或场馆现场，并在应急疏散过程中避免与其他行人发生碰撞。

行人位置更新流程如图 7.44 所示。

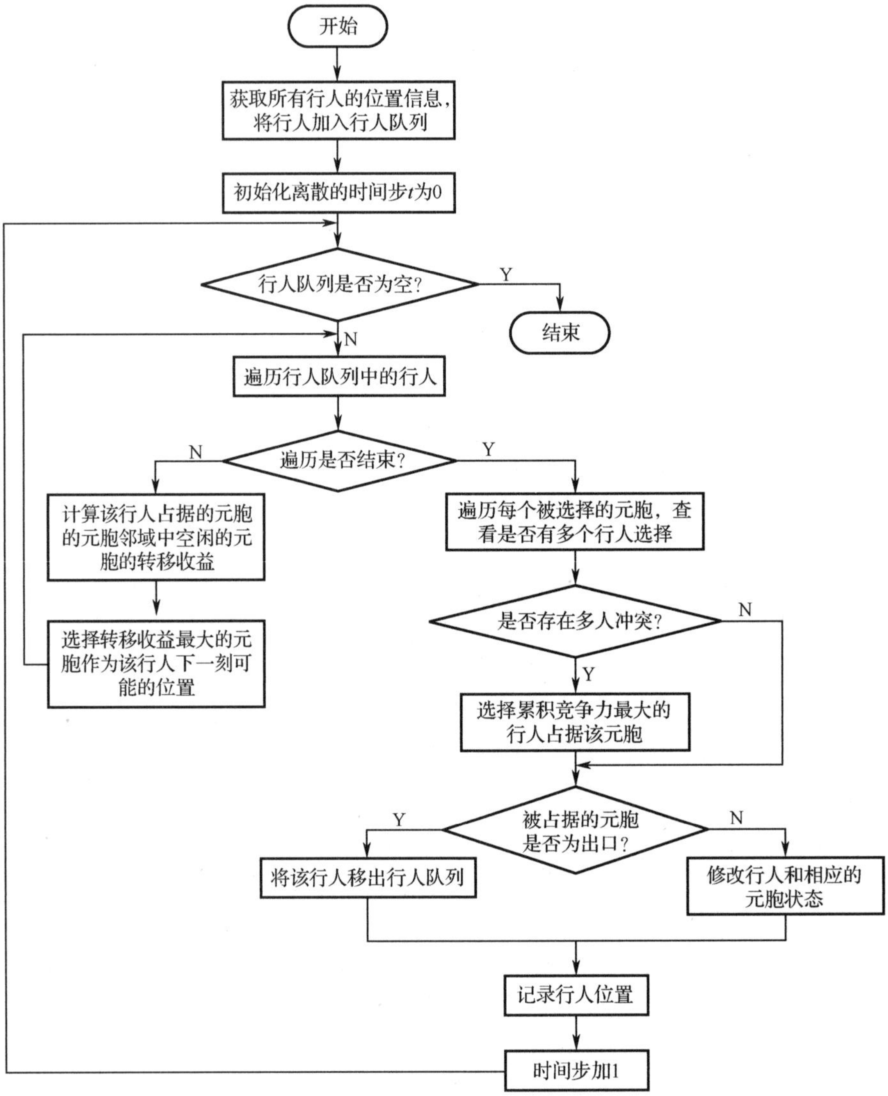

图 7.44　行人位置更新流程

7.3.6　实验结果与分析

为了对基于 SRFHLC 模型的应急疏散规划进行实验，本节模拟了一个超市的室内场馆图，该超市的平面图如图 7.45 所示，其中，灰色部分为障碍物部分，虚线为出口，周围实线为墙壁，该超市面积为 32 m×40 m，元胞大小为 0.5 m×0.5 m，将超市平面图划分为 66×82 个网格（包括墙壁），并在初始化时设置了出口，行人的初始位置是随机生成的。

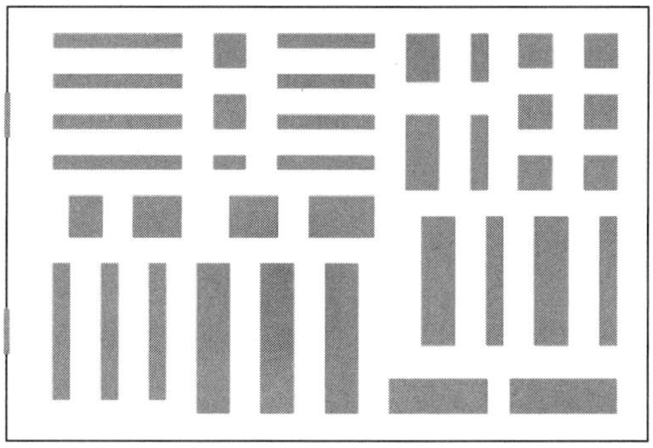

图 7.45 超市平面图

SRFHLC 模型考虑了出口对行人的吸引力、行人之间的排斥力和摩擦力、行人与障碍物之间的排斥力和摩擦力、行人之间的从众行为、行人一步损耗，以及行人累积竞争力等因素在应急疏散中的作用。本节在对 SRFHLC 模型进行实验时，通过训练确定了该模型中每个因素的权值，通过实验结果分析了疏散时间、疏散距离和单位时间疏散率，并与以下模型进行了对比：

（1）元胞自动机（CA）模型。该模型只考虑了出口对行人的吸引力。

（2）SRF 模型。在考虑排斥力和摩擦力时，SRFHLC 模型借鉴了的宋卫国等人[60]的思想，该模型考虑了出口对行人的吸引力、行人之间的排斥力和摩擦力，但并没有确定排斥力和摩擦力的计算细则，作者将排斥力和摩擦力的计算放入了 SRFHLC 模型，这里将其简称为 SRF 模型。

（3）SRFH 模型。在考虑 SRFHLC 模型时，作者曾借鉴了文献[78]中的部分思想，因此将其与考虑了行人之间的排斥力和摩擦力、行人间从众行为的模型[78]（SRFH 模型）进行了对比。但 SRFH 模型中的排斥力和摩擦力的计算细则依旧采用作者细化过的计算细则。

1. 疏散时间和疏散距离的对比

本节对不同模型、不同疏散规模的疏散时间和疏散距离（行人平均疏散距离）进行了对比。为了避免偶然误差，对不同规模下的不同模型进行了多次实验，每次实验的条件都是一样的，最后对实验结果取了平均值，对比结果如图 7.46 所示。

由图 7.46（a）可知，在疏散时间方面，在不同疏散规模时，SRF 模型的疏散时间都是最长的；在疏散规模较小时，CA 模型和 SRFH 模型的疏散时间差不多，但当疏散规模较大时，CA 模型的疏散时间明显比 SRFH 模型少，其疏散效率更高，这是因为当行人增多时，行人间的从众行为起到了较好的作用；相对其他 3 种模型而言，当疏散规模在 100 人以下时，SRFHLC 模型的疏散时间与其他模型差别不大，但当疏散规模越来越大时，SRFHLC 模型所需的疏散时间明显更短，并且随时间增长更加稳定。

由图 7.46（b）可知，在疏散距离方面，SRF 模型的疏散距离最大，SRFH 模型的疏散距离次之，CA 模型和 SRFHLC 模型的疏散距离差不多。随着疏散规模的不断增大，CA 模型和 SRFHLC 模型的疏散距离明显小于其他两个模型的疏散距离。

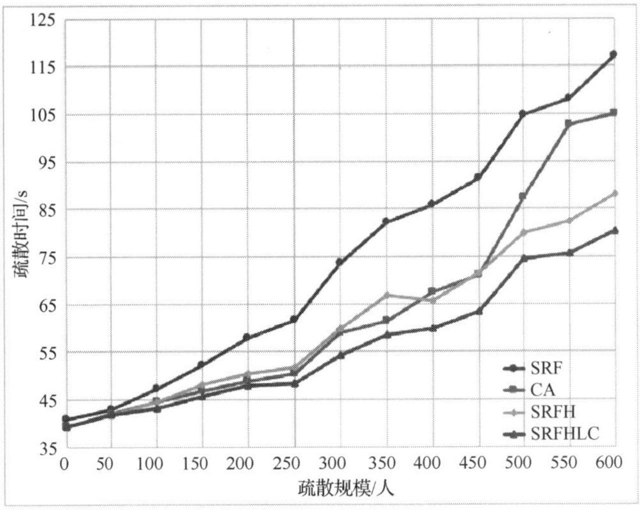

（a）不同模型、不同疏散规模的疏散时间对比

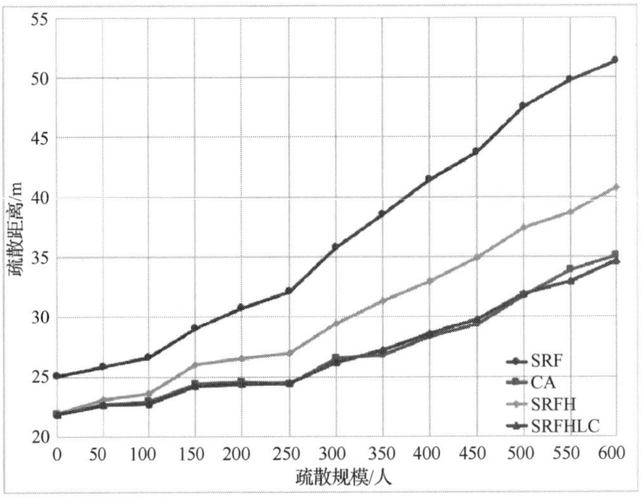

（b）不同模型、不同疏散规模的疏散距离对比

图 7.46 不同模型、不同疏散规模的疏散时间和疏散距离对比

综合图 7.46 所示的实验结果可知，SRF 模型的综合疏散效果是最差的；SRFH 模型在疏散时间上比 CA 模型更有优势，但其疏散距离上明显大于 CA 模型，这是因为 CA 模型本身是基于最小欧氏距离来进行决策的，因此 CA 模型的疏散距离比 SRFH 模型的疏散距离小；在疏散时间方面，随着疏散规模的增大，CA 模型的综合疏散效果明显不如 SRFH 模型。本章介绍的 SRFHLC 模型，其综合疏散效果是最好的，在不同疏散规模下，该模型的疏散时间明显比其他疏散模型少，其疏散距离与 CA 模型不相上下。

通过实验结果的分析可知，本章介绍的 SRFHLC 模型具有较好的疏散效率，在疏散时间和疏散距离两个方面取得了较好的平衡，在明显减少疏散时间的基础上，减少了疏散距离。

2. 单位时间疏散率的对比

本节的实验不仅对比了疏散时间和疏散距离，还对单位时间疏散率进行了对比。图 7.47 给出了不同模型在相同疏散规模下单位时间疏散率的对比，分别对疏散规模为 100 人、200

人、300 人、400 人、500 人和 600 人的情况进行了实验，为了避免偶然误差，进行了多次实验（每次实验的条件都是一样的），将每次实验结果的平均值作为实验结果。

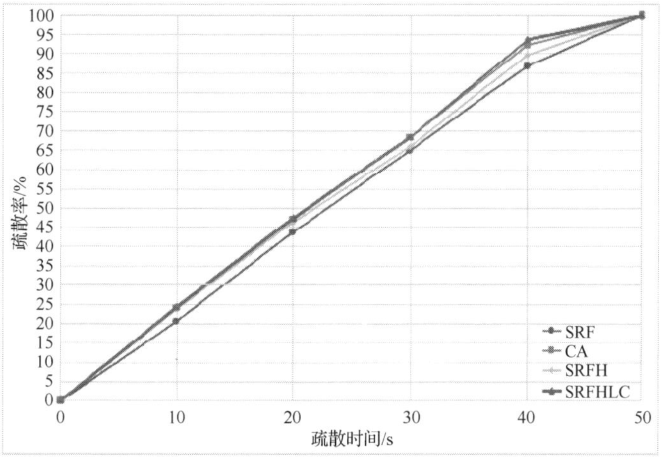

（a）疏散规模为100人

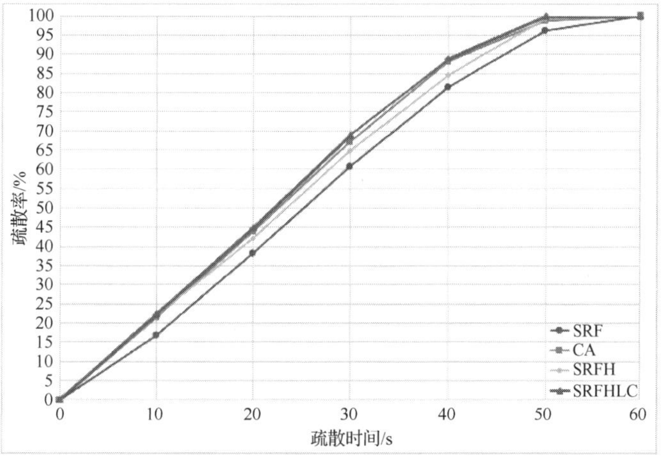

（b）疏散规模为200人

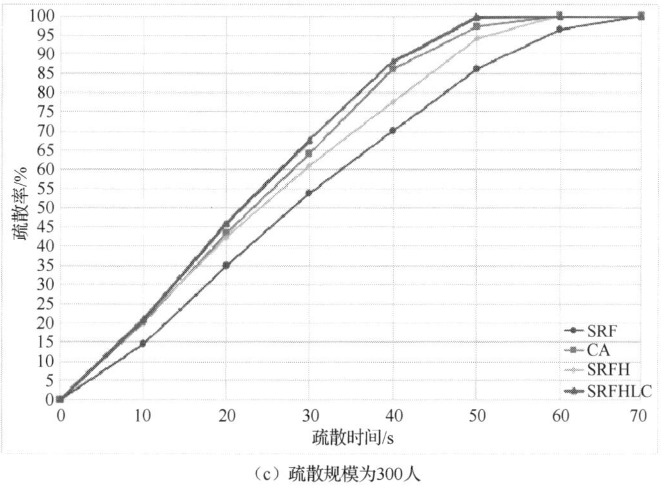

（c）疏散规模为300人

图 7.47　不同模型在相同疏散规模下单位时间疏散率的对比

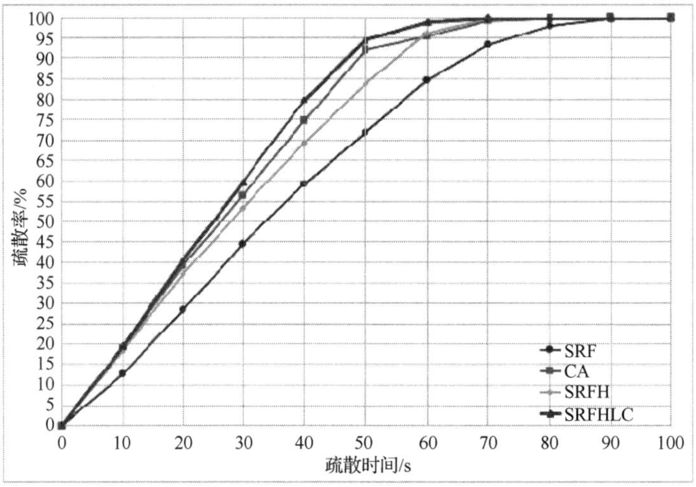

（d）疏散规模为400人

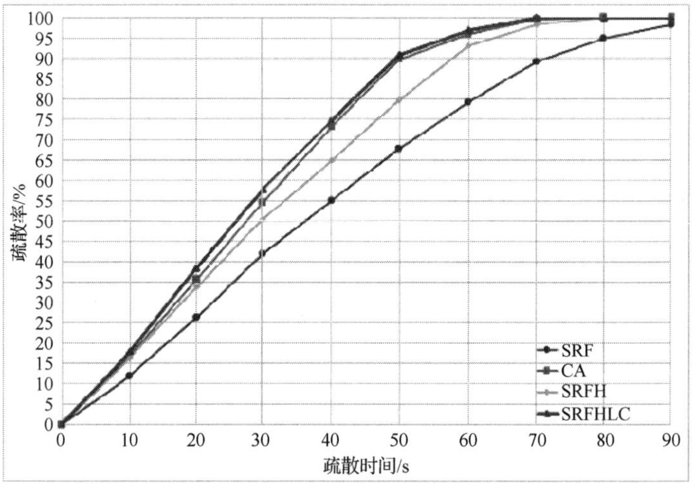

（e）疏散规模为500人

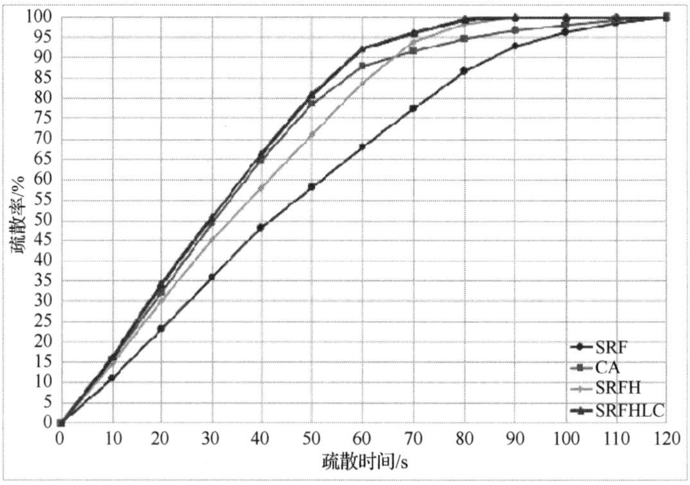

（f）疏散规模为600人

图 7.47　不同模型在相同疏散规模下单位时间疏散率的对比（续）

由图 7.47 所示的实验结果可知，无论在哪种疏散规模下，本章介绍的 SRFHLC 模型总是具有最高的单位时间疏散率，SRF 模型的单位时间疏散率是最低的，SRFH 模型和 CA 模型的单位时间疏散率居中。

3. 行人一步损耗的影响

行人一步损耗产生的收益对单个行人的应急疏散路径规划的影响更加明显，为了分析行人一步损耗的影响，采用简单环境进行了实验，分别对加入行人一步损耗和未加入行人一步损耗进行了实验。实验环境被划分为 15×15 的元胞空间，如图 7.48 所示，斜线部分表示墙壁，最上面两个白色网格表示出口，五角星位置表示行人的初始位置。

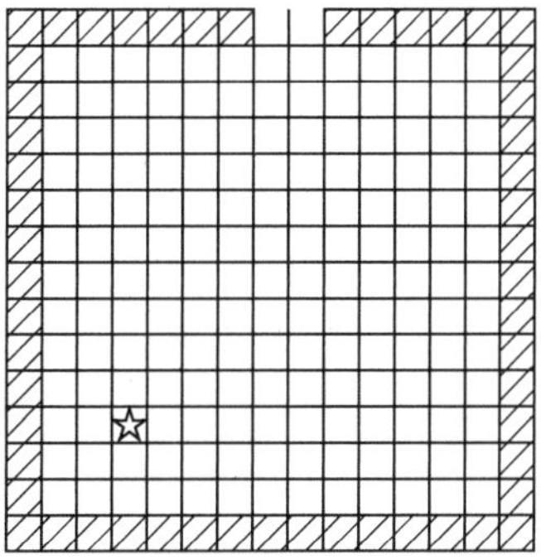

图 7.48　15×15 的元胞空间

根据实验结果，采用 MATLAB 绘制了单人应急疏散路径，如图 7.49 所示。图 7.49（a）所示为未加入行人一步损耗时的单人应急疏散路径，由该图可以看出，单人应急疏散路径一会儿向右上、一会儿向左上，这明显不符合行人的行走习惯，增加了疏散距离；图 7.49（b）所示为加入行人一步损耗时的单人应急疏散路径，该路径更短，也更符合行人的行走习惯。因此，SRFHLC 模型更符合实际情况。

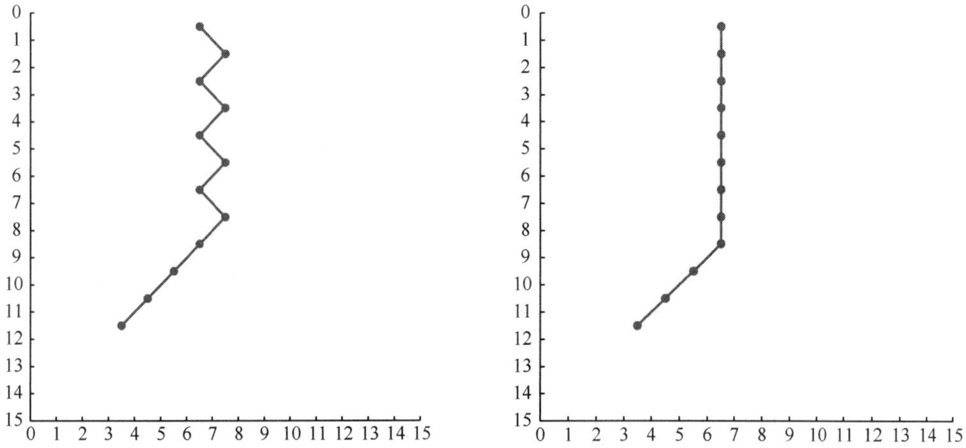

（a）未加入行人一步损耗时的单人应急疏散路径　　（b）加入行人一步损耗时的单人应急疏散路径

图 7.49　采用 MATLAB 绘制的单人应急疏散路径

通过本节的实验结果可知，SRFHLC 模型可以为建筑物或场馆提供应急疏散路径规划，具有较高的疏散效率、较短的疏散时间和疏散距离。

7.4 灾难应急疏散信息系统

7.4.1 灾难应急疏散信息系统的设计

灾难应急疏散信息系统的主要功能和目标是为用户提供精度较高、成本较低、友好的室内定位功能和应急疏散路径规划功能，同时还可为管理中心提供疏散信息展示和查询功能。灾难应急疏散信息系统的架构如图 7.50 所示。

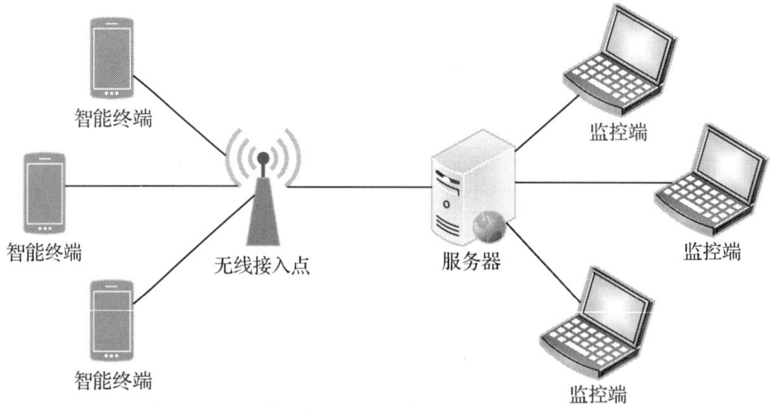

图 7.50 灾难应急疏散信息系统的架构

灾难应急疏散信息系统的室内定位功能是基于 WiFi 定位来实现的，采用的是指纹定位法；在进行应急疏散时，还要给管理中心提供应急疏散信息展示功能，为行人提供路径规划功能。在设计灾难应急疏散信息系统时，需要考虑指纹数据（位置指纹）存储和处理、疏散时信息的存储和处理，以及以后的扩展问题。因此，将灾难应急疏散信息系统分为 3 个部分：客户端、服务器和监控端，客户端采用的是智能设备（如智能手机），也称为智能终端。灾难应急疏散信息系统是通过 WiFi 无线接入点来接入 WiFi 网络的，从而实现 WiFi 技术的定位。

1. 智能终端

智能终端的主要功能是：

（1）智能终端集成了惯性传感器，如加速度计、陀螺仪和方向传感器，从而可以进行惯导定位，通过惯性传感器获取行人每步的位移和航向角，进而基于位移和航向角来计算行人的二维坐标位置，并结合惯性传感器和虚拟地标点来不断修正定位。

（2）智能终端具有扫描和接收 WiFi 信号的传感器，可以获取 RSSI 最大的若干个 AP 的 BSSID 和 RSSI，并进行简单的 RSSI 计算。

（3）智能终端具有气压计，能够实时获取位置点的气压，并根据惯导和气压来判断用户所在的楼层。

（4）智能终端在定位时可以和服务器之间进行数据传输，向服务器发送扫描到的 AP 的

BSSID 和 RSSI，同时也可以接收来自服务器的定位结果，并将定位结果显示出来。

（5）智能终端可以显示室内地图，并定位出用户的移动轨迹。

（6）在进行应急疏散时，智能终端可以和服务器之间进行数据的传输，向服务器提供行人的身份和初始位置等信息，接收服务器发送的应急疏散路径规划信息，并将规划的路径结果显示出来；还可以在定位的过程中，不停地对行人进行定位并将行人的位置信息上传到服务器。

智能终端的功能模块如图 7.51 所示。

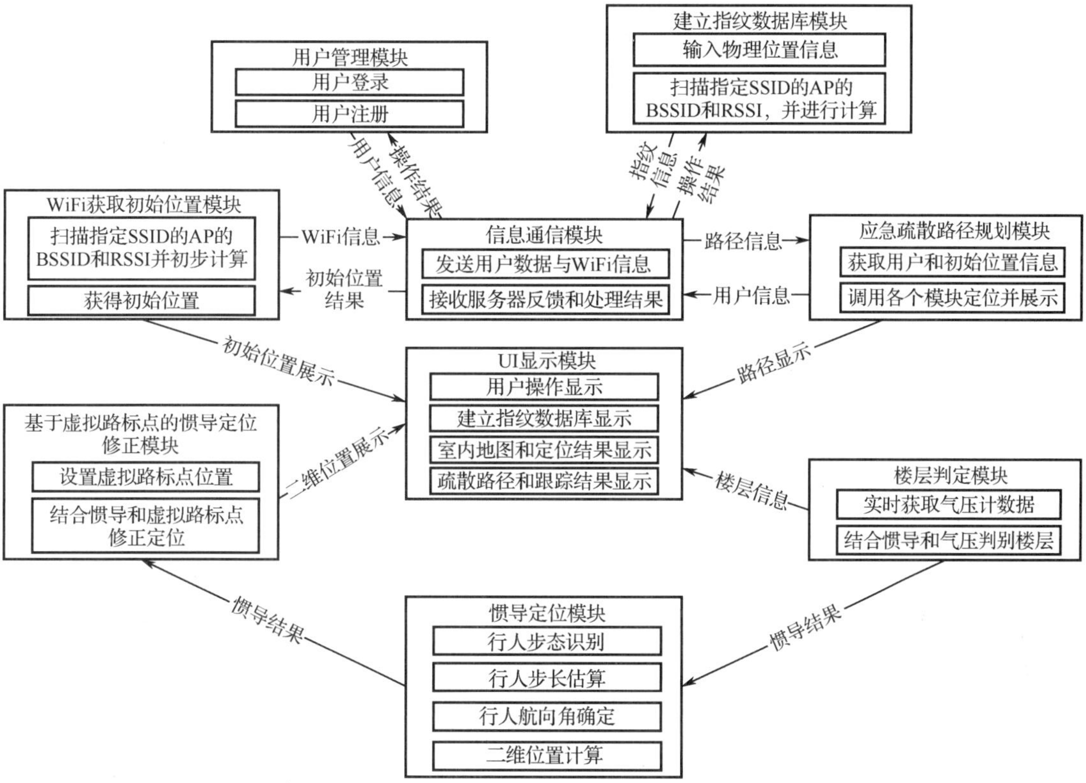

图 7.51　智能终端的功能模块

2. 服务器

服务器的主要功能是：

（1）存储智能终端用户信息，在智能终端用户登录和注册，以及应急疏散时进行用户信息匹配。

（2）存储管理员信息，用于管理员登录，以及注册监控端。

（3）在离线阶段，服务器可以接收智能终端检测到的 AP 的 BSSID 和 RSSI，并建立指纹数据库，将位置和 BSSID、RSSI 对应起来。

（4）在在线阶段，服务器可以根据待定位智能终端检测到的 BSSID 和 RSSI 计算定位结果，得到用户（智能终端）的初始位置，并将定位结果返回给智能终端。

（5）在应急疏散阶段，服务器可以根据各个行人的信息进行应急疏散路径规划，存储各个行人的应急疏散路径信息，并将规划好的应急疏散路径传输给各个行人（通过智能终端显示给各个行人）。

（6）接收来自监控端的查询请求，向监控端提供应急疏散的信息。

服务器的功能模块如图 7.52 所示。

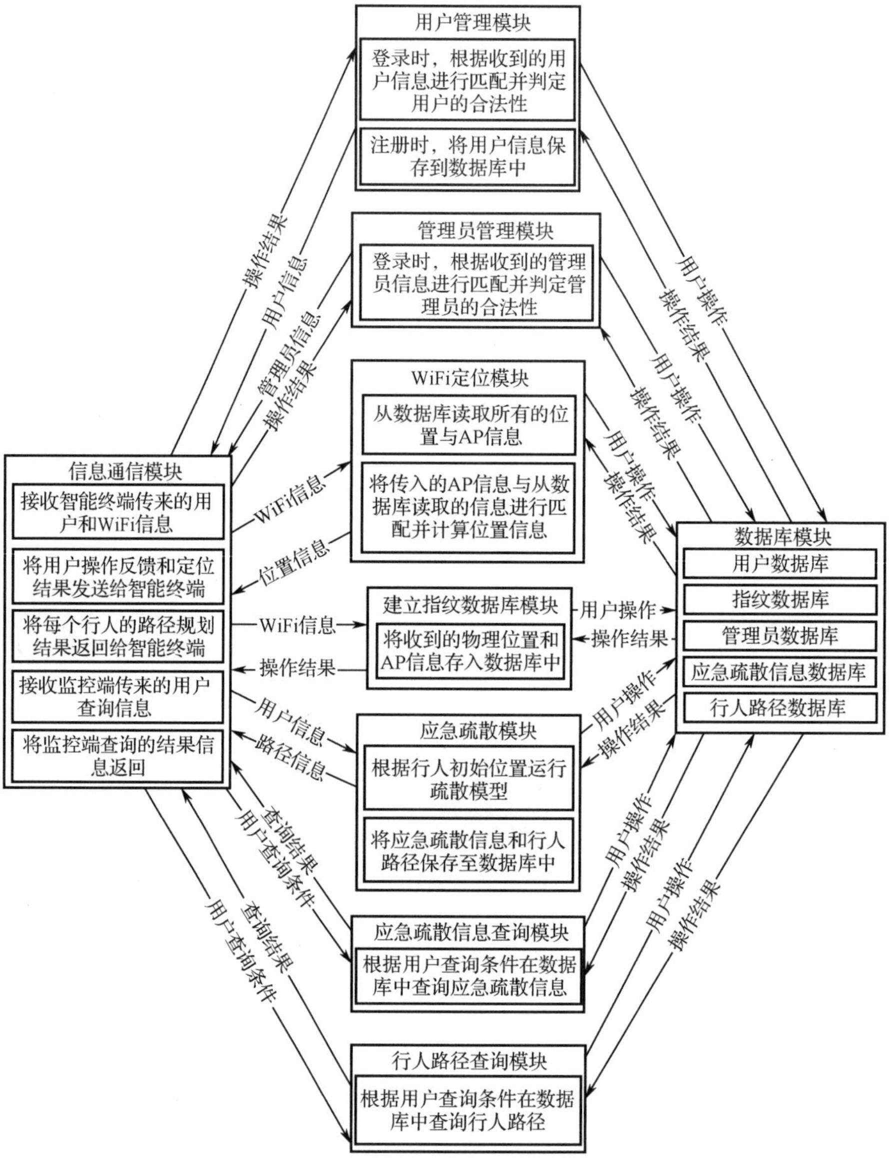

图 7.52　服务器的功能模块

3. 监控端

监控端的主要功能是：

（1）监控端可以在应急疏散的过程中和服务器进行数据传输，显示应急疏散结果，查询行人路径。

（2）监控端可以显示建筑物或场馆的室内地图，以及行人路径。

（3）监控端可以让监控人员查询某个行人的疏散路径并展示。

监控端的功能模块如图 7.53 所示。

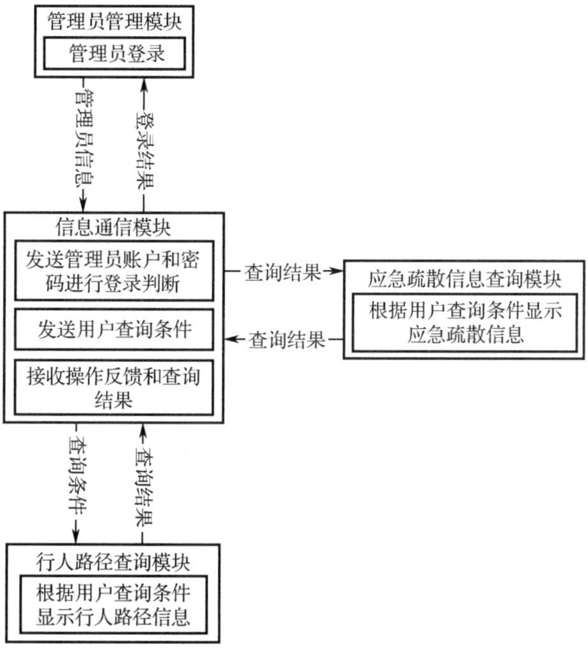

图 7.53 监控端的功能模块

4. 无线接入点

无线接入点（AP）的主要功能是：

（1）在定位时，AP 可以为基于 WiFi 的室内行人初始位置定位提供 WiFi 网络支撑。

（2）在定位时，通过 AP 可以将智能终端获取到的 BSSID 和 RSSI 发送到服务器。

（3）在进行应急疏散时，智能终端既可以通过 AP 将行人的信息发送到服务器，也可以通过 AP 接收服务器发送的应急疏散路径信息。

7.4.2 灾难应急疏散信息系统的实现

1. 智能终端功能的实现

如图 7.51 所示，智能终端的功能模块包括信息通信模块、UI 显示模块、用户管理模块、建立指纹数据库模块、应急疏散路径规划模块、楼层判定模块、惯导定位模块、基于虚拟路标点的惯导定位修正模块、WiFi 获取初始位置模块等。

（1）信息通信模块。信息通信模块用于和服务器进行交互，在用户登录和注册阶段，将用户输入的用户名和密码通过 http 请求发送到服务器，同时等待服务器的返回结果；在建立指纹数据库阶段，将指纹点的位置和相应的 AP 信息通过 http 请求发送到服务器；在 WiFi 定位行人初始位置阶段，将用户在某点扫描到的 AP 信息通过 http 请求发送到服务器，并将处理结果发送到惯导定位模块和 UI 显示模块；在应急疏散阶段，将行人的用户信息和初始位置发送到服务器，并将服务器返回的应急路径规划结果发送到应急疏散路径规划模块和 UI 显示模块。信息通信模块是通过 HttpUtil.java 实现的。

（2）UI 显示模块。UI 显示模块用于显示不同模块的界面，在用户登录和注册阶段，显示用户可操作的界面；在建立指纹数据库阶段，显示用户可操作的输入位置和开始扫描的界面；在定位阶段，根据楼层信息显示相应楼层的室内地图，以及显示用户的位置和移动轨迹；在应急疏散阶段，先显示相应的室内地图，再根据服务器返回的应急疏散路径规划结果，将行人该走的应急疏散路径显示在地图上，并实时显示用户的位置和移动轨迹。UI 显示模块是通过 MapView.java 实现的。

（3）用户管理模块。用户管理模块的主要功能是用户登录和用户注册，该模块需要调用到信息通信模块。用户在登录时输入的用户名和密码会被发送到服务器，用户管理模块等待服务器的返回结果，如果用户名和密码匹配则表示登录成功，可以进入灾难应急疏散信息系统；否则表示登录失败，无法进入灾难应急疏散信息系统。用户登录是通过 LoginActivity.java 实现的。用户在注册时输入的用户名、密码和确认密码，会被发送到服务器进行检查，若用户名不重复且密码和确认密码相同，则显示注册成功；否则显示注册失败。用户注册是通过 RegisterActivity.java 实现的。

（4）建立指纹数据库模块。建立指纹数据库模块运行于离线阶段，其主要功能是采集初始位置的坐标和相应 AP 的 BSSID 和 RSSI 并进行计算，将采集到的 AP 信息发送到服务器。建立指纹数据库模块也要调用信息通信模块，该模块是通过 CollectActivity.java 实现的。在该模块中，用户手动输入位置的坐标后单击“开始扫描”按钮，智能终端便会根据算法扫描 AP 并将获取的信息发送到服务器。

（5）应急疏散路径规划模块。在应急疏散时，应急疏散路径规划模块可调用信息通信模块向服务器发送的行人用户信息和初始位置，并在生成应急疏散路径后调用各个定位模块对行人的位置进行追踪，还可调用 UI 显示模块显示室内地图、行人路径，以及行人的实时位置。应急疏散路径规划模块是通过 RouteActivity.java 实现的。

（6）楼层判定模块。楼层判定模块用于判定行人所在的楼层，即行人所在位置的高度。在定位时，该模块需要知道行人所处的初始楼层，智能终端不断读取气压计的数据并对这些数据进行处理，基于惯导对行人步态进行识别。楼层判定模块将一定步数内的气压保存在队列中，根据一定步数内气压的变化来判定行人是上楼还是下楼，从而确定行人所处的楼层。楼层判定模块可通过信息通信模块将楼层信息发送到 UI 显示模块中显示出来，UI 显示模块还可以根据不同楼层信息显示不同楼层的室内地图。楼层判定模块是通过 InertialActivity.java 实现的。

（7）惯导定位模块。在定位时，智能终端不断获取加速度计、磁力计等传感器采集的数据，惯导定位模块在通过 WiFi 确定行人的初始位置后，通过对这些数据进行处理，可以实时地对行人的位置进行定位，并将行人轨迹通过 UI 显示模块显示出来。惯导定位模块是通过 InertialActivity.java 实现的。

（8）基于虚拟路标点的惯导定位修正模块。基于虚拟路标点的惯导定位修正模块的主要功能是对惯导定位的累积误差进行修正，从而修正定位。在离线阶段确定并保存虚拟路标点的位置后，在惯导定位的过程中，基于虚拟路标点的惯导定位修正模块先通过一定大小的滑动窗口来读取一定步数内行人航向角的变化，再根据航向角的变化和惯导定位的位置将行人位置纠正为某一虚拟路标点；同时，该模块还可通过 UI 显示模块来显示行人的移动轨迹。基于虚拟路标点的惯导定位修正模块是通过 InertialActivity.java 实现的。

（9）WiFi 获取初始位置模块。WiFi 获取初始位置模块用于在定位开始时获取用户的初始位置，该模块需要调用信息通信模块。智能终端在获取指定 SSID 的 AP 信息（如 BSSID 和 RSSI）后，WiFi 获取初始位置模块可对获取的 RSSI 进行处理，并将处理结果发送到服务器，该模块可以将服务器返回的处理结果（用户的初始位置）通过 UI 显示模块显示出来。WiFi 获取初始位置模块是通过 InertialActivity.java 实现的。

2. 服务器功能的实现

如图 7.52 所示，服务器的功能模块主要包括信息通信模块、数据库模块、用户管理模块、管理员管理模块、WiFi 定位模块、建立指纹数据库模块、应急疏散模块、应急疏散信息查询模块、行人路径查询模块等。

（1）信息通信模块。信息通信模块主要用于接收用户请求和监控端请求，以及将服务器的处理结果发送给智能终端、监控端或其他模块，在每个 Servlet（Server Applet，服务器程序）中都有信息通信模块。该模块是通过 Controller 实现的。

（2）数据库模块。数据库模块是服务器通过 MySQL 创建的名为 position 的数据库，该数据库中创建了 user 表、floorFingerprint 表、admin 表、personInfo 表、routes 表。

① user 表。user 表用于存放用户信息，其字段信息如表 7.5 所示。

表 7.5 user 表的字段信息

字　段	字段描述
userId	用户 ID
username	用户名
password	密码

② floorFingerprint 表。floorFingerprint 表用于存放 AP 信息，其字段信息如表 7.6 所示。

表 7.6 floorFingerprint 表的字段信息

字　段	字段描述
x	指纹位置的横坐标
y	指纹位置的纵坐标
floor	指纹位置的楼层信息
ap$i$，其中 $0 \le i \le 4$	第 i 个 AP 的 BSSID
ap$i$RSSI，其中 $0 \le i \le 4$	第 i 个 AP 的 RSSI

③ admin 表。admin 表用于存放管理员的信息，其字段信息如表 7.7 所示。

表 7.7　admin 表的字段信息

字　段	字段描述
adminId	管理员 ID
username	管理员名
password	管理员密码

④ personInfo 表。personInfo 表用于存放每个行人的疏散信息，其字段信息如表 7.8 所示。

表 7.8　personInfo 表的字段信息

字　段	字 段 描 述
userId	用户 ID
initialPos	用户的初始位置
exitPos	用户的出口位置
time	用户从当前位置到出口所需的时间
distance	用户从当前位置到出口所走的距离

⑤ routes 表。routes 表用于存放每个行人的路径信息，其字段信息如表 7.9 所示。

表 7.9　routes 表的字段信息

字　段	字 段 描 述
userId	用户 ID
step	用户走过的步数
initialX	用户的初始位置的横坐标
initialY	用户的初始位置的纵坐标
nextX	用户下一步位置的横坐标
nextY	用户下一步位置的纵坐标

（3）用户管理模块。用户管理模块主要用于处理用户的操作请求并返回处理结果。在用户登录时，用户管理模块根据用户输入的用户名和密码，在数据库中进行查询匹配，如果和数据库中的用户名、密码匹配则返回 true，否则返回 false。在用户注册时，用户管理模块根据用户输入的用户名、密码和确认密码，在数据库中查询该用户名是否存在，若不存在并且密码和确认密码相同，则将用户名和密码插入 user 表中，并返回 true，表示注册成功；若用户名已存在，则返回 false，表示注册失败。用户管理模块是通过 LoginServlet.java 和 RegisterServlet.java 实现的。

（4）管理员管理模块。管理员管理模块主要用于对监控端发送的用户操作请求进行处理，并通过信息通信模块返回处理结果，管理员管理模块的流程与用户管理模块类似。管理员管理模块是通过 LoginController.java 实现的。

（5）WiFi 定位模块。WiFi 定位模块首先通过用户的请求获取智能终端扫描到的 AP 信息，然后根据 floorFingerprint 表中的相关记录和获取到的 AP 信息来计算待定位点的位置，最后将定位结果通过信息通信模块发送到智能终端。WiFi 定位模块是通过 WifiServlet.java 实现的。

（6）建立指纹数据库模块。建立指纹数据库模块在离线阶段将用户请求中的指纹存储在 floorFingerprint 表中，指纹是指与位置相对应的 AP 信息。建立指纹数据库模块是通过 CollectServlet.java 实现的。

（7）应急疏散模块。应急疏散模块可根据各个用户的初始位置来运行 SRFHLC 模型，并将通过该模型得到的应急疏散路径保存在数据库中，同时通过信息通信模块将每个行人的应急疏散路径发送到对应的智能终端。应急疏散模块是通过 RouteServlet.java 实现的。

（8）应急疏散信息查询模块。应急疏散信息查询模块可以根据监控端发送的用户查询条件，在数据库中查询相关用户的应急疏散信息，并将应急疏散信息返回给监控端。应急疏散信息查询模块是通过 RouteController.java 实现的。

（9）行人路径查询模块。行人路径查询模块可以根据监控端发送的用户查询条件，在数据库中查询相关的行人路径，并通过信息通信模块将行人路径返回给监控端。行人路径查询模块是通过 PersonInfoController.java 实现的。

3. 监控端功能的实现

如图 7.53 所示，监控端的功能模块包括信息通信模块、管理员管理模块、应急疏散信息查询模块、行人路径查询模块等。

（1）信息通信模块。信息通信模块用于与服务器进行交互。在用户登录和注册时，信息通信模块可将用户输入的用户名和密码信息通过 http 请求发送到服务器，同时等待服务器处理返回的结果。在应急疏散信息查询时，信息通信模块可将查询条件发送到服务器，并等待服务器返回的应急疏散信息。在行人路径规划展示时，信息通信模块可将查询条件发送到服务器，并等待服务器返回的应急疏散路径规划结果。信息通信模块是通过 jsp 文件实现的。

（2）管理员管理模块。管理员管理模块用于管理员登录，该模块需要调用信息通信模块。管理员管理模块会将管理员在登录时输入的用户名和密码发送到服务器，并等待服务器的处理结果，如果用户名和密码匹配，则表示登录成功，可进入系统；如果不匹配，则表示登录失败，无法进入系统。用户登录是通过 login.jsp 实现的。

（3）应急疏散信息查询模块。应急疏散信息查询模块用于查询应急疏散信息，该模块可以通过信息通信模块将管理员输入的查询条件发送到服务器，并将服务器返回的查询结果通过表格的形式显示出来。应急疏散信息查询模块是通过 info.jsp 实现的。

（4）行人路径查询模块。行人路径查询模块用于查询行人在应急疏散中的路径，该模块可以通过信息通信模块将管理员输入的查询条件发送到服务器，并将行人的路径位置坐标（查询结果）按先后顺序连成线，以一定的比例显示在室内地图上。行人路径查询模块是通过 route.jsp 实现的。

7.4.3 灾难应急疏散信息系统的演示

鉴于 Android 系统的开源特性和 Google 公司的强大推动力，在开发灾难应急疏散信息系统时选择 Android 系统作为智能终端的开发平台，采用的开发工具为 Android Studio。考虑到定位算法和应急疏散算法的交互，使用 Java 语言在 Tomcat 平台上搭建服务器，采用的开发工具为 Intellij IDEA，数据库采用的是 MySQL。灾难应急疏散信息系统的演示如下。

1．智能终端的演示

在智能终端打开灾难应急疏散信息系统时的界面为用户登录界面，如图 7.54 所示。如果用户未注册，则可单击“登录”按钮下方的“没有账号？注册一个”进入用户注册界面，如图 7.55 所示。在用户注册界面上，用户可以输入手机号、密码以及确认密码来注册（密码和确认密码必须一致），该界面会与服务器进行交互，以验证用户的注册是否成功。若注册成功，则会返回用户登录界面，并在用户登录界面的下方显示注册已成功。如果用户已经注册，则在输入用户名（手机号）和密码后单击“登录”按钮，灾难应急疏散信息系统将会通过服务器验证用户名和密码。若验证成功，则可登录灾难应急疏散信息系统；若验证失败，则会停留在用户登录界面。

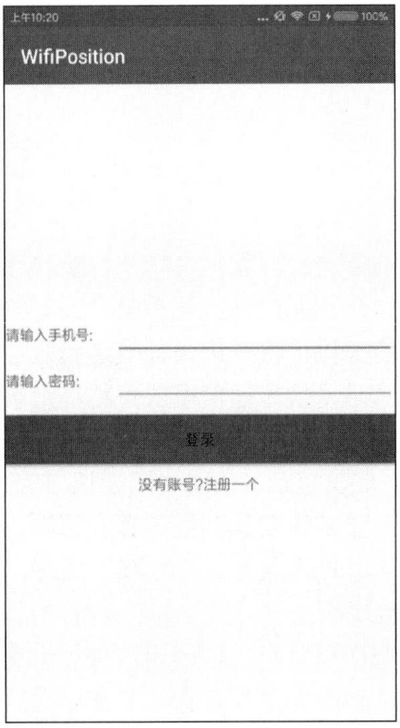

图 7.54　用户登录界面

图 7.55　用户注册界面

用户登录成功后，灾难应急疏散信息系统会显示登录成功，并进入建立指纹数据库界面，如图 7.56 所示，该界面主要用于在离线阶段建立指纹数据库，用户在“x:”和“y:”处输入指纹点的坐标后单击“开始扫描”按钮，灾难应急疏散信息系统便会扫描在该位置的、指定 SSID 的 AP 信息（如 BSSID 和 RSSI），并对 AP 信息进行处理后将处理结果保存到服务器中。

单击建立指纹数据库界面左上角的“☰”图标，灾难应急疏散信息系统可显示用户信息与操作界面，如图 7.57 所示。该界面最上面显示的是用户的头像和用户名，下面的几个菜单是用户可进行的操作，单击相应的菜单即可进入相应的操作界面。

单击“惯性定位”菜单可进入定位界面，如图 7.58 所示。在刚进入定位界面时，该界面会显示行人所在楼层的室内地图，并利用 WiFi 确定行人的初始位置，确定行人初始位置的过程大约需要 10 s。确定行人的初始位置后，定位界面便会显示一个指针图标，表示行人所在的位置以及行走方向，并在该界面上方显示初始位置的坐标，如图 7.59 所示。

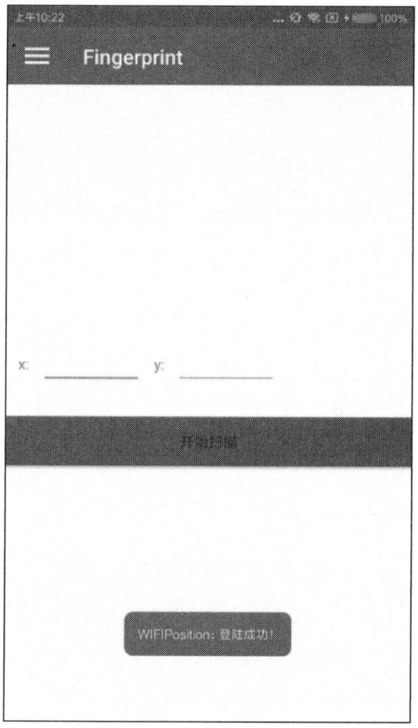

图 7.56　建立指纹数据库界面

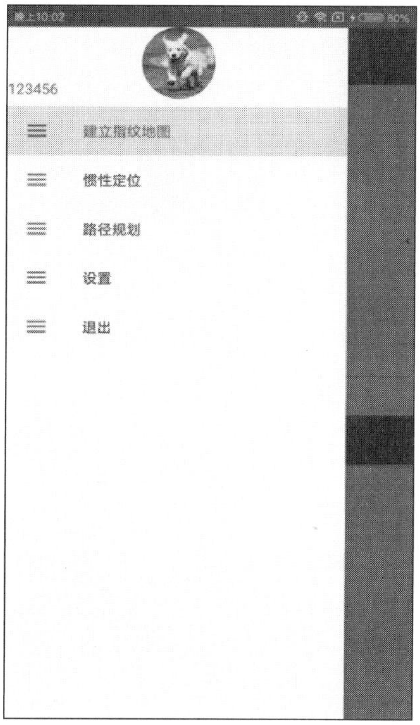

图 7.57　用户信息与操作界面

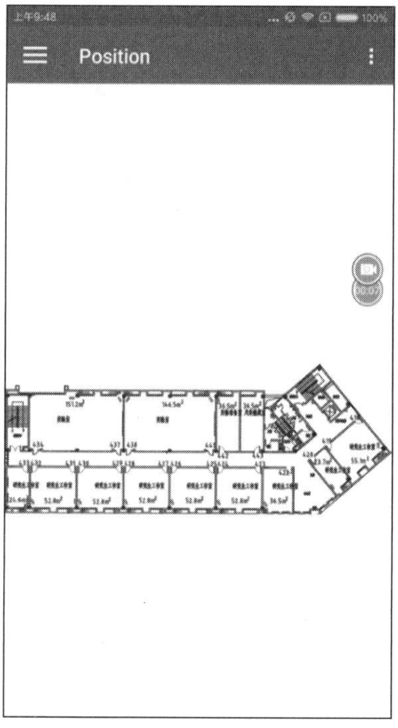

图 7.58　定位界面

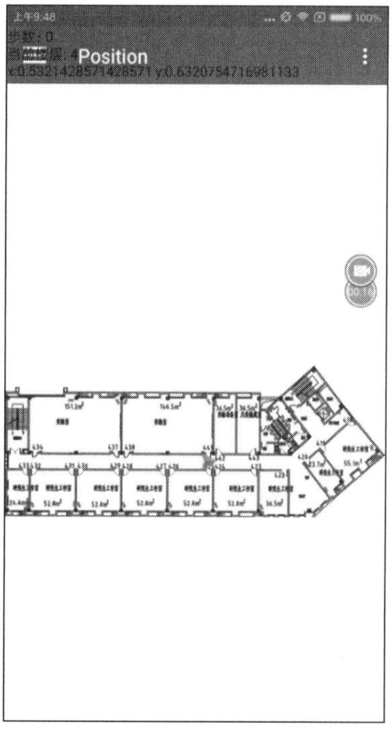

图 7.59　在定位界面显示行人的初始位置

当行人开始行走时，灾难应急疏散信息系统便会对行人进行定位，在定位界面左上角显示行人行走的步数及其所处的楼层，并绘制移动轨迹，如图 7.60 所示。当行人切换楼层时，定位界面上会自动切换成行人所处楼层对应的室内地图，如图 7.61 所示，当行人走到 3 楼时，定位界面会自动切换为 3 楼的室内地图。

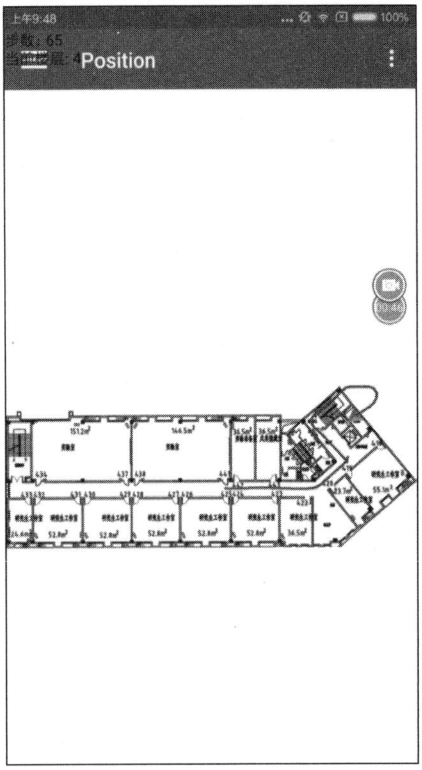

图 7.60　在定位界面对行人进行定位

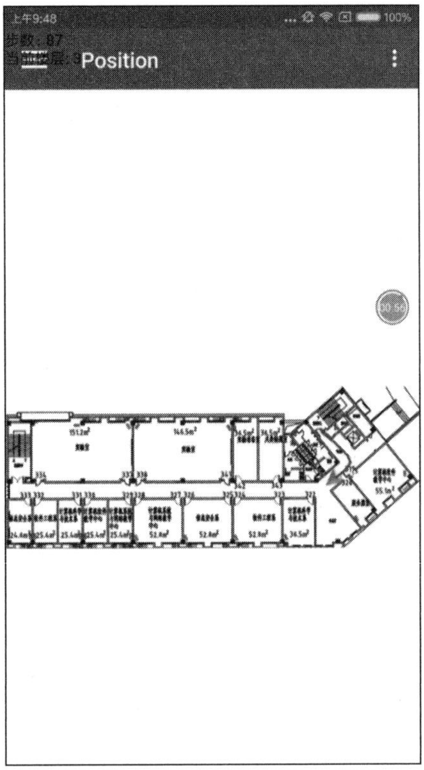

图 7.61　切换楼层对应的室内地图

单击“路径规划”菜单即可进入路径规划界面，刚进入该界面时，该界面会显示行人所在楼层对应的室内地图，接着会将行人的当前位置及用户 ID 上传到服务器进行应急疏散路径规划，并等待应急疏散路径规划的返回结果，最后会显示规划好的行人路径，如图 7.62 所示；同时，对行人开始跟踪定位，如图 7.63 所示。

上述内容是灾难应急疏散信息系统在智能终端的演示。由此可见，该系统通过本章介绍的定位算法和应急疏散算法，可以对行人进行实时跟踪定位，成本较低、对用户比较友好。

2. 监控端的演示

在监控端打开灾难应急疏散信息系统时，显示的是管理员登录界面，如图 7.64 所示。管理员可以在该界面输入管理员名称和密码，然后单击“提交”按钮，灾难应急疏散信息系统将会通过服务器验证管理员名称和密码，若验证成功，则可登录灾难应急疏散信息系统；若验证失败，则停留在该界面。

管理员登录成功后，会进入灾难应急疏散信息系统主界面，其功能如图 7.65 所示。

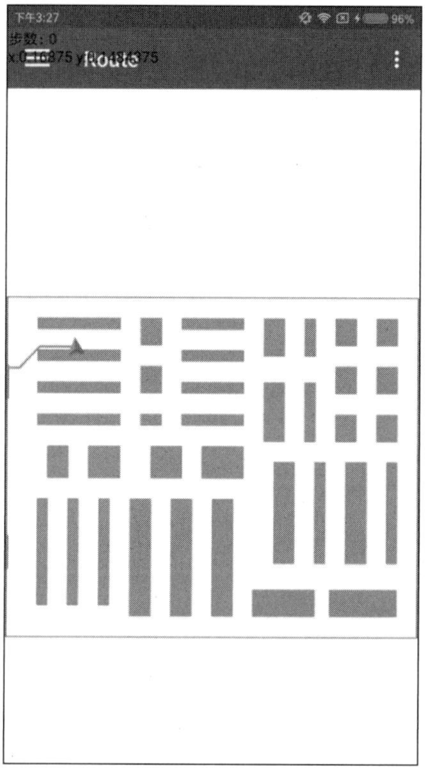

图 7.62　规划好的行人路径

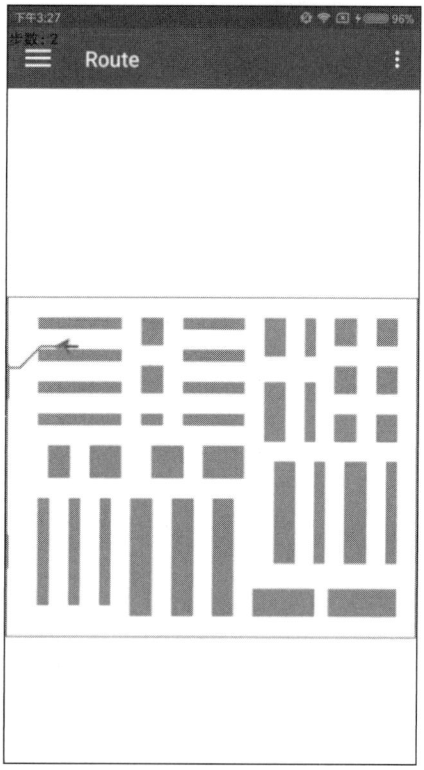

图 7.63　对行人开始跟踪定位

图 7.64　监控端管理员登录界面

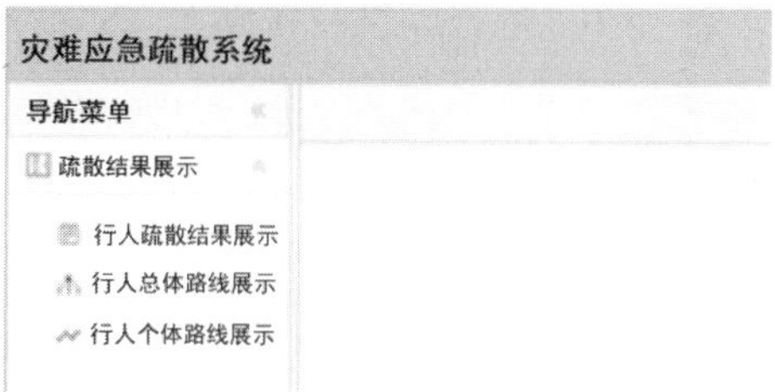

图 7.65　灾难应急疏散信息系统的主界面功能

选择"疏散结果展示→行人疏散结果展示"后即可展示所有行人的疏散结果，包括 UserId（行人 ID）、Initial Position（行人初始位置）、Exit Position（出口位置）、Time（疏散时间）和 Distance（疏散距离）。

单击行人 ID 可以查看具体行人的疏散结果，也可以输入行人 ID 后单击“搜索”按钮来查看具体行人的疏散结果。

选择“疏散结果展示→行人总体路线展示”，单击“搜索”按钮后可展示所有行人疏散路线（路径），如图 7.66 所示，图中的小圆点表示行人的初始位置。

选择“疏散结果展示→行人个人路线展示”，输入行人 ID 后单击“搜索”按钮可显示具体行人的疏散路径，如图 7.67 所示。

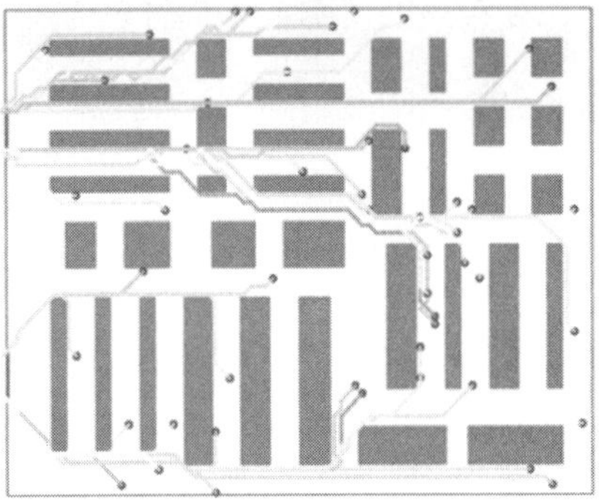

图 7.66　所有行人疏散路径展示图

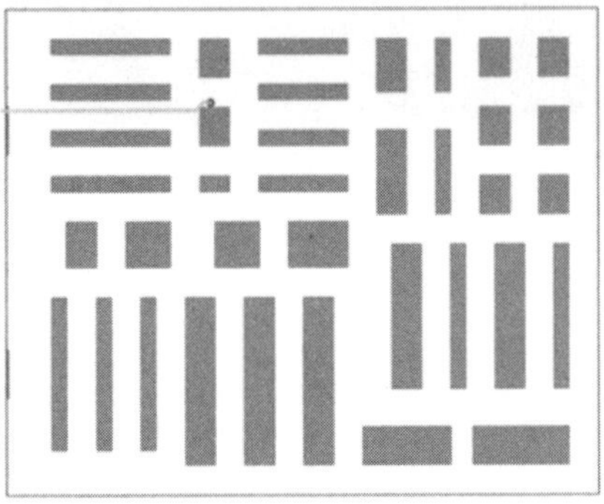

图 7.67　具体行人的疏散路径

上述内容为灾难应急疏散信息系统在监控端的演示。

7.5　本章小结

本章重点介绍了基于数据融合的三维室内定位技术、元胞自动机疏散模型，以及面向建筑物或场馆的灾难应急疏散信息系统，具体内容如下：

（1）对应急疏散路径规划的背景和存在的问题进行了深入的分析。

（2）将基于数据融合的三维室内定位技术应用到了应急疏散路径规划中，可以对建筑物或场馆内的行人进行实时三维位置定位，满足目前在室内人员三维定位方面的需求；详细介绍了目前主流的几种室内定位技术的具体算法，并进行了实验分析。实验结果表明，基于数据融合的三维室内定位技术具有定位准确、实时性好和成本低等特点。

（3）在介绍元胞自动机的基础上，详细介绍了疏散模型的相关理论，将 SRFHLC 模型应用到了应急疏散路径规划中；在进行应急疏散路径规划时，不仅考虑了多个因素对应急疏散路径规划的影响，而且细化每个影响因素的计算方法，并通过实验验证了 SRFHLC 模型具有较高的疏散效率和用户友好性。

（4）重点描述了面向建筑物或场馆的灾难应急疏散信息系统，主要介绍了该系统的设计和实现，并在智能终端和监控端演示了该系统的功能。

本章参考文献

[1] Cao S, Fu L, Wang P, et al. Experimental and modeling study on evacuation under good and limited visibility in a supermarket[J]. Fire Safety Journal, 2018, 102:27-36.

[2] 尹宇洁．基于蚁群算法和势能场的元胞自动机疏散模型研究[D]．武汉：湖北工业大学，2015.

[3] 王屹进．基于多源数据融合的室内定位算法的研究[D]．南京：南京邮电大学，2016.

[4] Wen C, You C, Ling P, et al. Research on indoor visible light positioning system based on SLAM maps[C]//International Conference on Image, Video Processing and Artificial Intelligence, 2018.

[5] Huang B, Liu M, Xu Z, et al. On the Performance Analysis of Wifi Based Localization[C]//IEEE International Conference on Acoustics, Speech and Signal Processing, 2018:4369-4373.

[6] 秦永元．惯性导航[M]．2 版．北京：科学出版社，2014.

[7] Zhao C, Pandit M, Sobreviela G, et al. On the noise optimization of resonant MEMS sensors utilizing vibration mode localization[J]. Applied Physics Letters, 2018, 112(19):194103.

[8] Huang H, Li W, Luo D, et al. An Improved Particle Filter Algorithm for Geomagnetic Indoor Positioning[J]. Journal of Sensors, 2018(24):1-9.

[9] Lu J, Chen K, Li B, et al. Hybrid Navigation Method of INS/PDR Based on Action Recognition[J]. IEEE Sensors Journal, 2018,18(20): 8541-8548.

[10] Kuan J, Chen X, Niu X. Research on Robust PDR Algorithm Based on Smart Phone[C]//China Satellite Navigation Conference, 2018: 673-684.

[11] Rezaifard E, Abbasi P. Inertial Navigation System Calibration Using GPS Based on Extended Kalman Filter[C]//Iranian Conference on Electrical Engineering, 2017: 778-782.

[12] Rodríguez G, Casado F, Iglesias R, et al. Robust Step Counting for Inertial Navigation with Mobile Phones[J]. Sensors, 2018, 18(9):3157.

[13] Martinelli A, Gao H, Groves P D, et al. Probabilistic Context-Aware Step Length Estimation for Pedestrian Dead Reckoning[J]. IEEE Sensors Journal, 2018, 18(4): 1600-1611.

[14] Zhao H, Li Q. Research on Step-Length Self-learning Pedestrian Self-location System[C]// 16th Asia Simulation Conference and SCS Autumn Simulation Multi-Conference, 2016:245-254.

[15] Ladetto Q. On Foot Navigation: Continuous Step Calibration Using Both Complementary Cursive Prediction and Adaptive Kalman Filtering[C]//13th International Technical Meeting of the Satellite Division of The Institute of Navigation, 2000:1735-1740.

[16] Park J, Kim Y, Lee J M. Waist Mounted Pedestrian Dead-Reckoning System[C]//9th International Conference on Ubiquitous Robots and Ambient Intelligence(URAI), 2012:335-336.

[17] Long Y U, Park S H. Short-range Visible Light Positioning Based on Angle of Arrival for Smart Indoor Service[J]. Journal of Electrical Engineering & Technology, 2018, 13(3):1363-1370.

[18] Steendam H. A 3D Positioning Algorithm for AOA-Based VLP With an Aperture-Based Receiver[J]. IEEE Journal on Selected Areas in Communications, 2018, 36(1): 23-33.

[19] Xin M, Yang F, Wang F, et al. A TOA/AOA Underwater Acoustic Positioning System Based on the Equivalent Sound Speed[J]. Journal of Navigation, 2018, 71(6): 1431-1440.

[20] Kwon S, Kim D, Lee J, et al. 3D Localization for Launch Vehicle Using Virtual TOA and AOA of Ground Stations[J]. Wireless Personal Communications, 2018, 102(1): 507-526.

[21] Fokin G. TDOA Measurement Processing for Positioning in Non-Line-of-Sight Conditions[C]//2018 IEEE International Black Sea Conference on Communications and Networking (BlackSeaCom). Batumi: IEEE, 2018: 1-5.

[22] Zhang Y, Gao K, Zhu J. A TDOA-Based Three-Dimensional Positioning Method for IoT[C]//2nd International Conference on Mechanical, Electronic, Control and Automation Engineering, 2018:790-794.

[23] Lohan E S, Koski K, Talvitie J, et al. WLAN and RFID Propagation Channels for Hybrid Indoor Positioning[C]//International Conference on Localization and GNSS 2014(ICL-GNSS 2014), 2014:1-6.

[24] Savochkin D A. Combinational RFID-Based Localization Using Different Algorithms and Measurements[C]//20th International Conference on Microwaves, Radar and Wireless Communications (MIKON), 2014:1-4.

[25] Zhao Y, Li X, Wang Y, et al. Biased Constrained Hybrid Kalman Filter for Range-Based Indoor Localization[J]. IEEE Sensors Journal, 2018, 18(4):1647-1655.

[26] Jiang S, Wang B, Xiang M, et al. Method for InSAR/INS Navigation System Based on Interferogram Matching[J]. IET Radar, Sonar & Navigation, 2018, 12(9):938-944.

[27] Wang Y, Xiu C, Zhang X, et al. WiFi Indoor Localization with CSI Fingerprinting-Based Random Forest[J]. Sensors, 2018, 18(9):2869.

[28] Zuo Z, Liu L, Zhang L, et al. Indoor Positioning Based on Bluetooth Low-Energy Beacons Adopting Graph Optimization[J]. Sensors, 2018, 18(11):3736.

[29] Pu Y, You P. Indoor Positioning System Based on BLE Location Fingerprinting with Classification Approach[J]. Applied Mathematical Modelling, 2018, 62:654-663.

[30] Hu J, Liu H, Liu D. Toward a Dynamic K in K-Nearest Neighbor Fingerprint Indoor Positioning[C]//IEEE International Conference on Information Reuse and Integration (IRI), 2018:308-314.

[31] Ding X, Wang B, Wang Z. Dynamic Threshold Location Algorithm Based on Fingerprinting Method[J]. ETRI Journal, 2018, 40(4):531-536.

[32] Fang X, Jiang Z, Nan L, et al. Optimal Weighted K-nearest Neighbour Algorithm for Wireless Sensor Network Fingerprint Localisation in Noisy Environment[J]. IET Communications, 2018, 12(10):1171-1177.

[33] Mahajan A, Walworth M. 3D Position Sensing Using the Differences in the Time-of-Flights from a Wave Source to Various Receivers[J]. IEEE Transactions on Robotics & Automation, 2001, 17(1):91-94.

[34] Want R, Hopper A, Falcao V, et al. The active badge location system[J]. ACM Transactions on Information System, 1992, 10(1):91-102.

[35] Priyantha N B, Chakraborty A, Balakrishnan H. The Cricket Location-Support System[C]//6th Annual International Conference on Mobile Computing and Networking, 2000:32-43.

[36] Orr R J, Abowd G D. The Smart Floor: A Mechanism for Natural User Identification and Tracking[C]//CHI '00 Extended Abstracts on Human Factors in Computing Systems, 2000:275-276.

[37] Krumm J, Harris S, Meyers B, et al. Multi-Camera Multi-Person Tracking for Easyliving[C]//3rd IEEE International Workshop on Visual Surveillance, 2000:3-10.

[38] Gwon Y, Jain R, Kawahara T. Robust indoor location estimation of stationary and mobile users[C]//IEEE INFOCOM 2004, 2004, 2:1032-1043.

[39] 张会清，石晓伟，邓贵华，等．基于 BP 神经网络和泰勒级数的室内定位算法研究[J]．电子学报，2012, 40(9):1876-1879.

[40] Zhu S. An Optimal Satellite Selection Model of Global Navigation Satellite System Based on Genetic Algorithm[C]//China Satellite Navigation Conference, 2018:585-595.

[41] Ye H, Gu T, Tao X, et al. Scalable Floor Localization Using Barometer on Smartphone[J]. Wireless Communications and Mobile Computing, 2016, 16(16):2557-2571.

[42] 陈岳燊．基于气压计和 WiFi 的混合楼层定位系统[D]．杭州：杭州电子科技大学，2016.

[43] 张雷．面向灾难应急的人员疏散与救援规划机制的研究[D]．南京：南京邮电大学，2017.

[44] 张楠．基于多源数据融合的室内定位算法研究[D]．徐州：中国矿业大学，2018.

[45] 谢思远，罗圣美，李伟华，等．精准室内定位关键技术及应用[J]．信息通信技术，2015(6):64-72.

[46] Shin S H, Lee M S, Park C G, et al. Pedestrian Dead Reckoning System with Phone Location Awareness Algorithm[C]//IEEE/ION Position, Location and Navigation Symposium, 2010:97-101.

[47] Martinelli A, Gao H, Groves P D, et al. Probabilistic Context-Aware Step Length Estimation for Pedestrian Dead Reckoning[J]. IEEE Sensors Journal, 2018, 18(4):1600-1611.

[48] Link J A B, Smith P, Viol N, et al. Footpath: Accurate Map-Based Indoor Navigation Using Smartphones[C]//International Conference on Indoor Positioning and Indoor Navigation, 2011:1-8.

[49] Hong H, Wu G, Chen F, et al. An Indoor 3D Locational Algorithm for Pedestrian Based on Smartphone Sensors[J]. Science of Surveying and Mapping, 2016, 41(7):47-52.

[50] Garcimartín A, Maza D, Pastor J M, et al. Redefining the Role of Obstacles in Pedestrian Evacuation[J]. New Journal of Physics, 2018, 20(12):123025.

[51] Hong L, Gao J, Zhu W. Self-Evacuation Modelling and Simulation of Passengers in Metro Stations[J]. Safety Science, 2018, 110:127-133.

[52] Kuang J, Niu X, Zhang P, et al. Indoor Positioning Based on Pedestrian Dead Reckoning and Magnetic Field Matching for Smartphones[J]. Sensors, 2018, 18(12):41-42.

[53] Helbing D. Traffic and Related Self-Driven Many-Particle Systems[J]. Reviews of modern physics, 2001, 73(4):1067-1141.

[54] Moshtagh M, Fathali J, Smith J M. The Stochastic Queue Core Problem, evacuation networks, and state-dependent queues[J]. European Journal of Operational Research, 2018, 269(2):730-748.

[55] Liu H, Xu B, Lu D, et al. A path planning approach for crowd evacuation in buildings based on improved artificial bee colony algorithm[J]. Applied Soft Computing, 2018, 68:360-376.

[56] Helbing D, Molnar P. Social Force Model for Pedestrian Dynamics[J]. Physical Review, 1998, 51(5):4282-4286.

[57] 胡清梅，方卫宁，邓野．一种基于社会力的行人运动模型研究[J]．系统仿真学报，2009, 21(4):977-980.

[58] Lakoba T I, Kaup D J, Finkelstein N M. Modifications of the Helbing-Molnár-Farkas-Vicsek Social Force Model for Pedestrian Evolution[J]. Simulation, 2005, 81(5):339-352.

[59] Teknomo K. Microscopic Pedestrian Flow Characteristics: Development of an Image Processing Data Collection and Simulation Model[D]. Sendai: Tohoku University, 2016.

[60] 方正，卢兆明．建筑物避难疏散的网格模型[J]．中国安全科学学报，2001, 11(4):10-13.

[61] Poon L. Evacsim: A Simulation Model Of Occupants With Behavioural Attributes In Emergency Evacuation Of High-rise Building Fires[J]. Fire Safety Science, 1994, 4:681-692.

[62] Thompson P A, Marchant E W. Computer and Fluid Modeling of Evacuation[J]. Safety Science, 1995, 18(4):277-289.

[63] Yang Q. A Cellular Automaton Evacuation Model Based on Random Fuzzy Minimum Spanning Tree[J]. International Journal of Modern Physics C, 2018, 29(8):1-11.

[64] Qiu G, Song R, He S, et al. The pedestrian flow characteristics of Y-shaped channel [J]. Physica A: Statistical Mechanics and its Applications, 2018, 508:199-212.

[65] Tao Y, Dong L. A Floor Field Real-Coded Lattice Gas Model for Crowd Evacuation[J]. EPL, 2017, 119(1).

[66] 岳昊．基于元胞自动机的行人流仿真模型研究[D]．北京：北京交通大学，2008.

[67] 宋卫国，于彦飞，范维澄，等．一种考虑摩擦与排斥的人员疏散元胞自动机模型[J]．中国科学：E 辑，2005, 35(7):725-736.

[68] Yuan W, Tan K. An evacuation model using cellular automata[J]. Physica A: Statistical Mechanics & its Applications, 2007, 384(2):549-566.

[69] Yue H, Shao C, Guan H, et al. Simulation of Pedestrian Evacuation Flow with Affected Visual Field Using Cellular Automata[J]. Acta Physica Sinica, 2010, 59(7):4499-4507.

[70] Guo X, Chen J, Zheng Y, et al. A Heterogeneous Lattice Gas Model for Simulating Pedestrian Evacuation[J]. Physica A: Statistical Mechanics & its Applications, 2012, 391(3):582-592.

[71] 李世威，王建强，刘应东．初始分布非均匀的行人流疏散仿真研究[J]．计算机应用研究，2017(3):702-705.

[72] 王茹，周磊，刘俊．基于改进蚁群算法的元胞自动机疏散模型研究[J]．中国安全科学学报，2018, 28(1):38-43.

[73] Ji J, Lu L, Jin Z, et al. A cellular automata model for high-density crowd evacuation using triangle grids[J]. Physica A: Statistical Mechanics and its Applications, 2018, 509:1034-1045.

[74] 刘兴堂，梁炳成，刘力，等．复杂系统建模理论、方法与技术[M]．北京：科学出版社，2008.

[75] Gokce S, Cetin A, Kibar R. Investigating pedestrian evacuation using ant algorithms[J]. Pramana, 2018, 91(5):62.

[76] Lu L, Chan C, Wang J, et al. A Study of Pedestrian Group Behaviors in Crowd Evacuation Based on an Extended Floor Field Cellular Automaton Model[J]. Transportation Research Part C: Emerging Technologies, 2017, 81:317-329.

[77] 刘学丽．基于元胞自动机的行人路径选择行为研究[C]//中国城市科学研究会．2017城市发展与规划论文集．北京：中国城市出版社，2017.

[78] 江雨燕，刘军．基于元胞自动机的普通超市火灾疏散模型的构建[J]．计算机应用研究，2019, 36(11):3330-3333.

第8章 应急救援系统

8.1 应急救援技术的研究背景与问题分析

当前，应急救援技术仍然相对落后，严重影响了救援的效率和成功率。以地震应急救援为例，安全评估、设置安全哨、搜索幸存者、制定营救方案等是地震应急救援的关键工作。但上述的关键工作尚停留在全人工操作，并在很大程度上依赖于应急救灾人员的经验和水平。在安全评估中，需要结构工程师或安全人员在现场对废墟倒塌情况进行评估，明确可能引起二次倒塌的危险地段，并根据现场情况进行必要的支撑加固，因此结构工程师或安全人员会面临极大的风险，且其评估结果依赖个人的水平和经验。设置安全哨的目的是监视破拆过程中建筑物的稳定性，向可能发生倒塌、滑坡、滚石、余震等位置的人员发出中止和撤离指令。但人工监视的结果依赖于个人的判断力、监视角度等因素，无法保证决策的正确性。搜索幸存者主要依靠人工搜索（主要采取喊、敲、听方法），犬搜索，以及仪器搜索（如光学生命探测仪、热红外生命探测仪、声波生命探测仪），人工搜索和犬搜索的准确性和成功率均无法保障，而仪器搜索受制于光线、角度、重量、体积等因素，也存在缺陷。在新一代信息通信技术飞速发展的今天，上述的搜救工作完全可以实现自动化、一体化、智能化，提升应急救援效率和成功率，减少生命和财产损失。因此，在应急搜救方面存在较大的技术创新空间。

由于物联网的研究和应用热潮席卷全球，基于物联网的应急救援得到了广泛研究[1-4]，如利用医疗传感器[5]采集幸存者的体征、利用无线传感器网络进行幸存者的定位[6,7]、利用无线传感器网络搭建应急通信设施[8,9]等方面的研究工作已经开展了多年。但在实际应用中，基于物联网的应急救援存在不可忽视的问题，如体征采集需要幸存者预先携带医疗传感器并假设已经处于使用状态，这通常不符合实际；利用无线传感器网络进行幸存者的定位需要部署多个锚节点，在大规模灾害场景下，需要大规模组网，这不仅需要花费较长的时间，而且成本高昂；利用无线传感器网络搭建应急通信设施需要进行多跳数据传输，在目前的技术水平下，其稳定性还无法满足应急救援通信的高可靠性需要。

本章以应急搜救为研究背景，针对应急搜救中快速响应、高可靠性、高灵活性的迫切需求，利用高度集成的智能设备（如智能手机）作为信息感知和数据传输的工具，深入研究基于群智感知[10]的应急搜救模式中的关键共性技术，设计群智感知网络体系结构，研究数据采集、灾害场景评估、救援策略优化等技术，并基于上述技术开发了应急搜救平台和移动终端系列软件。

本章的内容可分为 4 个部分：8.1 节主要介绍应急救援技术的研究背景并对相关技术进行分析；8.2 节和 8.3 节主要介绍搜救地图的构建；8.4 节主要介绍被困者感知系统；8.5 节到 8.7 节主要介绍应急搜救平台的实现，以及现场数据的采集与转移。基于群智感知的应急搜救平台结构如图 8.1 所示。

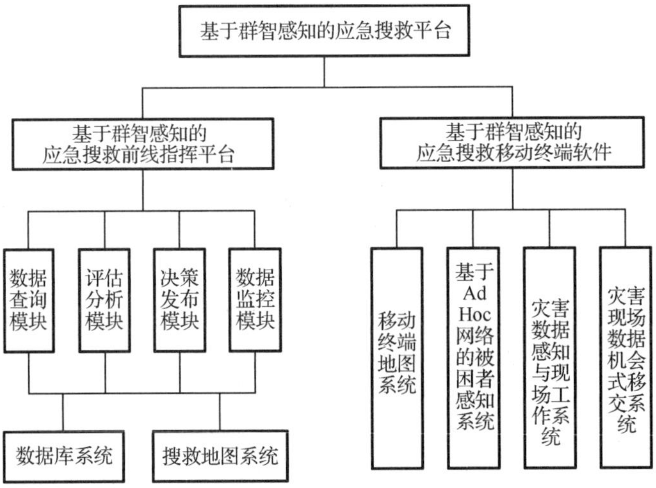

图 8.1　基于群智感知的应急搜救平台结构

8.2　搜救地图系统的功能及实现

8.2.1　搜救地图系统的需求分析

1．搜救地图系统的开发背景

当应急搜救平台搜集到灾害现场的信息后，需要将这些信息显示在地图上，以便更清晰、直观地显示灾情，协助决策者快速分析灾情、及时做出救援决定、迅速调度一切可以救灾的资源，进行有针对性的救灾工作，以便最大限度地减少灾害损失，稳定灾区的社会秩序。

2．搜救地图系统的功能和使用者

搜救地图系统的功能主要是提供被困者位置气泡显示、环境数据气泡显示、现场工作数据显示、多点救援路径规划、搜索情况信息、灾情速报信息、工作场地评估信息等。结合开发背景，通过需求分析可知，搜救地图系统需要完成的主要功能如下：

（1）提供被困者信息查询功能。

（2）在地图中显示被困者的信息（从本地数据库中获得被困者的信息）。

（3）在地图中以气泡的形式显示环境感知结果。

（4）录入数据，可以在地图中以气泡的形式显示工作位置、搜救情况、营救情况等。

（5）可以手工添加气泡，具有信息编辑功能。

（6）提供任意两点的测距功能。

（7）提供地名搜索服务功能。

（8）提供放大或缩小功能。

（9）在已知起点和终点的情况下，提供多点救援路径规划功能。

搜救地图系统的使用者主要包括搜救队中的技术专家、信息专家、有毒物质检测专家、营救专家、灾害评估人员等。

8.2.2 搜救地图系统中的关键技术简介

1. Servlet 简介

Servlet（Server Applet，服务器程序）[11]是用 Java 编写的服务器程序，其主要功能是交互式地浏览和修改数据，生成动态 Web 内容。通常，可以将 Servlet 理解为任何实现了 Servlet 接口的类，而不是将其理解为用 Java 语言实现的一个接口。Servlet 可以运行在支持 Java 的应用服务器中，在大多数情况下，Servlet 只用来扩展基于 HTTP 的 Web 服务器。最早支持 Servlet 标准的是 JavaSoft 的 Java Web Server。此后，一些其他的基于 Java 的 Web 服务器开始支持 Servlet 标准。

2. JSP 简介

JSP（Java Server Pages，Java 网页服务技术）[11]是一种跨平台的动态网页技术，通过该技术可以在静态页面中嵌入 Java 代码片段，先由 Web 服务器中的 JSP 引擎编译并执行嵌入的 Java 代码片段，再将生成的页面信息返回给客户端。

3. AJAX 简介

AJAX（Asynchronous JavaScript And XML，异步 JavaScript 和可扩展标记语言）[11]是 Web2.0 技术的核心，由多种技术组合而成。使用 AJAX 技术不必刷新整个页面，只需对页面的局部进行更新即可，可缩短用户的等待时间，改善用户的体验。AJAX 技术主要包括客户端脚本语言（如 JavaScript）、异步数据获取技术（如 XMLHttpRequest）等。

8.2.3 搜救地图系统的功能设计

搜救地图系统主要用于显示采集到的灾害现场信息，并进行智能分析，决策者在登录应急搜救平台后可以通过搜救地图系统来查询灾情，并规划一条最合理的搜救路径。搜救地图系统的结构如图 8.2 所示。

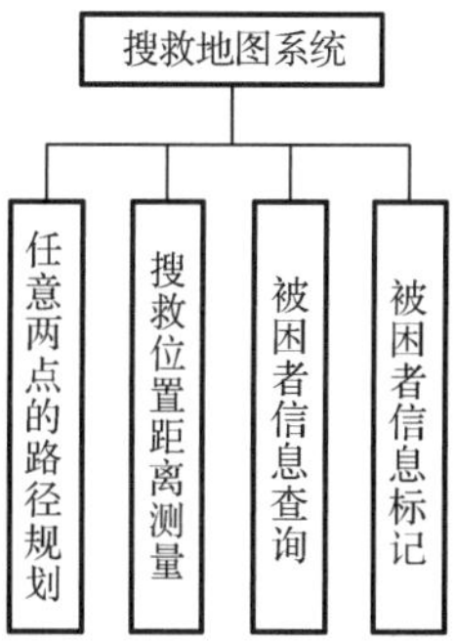

图 8.2 搜救地图系统的结构

8.2.4 搜救地图系统的框架结构

搜救地图系统的框架可分为持久层、DAO 层、Service 层和展示层。数据对象作为持久层保存在数据库中，在 com.xjx.function 包中可创建持久层的对象 placeAccessBean.java。顾名思义，DAO（Data Access Object，数据访问对象）层用于访问数据，其模型如图 8.3 所示。Service 层用于处理用户的业务逻辑，可将用户请求封装成JSON结构后传回到前端。前端在得到JSON结构的信息后，通过展示层显示在页面中。

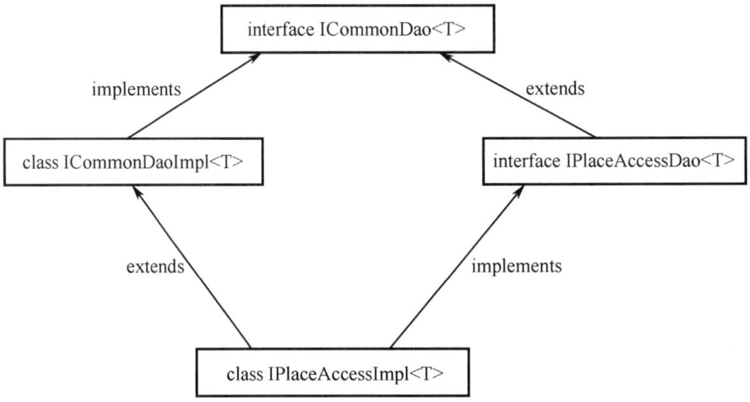

图 8.3　DAO 层模型

8.2.5 搜救地图系统的功能实现

搜救地图系统通过 Baidu 地图的 API[12]来调用 Baidu 地图的接口，实现了该系统的部分功能，如路径规划、地点查询、测距、标记等功能；采用 AJAX 技术实现了无刷新查询功能，异步地和服务器进行交互，如按照人名查询被困者的详细信息。

在页面中通过语句：

```
<script type="text/javascript" src="https://api.map.baidu.com/api?v=2.0&ak=
                                        skboU5GCfHHQaNZN7hIRLxh0"></script>
```

引入 Baidu 地图的外部 JS 文件，即可调用 Baidu 地图的接口。例如，搜救地图系统的测距功能是通过调用 Baidu 地图的接口 BMapLib.DistanceTool(map)，使用 open()方法来实现的；路径规划功能是使用 Baidu 地图的强绘图功能，通过 Baidu 地图的接口 getPosition()来实现的。

在数据库中查询被困者的信息时，考虑到地图页面刷新会给使用者带来不便和延迟，因此采用 AJAX 技术来异步调用数据库。AJAX 技术和 jQuery 技术的结合，极大地简化了 AJAX 驱动程序的生成和管理。通过“src="js/jquery.js"”在地图页面中引用 jQuery 的 JS 文件后，就可以使用 jQuery 提供的方法：

```
$.get("rescuePrirorityServlet",null,callback);
```

来生成 AJAX 驱动代码，并将返回数据放在 callback 中。使用 jQuery 组装返回的数据后即可显示在页面中。

搜救地图系统的流程如图 8.4 所示。

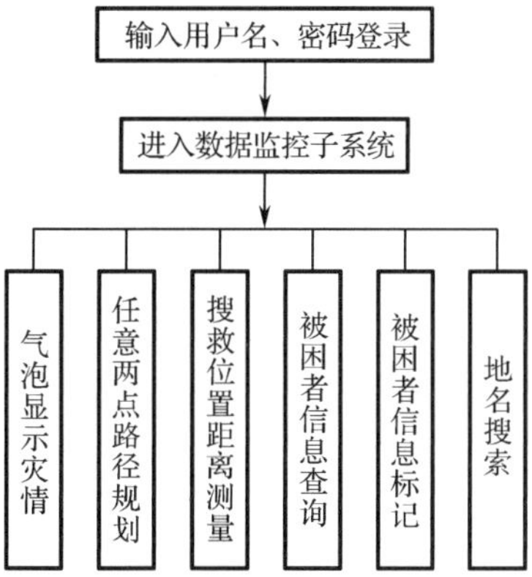

图 8.4 搜救地图系统的流程

8.3 移动终端地图系统

8.3.1 天地图

天地图[13]是网络化地理信息共享与服务门户，是“数字中国”的重要组成部分，是国家地理信息公共服务平台的公众版。天地图的目的在于促进地理信息资源共享和高效利用，提高测绘地理信息公共服务能力和水平，改进测绘地理信息成果的服务方式，更好地满足国家信息化建设的需要，为社会公众的工作和生活提供方便。2012 年 2 月，资源三号测绘卫星为天地图提供了第一幅国外影像数据。2013 年 6 月 18 日，天地图的 2013 版本正式上线，整体服务性能比此前版本提升 4～5 倍。天地图开通了英文频道、综合信息服务频道和三维城市服务频道，并更新了手机地图。

天地图的特点如下：

（1）不同于普通的地图网站，天地图是以门户网站和服务接口两种形式提供服务的。普通公众只需要接入互联网就可以方便地实现各种地理信息数据的二维、三维浏览，进行地名搜索定位、距离和面积量算、兴趣点标注、屏幕截图打印等操作；对于导航、餐饮、宾馆酒店等商业地图，经过天地图授权后，可以自由调用相关地理信息服务资源，进行专题信息加载、增值服务功能等的开发，从而大大节省地理信息采集、更新和维护所需的成本。

（2）在设计思路上，天地图把全国地理信息资源整合为逻辑上集中、物理上分散的“一体化”数据体系，实现了测绘部门从离线提供地图和数据，到在线提供信息服务的根本性改变；此外，天地图采用了具有我国自有知识产权的软件产品，实现了全国多尺度、多类型地理信息资源的综合利用和在线服务，实现了关键技术创新；在建设机制方面，天地图以国家和地方各级基础地理信息数据库为依托，集成整合了部分地理信息企业的技术力量和地理信息资源，实现了资源共享。不同于普通的地图网站，天地图做到了以门户网站和服务接口两种形式为用户提供服务。

（3）天地图包含了覆盖全球范围的 1∶1000000 矢量数据、500 m 分辨率的卫星遥感影像；覆盖了全国范围的 1∶250000 公众版地图数据、导航电子地图数据、15 m 分辨率的卫星遥感影像，以及 2.5 m 分辨率的卫星遥感影像；覆盖了全国 300 多个地级以及地级以上城市 0.6 m 分辨率的卫星遥感影像等地理信息数据。天地图是目前我国数据资源最全的地理信息服务网站。

8.3.2 SQLite 数据库

1. SQLite 数据库简介

SQLite[14]是一款遵守 ACID（Atomicity, Consistency, Isolation, Durability）的关系型数据库，它包含在一个相对小的 C 库中，是 D. Richard Hipp 建立的开源项目。SQLite 数据库的设计目标是嵌入式的，占用资源非常少。在嵌入式设备中，SQLite 数据库只需要几百 KB 的存储空间，能够支持 Windows、Linux、UNIX 等主流的操作系统，以及很多编程语言，如 Tcl、C#、PHP、Java 等；另外，SQLite 数据库具有 ODBC（Open Database Connectivity，开放数据库连接）接口。对比 MySQL 和 PostgreSQL 这两款开源的数据库，MySQL 的处理速度更快。

2. SQLite 数据库的特点

SQLite 数据库符合大部分的 SQL-92 标准，包括事务（原子性、一致性、隔离性和持久性，ACID）、触发器和多数的复杂查询；不进行类型检查；可以把字符串插入整数列中。

在 SQLite 数据库中，多个进程或线程可以同时访问同一个数据；可以同时平行读取同一个数据；同一时间只能由一个进程或线程对数据进行写入操作，否则会写入失败并得到一个错误消息（或者会自动重试一段时间，重试时间的长短是可以设置的）。

3. SQLite 数据库历史

SQLite数据库的最初构思是在一条军舰上进行的，当时SQLite数据库的开发者D. Richard Hipp 正在为美国海军编制一种使用在导弹驱逐舰上的程序。这个程序最初运行在 HPUX（Hewlett-Packard UNIX）[15]上，后台使用的是 Informix 数据库[16]。一个有经验的数据库管理员安装或升级 Informix 可能都需要一整天时间，对于没经验的程序员，这个工作可能永远也无法完成。安装 Informix 数据库时，真正需要的只是一个自我包含的数据库，它易于使用并能由程序控制传导；另外，不管是否安装其他软件，这个自我包含的数据库都可以运行。

2000 年 1 月，D. Richard Hipp 开始和同事讨论创建一个简单的嵌入式 SQL 数据库[17]的想法，这个数据库将使用 GDBM（GNU DBM，哈希库）作为后台，同时这个数据库将不需要安装和管理。后来，D. Richard Hipp 一有空闲时间就进行这项工作，于 2000 年 8 月发布了 SQLite 1.0 版。

按照原定计划，SQLite 1.0 使用 GDBM 作为存储管理器。然而，D. Richard Hipp 很快用自己实现的 B-tree 替换了 GDBM，B-tree 能够按主键来存储事务和记录。随着第一次的重要升级，SQLite 数据库有了稳定的发展，功能和用户也在增长。2001 年年中，很多项目（开源的或商业的）都开始使用 SQLite 数据库。在随后的几年中，开源社区的其他成员开始为他们喜欢的脚本语言和程序库进行 SQLite 数据库扩展。在 Perl、Python、Ruby、Java 和其他主流编程语言进行 SOLite 数据库扩展之后，新的扩展（如 SQLite 数据库的 ODBC 接口）证明了 SQLite 数据库的应用广泛性。

8.3.3 移动终端地图系统的整体架构

系统的开发效率是至关重要的。为了提高移动终端地图系统的开发效率，在开发该系统时采用的是树状结构和母版页相结合的方法，按照模块设计的思路，将移动终端地图系统的功能设计成多个模块，如图层显示模块、定位模块等。移动终端地图系统的整体架构如图 8.5 所示。

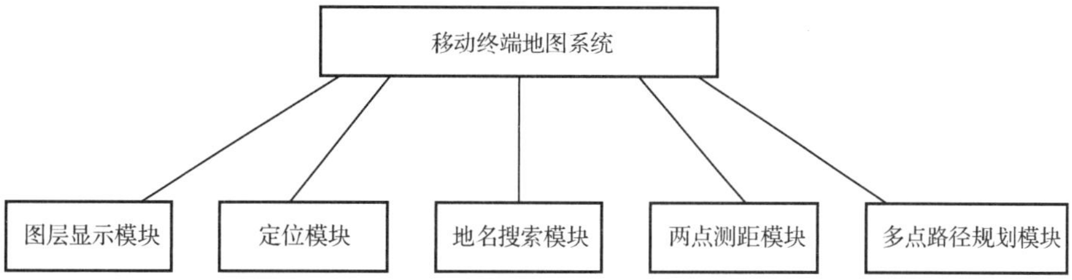

图 8.5 移动终端地图系统的整体架构

8.3.4 移动终端地图系统的图层开发

移动终端地图系统的图层开发工作是基于江苏省测绘局开发的一套天地图 API 来进行的，具体步骤如下：

（1）通过 https://api.tianditu.com/api-new/home.html 下载 Android 平台对应的 API 包，解压出扩展名为“.jar”的文件，将该文件添加到 Android 项目的目录 build path 和 libs 下。

（2）在 Mainfest 中添加如下访问权限：

```
<uses-permission Android:name="Android.permission.ACCESS_NETWORK_STATE"/>
<uses-permission Android:name="Android.permission.ACCESS_WIFI_STATE"/>
<uses-permission Android:name="Android.permission.INTERNET"/>
<uses-permission Android:name="Android.permission.ACCESS_COARSE_LOCATION"/>
<uses-permission Android:name="Android.permission.READ_PHONE_STATE"/>
<uses-permission Android:name="Android.permission.WRITE_EXTERNAL_STORAGE"/>
<uses-permission Android:name="Android.permission.ACCESS_FINE_LOCATION"/>
```

（3）实现移动终端地图系统的图层。移动终端地图系统的图层包括矢量图层、影像图层、水系图层和铁路图层等，在 Android 项目设置好相关访问权限后，可以通过调用天地图的相关 API 来实现这些图层。图层实现的方法如下：

① 新建一个天地图的 MapView 实例对象。

② 设置内置的缩放控件。

③ 得到 MapView 实例对象的控制器，通过该实例对象来进行平移和缩放。

④ 设置地图中心点。

⑤ 设置地图 Zoom 级别。

⑥ 设置地图的显示图层为矢量图层、影像图层、水系图层或铁路图层。

8.3.5 移动终端地图系统功能的实现

1. 离线地图显示功能的实现

在使用天地图的各项服务之前，首先需要一份地图作为基础，然后打开事先已经导入的离线地图数据的 OfflineDemo 界面（可通过 Android 项目来调用该界面），如图 8.6 所示，就可以在模拟器中显示离线地图了。

图 8.6　离线地图数据的 OfflineDemo 界面

在离线地图数据的 OfflineMapDemo 界面中可以根据需求下载相应的地图，并保存至本地，如图 8.7 所示。

图 8.7　离线地图数据的 OfflineMapDemo 界面

下载完离线地图数据后，通过移动终端地图系统既可以进行地图的拉伸、缩放等操作，也可以在矢量图层、影像图层、水系图层和铁路图层之间进行图层切换。

2．定位功能的实现

移动终端地图系统的定位功能是通过调用天地图的相关 API 来实现的，具有 GPS、网络等多种定位方式，定位更准确，可轻松获取用户的当前位置和移动方向。定位功能的实现步骤如下：

（1）新建一个 MyLocationOverlay 图层实例对象，该图层实例对象会在天地图系统上增加一个透明的图层，用于显示当前的位置坐标。

（2）通过调用 MyLocationOverlay 图层实例对象的 enableCompass()方法来启动天地图的指南针。

（3）通过调用 MyLocationOverlay 图层实例对象的 enableMyLocation()方法来显示位置。

（4）把当前位置添加到天地图中进行显示。

3．搜索功能的实现

移动终端地图系统的搜索功能是基于天地图新一代海量地名智能搜索引擎来实现的，可进行关键字搜索、周边搜索和视野内搜索，搜索操作为异步执行的，搜索结果可通过 OnGetPoiResultListerner.OnGetPoiResult()接口获得。搜索功能的实现步骤如下 ：

（1）使用 implements 类的 OnGetPoiResultListerner 接口，并实现 OnGetPoiResultListerner 接口中的 OnGetPoiResult()方法。

（2）新建一个 MapView 实例对象，将该实例对象与当前 XML 中所对应的资源 ID 绑定在一起。

（3）将 XML 中的按钮资源与当前按钮的实例对象绑定在一起，并添加按钮对象的监听器，用于获取地点。调用 OnGetPoiResult()方法可搜索地名信息，并得到地点所在的图层信息。

（4）获取地点的渲染图层，并添加到当前的地图图层上。

4．两点测距功能及多点路径规划功能的实现

天地图的 Android 平台地图服务支持两点测距（最短路径规划），而多点路径规划是指计算经过多个点的最短路径，这两个功能是利用天地图的路径规划 API 来实现的，使用的是 TDrivingRoute 类，该类最多支持 4 个中间点的路径规划，加上起点和终点，也就是说，可以支持最多 6 点路径规划，支持最快、最短和少走高速等规划方式。两点测距功能及多点路径规划功能的实现步骤如下：

（1）使用 implements 类中的 OnDrivingResultListener 接口和 OnGetMapsResult 接口，并实现这两个接口中的方法。

（2）获取所有经过的点坐标，即中间点的坐标。

（3）调用 setDrivingResult()方法，将中间点的坐标作为该方法的参数，可以得到最短路径。

（4）调用 startRoute()方法，传入最短路径，可对最短路径进行图层渲染。

8.4 基于 Ad Hoc 网络的被困者感知系统

8.4.1 Ad Hoc 网络

与传统的网络相比，无线传感器网络具有以数据为中心、体积小、自组织性、可快速布置、节能性等特点，可以解决由于有线设施因灾害遭到毁灭性破坏而造成的应急通信问题。其中 Ad Hoc 网络[18]凭借其无中心、自组织、多跳路由、动态拓扑等特点脱颖而出，成为灾害发生时构建无线传感器网络的首选。由于 Android 平台在默认的情况下并不支持 Ad Hoc 网络，如何让 Android 平台支持 Ad Hoc 网络就成为一个难题。本节主要研究如何在 Android 平台上搭建 Ad Hoc 网络并保证相互通信。

为什么 Android 平台在默认的情况下不支持 Ad Hoc 网络呢？iOS 平台是支持 Ad Hoc 网络的。Google 的解释是：Ad Hoc 网络是不安全的，虽然 Android 手机的硬件是支持 Ad Hoc 网络的，但 Android 平台在 ROM 层屏蔽了该功能。

要想让 Android 平台支持 Ad Hoc 网络[19,20]，首先要了解 Android 版本的差异，主要是了解 Android 2.3 和 Android 4.0 以上版本的差异（这里主要指网络模块、文件等方面的差异）；然后根据不同版本的 Android 平台，了解目前已有的解决方案（包括完善的解决方案和不完善的解决方案），了解这些解决方案的思路；最后制定自己的解决方案。

目前主流的解决方案如下：

（1）打 Ad Hoc 网络补丁。这种方式的原理是通过改写 Android 手机中“system/bin”目录下的固件 wpa_supplicant，以便使 Android 手机支持 Ad Hoc 网络。固件 wpa_supplicant 是在客户端使用的 IEEE 802.1X/WPA 组件，可支持与 WPA Authenticator 的交互，控制漫游与由无线驱动的 IEEE 802.11 之间的身份验证和关联。通常，在获得 Android 手机的 Root 权限后，将改写后的固件 wpa_supplicant 刷入 Android 手机即可。

（2）通过某些特殊的软件使部分 Android 手机支持 Ad Hoc 网络。例如，ZT-180 Adhoc Switcher，该软件可以使部分 Android 2.3 的手机支持 Ad Hoc 网络（需要获取 Android 手机的 Root 权限），目前该软件已停止更新，这是因为该软件只能用于部分 Android 2.3 的手机，不适用于 Android 4.0 及以上的系统。

（3）通过 WiFi Tether 软件支持 Ad Hoc 网络。WiFi Tether 软件可用于 Android 手机的组网，其中的一个功能是可以支持 Ad Hoc 网络的发起，但不支持接入 Ad Hoc 网络的接入。目前该方案是最好的解决方案，因为该方案只需要获取 Android 手机的 Root 权限即可，而且支持大部分 Android 手机，同时支持 Android 4.0 及以上的版本。

（4）SPAN。SPAN 是通过修改 Android 手机的内核文件来支持 Ad Hoc 网络的，该方案在 Github 上是开源的，是一种新兴的技术解决方案，但只支持几款机型，目前还没有得到广泛应用。

本节通过 WiFi Tether 支持 Ad Hoc 网络，基于 Google 的开源项目 Android-WiFi-Tether 来制定解决方案。WiFi Tether 在 Android 平台上支持 Ad Hoc 网络的过程可分为两步：Ad Hoc 网络的发起和 Ad Hoc 网络的接入。抽离 Google 的 Android-WiFi-Tether 开源项目中支持 Ad Hoc

网络发起的部分，对其进行删减修改后封装为 Android 的 Library 工程，可实现 Ad Hoc 网络的发起。通过对 Android 手机"/data/misc/wifi/"目录中的配置文件 wpa_supplicant.conf 进行研究和测试，可以了解 Android 平台屏蔽 Ad Hoc 网络的原理和机制，因此通过修改配置文件 wpa_supplicant.conf 可以使 Android 手机接入到指定 SSID 的 Ad Hoc 网络，从而实现 Ad Hoc 网络的接入。可将上述支持 Ad Hoc 网络的解决方案封装成工具类，并提供方法供开发者使用。

WiFi Tether 软件在获取 Android 手机的 Root 权限之后，可以使 Android 手机支持 Ad Hoc 网络。WiFi Tether 软件的界面如图 8.8 所示。

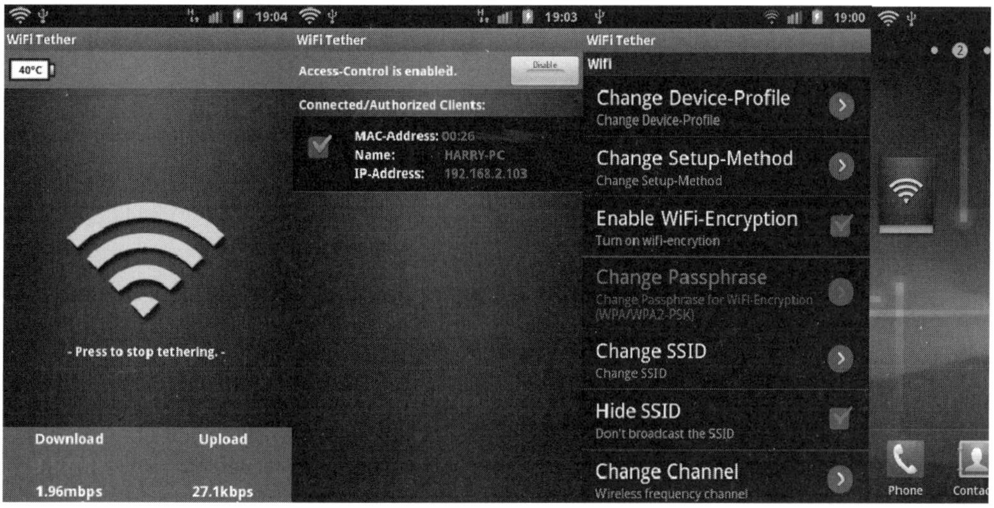

图 8.8　WiFi Tether 软件的界面

Google 在发布 Android-WiFi-Tether 项目时将其编译成了 Android APK，该 APK 可以从 Google Play[21]或者 Google Code 的 Android-WiFi-Tether 主页下载，目前的最新版本是 3.3 beta2。通过 WiFi Tether 支持 Ad Hoc 网络的方案是目前最好的解决方案，除了可支持部分 Android 手机，还具有很多其他功能，如频段选择、MAC 伪造、上/下行速率显示、接入管理、权限管理等，功能非常强大。

8.4.2　被困者感知系统的架构及开发框架

1．被困者感知系统的架构

软件架构设计的目的：

（1）为大规模开发提供基础和规范，并提供可重用的资产。软件系统的大规模开发，必须有一定的基础并遵循一定的规范，这既是软件工程本身的要求，也是客户的要求。在软件架构设计的过程中，可以将一些公共部分抽象提取出来，形成公共类和工具类，以达到重用的目的。

（2）缩短项目的周期。利用软件架构提供的框架或重用组件，可缩短软件系统的开发周期。

（3）降低开发和维护的成本。大量的重用和抽象，可以提取出一些开发人员无须关心的公共部分，这样可以使开发人员仅仅关注业务逻辑的实现，从而减少工作量，提高开发效率。

（4）提高产品的质量。好的软件架构设计是产品质量的保证，特别是可以满足客户常常提出的非功能性需求。

软件架构设计必须遵循以下原则：

（1）满足功能性需求和非功能需求。这是一个软件系统最基本的要求，也是在进行软件架构设计时应该遵循的最基本原则。

（2）实用性原则。每个软件系统在交付给用户使用时必须具有实用性，即能够解决用户的问题，软件架构设计也必须实用，否则就会“过度设计”。

（3）满足复用的要求。最大限度地提高开发人员的工作效率。

被困者感知系统的架构分为 5 个模块：Ad Hoc 网络支持模块、Socket 通信模块、数据库及相关方法调用模块、基于性能的数据移交协议模块，以及基于移动概要的数据移交协议模块。由于两套数据移交协议为平行协议，因此可以将数据移交协议设计成一个模块。其中，Ad Hoc 网络支持模块为被困者感知系统的底层模块，为搜救数据的采集提供保证；Socket 通信模块为数据移交协议模块提供通信保证，提供数据收发的技术解决方案；数据库及相关方法调用模块则向数据移交协议模块提供数据、数据接口调用，以及通过数据信息进行计算的公共方法调用；数据移交协议模块是被困者感知系统的最上层模块，通过特定的协议进行数据的移交和分发。被困者感知系统的架构如图 8.9 所示。

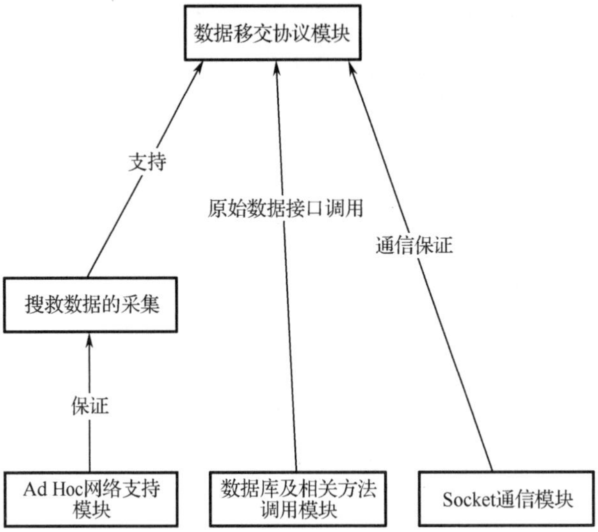

图 8.9　被困者感知系统的架构

可以看出，四大模块间的关系非常明确：Ad Hoc 网络支持模块、数据库及相关方法调用模块采用 Android 的 Library 工程进行开发，只向最上层暴露使用方法，供开发者调用。Socket 通信模块采用 Java 类进行封装，被封装成工具类，可集成到有需求的模块中。数据移交协议模块为最上层的模块，可进行界面显示，采用普通 Android App 的开发方式进行开发，但其内部同样设计了一套架构，使得该模块拥有健壮的代码体系、优雅的代码风格和可扩展的结构。

2．被困者感知系统模块间的关系耦合与解耦

关系耦合与解耦的设计思路如图 8.10 所示。

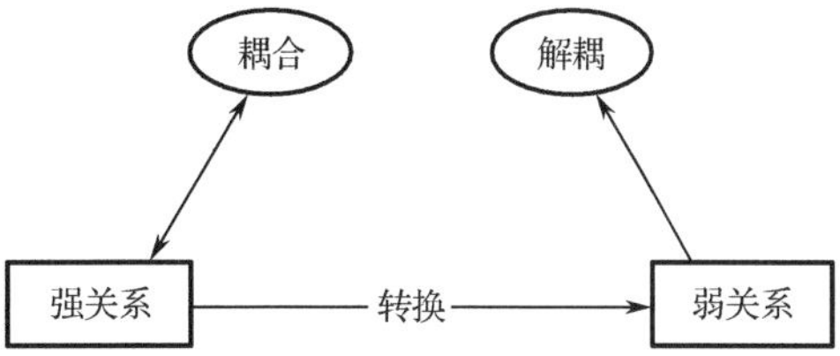

图 8.10　关系耦合与解耦的设计思路

首先，从 Ad Hoc 网络支持模块说起，这个模块主要用于搜救数据的采集，这是数据移交协议模块需要传输的数据中最重要的一种数据。搜救数据的采集需要 Ad Hoc 网络的支持，通过多跳的数据传输协议进行数据的采集，因此 Ad Hoc 网络支持模块是采集搜救数据的基本保证。在所有需要被搜救的节点中，都需要该模块提供支持。如果被搜救的节点数量较大并需要用相同的服务，那么 Ad Hoc 网络支持模块相对于若干个被搜救的节点来说相当于强关系，需要转换成弱关系解耦。在这种使用场景中，将 Ad Hoc 网络支持模块和被搜救节点分离开，在被搜救节点上运行 Android Service 进行数据采集和传输，不必考虑 Ad Hoc 网络的问题，搜救人员只需要发起特定 SSID 的 Ad Hoc 网络即可。Ad Hoc 网络支持模块不需要 Android 的界面支持，只需要进行状态判断并传出消息即可，消息的处理交给上层的程序处理。本节的技术解决方案是：将 Ad Hoc 网络支持模块作为 Android 的 Library 工程进行开发和封装。Library 工程的优点是：上层开发者无须知道内部具体细节，只需要了解暴露方法的调用，以及状态判断传出的消息即可。这是目前 Android 开发中非常热门的一种封装，适用于层级清晰的多模块并行开发。

其次，Socket 通信模块需要为数据移交协议模块提供通信保证，和其他模块并无关系，需要用到的 Socket 通信无外乎是发数据操作和收数据操作。这两种操作在数据移交协议模块中会被多次调用执行，显然这是一种强关系，需要转换成弱关系，即进行解耦。Socket 通信模块未涉及很复杂的操作，所以没有用 Library 工程的方法。对于一个项目来讲，如果依赖太多的 Android Library，则会造成项目冗杂，使得最后编译的 APK 过大。这部分采用的技术解决方案是：将 Socket 通信模块封装成 Java Package（工具包），内部封装需要用到的类，提供一个外部类供外部调用。当数据移交协议模块需要用到 Socket 通信模块时，就将封装好的 Java Package 直接复制到项目总的 Java 目录下，作为一个 Socket 的 Package 来使用。

最后，数据库及相关方法调用模块用于对数据库进行增删改查的操作，以及从数据库中提取数据进行公共计算，将得到的值发送到数据移交协议模块供其使用。由于数据库及相关方法调用模块是一个比较大的模块，在数据移交协议模块中会频繁调用数据库操作接口来对数据库进行操作，或者调用一些公共计算方法，这明显是强关系、耦合的，需要转换成弱关系，即进行解耦。这里采用的技术解决方案是：将数据库及相关方法调用模块作为一个 Library 工程进行开发，并且使用 GreenDAO 数据库开发框架进行数据库的集成开发。数据库及相关方法调用模块涵盖了目前所需的 30 张表，后续可能会根据需求添加更多的表、更多的公共计算方法调用，这些完全在数据库及相关方法调用模块的设计范畴之内，这是一种健壮、优雅的结构。

数据移交协议模块内部有一套结构体系，这是被困者感知系统的最上层模块，需要进行界面显示，是与人交互的模块，所有下层的模块最终都是为这个模块服务的。

3. 被困者感知系统的开发框架

开发框架是一种可重用的、相对成熟的体系结构，其作用是：由于开发框架提取了特定领域软件的共性部分，因此在开发该领域内的新项目时，不需要从头编写代码，只需要在开发框架的基础上进行一些开发和调整便可满足要求；对于开发过程而言，这样做会提高软件的质量、降低成本、缩短开发时间，使开发越做越轻松、效益越做越好，形成一种良性循环。开发框架不是现成可用的应用系统，是一个半成品，需要开发人员进行二次开发，实现具体功能的应用系统。

通过对被困者感知系统的架构和模块关系进行分析，确定了不同的模块需要实现的技术细节。根据相关技术分析，可从以下几个方面确定开发框架。

1）依赖注入（控制反转）

依赖注入是面向对象编程中的一种设计原则，可以用来降低程序代码之间的耦合度。依赖注入主要有以下几种实现方式：

（1）基于接口的依赖注入：实现特定接口，供外部容器注入所依赖类型的对象。

（2）基于 set()方法的依赖注入：实现特定属性的 public set()方法，供外部容器注入所依赖类型的对象。

（3）基于构造函数的依赖注入：实现特定参数的构造函数，在新建对象时注入所依赖类型的对象。

（4）基于注解的依赖注入。基于 Java 的注解功能，不需要显式地定义以上 3 种代码，便可以让外部容器注入所依赖类型的对象。该方案相当于定义了 public set()方法，但由于没有真正的 set()方法，因此不会为了实现依赖注入导致暴露不该暴露的接口。因为 set()方法只想让外部容器来访问，而并不希望其他依赖此类的对象访问。

这里根据被困者感知系统的需求，分别对 Butter Knife、RoboGuice、AndroidAnnotations、Dagger 共 4 个针对 Android 平台的开源依赖注入开发框架进行分析，结合被困者感知系统的实际情况和使用场景，最终确定了 Butter Knife 开发框架。该开发框架的优势是：专注 UI 和各种事件（如最常用的单击事件）的注解，体积小，在整个项目中，只需要用到两种注解即可。被困者感知系统主要使用 Java 开发，涉及 UI 的部分不多，使用 Butter Knife 开发框架比较合适。注解绑定分为两种：运行时注解和编译时注解。使用编译时注解可以更早地发现注解中的语义错误，对提高性能也有所帮助。使用预先生成的代码可以减少启动时间，并在运行时避免读取注解，读取注解需要使用 Java 反射相关的 API，这在 Android 设备上是很耗时的。Butter Knife 正是一种采用编译时注解的开发框架。

2）事件解耦

当 Android App 变得越来越庞大时，App 的各个部件之间的通信会变得越来越复杂。例如，当发生某一事件时，App 中通常会有多个部件对这个事件感兴趣，在这种情况下通常会采用观察者（Observer）模式。Observer 模式的一个弊病是部件之间的耦合度太高，需要对事件进行解耦。根据被困者感知系统的需求，分别对 EventBus 和 Otto 两个事件总线框架进行了分析。EventBus 是 Guava 的事件处理机制，是设计模式中 Observer 模式（生产/消费者编程模型）的优雅实现。对于事件监听和发布订阅模式，EventBus 是一个非常优雅和简单的解决方案，不需要创建复杂的类和接口层次结构。

Observer 模式是比较常用的设计模式之一，虽然在具体的代码中不一定叫 Observer，如改头换面为 Listener，但依然是 Observer 模式。虽然手动实现 Observer 也并不复杂，但从 JDK 1.0 起，Java 就把 Observer 模式（Observable 和 Observer）放到了 JDK 中，从某种程度上来说，这简化了 Observer 模式的开发，至少不用再手工维护 Observer 列表了。不过，如前所述，从 JDK 1.0 起 Observer 模式就存在了，直到 Java 7，它都没有什么改变，连通知的参数还是 Object 类型的。Java 5 对语法进行了大规模的调整，许多程序库都重新设计了 API，变得更简洁易用。当然，那些不做修改的程序库，多半是过时的程序库。这也就是这里要讨论知识更新的原因所在。对于普通的应用，如果要使用 Observer 模式，那么该如何做呢？答案就是 Guava 的 EventBus。

Otto 是一个事件总线框架，可分离应用程序的不同部分，同时仍然允许它们有效沟通。Otto 是 Guava 的分支，增加了独特的功能，细化了事件总线。由于 Otto 是专门为 Android 定制的比较小的事件总线框架，专注于事件的订阅和分发，所以选择 Otto 进行事件解耦。虽然 Otto 的效率比 EventBus 稍差一些，但它在体积上的优势非常明显。如果一个项目中需要用到事件分发机制的次数不是很频繁，在满足项目需求的前提下，往往更倾向于采用精简的开发框架。

3）日志管理

为什么要提到日志管理呢？在 Android 开发中，日志是非常重要的，它可以帮助开发者在 Debug 模式下进行控制台调试工作，这是 Android 开发的一种专属调试方式，类似于 Java 的 System.out。但如果在项目正式发布时没有删除日志语句，那么项目在运行时会输出这些日志，相当于垃圾文件。针对这个问题，采用了 DebugLog 工具类作为技术解决方案。DebugLog 是 Github 上的一个开源工具类，其优点是可以自动识别 Android Studio 是处于 Debug 模式还是 Release 模式，如果处于 Debug 模式，则正常输出日志；如果处于 Release 模式，则关闭日志，避免产生垃圾文件。在开发者进行调试时，DebugLog 工具类对日志语句进行了封装，可以定位到具体文件的具体行数，非常方便开发者用日志管理进行调试。

被困者感知系统的开发框架如图 8.11 所示，该开发框架可以大大减少样板代码，减少隐藏 Bug 的发生，使开发者更专注于业务逻辑，大大提高开发效率，增强代码的稳定性和可扩展性。

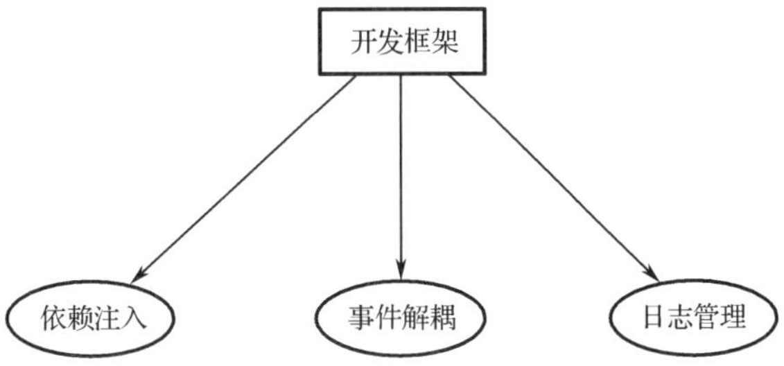

图 8.11 被困者感知系统的开发框架

8.4.3 用于应急搜救的手机自组网位置信息采集协议

1. 协议提出的背景

在应急搜救中，灾害发生地往往是无手机信号的地区或该地区的通信基站已遭到破坏，传统的手机通话、短信、GPS 等已经失效，搜救人员与被困者无法进行有效的信息交流。传统的应急搜救通常采用 AP、蓝牙、无线传感器网络等技术进行短距离通信，但均存在不足之处：

（1）AP：在实际应用中，基于 AP 的网络只能实现单跳范围的连接，存在搜救范围小、效率低等缺点。

（2）蓝牙[22]：在实际应用中，蓝牙的传输范围较小，且只能实现单跳范围的连接。另外，蓝牙的标准安全机制需要用户在传输过程中进行手动确认，无法实现透明的信息传输。

（3）无线传感器网络：在实际应用中，无线传感器网络存在组网时间长、成本高、多跳的传输稳定性无法保证等不可忽视的问题。

2. 协议的设计

相对于传统的路由算法，本节介绍的手机自组网位置信息采集协议，不仅在消息交付需要的报文数量和平均跳数等方面均有明显的改善，还可以依据手机剩余电量（能量）及路径长度划分优先级，兼顾了低电量手机与全网手机传输消息的能耗，对应急搜救的实际需求进行了优化，增大了位置信息采集的成功率。

这种用于应急搜救的手机自组网位置信息采集协议，针对被搜救者（被困者）手机的非移动性及低能耗需求的特点，采用层次路由[23]和手机剩余能量相结合的路由方式，以自组网的方式将被搜救者手机的位置信息采集到组网手机中。该协议简化了消息格式，并可以控制网络内手机发送消息的次数，使得平均跳数和全网消息传输总能耗较小，减轻了低电量手机的消息发送负担，提高了消息发送的成功率。

手机自组网位置信息采集协议的主要思路是将搜救者手机（组网手机）与被搜救者手机（联网手机）形成自组网，采用层次路由和手机剩余能量相结合的路由方式，将各联网手机的位置信息采集到组网手机中。具体步骤为：

步骤 1：组网手机通过 Ad Hoc 网络联网手机进行联网并分配 IP 地址。

步骤 2：组网手机广播[S1]消息（搜救认证消息）到其一跳范围内的所有联网手机。

步骤 3：联网手机使用多线程的方式等待接收[S1]消息，若发送端身份验证成功，则将广播源 IP 地址、[S1]消息中包含的跳数 Hop、低电量标记 LB 记录到路由表中，否则忽略；联网手机继续接收并等待[S1]消息，尽可能地采集完其他联网手机广播的[S1]消息，并根据路由优先规则选择一个最优 IP。本机即将广播的[S1]消息中 Hop 更新为路由表中的 Hop+1；更新[S1]消息后，广播本机的[S1]消息；联网手机进行电量检测、GPS 校正后，将在[S2]消息中发送。

步骤 4：联网手机将路由表中记录的 IP 作为目的地址，回传本机[S2]消息并转发接收到的[S2]消息。

步骤 5：组网手机接收到[S2]后，将联网手机的 IP、剩余能量和 GPS 保存到数据库中，数据库启动触发器，在组网手机软件中更新上传数据进度。

步骤 6：若组网手机没有接收到全部数据，则组网手机将广播[S2.5]消息，内容为组网手机未收到数据的联网手机 IP，要求未传输成功的联网手机进行数据重传，响应发送[S2]消息中仅被[S2.5]消息中列出的 IP。

步骤 7：组网手机在接收到全部数据后，自动或手动广播[S3]消息，联网手机收到[S3]消息后继续广播[S3]消息，关闭组网手机和 GPS。若一段时间后组网手机没有收到任何信息，自动视为接收到[S3]消息。

组网手机持有私钥，可对精确到年月日时的本机时间进行签名运算，生成验证编码 ID；联网手机持有公钥，可进行解签名运算，将结果与本机时间进行比对，若误差不超过 P 小时，则表示身份验证成功。

步骤 3 中路由优先规则如下：路由表中只保留一条 IP 地址；在接收到新的[S1]消息时，若满足下列条件之一，则将路由表内容更新为新的 IP 地址。

（1）new_Hop ≤ old_Hop−2。

（2）new_LB < old_LB 且 new_Hop ≤ old_Hop+1。

（3）new_LB = old_LB 且 new_Hop < old_Hop。

在步骤 3 中进行能量检测时，若联网手机的剩余能量判为低，或上一级均为 LB 置 1，则联网手机把即将广播的[S1]消息中 LB 置 1。若联网手机消息内容中的 GPS 为空，则将自身 GPS 写入消息中，作为参考 GPS，并设置替代标记。[S1]消息、[S2]消息、[S2.5]消息、[S3]消息的传输均采用 UDP 协议。

[S1]消息的格式如表 8.1 所示。

表 8.1 [S1]消息的格式

包头 Head	版本号		长度 Len	内容				包尾 End
	MAC	年月日时 Time		类型 Cont	验证编码 ID	跳数 Hop	低电量标记 LB	
2 B	6 B	5 B	1 B	1 B	8 B	1 B	1 B	2 B

[S2]消息的格式如表 8.2 所示。

表 8.2 [S2]消息的格式

包头 Head	版本号		长度 Len	内容					包尾 End
	MAC	年月日时 Time		类型 Cont	电量 LB	GPS	替代标记 Rep	GPS 准确度 Acc	
2 B	6 B	5 B	1 B	1 B	1 B	4 B	1 B	2 B	2 B

[S3]消息的格式如表 8.3 所示。

表 8.3 [S3]消息的格式

包头 Head	版本号		长度 Len	内容	包尾 End
	MAC	年月日时 Time		类型 Cont	
2 B	6 B	5 B	1 B	1 B	2 B

[S2.5]消息的格式如表 8.4 所示。

表 8.4 [S2.5]消息的格式

包头 Head	版本号		长度 Len	内容					包尾 End
	MAC	年月日时 Time		类型 Cont	IP1	IP2	…	IP*N*	
2 B	6 B	5 B	1 B	1 B	4 B	4 B	…	4 B	2 B

3. 协议的特点

手机自组网位置信息采集协议解决了传统应急搜救方法探测范围小、代价高、能耗大的问题，可广泛应用于地震、泥石流、洪水、台风、生产事故等自然和人为灾害中的被困者搜救活动，具有以下显著的优点：

（1）代价低、搜救者和被搜救者（被困者）仅需要手机，无须其他设备支持。

（2）通过自组网的形式搜救，信息可进行多跳传输，搜救覆盖范围大。

（3）数据采集基于路径长度，可降低数据转发的跳数、节约通信资源、降低能耗。

（4）数据采集基于手机剩余能量，可延长手机的使用时间、延长搜救自组网的生存期。

8.4.4 移动终端支持 Ad Hoc 网络的解决方案

直接使用 Android 平台的 WiFi 模块进行 Ad Hoc 网络的发起和接入，这是最完美的。Cyanogen 团队正在探索如何在 Android 平台的 ROM 中支持 Ad Hoc 网络，CyanogenMod 是一个开放源代码的操作系统包，是基于 Android 平台开发的，主要用于智能设备（如智能手机和平板电脑），提供一些 Android 平台或手机厂商没有提供的功能，如支持 FLAC 音频格式、缓存压缩（Compcache）、大量的 APN 名单、重新启动功能等。从 CyanogenMod 10.1（对应于 Android 4.2.2）开始，Cyanogen 团队就尝试在 Android 平台的 ROM 中加入对 Ad Hoc 网络的支持。这种系统级的支持，是从 Android 平台的网络驱动框架开始改写的。通过 CyanogenMod 的思路，可以了解 Android 平台是如何屏蔽 Ad Hoc 网络的。Android 平台是从 Framework 层开始逐步向上屏蔽 Ad Hoc 网络的，如图 8.12 所示。

Android 平台底层的网卡是支持 Ad Hoc 网络的，可以搜索到周围的网络，在 Framework 层会给所有的 Ad Hoc 网络加一个 IBSS 的标记；在 WiFi 模块，所有加 IBSS 标记的网络均被屏蔽，所以在 Android 平台的 WiFi 界面是看不到 Ad Hoc 网络的。WiFi 模块在"/data/msic/wifi"中有一个配置文件 wpa_supplicant.conf，该配置文件中有一个参数 ap_scan，用于设置是否扫描 Ad Hoc 网络，默认设置是不扫描 Ad Hoc 网络的。

本节采用的解决方案是，首先在获取移动终端（这里以 Android 手机为例）的 Root 权限后安装 WiFi Tether 软件，然后通过反编译修改该软件的 AndroidManifest.xml 文件中的

```
<category Android:name="Android.intent.category.LAUNCHER" />
```

上述代码用于隐藏 APK 安装后的 Android 手机桌面图标，同时获取 APK 的包名。在 WiFi Tether 软件中通过包名启动 APK，实现唯一入口。但是这种解决方案的缺陷是：发起 Ad Hoc 网络模块不可控，依赖第三方软件；WiFi Tether 为英文软件，其设置界面繁杂，有可能造成误操作；该解决方案还会增加包体积。那么如何解决这些问题呢？

追根溯源，最终采用的解决方案是参考 Google 的 Android-WiFi-Tether 项目（也就是 WiFi Tether 软件的源头），这个项目的部分可读代码是开源的。通过分析这个项目，抽离出与 Ad Hoc 网络相关的部分，同时将相关的 bash（Google 自己开发的 bash）集成起来，然后封装成 Library 工程。最终解决方案的思路如图 8.13 所示。

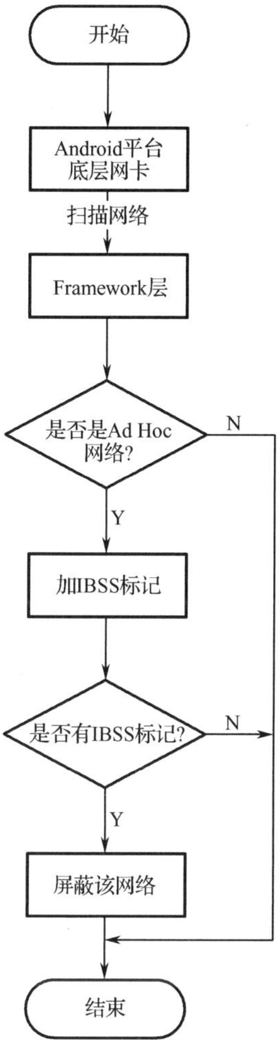

图 8.12　Android 平台屏蔽 Ad Hoc 网络的原理

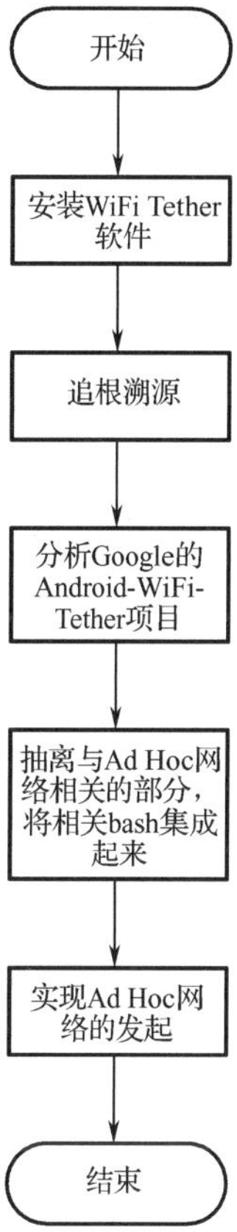

图 8.13　最终解决方案的思路

根据 Android 平台屏蔽 Ad Hoc 网络的过程，可以通过修改 Android 手机中的“/data/misc/wifi/wpa_supplicant.conf”来实现特定 Ad Hoc 网络的接入。被困者感知系统中一键集成了此功能，在获取 Android 手机的 Root 权限后，即可一键开启此功能。

8.4.5　移动终端 Ad Hoc 网络的组网

1. 移动终端的权限分析以及 Root 权限的获取

根据用户的使用过程体验，移动终端（以 Android 手机为例）涉及的权限大致可以分为以下 3 类：

（1）Android 手机所有者权限：购买 Android 手机后，用户不需要输入任何密码，就具有安装一般应用软件、使用应用程序等的权限。

（2）Android 手机的 Root 权限：该权限为 Android 手机的最高权限，可以对 Android 手机中所有的文件、数据进行任意操作。Android 手机在出厂时默认没有该权限，需要使用 z4Root

等软件来获取 Root 权限。获取 Android 手机 Root 权限后，无须输入任何密码就能以 Android 手机的 Root 权限来使用该手机。

（3）Android 应用程序权限：Android 平台提供了丰富的 SDK（Software Development Kit），开发人员可以利用 SDK 开发应用程序。应用程序在访问 Android 手机中的资源时需要相应的访问权限，这个权限就是 Android 应用程序权限。该权限在设计应用程序时就被设定了，在 Android 手机中初次安装应用程序时即可生效。需要注意的是，如果应用程序设计的权限大于 Android 手机所有者权限，则该应用程序将无法运行。如果没有获取 Android 手机的 Root 权限则无法运行 Root Explorer，因为运行该应用程序需要 Android 手机的 Root 权限。

在 Android 手机中，用户或用户组对文件的访问遵循 Linux 系统的访问控制原则，即根据长度为 10 个字符的权限控制符来决定用户或用户组对文件的访问权限。Android 手机用户或用户组权限示例如图 8.14 所示。

```
USER      PID   PPID  VSIZE  RSS     WCHAN    PC         NAME
app_16    2855  2363  216196 20960 ffffffff afd0ee48 S com.android.providers.calendar
app_91    4178  2363  218872 25076 ffffffff afd0ee48 S jackpal.androidterm
```

图 8.14　Android 手机用户或用户组权限示例

权限控制符的格式遵循以下规则：

第 1 个字符：表示一种特殊的文件类型，字符可为“d”“b”“c”“.”。“d”表示该文件是一个目录；“b”表示该文件是一个系统设备，使用块输入/输出与外界交互，通常为一个磁盘；“c”表示该文件是一个系统设备，使用连续的字符输入/输出与外界交互，如串口和音频设备；“.”表示该文件是一个普通文件，没有特殊属性。

2～4 个字符：用来确定文件的用户（user）权限。

5～7 个字符：用来确定文件的用户组（group）权限。

8～10 个字符：用来确定文件的其他用户（既不是文件所有者，也不是用户组的成员）的权限。

第 2、5、8 个字符用来控制文件的读权限，字符“r”表示允许用户、用户组和其他用户从该文件中读取数据；字符“-”表示不允许上述用户读取数据。

第 3、6、9 个字符用于控制文件的写权限，字符“w”表示允许写；字符“-”表示不允许写。

第 4、7、10 个字符用于控制文件的执行权限，字符“x”表示允许执行；字符“-”表示不允许执行。

例如，“drwxrwxr--2 root　root　4096　2 月 11 10:36 lu”表示的访问控制权限，第 1 个字符是“d”，由此知道 lu 是一个目录；第 2～4 个字符是“rwx”，表示用户 root 拥有权限是显示目录 lu 中所有的文件、创建新文件或者删除目录 lu 中的现有文件，或者将目录 lu 作为当前工作目录；第 5～7 个字符是“rwx”，表示用户组 root 的成员拥有和用户 root 一样的权限；第 8～10 个字符是“r--”，表示其他用户只能显示目录 lu 中所有的文件，这些用户不能创建或者删除目录 lu 中的文件，不能执行目录 junk 中的可执行文件，也不能将目录 junk 作为当前工作目录。

如何获取 Android 手机的 Root 权限呢？Android 手机的管理员用户称为 Root，该用户拥有 Android 的最高权限，它可以访问和修改 Android 手机中几乎所有的文件，只有用户 Root

才具备最高级别的管理权限。在 Android 手机中获得 Root 权限的过程（也称为 Root 过程）也就是获得 Android 手机最高使用权限的过程。为了防止不良应用程序获取 Android 手机的 Root 权限，在 Root 过程中，需要安装一个程序（如 Superuser.apk）来进行提示，由用户来决定是否给予 Root 权限。当某个应用程序执行 su 程序来获取 Root 权限时，Superuser.apk 就会自动启动，拦截该应用程序的动作并进行提示，当用户认为该应用程序可以安全使用时，则选择允许，否则将会禁止该应用程序获取 Root 权限。获取 Root 权限的过程其实就是通过 su 程序把文件"/system/bin/Superuser.apk"放到"system/app"中，设置"/system/bin/su"可以让任意用户运行。例如：

```
adb shell chmod 4755 /system/bin/su
```

关于获取 Root 权限的原理，在这里就不再赘述了。目前市面上有很多一键获取 Android 手机 Root 权限的软件，用户只需按照说明进行单击操作即可，非常简单。

2. Ad Hoc 网络的发起

在介绍 Ad Hoc 网络的发起之前，先简要介绍一下开发工具——Android Studio。Android Studio 是 Android 官方的 IDE，是基于 Intellij IEDA 开发的，在 Intellij IEDA 的基础上，Android Studio 还具有以下功能：

（1）可基于 Gradle 灵活地构建系统。

（2）可构建可变类型，并生成多种 APK 文件。

（3）提供代码模板。

（4）提供丰富的布局编辑器，可进行主题编辑。

（5）提供的 Lint 工具可帮助开发者识别资源、代码结构存在的问题。

（6）具有 ProGuard 和 App Signing 功能。

（7）支持 Google 云平台，很容易整合 Google 云消息传输和 App 引擎。

在 Android Studio 中，Ad Hoc 网络的发起组网模块工程目录如图 8.15 所示。

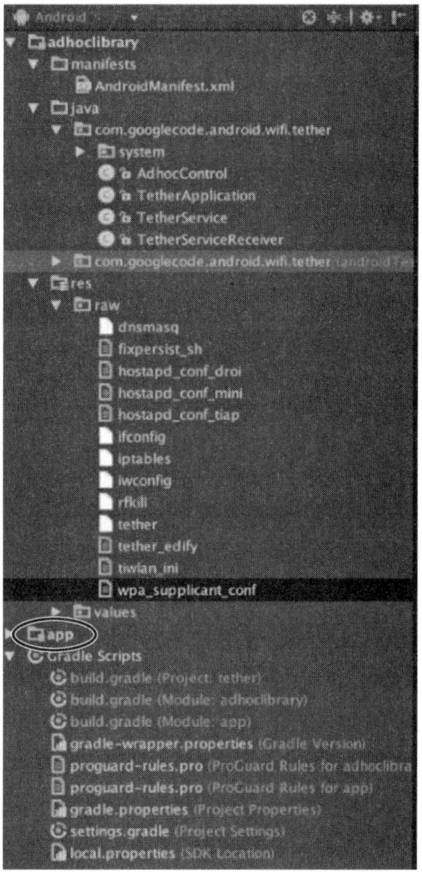

图 8.15 Ad Hoc 网络的发起组网模块工程目录

从图 8.15 中可以看出，Ad Hoc 网络的发起组网模块为 adhoclibrary，是一个典型的 Library 工程，下面的 app 是测试 adhoclibrary 的模块，最下面的 Gradle Scripts 是基于 Gradle 构建的模块。adhoclibrary 中的 java 部分是具体的实现代码，res 中的 raw 是在进行编译时需要用到的一系列 bash 和二进制文件，其中的二进制文件是通过 C++实现的。在 system 部分，TetherApplication 类用于实现所有的配置、SharedPreference、对象预先实例化等，TetherApplication 类继承自 Application 类，Application 类的作用就是在初始化 Android App 时执行其中的代码，确定应用程序的生命周期，适合进行预加载、预配置等工作；TetherServiceReceiver 类继承自 Android 的 BroadcastReceiver 类，用来接收各种各样的系统广播和自定义广播；TetherService 类继承自 Android 的 Service 类，用于接收不同的广播并做不同的操作；AdhocControl 类的主要功能是给外部提供发起 Ad Hoc 网络组网和关闭 Ad Hoc 网络的方法。

作为一个 Library 工程，开发者应当如何使用 adhoclibrary 呢？

（1）将 adhoclibrary 库导入到自己的项目中，将 gradle 文件中的 applicationId 修改为 com.googlecode.android.wifi.tether。

（2）在“src/main”中建立一个名为 jniLibs 的文件夹，然后在该文件夹中建立 armeabi 文件夹，在 armeabi 文件夹中放入 libwtnativetask.so 库，路径为“app/src/main/jniLibs/armeabi/libwtnativetask.so”。

（3）通过代码：

```
AdhocControl.start(getApplicationContext());
```

就能发起 Ad Hoc 网络的组网，调用 stop()方法可以关闭 Ad Hoc 网络。

3. Ad Hoc 网络的接入

Ad Hoc 网络接入的思路是：network 段的信息是保存到本地的网络配置信息，通过修改这些信息可以使手机自动搜索 Ad Hoc 网络。通过参数分析，Android 系统的 Ad Hoc 网络功能在 WiFi 驱动中被屏蔽掉，所以无法使用，但是硬件上是支持的，ap_scan=2 表示启用 Ad Hoc 网络搜索，正常搜索是 ap_scan=1，这种方法是默认强制去连接一个指定的 Ad Hoc 网络，由于硬件支持，所以可以被动连接。被动连接意味着通过修改这些支持部分 Ad Hoc 网络的设备，无法通过直接的系统 WiFi 进行 Ad Hoc 网络组网，只能被动地去加入一个 Ad Hoc 网络，所以称为被动连接，而且它无法加入计算机发起的 Ad Hoc 网络组网，只能接入手机发起的 Ad Hoc 网络中，并不是完美的 Ad Hoc 网络支持，但安全性、普遍性和鲁棒性有了很大的提高。

通过对代码的封装，在 Android 手机安装 BusyBox 的智能 Shell 和授权 Root，就能直接实现 Android 手机可以接入特定 SSID 的 Ad Hoc 网络的功能。

4. Library 工程的开发

在前面的章节中，多次提到 Library 工程（库工程）。什么是 Library 工程呢？简单地说，Library 工程是一种更高级的封装，它把一些公共的代码封装成 Library 供开发者使用。在 Github 中，关于 Android 的开源工程基本都是 Library 工程。Library 工程很少涉及界面代码的编写，基本以 Java 为主，主要对应用底层进行优化和封装。开发者无须知道 Library 工程的具体实现细节，只需要知道如何调用 Library 工程即可。类似于公共的网络 API 接口，开发者不需要知道内部的实现细节，只需要知道如何调用即可。如何开发 Library 工程呢？常用的 Library 工程开发方式有如下两种。

第一种方式是：先创建普通的 Android 工程，在开发的过程中注意封装，以及提供的方法和接口，调试完毕之后抽离需要封装成库的部分；然后重新建一个 Android 的 Library 工程，并将抽离出的部分复制到该工程，就可以得到 Library 工程。这种方式不方便调试，如进行增删改查等操作。

第二种方式是：先创建普通的 Android 工程；然后在 Android 工程中创建 Library 模块，进行并行开发，即在 Library 模块中进行 Library 工程的开发和封装，在 App 模块中进行 Library 调试（利用普通的 Android 工程进行调试）；最后把 Library 模块直接抽离出来即可构成 Library 工程。这种方式的优点是可以边调试边修改，既不用担心需求的变动，也不需要考虑最后成库的问题。第二种开发 Library 工程的方式如图 8.16 所示。

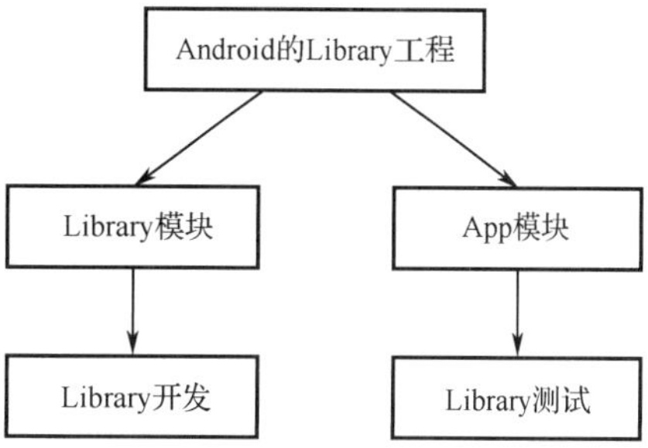

图 8.16 第二种开发 Library 工程的方式

8.4.6 Ad Hoc 网络的测试

1. 测试方案

系统测试是指将已经确认的软件、硬件、外设、网络等结合在一起，进行系统的各种组装测试和确认测试，其目的是通过与系统的需求进行比较，发现所开发的系统与用户需求不符或矛盾的地方，从而提出更加完善的解决方案。Ad Hoc 网络的测试方案如下：

（1）测试发起的网络是否是 Ad Hoc 网络。

（2）测试是否能接入指定 SSID 的 Ad Hoc 网络并进行通信。

（3）测试网络是否是多跳的。

上述的测试方案可以涵盖本章的所有实现内容。第一点主要测试 Ad Hoc 网络的发起组网模块，也就是以 Google 的 Android-WiFi-Tether 项目为基础经过抽离、修改、封装后的模块，该模块用于发起 Ad Hoc 网络。在测试该模块时只需要运行 Library 工程即可，根据 Library 工程的第二种开发方式可知，Library 工程的开发和测试是并行的，这给测试 Ad Hoc 网络的发起组网模块带来了很大的便利。第二点主要测试 Ad Hoc 网络的接入模块，也就是先通过 Linux shell 命令修改 Android 手机“/data/msic/wifi/”下的配置文件 wpa_supplicant.conf，再将其封装成一个工具类，只需要在移动终端的 App 测试连入网络后是否能正常接收到数据即可。第三点主要测试 Ad Hoc 网络最典型的特征——多跳性，根据 Ad Hoc 网络的多跳性进行数据的多跳采集，如果无法进行数据的多跳采集，则证明所组建的网络不是 Ad Hoc 网络，或者是有缺陷的 Ad Hoc 网络，并不能用于本章介绍的被困者感知系统。

2. 测试结果与分析

根据前文介绍的测试方案，这里进行 3 部分内容的测试。

（1）测试发起的网络是否是 Ad Hoc 网络。这里利用 Library 工程开发的并行特性进行测试，需要一个简易的界面（见图 8.17）进行操控。图 8.17 所示的界面有“发起组网”按钮和“结束组网”按钮，这两个按钮分别用于操控测试 Ad Hoc 网络的发起组网和结束组网功能。

单击“发起组网”按钮后，会在该界面弹出 Root 授权请求权限的提示，如图 8.18 所示。这一步也是正确的，这是因为在发起 Ad Hoc 网络组网前已经安装了编译好的二进制文件，按照软件的流程，应该会弹出相应的提示。

图 8.17　用于操控的简易界面

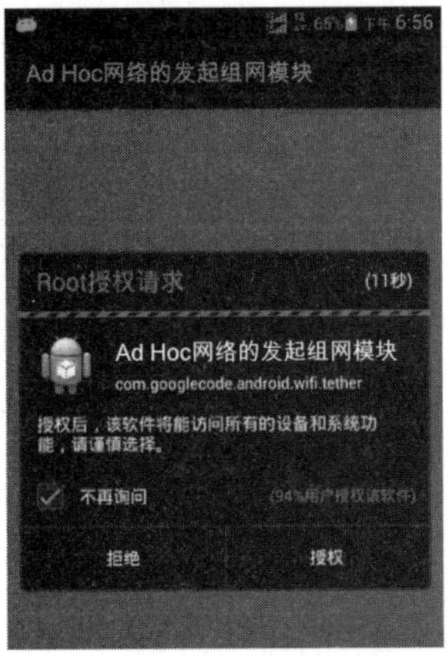

图 8.18　Root 授权请求提示

如果单击图 8.18 中的“拒绝”按钮，则将无法组网，下方会弹出没有授权 Root 的提示；如果单击“授权”按钮，稍等片刻后就会开启 Ad Hoc 网络组网。由于在测试中发起的是 SSID 为 AndroidTether 的 Ad Hoc 网络，因此用计算机搜索周围的 WiFi 网络时，显示的界面如图 8.19 所示。从该图中可以看出，界面上方的“设备”两个字是灰色的，表明 AndroidTether 是一个 Ad Hoc 网络。正常的 WiFi 网络如图 8.20 所示，此时的界面并没有“设备”这样的标识。至此就完成了对测试方案中的第一点的测试，测试结果与理论分析完全吻合。

图 8.19　SSID 为 AndroidTether 的 Ad Hoc 网络

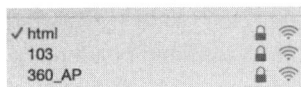

图 8.20　正常的 WiFi 网络

（2）测试是否能接入指定 SSID 的 Ad Hoc 网络并进行通信。进行测试方案第二点的测试时，通过被搜救者软件和搜救者软件连入 Ad Hoc 网络并采集信息。测试用的 Android 手机需要安装 BusyBox 软件。BusyBox 称为 Android 手机中的瑞士军刀，它可以智能地将 Shell 脚本安装到 Android 手机“/system/bin”目录下，从而使 Android 手机支持 Linux Shell 的高级命令。Android 手机默认支持的是简易的 Linux 命令，而本章介绍的 Ad Hoc 网络接入模块使用的是 Linux Shell 高级命令，如 sed、grep 等。BusyBox 的安装界面如图 8.21 所示，安装好 BusyBox 之后，Android 手机还需要安装搜救者软件和被搜救者软件。搜救者软件通过 Ad Hoc 网络的发起组网发起 Ad Hoc 网络，被搜救者软件可接入发起的 Ad Hoc 网络。在接入 Ad Hoc 网络之前，还需要对 Ad Hoc 网络接入模块进行配置，这同样需要获取 Root 权限。获得 Android 手机的 Root 权限后，被搜救者软件稍等片刻后就会接入 Ad Hoc 网络。接入 Ad Hoc 网络后的提示如图 8.22 所示。

成功接入 Ad Hoc 网络表示 Ad Hoc 网络接入模块的功能是正常的。接下来测试是否可以进行通信。搜救者接收到被搜救者的信息如图 8.23 所示。

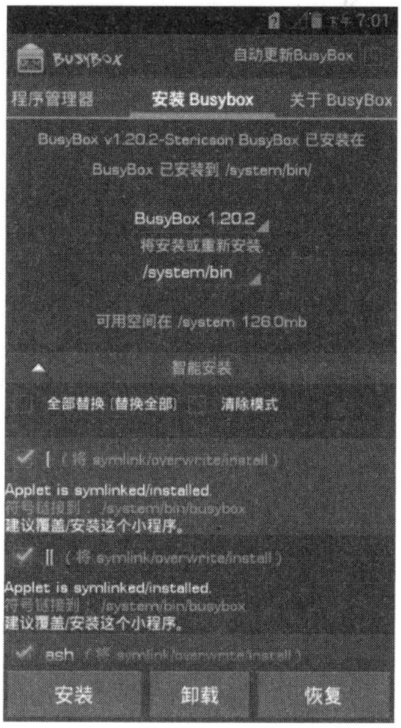

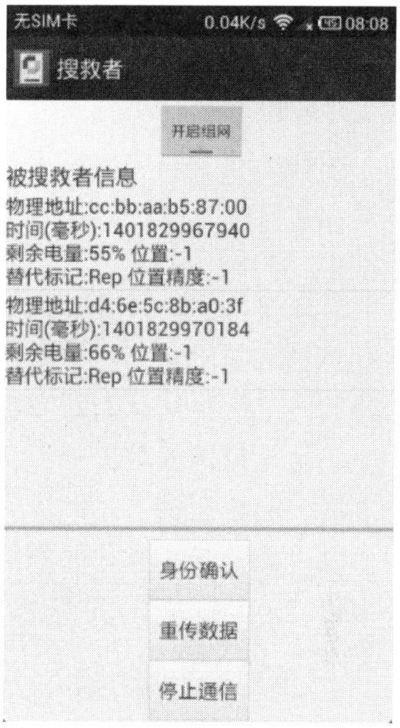

图 8.21 BusyBox 的安装界面　图 8.22 接入 Ad Hoc 网络后的提示　图 8.23 搜救者接收到被搜救者的信息

如果可以接收到被搜救者的信息，则说明设备可以在同一个 Ad Hoc 网络内相互通信。至此就完成了对测试方案中的第二点的测试，测试结果与理论结果完全吻合。

（3）测试网络是否是多跳的。Ad Hoc 网络的多跳机制如图 8.24 所示。

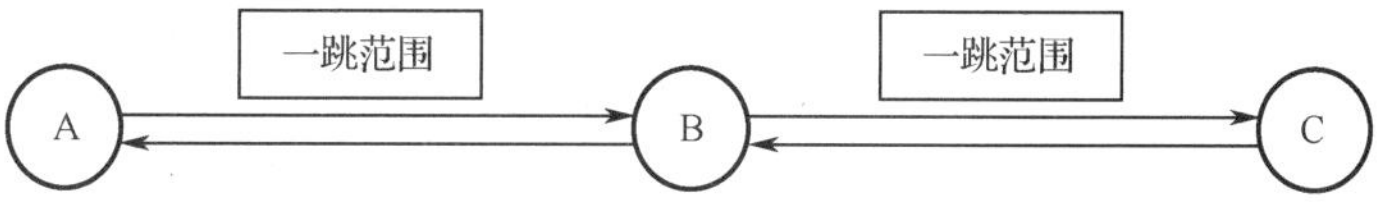

图 8.24 Ad Hoc 网络的多跳机制

图 8.24 中，节点 A 发起 Ad Hoc 网络的组网（采用 Ad Hoc 网络的发起组网模块），节点 B 和节点 C 接入 Ad Hoc 网络（采用 Ad Hoc 网络的接入模块），节点 B 在节点 A 的一跳范围内，节点 C 不在节点 A 的一跳范围内，但在节点 B 的一跳范围内。在测试中，节点 C 可以和节点 B 通信，节点 B 可以和节点 A 通信，如果节点 C 可以通过节点 B 和节点 A 通信，则说明实现了多跳，表示节点 A 发起的是 Ad Hoc 网络，并且具有多跳性。

8.5 应急搜救指挥决策平台

8.5.1 应急搜救指挥决策平台的需求分析

1. 开发背景

地震应急救援指挥[27,28]是指当发生破坏性地震时，各级政府根据震情、灾情的实际情况，迅速调度指挥一切可以救灾的资源（如队伍、物资），进行针对性救灾工作的决策过程，其目的是最大限度地减少灾害损失，稳定灾区社会秩序。地震应急救援工作是一项涉及领导决策、灾难应急管理、救灾行动等环节的综合性系统工程，包括地震参数速报、指挥部启动运作、应急队伍调动、灾区应急搜救、恢复重建等一系列应急救援过程，这一项综合性系统工程的核心是应急搜救行动的决策、指挥和调度。

地震不同于其他自然灾害，缺少类似洪涝、台风、林火灾害的前期预警时间。这往往意味着当地震发生时，并没有足够的监测数据对灾区现场的受灾情况做一个完备、准确、及时的分析。

时间就是生命，效率是地震应急救援工作的关键。地震应急救援的情景往往非常复杂，并且瞬息万变，地震应急救援工作能否快速有序地进行，在很大程度上依赖于指挥人员科学高效的决策与指挥。面对复杂的地震应急救援过程，指挥人员必须在全面把握现场灾情的基础上，结合科学的救援知识和经验，才有可能做出正确的指挥决策。另外，在发生重大地震灾害后，能够在第一时间到达灾区进行应急救援工作的救援力量通常是非常有限的，因此，如何做出最科学、合理的指挥决策，利用有限的救援力量，救出最多的人，使应急救援效率最大化，是亟待研究和解决的问题。

2. 问题提出及分析

目前，针对地震应急救援决策方法的研究主要集中在救援力量部署模型[29]上，主要分为两大部分：区域救援力量部署模型和局部救援力量部署模型。科学合理的救援力量部署模型能够在一定程度上实现地震应急救援指挥的高效和有序性，但救援力量的部署只是救援决策方法中的一部分，并没有对受灾区域进行更加细致的划分，从而便于救援力量的分配和调度。另外，在地震应急救援现场，往往包括来自当地、省内、省外、军队、武警、非政府组织等众多救援队伍，由于救援队伍的隶属关系不同、专业化程度不同，如果统一指挥协调不够，很容易造成各自为政，导致地震应急救援资源分配不均，影响地震应急救援的效果。采用传统的地震应急救援方法时，救援队伍与指挥决策者之间缺乏沟通与协调的渠道及方法，信息的交互也不到位。事实上，当救援队伍抵达受灾现场之后采集到的数据更具可靠性，对应急搜救指挥决策平台的参考价值更高。上述这些问题不仅会影响地震应急救援的效率，也暴露出了统筹不够科学的弱点。

地震应急救援是一个复杂、多任务、多个救援队伍协同工作的行动，为了使地震应急救援工作能够紧张、有序、高效运作，需要对地震应急救援发生的各种事件进行分析、统计和处理，建立能够辅助地震应急救援的指挥决策方法，充分发挥救援能力及设备的作用，以弥补救援队伍及指挥决策者的经验不足。

8.5.2 应急搜救指挥决策平台的功能设计

通过对地震应急救援的了解，要求应急搜救指挥决策平台具有以下主要功能：

（1）能够加载并显示地图。

（2）具备查询功能，包括搜救者移动轨迹、搜索数据、现场工作数据、传感器数据，并且能根据传感器的数据生成曲线。

（3）能够对传感器数据和结构化文本进行分类评估，可按照地区或时间对不同数据同时生成多个曲线，可进行数据拟合，预测未来趋势，生成评估分析报告。

（4）能够预测次生灾害发生的可能性。

（5）能够统计当前成功营救人数、死亡人数，计算搜救效率。

（6）具备搜救决策和发布功能，能根据救援队伍数量、道路情况、被困者位置、交通工具等信息生成搜救建议，并保存在数据库中，由数据库触发救援指令，通过无线路由器发送到移动终端。

8.5.3 应急搜救指挥决策的数学模型介绍

本节以街道和村落为对象介绍应急搜救指挥决策的数学模型。

1. 救援优先级的评定

在计算 P 区域的救援目标评分值后，通过排序即可得到救援优先级，并保存在 TB_NETWORK_PARTITION 表的 rescue_priorityi 中。

P 区域的救援目标评分值为：

$$W=(1-\mathrm{e}^{-\frac{1}{h}})\times N \tag{8-1}$$

救援难度的评分为：

$$h=\alpha p+\beta q+\gamma r \tag{8-2}$$

式中，N 为 P 区域内总的预估受困人数（保存在 TB_DEMAGER_EPORT 表的 trapped_num 中）；p 表示交通状况（保存在 TB_DEMAGER_EPORT 表的 traffic_sit 中）；q 表示天气状况（保存在 TB_DEMAGER_EPORT 表的 weather 中）；r 表示安全状况（保持在 TB_DEMAGER_ EPORT 表的 security_sit 中）；α、β 和 γ 为权值，其和为 1，这 3 个权值由专家给出。

交通、天气、安全状况的标记值如表 8.5 所示。

表 8.5 交通、天气、安全状况的标记值

交通状况 p	天气状况 q	安全状况 r
畅通（1）	晴（1）	良好（1）
拥堵（2）	阴（2）	一般（2）
阻断（3）	小到中雨（3）	危险（3）
	大到暴雨（4）	

2. 救援力量需求的评定

通过式（8-3）计算各街道或村落对救援力量的需求，并存入 TB_NETWORK_PARTITION 表的 force_needi。

$$S=\frac{N}{(72-T)\times D} \tag{8-3}$$

式中，N 为某村落或街道的预估被困人数（保存在 TB_DEMAGER_EPOERT 表的 trapped_num 中）；T 为救援队伍抵达该区域的预估时间（保存在 TB_NETWORK_PARTITION 表的 used_time 中）；D 为搜救效率（根据“5 • 12”汶川地震应急救援案例数据，D 可以设为一个标准救援队应急救援效率，即 2.2 人/小时）；根据历史经验数据可知，黄金救援时间为 72 小时，$72-T$ 表示被困者的生命时限。

3. 建筑物搜索优先级的评定

通过式（8-4）计算建筑物搜索优先级，存入 PLACE_ACCESS 表的 search_priority：

$$F = k_1\frac{n}{A} + k_2\eta \tag{8-4}$$

式中，N 为某建筑物内预估受困人数（保存在 PLACE_ACCESS 表的 a_people_info 中）；A 为建筑物的搜索面积（保存在 PLACE_ACCESS 表的 search_area 中）；η 为地震发生的时段与建筑物中人员饱和度的比重；k_1 和 k_2 为两项权值，两项权值之和为 1。

8.5.4 应急搜救指挥决策平台的模块设计

首先新建一个 login.jsp 页面，设置居中和平铺效果，并设置输入文本框和按钮等的样式、名称和大小。在设计输入文本框时，使用了会事先显示提示文字的效果，当鼠标单击输入文本框时显示的提示文字会消失，这主要用的是 JavaScript 中的方法。

然后设置页面的跳转。在按钮的设计中的

```
<inputtype="submit"value="登录"style="position:absolute;left:312px;top:290px;"onclick="javascript:location.href='FucSelect.jsp'"><inputtype="submit"value="重置"style="position: absolute;left: 380px;top: 290px;" onclick="javascript:location.href='Login.jsp'">
```

可以定位到准确位置，在此设定提交的事件，登录事件会跳转至下一页面；重置时间会刷新当前页面。在登录时，需要将在页面输入的用户名、密码与数据库中的用户名、密码进行匹配，只有匹配成功才能跳转至下一个页面，因此定义了一个全局变量 gotoU，通过该变量来判定匹配成功后的 URL 地址，并跳转到对应的页面。用户名和密码的匹配是通过 JavaScript 中的方法来实现的，先获取两个输入文本框 text1 和 text2 中的值再进行匹配，若匹配成功，则将要跳转页面的 URL 修改为 FucSelect.jsp。登录应急搜救指挥决策平台后的界面如图 8.25 所示。

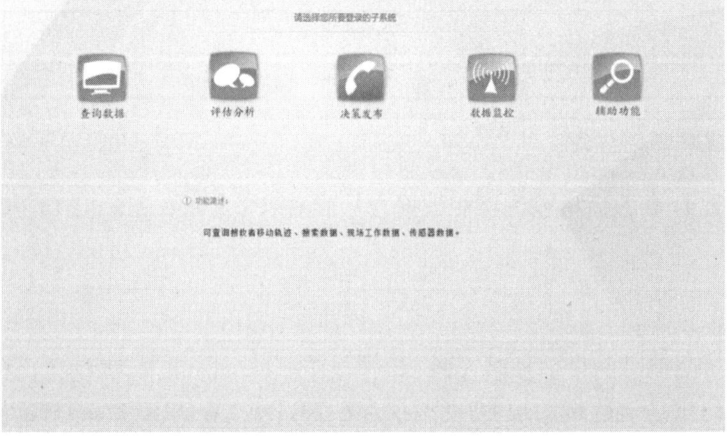

图 8.25　登录应急搜救指挥决策平台后的界面

1. 查询数据模块的设计

查询数据模块的功能实现较为简单，只要与 PL/SQL 数据库服务器建立连接，就可以从 PL/SQL 数据库中读取数据，在前端页面上以表格的形式显示出来。在查询数据界面中，单击左侧的“传感器数据→亮度值”就可以在该界面的主区域显示相应的结果。查询数据的显示（以亮度值为例）如图 8.26 所示。

图 8.26 查询数据的显示（以亮度值为例）

需要注意的是，需要按照分页显示的方式来显示查询结果，这通常会用到以下几个基本变量：pageSize（每页显示的记录数）、pageCount（一共有多少页）、showPage（目前显示的是第几页）、recordCount（总的记录数）。如果要显示哪个页面，则要计算每页的第一条记录是所有记录中的第几条记录。假设每页的第一条记录是总记录中的第 position 条记录，那么 position =(ShowPage−1)×PageSize+1。

2. 评估分析模块的设计

评估分析模块的主要功能是将传感器采集的数据以曲线的形式绘制出来，以便统计当前的人员伤亡情况。在绘制曲线时，主要用到了 JfreeChart 库，它是 Java 中的一个开放的图标绘制类库，完全使用 Java 语言编写，是专门为 Applications、Applet、Servlet 及 JSP 等设计的。JfreeChart 库可生成饼图、柱状图、散图、时序图、甘特图等多种图表，并且能够以 PNG 和 JPEG 格式输出，还可以与 PDF 和 EXCEL 文件等进行交互。评估分析模块的曲线显示（以搜救区亮度值分析为例）如图 8.27 所示。

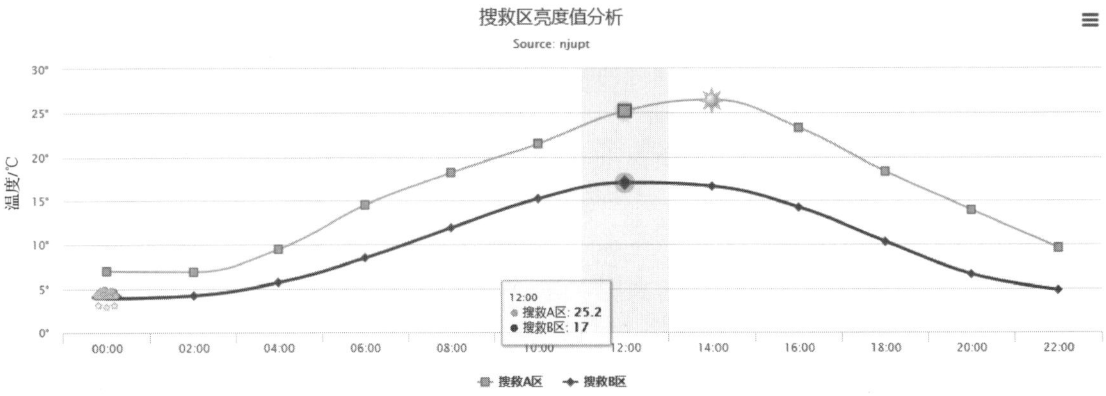

图 8.27　评估分析模块的曲线显示（以搜救区亮度值分析为例）

曲线显示的方法为：首先建立 Dataset，将所有的数据都存放在 Dataset 中；然后创建一个数据源，用于包含将要在曲线中显示的数据；接着建立 JFreeChart 库，将数据源中的数据导入 JFreeChart 库中，并创建一个 JFreeChart 对象来表示要显示的图形；最后设置 JFreeChart 对象的显示属性，在设置与数据库中相应表的连接之后，便可将相应的数据以曲线的形式显示出来。

对于伤亡名单的查询，同样需要先与数据库服务器建立连接，再获取当前页面输入文本框中的内容。当单击“查询”按钮时，会以 form 表单的形式将输入文本框中的内容与数据库中相应表中的内容进行匹配。若两者匹配，则返回结果。

应急救援效率的查询是指对各个区域的应急救援效率进行查询，查看每个区域的救援进度、生还者名单和遇难者名单，及时向上级和家属通知生还者的情况。评估分析模块使用 JDBC（Java Database Connectivity）对数据库进行查询，使用 Servlet 与查询到的数据进行交互。

3．决策发布模块的设计

决策发布模块的主要功能是实现在地震灾害后对救援力量进行分配和部署的指挥决策方法，按照行政区划或地理位置关系将整个受灾区域划分成独立的救援网格，以便应急救援力量的分配和调度。同时，用一套应急处理流程来应对突发的次生灾害，结合现场情况选择适当的方法，以提高应急救援的效率。当救援队伍抵达受灾区域后，通过决策发布模块，可将人员和物资进行重新整合，进一步细分成搜索分队、专业救援分队和医疗保障分队，以明确各自职能，更好地发挥各种资源的功效。决策发布模块通过受灾区域特征值标记方法，可以让应急救援结果为后方的应急救援和医疗工作提供参考。

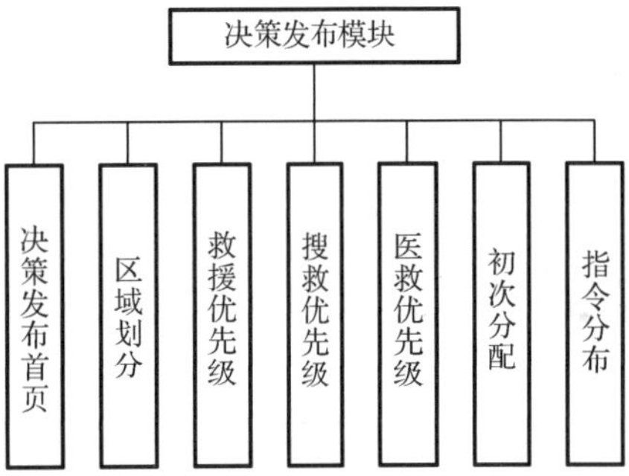

图 8.28　决策发布模块的结构

决策发布模块的结构如图 8.28 所示。

在登录应急搜救指挥决策平台时，服务器监听程序将会启动并弹出提示“服务器监听程序启动正常，等待接收救援信号”，如图 8.29 所示。服务器监听程序的提示信息会在 5 s 后消失，但服务器监听程序会一直在后台监听前端是否发了请求命令。当前端发送请求命令时，服务器将会新建一个线程来跟踪监听该请求，这里主要使用 Socket 通信技术，以及线程池的构建。服务器通过语句：

```
ss = new ServerSocket(8879);
```

开通 8879 端口来监听前端发送的请求命令。当用户发送的命令字为 0 时，表示救援队伍在救援途中遇到了阻碍，不能继续前往救援，服务器将会把该救援队伍划分到可派遣的区域中，并同时更新应急搜救指挥决策平台的显示内容。当用户发送的命令字为 1 时，表示等待救援部署，已进入下一个救援区域。

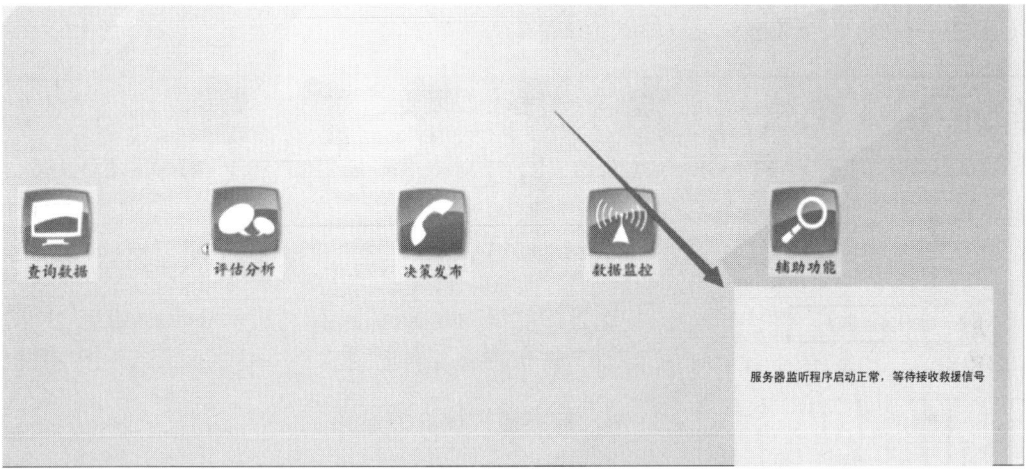

图 8.29　登录应急搜救指挥决策平台后服务器监听程序弹出的提示

决策发布模块的界面包括“决策发布首页”“区域划分”“救援优先级”“搜索优先级”“医救优先级”“初次分配”“指令发布”等功能区域，如图 8.30 所示。

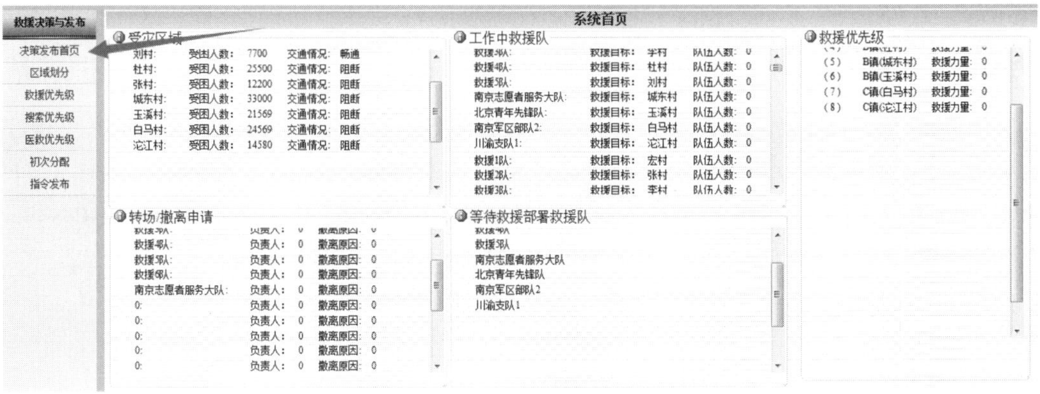

图 8.30　决策发布模块的界面

决策发布首页包括“受灾区域”“工作中救援队”“救援优先级”“转场/撤离申请”“等待救援部署救援队”等内容，可以实时显示相应的信息，每隔 300 ms 与服务器中的数据库交互一次，以及时更新从救援现场获得的数据。决策发布首页和服务器中的数据库进行交互时，采用的是 AJAX 技术，服务器将信息封装成 JSON 格式的数据包后发送给决策发布首页，无须刷新页面就可以显示信息。

为了使得优先级列表与当前救援队伍的工作状态相互联动，当救援队伍的工作状态发生变化时，优先级列表中的记录也会做相应的调整。例如，当一个村落（或街道）的救援队伍完成应急救援任务后，可将当前的工作状态设置为 0，表示等待救援部署；当救援队伍在接收到救援任务后，会将当前的工作状态设置为 1，此时被分配过救援任务的村落或街道不会在优先级列表中显示。优先级列表的实例如图 8.31 所示。

当前优先级：区域：B村 → 区域：D村 → 区域：G村

地区	受困人数	交通	交通权重	天气	天气权重	安全状况	安全状况权重	救援目标评分值	救援难度的评分
G村	0	阻断 ▼	0.5	晴 ▼	0.4	危险 ▼	0.6	-0.0	3.7

保存

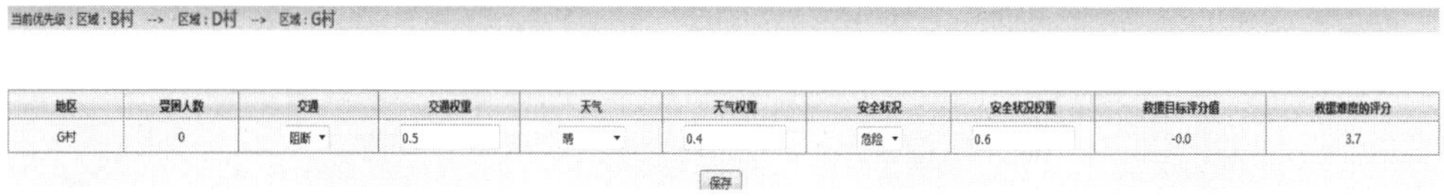

图 8.31　优先级列表的实例

优先级列表涉及 R_PLACE_ACCESS、R_DEMAGER_EPORT 和 R_RESCUE_INFO 共 3 张表，可通过下面的方法来联合使用这 3 张表：

Select*from(表 1 inner join 表 2 on 表 1.字段=表 2.字段) inner join 表 3 on 表 1.字段=表 3.字段

通过添加 where 条件查询，可显示 R_RESCUE_INFO 表中当前工作状态为 0 的记录。

4．数据监控模块的设计

数据监控模块主要包括地图标记、气泡显示、地图测距、地名搜索、路径规划、受困者位置显示等选项，该模块的主要功能是对灾害现场的信息进行采集、展示，并进行智能分析，有利于决策者实时、清晰、动态地掌握灾害现场的情况，规划最合理的应急救援路径。数据监控模块的结构如图 8.32 所示。

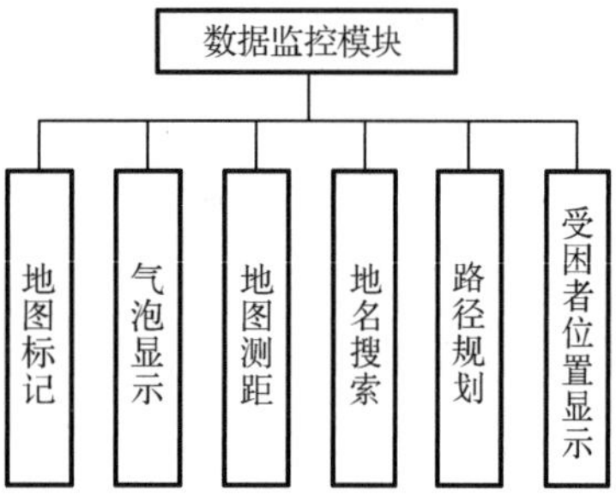

图 8.32　数据监控模块的结构

8.5.5　应急搜救指挥决策平台的框架搭建

应急搜救指挥决策平台可分为持久层、DAO 层、Service 层。数据对象作为持久层保存在数据库中，在 com.xjx.function 包中可创建持久层的对象 placeAccessBean.java。顾名思义，DAO（Data Access Object，数据访问对象）层用于访问数据，其模型如图 8.33 所示。Service 层用于处理用户的业务逻辑，可将用户请求封装成 JSON 结构后传回到前端。

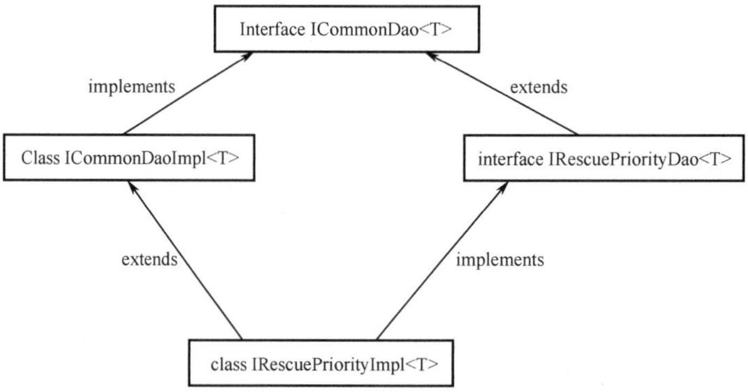

图 8.33　DAO 层的模型

8.5.6 应急搜救指挥决策平台的演示

在浏览器地址栏内输入服务器地址可进入应急搜救指挥决策平台的登录页面，如图 8.34 所示。

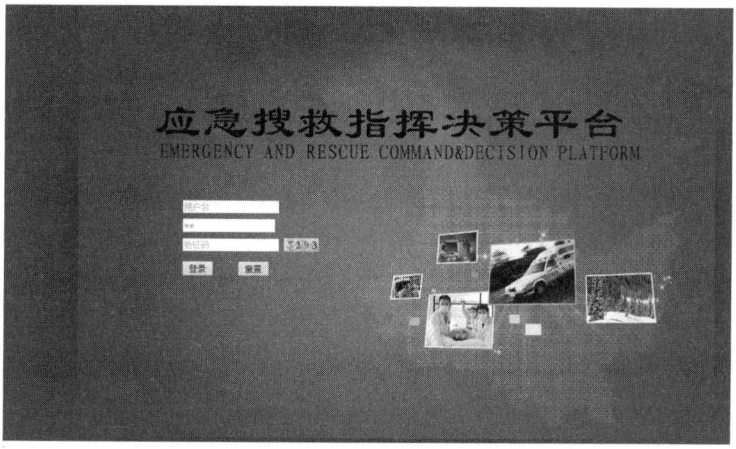

图 8.34 应急搜救指挥决策平台的登录页面

1. 查询数据模块的演示

登录应急搜救指挥决策平台后，可选择要进入的模块（也称为子系统），如图 8.35 所示。

图 8.35 选择要进入的模块

单击图 8.35 中的“查询数据”图标，可进入查询数据模块，其界面如图 8.36 所示。

查询数据模块包括传感器数据、现场工作数据和搜索数据子模块。在传感器数据子模块内可以选择亮度值、气体传感器、图片、音频、视频等选项。在现场工作数据子模块内可以选择图片、视频、灾情速报信息、现场医疗记录、工作现场评估等选项。在搜索数据子模块内可以选择搜救队状况、转场/撤离申请、受困者情况、营救情况、生还者信息、搜索情况表等选项。选择不同的选项将会在右侧弹出相应的数据列表，例如选择“营救情况”选项可弹出如图 8.37 所示的营救情况信息管理数据列表。

图 8.36　查询数据模块的界面

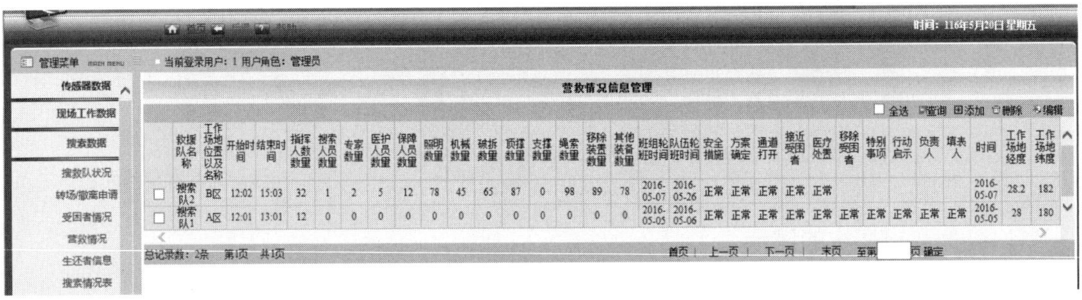

图 8.37　营救情况信息管理数据列表

2. 评估分析模块的演示

登录应急搜救指挥决策平台后单击“评估分析”图标可进入评估分析模块，如图 8.38 所示。

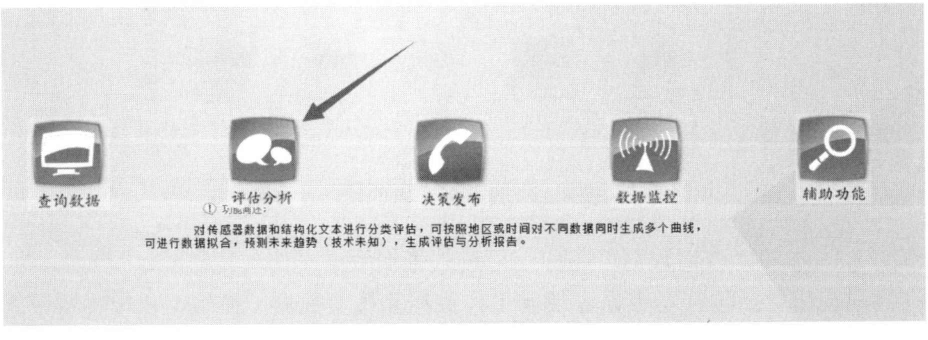

图 8.38　单击“评估分析”图标进入评估分析模块

评估分析模块包括分类评估、亮度、一氧化碳、二氧化碳、氨气、二氧化氯、次生灾害预测、搜救效率评估、生还者名单、遇难者名单等选项。选择不同的选项将会在右侧显示智能分析后的数据。例如，选择“分类评估”选项可弹出如图 8.39 所示的分类评估结果。

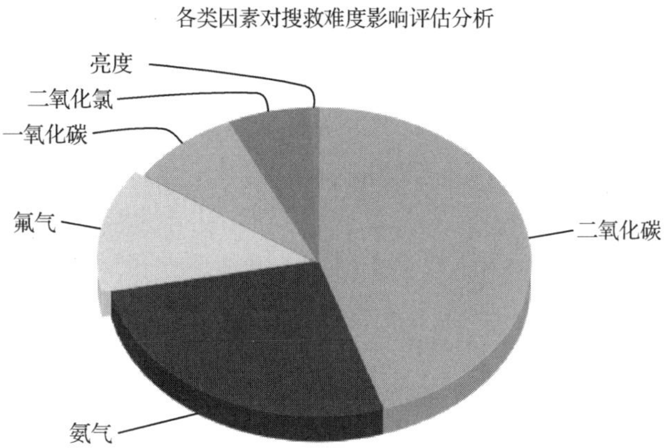

图 8.39　分类评估结果

3．决策发布模块的演示

登录应急搜救指挥决策平台后单击“决策发布”图标可进入决策发布模块，如图 8.40 所示。

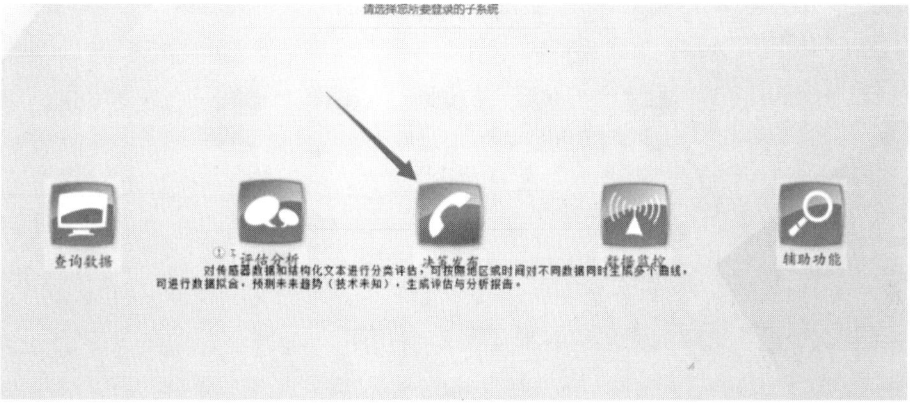

图 8.40　单击“决策发布”图标进入决策发布模块

决策发布模块包括决策发布首页、区域划分、救援优先级、搜索优先级、医救优先级、初次分配、指令发布、搜索分队等选项。下面给出了部分选项对应的界面。

选择“区域划分”选项后弹出的界面如图 8.41 所示。

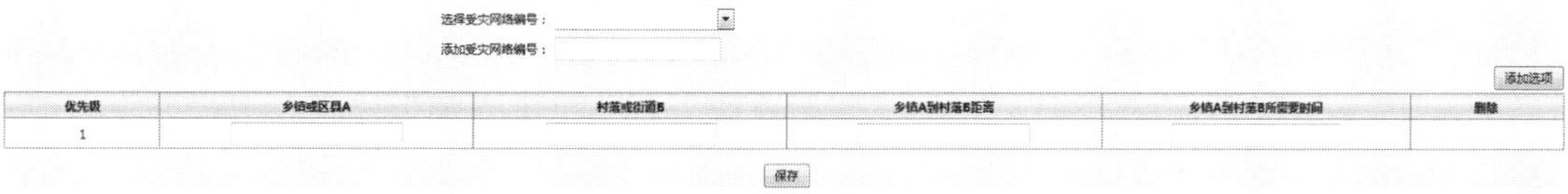

图 8.41　选择“区域划分”选项后弹出的界面

选择“救援优先级”选项后弹出的界面如图 8.42 所示。

救援优先级评定计算

当前优先级：区域：D村 --> 区域：G村 --> 区域：B村

地区	受困人数	交通	交通权重	天气	天气权重	安全状况	安全状况权重	救援目标评分值	救援难度的评分
F村	0	阻断	0.5	晴	0.4	危险	0.6		
G村	0	阻断	0.5	晴	0.4	危险	0.6		

图 8.42　选择“救援优先级”选项后弹出的界面

选择“搜索优先级”选项后弹出的界面如图 8.43 所示。

搜救评定计算

救援区域	受困人数	预计到达时间	救援效率	救援力量需求
G村	0	2小时	2.2人/h	0.0

图 8.43　选择“搜索优先级”选项后弹出的界面

选择“搜索分队”选项后弹出的界面如图 8.44 所示。

搜索分队调度

搜索分队编号	目标工作地点	联系人	联系方式	队伍人员总数	搜救人员总数	当前工作状态	删除
搜索分队5	南京雨花区	御姐	12	12	1	0	
搜索分队1	南邮	御姐	1	1	1	0	
搜索分队1	南京邮电大学	御姐	1	1	1	0	
搜索分队3	南京大学	御姐	1	1	1	0	
搜索队8	湖南大学	御姐	1	1	1	0	
搜索分队9	邵阳学院	御姐	1	1	1	0	

保存

图 8.44　选择“搜索分队”选项后弹出的界面

选择“初次分配”选项后弹出的界面如图 8.45 所示。

救援力量初次分配

添加救援队

救援队编号	救援队名称	指挥部负责人	救援队负责人	目标村落	队伍人员总数	当前工作状态	删除
1	救援1队	1	1	1	1	0	

保存

图 8.45　选择“初次分配”选项后弹出的界面

4．数据监控模块的演示

登录应急搜救指挥决策平台后单击“数据监控”图标可进入数据监控模块，并进入地图监控界面。在地图监控界面中，单击“标记”按钮，如图 8.46 所示，可在地图上进行标记，并且能够以气泡的形式在地图上显示标记；单击“测距”按钮，如图 8.47 所示，可以测量地图上两点间的距离，并且在地图上显示距离；在“地名搜索”输入文本框中输入要搜索的地名后，如南京，单击“地名搜索”按钮，如图 8.48 所示，即可在地图上显示搜索的地名。

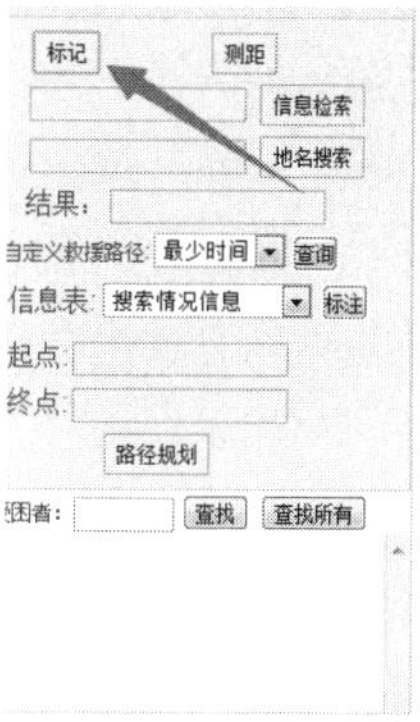

图 8.46　标记功能

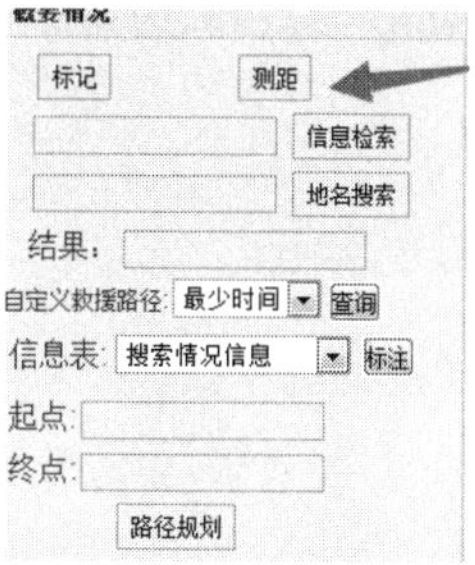

图 8.47　测距功能

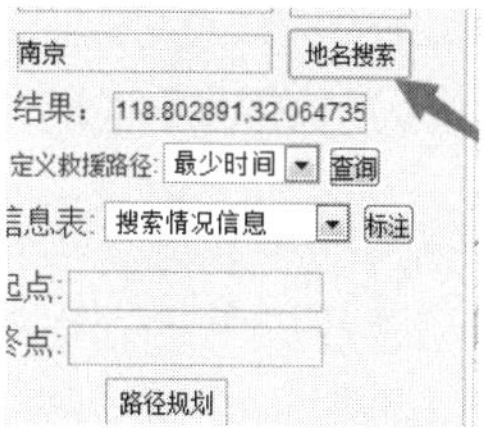

图 8.48　地名搜索功能

在“起点”和“终点”输入文本框中输入不同的地点，单击“路径规划”按钮，如图 8.49 所示，即可生成两个地点之间的路径。

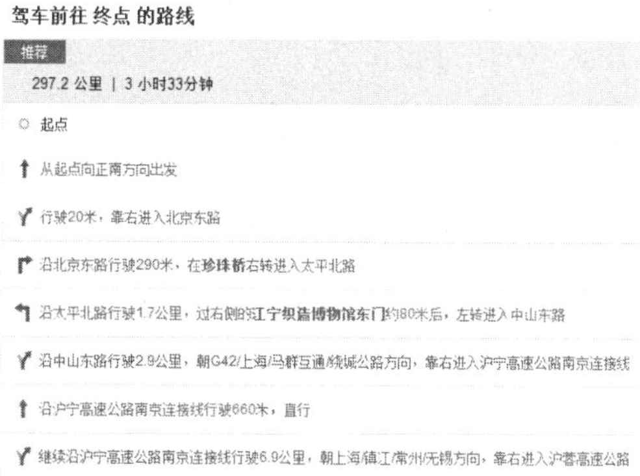

图 8.49　两个地点之间规划的路径

在“信息表”文本输入框中输入想要搜索的信息后，单击“标注”按钮，如图 8.50 所示，即可在地图上标注所搜索的信息。

在“受困者”文本输入框中输入受困者（被困者）后，单击“查找”按钮，如图 8.51 所示，即可在下方以表格的形式给出被困者的信息。双击被困者信息中的 ID，可以在地图上标注出该被困者的位置信息。

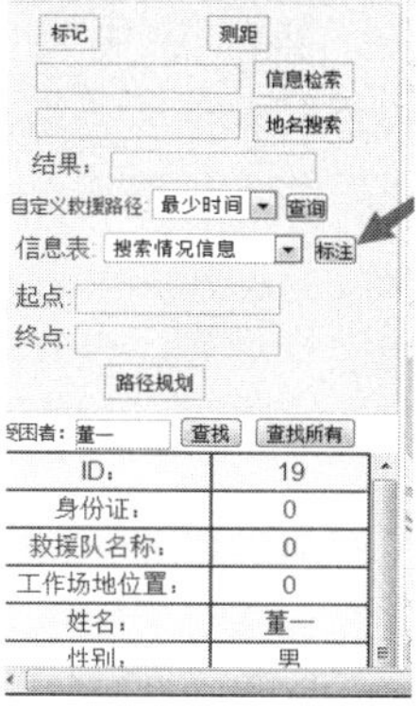

图 8.50　信息标注功能

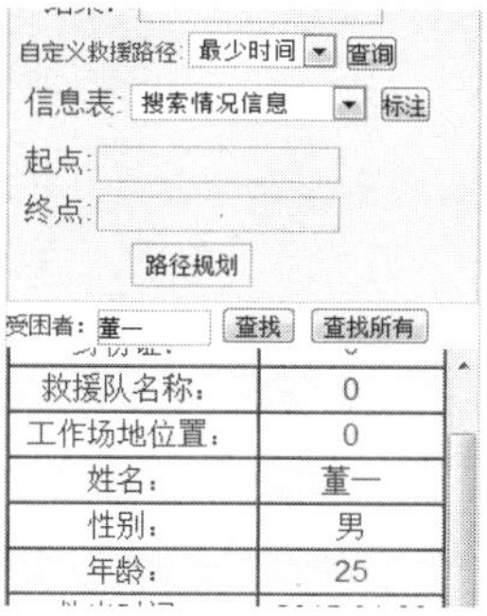

图 8.51　被困者搜索功能

8.6 灾害环境感知系统

8.6.1 灾害环境感知系统的需求分析

根据需要采集的灾害环境信息，需要移动终端集成摄像头、麦克风、光线传感器、GPS、电磁传感器等硬件。移动终端除了需要采集灾害环境的信息，还需要与其他设备进行交互，如四轴飞行器和气体检测传感器等，因此还要求移动终端具有 WiFi 模块和蓝牙模块。

灾害环境感知系统需要使用蓝牙 4.0 协议来连接其他设备，如气体传感器等，目前只有 Android 4.3 以上版本的操作系统才支持蓝牙 4.0 协议，因此移动终端需要使用 Android 4.3 以上版本的操作系统。

灾害环境感知系统使用的移动终端是 Nexus7 平板电脑。

8.6.2 灾害环境感知系统中的数据库

1. greenDao 简介

greenDao[14]是一款面向 Android 的轻便、快捷的开源对象关系映射（Object Relational Mapping，ORM）框架，可将 Java 对象映射到 SQLite 数据库中，为 SQLite 数据库提供了一套比较完善的面向对象的导向性接口。greenDao 及类似的 ORM 框架不仅可以省掉许多重复的工作，还可提供非常简便的操作。

greenDao 间接地将面向对象的思想应用于数据库的操作中。面向对象是以软件工程的基本理论为基础发展而来的，而关系数据库则是从数学理论发展而来的，两套理论在本质上存在极大的区别，二者并不匹配。由于要频繁地使用关系数据库，所以必须解决这个不匹配的现象，对象关系映射（ORM）方法应运而生。

ORM[27]提供了概念性的、易于理解的模型化数据的方法。ORM 方法是基于 3 个核心原则产生的：简单（要以最基本的形式建模数据）、传达性（数据库结构要使用能够被程序员理解的语言来进行文档化），以及精确性（要能够基于数据模型创建正确的标准化结构）。数据库建模者需要针对熟悉应用程序但不熟练数据建模的用户来开发数据库模型，必须使用非技术专家可以理解的术语在概念层次上构建数据结构，必须能够以简单的单元进行信息分析，并对样本数据进行处理。ORM 的结构如图 8.52 所示。

图 8.52　ORM 的结构

2. 主流数据库开发框架的比较

由于灾害环境感知系统对数据存储和读取的性能要求较高，涉及大量的缓存处理和数据库运用，需要对数据库进行频繁的读写、查询等操作，因此首先需要对灾害环境感知系统的数据库开发框架进行优化。

Android 系统内置的数据库开发框架 SQLiteOpenHelper 可以对 SQLite 数据库进行基本的操作，该开发框架方便易懂，但随着 SQLite 数据库中表的增多，该开发框架会变得非常烦琐，从建表到对表的增删改查操作都掺杂着大量难以调试的硬编码；如果表对象的属性较多，就需要使用大量的代码来执行建表、插入等操作；在代码执行中还需要以手动的方式来适时关闭数据库和游标；有时还会用到 SQL 语言，在进行调试时会造成很大的不便。

针对 Android 开发，效率较高的数据库开发框架有 greenDao 与 OrmLite，其优缺点如下。

1）OrmLite 的优缺点

优点：简单、易用，维护方便；符合 JavaEE 开发者的使用习惯，注解方便；文档较全面，社区活跃。

缺点：该开发框架采用的是注解和反射的方式，导致 OrmLite 的性能有一定的损失，效率较低。

2）greenDao 的优缺点

优点：针对 Android 进行了高度优化，内存占用较小，性能高；包文件较小；操作灵活，支持增删改查操作；支持 Protobuf 数据的直接存储，如果通过 Protobuf 数据和服务器进行交互，则无须任何映射；该开发框架能够以一种高效可扩展的方式对结构化的数据进行编码。

缺点：学习成本较高，该开发框架根据属性和规则，通过 Java 工程生成了一些基础代码（类似于 JavaBean），还使用了 QueryBuilder、Dao 等 API，只有明白整个过程才能方便使用；没有像 OrmLite 那样进行完整的封装。greenDao 和 OrmLite 的性能对比如图 8.53 所示。

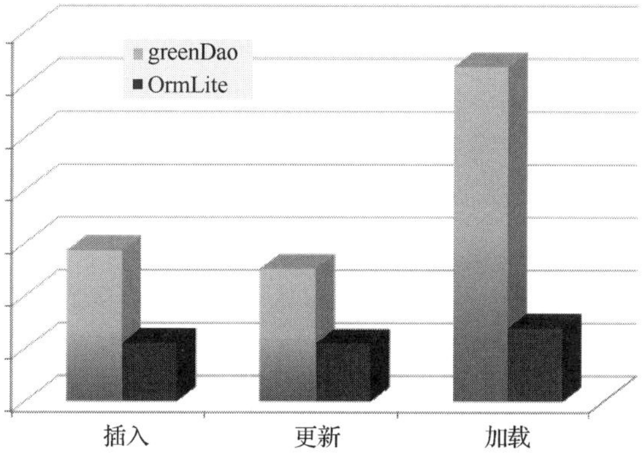

图 8.53　greenDao 和 OrmLite 的性能对比

由图 8.53 可知，greenDao 对数据库操作的效率很高，插入和更新的速度是 OrmLite 的 2 倍，加载的速度是 OrmLite 的 4.5 倍。另外，greenDao 的包文件较小（小于 100 KB），占用的内存更少。

3．灾害环境感知系统的 SQLite 数据库

灾害环境感知系统的 SQLite 数据库包含在 dtpframework 文件夹内，SQLite 数据库的工程文件如图 8.54 所示。

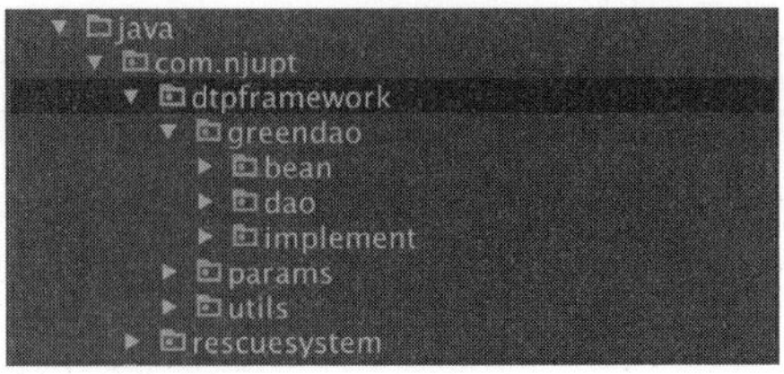

图 8.54　灾害环境感知系统的 SQLite 数据库的工程文件

greenDao 文件夹中的内容是灾害环境感知系统的 SQLite 数据库的核心。bean 文件夹中存放的是 greenDao 自动生成的实体类，主要是灾害环境感知系统的所有保存在 SQLite 数据库中的实体类，实体类的名称与 SQLite 数据库中表的名称相对应，实体类中的字段属性与表中的列名相对应。dao 文件夹中存放的是使用 greenDao 的核心类，执行完 generator 工程后会生成对应的 dao 文件夹，之后就可以在 Andorid 工程中直接使用 greenDao 了。

DaoMaster 是 greenDao 中的核心类，该核心类通过单例模式保存 SQLite 数据库的对象，并且管理 dao 文件夹中的实体类，通过静态方法来创建或删除 SQLite 数据库中的表。dao 文件夹中定义了 OpenHelper 和 DevOpenHelper 两个内部类，这两个内部类是 SQLiteOpenHelper 的实现类，用于辅助创建 SQLite 数据库。

DaoSession 也是 greenDao 中的核心类，该核心类通过单例模式管理 SQLite 数据库中表对应的 DAO 层，可以通过 get()方法取到 DAO 层的对象。DaoSession 核心类内部包含了通用的持久化方法，包括对实体的操作，如插入、加载、更新和删除数据。

DAO 层中的对象用来执行实体的持久化操作与查询操作。greenDao 会对每个实体生成一个 DAO 层。相对于 DaoSession 核心类而言，DAO 层拥有更多的持久化方法。

implement 文件夹中存放的是用于进行 SQLite 数据库操作的工具类。为了进一步封装 SQLite 数据库的操作方法，在 DAO 层创建了 SQLite 数据库的操作实现类。使用 greenDao 时只需要调用 implement 文件夹中的静态方法即可。

例如，如果要往 SQLite 数据库的 COMPASS 中添加一条新的数据，则可以使用下面的方法：

```
COMPASS compass = new COMPASS(id);
COMPASSImp.insertOrUpdate(context, compass);
```

显然，这种方法比使用 Android 系统内置的 SQLite 数据库操作方法更加简练。

8.6.3　灾害环境感知系统的设计

1．MVC 设计模式

为了增加应用程序的可读性和可复用性，往往采用模型-视图-控制器（Model View Controller，MVC）设计模式[28]。MVC 可以将传统的输入、处理和输出功能映射在一个逻辑的图形化用户界面的结构中。

简而言之，模型（Model）用于实现应用程序中的逻辑，通常模型对象负责在数据库中存取数据。视图（View）用于与用户进行交互，而控制器（Controller）是连接模型和视图的桥梁，保证模型和视图的分离。

MVC 的结构如图 8.55 所示。从用户的角度来看，模型和视图的分离使得用户不仅可以更加自由地选择交互方式，还可以选择浏览数据的方式。从开发者的角度来看，MVC 把应用程序的逻辑与界面完全分开，其最大的好处是界面设计人员可以专注于界面开发，开发人员可以把精力放在逻辑实现上。而不是像以前那样，设计人员把所有的材料都交给开发人员，由开发人员来实现界面。界面和逻辑、数据是分开的，减小了界面设计和逻辑设计的耦合度，在产品迭代时，开发人员可以更迅速、顺利地完成应用程序的更新工作。

MVC 设计模式使应用程序的输入、处理和输出分开，将应用程序分成 3 个核心部件：模型、视图和控制器。这 3 个核心部件各自处理自己的任务。当用户与界面进行交互时，控制器将用户请求交由 Service 层进行业务逻辑处理，并将处理结果反馈给控制器，控制器根据处理结果显示最终视图，或者将处理结果传输给其他组件。

灾害环境感知系统的文件结构如图 8.56 所示，Activity 类存放在 activity 文件夹中，Activity 类充当控制器的角色，用于检测 Android 系统的用户交互操作的发生，如用户的单击事件、滑动事件等。

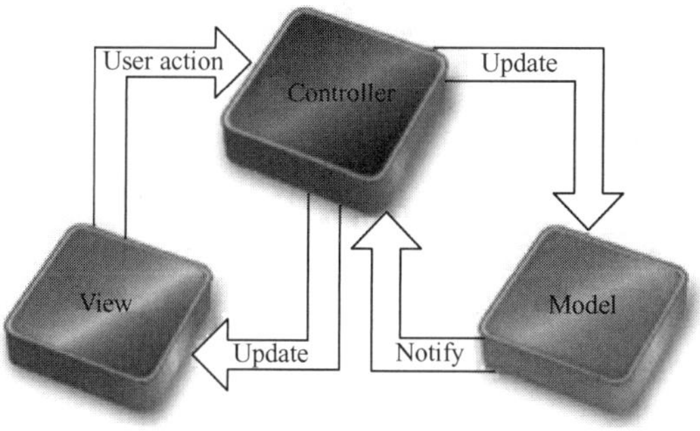

图 8.55 MVC 的结构

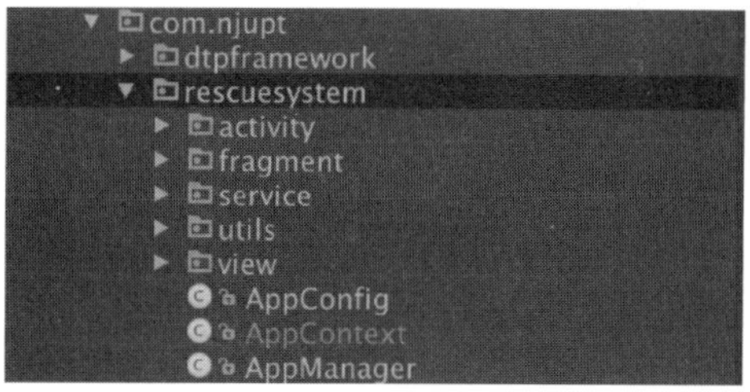

图 8.56 代码中系统文件结构

Android 系统视图的大部分功能都是由 XML 文件实现的，自定义的控件或者需要重写的控件存放在 view 文件夹中，如图 8.57 所示。

为了进一步分离控制器和视图，灾害环境感知系统将传感器采集数据的逻辑代码单独封装在 Service 文件中，并保存在 service 文件夹中，如图 8.58 所示，该文件夹中的每个 Service 文件都表示一种传感器采集数据的逻辑。

图 8.57 view 文件夹

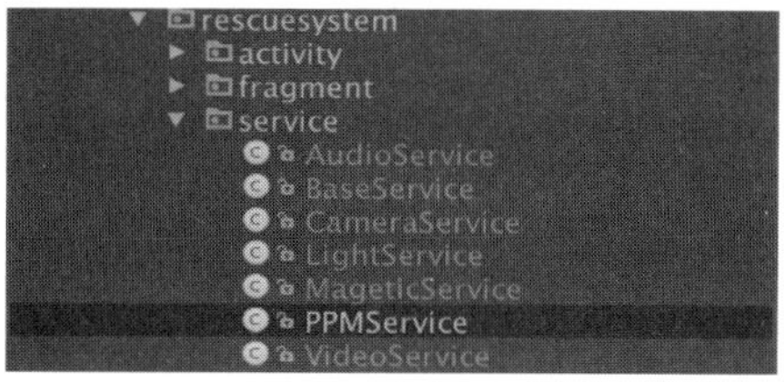

图 8.58 service 文件夹

在 service 文件夹中，每个 Service 文件都实现了 SensorService 接口，该接口主要包括 String getValue()、String getPath()、void start()、void stop()、void save()和 void delect()等方法，每个 Service 文件也都实现了 SensorService 接口中的方法。

通过代码：

```
Private BaseService.SensorService sensorService;
```

可以在传感器采集数据的代码中统一使用属性。例如，对于光线传感器，通过代码：

```
sensorService = new LightService(this);
```

可以在 sensorService 中使用 Lightstart()方法。对于不同的传感器，只需要为接口创建不同的 Service 对象即可。例如，对于摄像头，只需要使用代码：

```
SensorService = new CameraService(this, frameLayout);
```

无须修改其他代码。在添加新的传感器时，同样也只需要创建相应的 Service 文件，由 Service 实现 SensorService 接口即可。

灾害环境感知系统对数据进行的操作，主要是对数据库中的数据进行的操作，其中的 bean 文件夹中的实体类相当于灾害环境感知系统框架的模型。

2. Fragment 的运用

Android 3.0 引入了 Fragment[29]的概念，其目的是解决不同屏幕分辨率动态变化的问题，以提高 UI 设计的灵活性。Fragment 无须开发者管理视图分层（View Hierarchy）的复杂变化，通过将 Activity 的布局分散到 Fragment 中，可以在运行时修改 Activity 的布局，并且分散在 Fragment 的布局可以保存在 Activity 的返回栈（Back Stack）中。

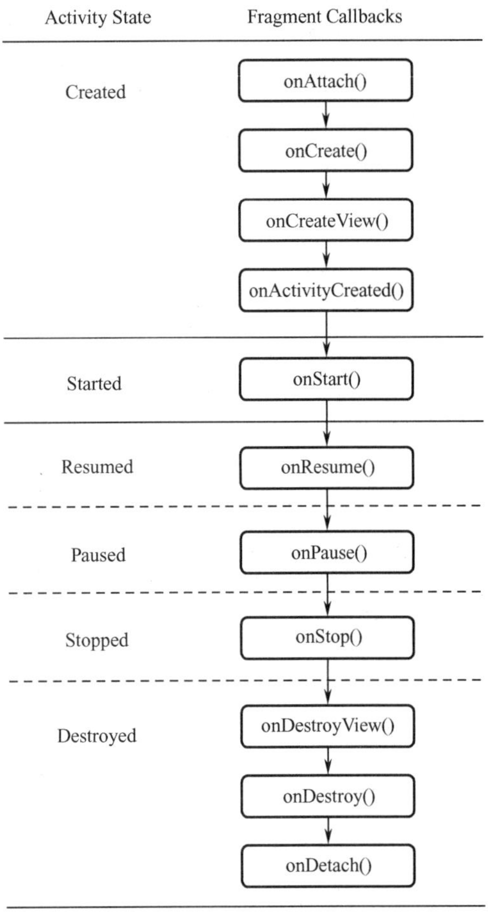

图 8.59　Fragment 的生命周期

根据 Android 的官方文档，Fragment 可以看成 Activity 界面中的一部分或一种行为，因此可以把多个 Fragment 组合到一个 Activity 中来创建一个多页界面，并且在多个 Activity 中重用一个 Fragment；也可以把 Fragment 看成模块化的一段 Activity，它具有自己的生命周期，接收它自己的事件，并可以在 Activity 运行时添加或删除 Fragment。

Fragment 不能独立存在，它必须嵌入 Activity，而且 Fragment 的生命周期（见图 8.59）直接受所在 Activity 的影响。例如，当 Activity 被暂停时，它拥有的 Fragment 都将被暂停；当 Activity 被销毁时，它拥有的 Fragment 都将被销毁。然而，当 Activity 运行时（在 onResume()方法之后，onPause()方法之前），可以单独地操作每个 Fragment，如添加或删除 Fragment。在执行针对 Fragment 的事务时，可以将事务添加到一个栈中，这个栈也由 Activity 管理，栈中的每一条都是针对 Fragment 的一个事务。有了这个栈，就可以反向执行针对 Fragment 的事务，这样就可以在 Fragment 之间实现返回功能（向后导航）。

Fragment 能够将 Activity 分离成多个可重用的组件，每个组件都有自己的生命周期和 UI，这使得开发者可以更加灵活地管理界面的生命周期。另外，使用 Fragment 更有利于优化系统的内存。通过 Fragment 可以轻松地创建动态灵活的 UI，可以适应于不同的屏幕尺寸。可以说，Android 设备的多样性促使 Fragment 的产生，Fragment 反过来使得开发者更容易适配不同屏幕大小的 Android 设备。Fragment 与 Activity 紧密地绑定在一起，可以在 Activity 的运行过程中动态地移除、加入、交换 Fragment 等。目前，在应用程序的开发中，Fragment 的运用很广泛，市面上流行的应用程序几乎都用到了 Fragment。可以说，Fragment 的诞生促成了一种应用程序界面设计风格的出现，提供了一种让开发人员在不同的 Android 设备上统一 UI 的新方式。Android 4.2 及以上的版本新增了嵌套 Fragment 的方法，能够生成更好的界面效果，更方便更新局部的内容。原本要达到这样的效果，需要将多个布局放到一个 Activity 中，现在只需要使用嵌套 Fragment 即可，而且只有在需要时才加载 Fragment，提高了性能。

在应用程序中有多个地方使用到了对话框，如果将对话框放到 Fragment 中，则能提高内存的利用率。图 8.60 所示为 fragment 文件夹的内容，对话框保存在该文件夹下。

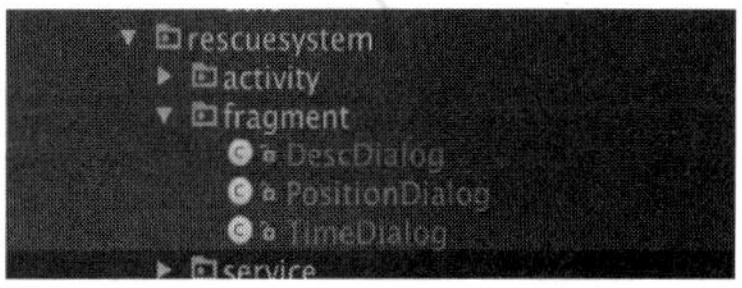

图 8.60　fragment 文件夹的内容

应用程序继承了 DialogFragment 类，在需要创建对话框时，可以先通过下面的代码重写 DialogFragment 类的方法：

```
@Override
public Dialog onCreateDialog(Bundle savedInstanceState)
```

然后在 Activity 中创建对象：

```
PositionDialog dialog = new PositionDialog();
```

接着在创建好的对象中传入参数：

```
dialog.setArguments(bundle);
```

最后可以通过下面的代码显示 Fragment：

```
dialog.show(getFragmentManager(), null);
```

3. 使用注解框架

Java 的注解是附加在代码中的一些元信息，用于一些工具在编译、运行时进行解析和使用，起到说明和配置的作用。注解不会影响代码的实际逻辑，仅仅起辅助性的作用。Java 的注解包含在 java.lang.annotation 包中，使用注解框架能大大缩短应用程序的开发时间。

在应用程序中使用注解框架时，可在 BaseActivity 的 onCreate()方法中通过代码：

```
ViewUtils.inject(this);
```

使每个继承自 BaseActivity 的 Activity 直接使用注解框架。

设置空间的布局的方法一般是通过代码：

```
setContentView(int layoutId);
```

来实现的，可以使用“@ContentView(int layoutId)”替代上述代码。

创建控件对象的传统方式是使用 findViewById()方法，为了使应用程序更加美观简洁，在应用程序中可以使用“@ViewInject(R.id.sensor_col_magnetic)”来创建控件对象。例如，在未使用注解框架时，如果需要为控件添加单击事件，则需要调用 setOnClickListener()方法，应用程序看起来不怎么美观；使用注解框架后，可以直接使用“@OnClick”来添加单击事件。

8.6.4　灾害环境感知系统的演示

1. 定位模块

灾害环境感知系统使用高德地图的定位服务，高德地图可以提供更加精确、更加节省能量的定位服务。通过 Launch 界面打开灾害环境感知系统后，该系统会在启动时检测是否开启了 GPS 服务。如果没有开启 GPS 服务，则会自动跳转到灾害环境感知系统的设置界面来要求用户打开 GPS 服务。由于室内的 GPS 信号比较弱，灾害环境感知系统有可能收不到 GPS 信号。在开启定位服务后，灾害环境感知系统会每隔 10 s 获取一次位置信息，并将位置信息保存在数据库中。

2. 数据采集模块

灾害环境感知系统的主界面如图 8.61 所示。该界面中有 4 个按钮，单击“采集信息”按钮可进入传感器选择界面，如图 8.62 所示。在该界面中可以选择采用什么类型的传感器来对周围的环境信息进行采集。采集到环境信息后，单击具体界面中的“保存数据”按钮，可将采集到的周围环境信息保存到数据库中。

图 8.61　灾害环境感知系统的主界面

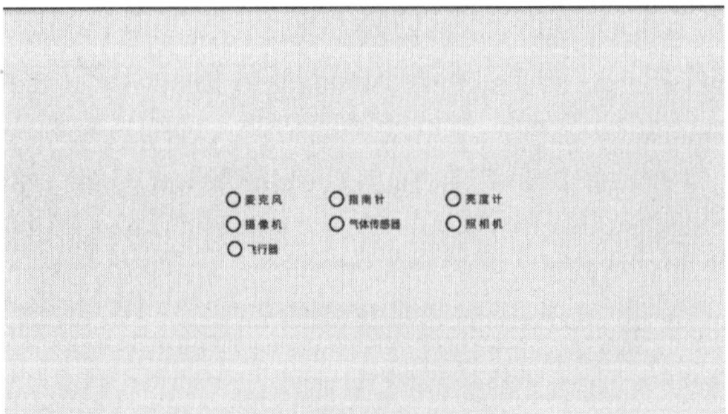

图 8.62　传感器选择界面

如果没有测量地点信息，则在选择传感器后会弹出对话框来提示用户输入测量地点，这里输入的是“南京”，如图 8.63 所示。

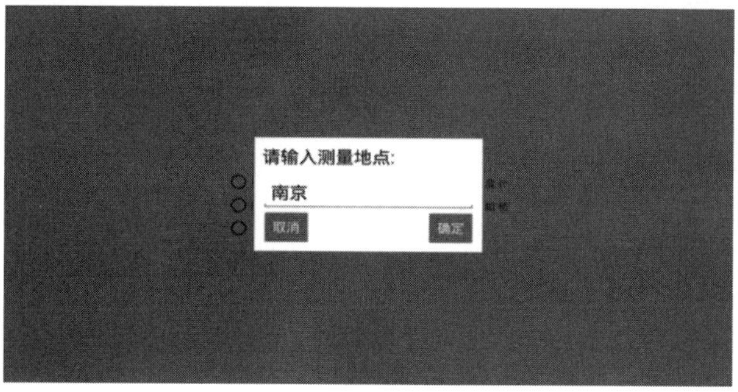

图 8.63　输入测量地点

1）采集音频

如果需要周围环境中的音频信息，则可以通过移动终端中的麦克风来采集。在传感器选择界面选择“麦克风”后，可进入音频采集界面，如图 8.64 所示。在该界面中单击“开始采集”按钮后，移动终端即可开始录音，并且会在右侧通过坐标的形式显示音频的分贝数值，横轴表示时间的变化，纵轴表示音频的分贝数值，以折线的形式来表示音频的变化。录音结束后，单击“保存数据”按钮可将音频文件保存在移动终端中，并将音频文件的路径、标题、备注等数据保存在数据库中，以便以后查询。

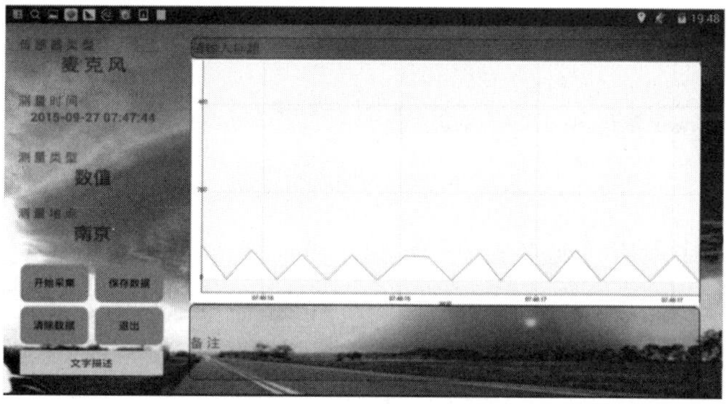

图 8.64　音频采集界面

在音频采集界面中单击“文字描述”按钮，可在弹出的音频描述对话框中选择气象状况和求救程度，如图 8.65 所示。

2）采集亮度

如果需要周围环境中的亮度信息，则可以通过移动终端中的亮度计来采集。在传感器选择界面选择“亮度计”后，可进入光线采集界面，如图 8.66 所示。在该界面中单击“开始采集”按钮后，移动终端即可开始采集亮度，并且会在右侧通过坐标的形式显示亮度值，横轴表示时间的变化，纵轴表示亮度值，单位为勒克斯（Lux）。采集结束后，单击“保存数据”按钮可将亮度文件保存在移动终端中，并将亮度文件的路径、标题、备注和坐标等数据保存在数据库中，以便以后查询。

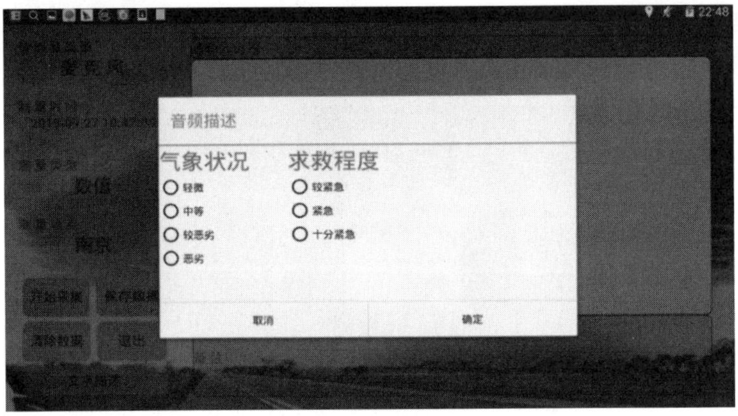

图 8.65　音频描述对话框

图 8.66　光线采集界面

在光线采集界面中单击“文字描述”按钮，可在弹出的亮度描述对话框中选择光线的强度，如“明亮”“正常”“昏暗”，如图 8.67 所示。

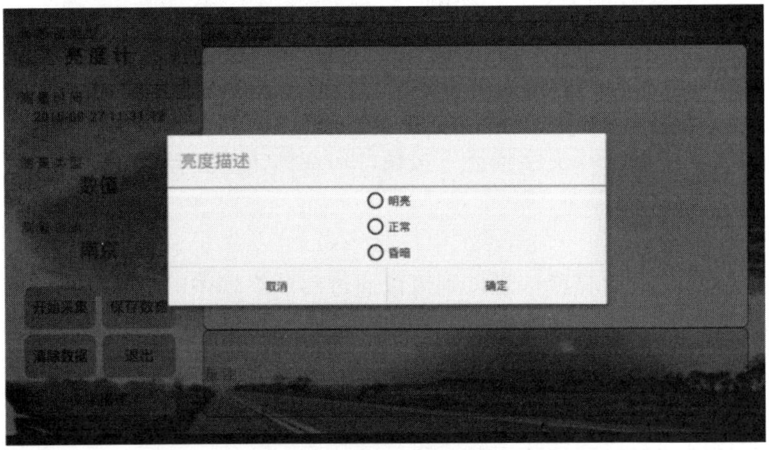

图 8.67　亮度描述对话框

3）采集方位信息

在传感器选择界面选择“指南针”后，可进入方位信息采集界面，如图 8.68 所示。在该界面中单击“开始采集”按钮后，界面中的罗盘便开始转动，并实时显示当前的方位，精度为 1°。采集结束后，单击“保存数据”按钮可将方位信息文件保存在移动终端中，并将方位信息文件的路径、标题、备注和坐标等数据保存在数据库中，以便以后查询。

图 8.68 方位信息采集界面

4）采集照片

在传感器选择界面选择“照相机”后，可进入照片采集界面，如图 8.69 所示。在该界面中单击“开始采集”按钮后，就可以通过移动终端的照相机对周围环境进行拍照，并在右侧显示拍照的场景。拍照结束后，单击“保存数据”按钮可将照片保存在移动终端中，并将照片文件的路径、标题、备注等数据保存在数据库中，以便以后查询。

图 8.69 照片采集界面

5）采集视频

在传感器选择界面选择“摄像机”后，可进入视频采集界面，如图 8.70 所示。在该界面中单击“开始采集”按钮后，就可以通过移动终端的摄像头开始摄像，并在右侧显示摄像的场景。摄像结束后，单击“保存数据”按钮可将视频保存在移动终端中，并将视频文件的路径、标题、备注等数据保存在数据库中，以便以后查询。

图 8.70　视频采集界面

6）采集气体信息

灾害环境感知系统是通过蓝牙和外部的气体传感器（见图 8.71）进行连接的，从而获取气体传感器采集的数据。打开气体传感器平台的蓝牙开关后，在传感器选择界面选择“气体传感器”后可进入气体采集界面，如图 8.72 所示。在该界面中单击“开始采集”后，系统会自动检测蓝牙是否开启，如果没有开启，则会自动打开蓝牙开关并扫描周边的蓝牙设备，扫描完成后在弹出的对话框中选择的蓝牙设备，即可获得气体传感器采集的数据。采集结束后，单击“保存数据”按钮可将气体信息保存在移动终端中，并将气体信息文件的路径、标题、备注等数据保存在数据库中，以便以后查询。

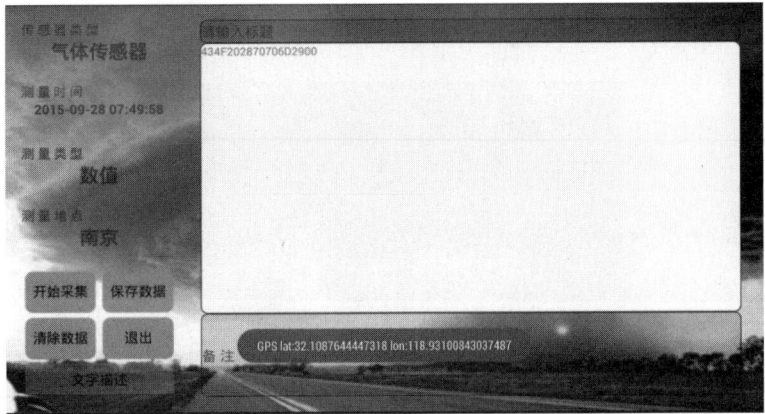

图 8.71　气体传感器

图 8.72　气体采集界面

7）采集飞行器拍摄视频

灾害环境感知系统是通过 WiFi 和四轴飞行器（见图 8.73）进行连接的。在传感器选择界面中选择了“飞行器”之后，可进入飞行器控制界面，如图 8.74 所示。在飞行器控制界面中，不仅可以控制飞行器的飞行，还可以控制飞行器的摄像头进行摄像或拍照。飞行器控制界面是基于飞行器厂商提供的开源代码实现的，单击“REC”按钮可开始摄像，单击“ ”按钮可开始拍照。

图 8.73 四轴飞行器

图 8.74 飞行器控制界面

3．表格填写

在灾害环境感知系统的主界面中单击“录入信息”按钮，可进入表格选择界面，如图 8.75 所示。该界面主要包括灾害速报、现场医疗处置、工作场地评估、救援队概况、营救情况、转场撤离申请、搜索情况、遇难人员处置和受困者救出信息等表格，可在选择的表格中填写对应的信息。

图 8.75 表格选择界面

（1）灾害速报表。在表格选择界面选择“灾害速报”可进入灾害速报表界面，如图 8.76 所示。

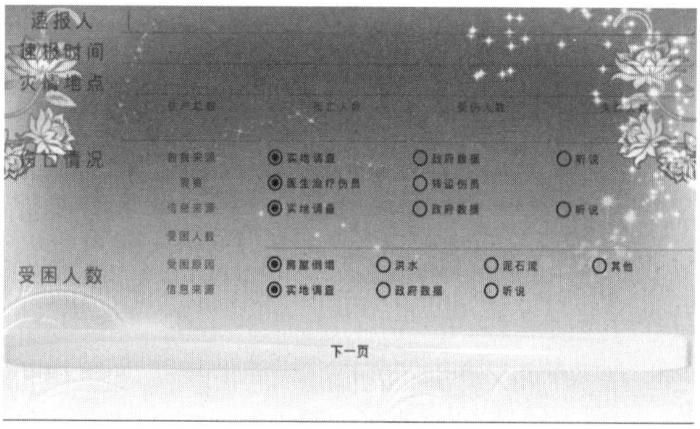

图 8.76 灾害速报表界面

（2）现场医疗处置表。在表格选择界面选择“现场医疗处置”可进入现场医疗处置表界面，如图 8.77 所示。

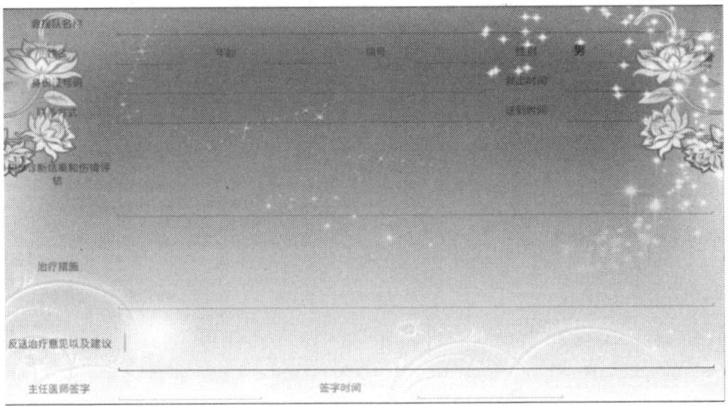

图 8.77　现场医疗处置表界面

（3）工作场地评估表。在表格选择界面选择“工作场地评估”可进入工作场地评估表界面，如图 8.78 所示。

图 8.78　工作场地评估表界面

（4）救援队概况表。在表格选择界面选择“救援队概况”可进入救援队概况表界面，如图 8.79 所示。

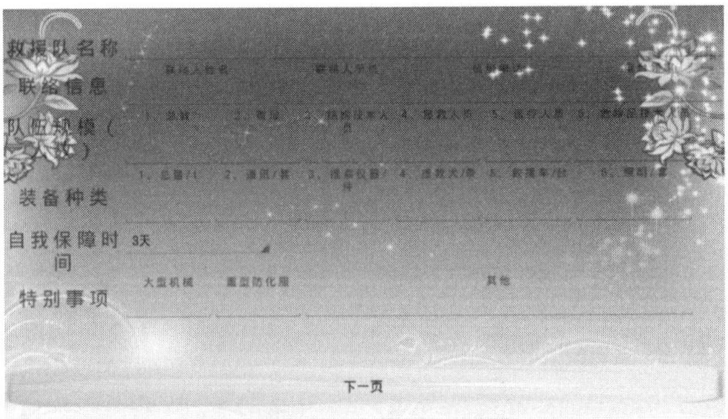

图 8.79　救援队概况表界面

(5）营救情况表。在表格选择界面选择“营救情况”可进入营救情况表界面，如图 8.80 所示。

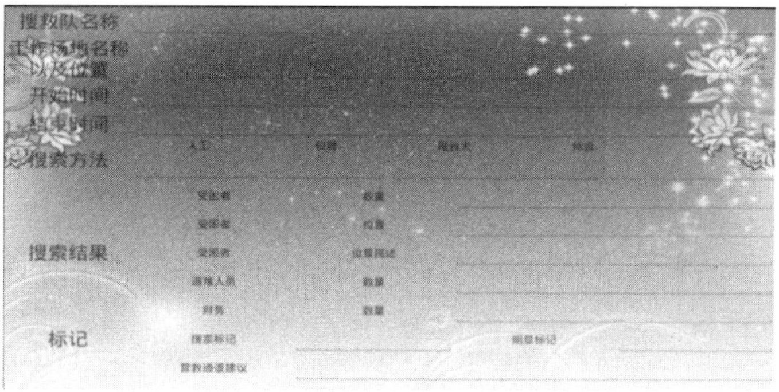

图 8.80 营救情况表界面

(6）转场撤离申请表。在表格选择界面选择“转场撤离申请”可进入转场撤离申请表界面，如图 8.81 所示。

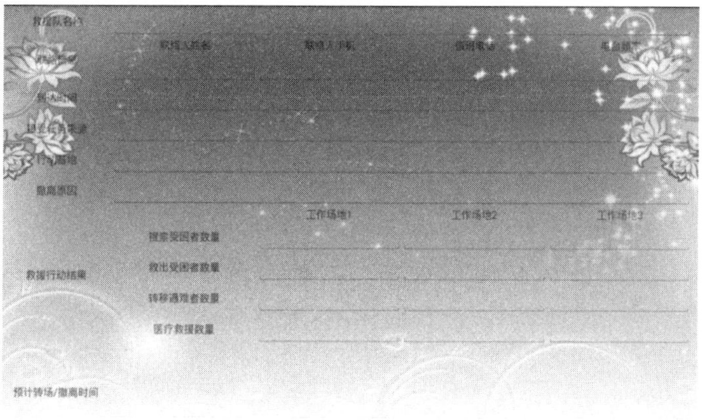

图 8.81 转场撤离申请表界面

(7）搜索情况表。在表格选择界面选择“搜索情况”可进入搜索情况表界面，如图 8.82 所示。

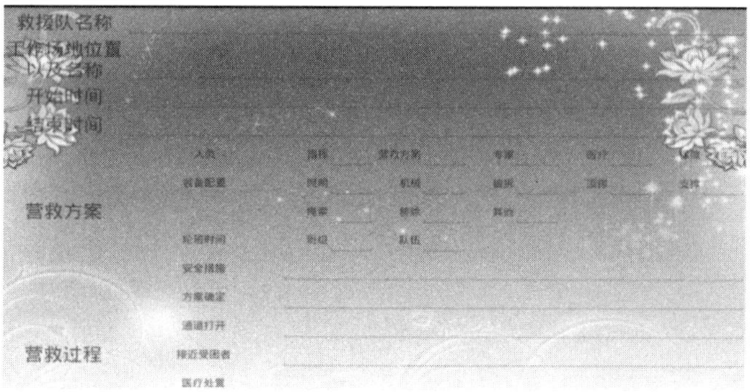

图 8.82 搜索情况表界面

（8）遇难人员处置表。在表格选择界面选择“遇难人员处置”可进入遇难人员处置表界面，如图 8.83 所示。当需要添加一项信息时，单击“添加一行”按钮即可在界面中填写信息；当需要删除一项信息时，选中相应的信息后，单击“删除一行”按钮即可。

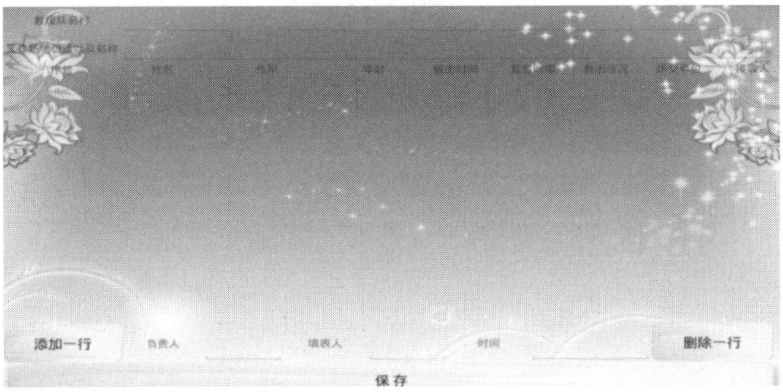

图 8.83　遇难人员处置表界面

（9）受困者救出信息表。在表格选择界面选择“受困者救出信息”可进入受困者救出信息表界面，如图 8.84 所示。该表格的操作方式和遇难人员处置表相同。

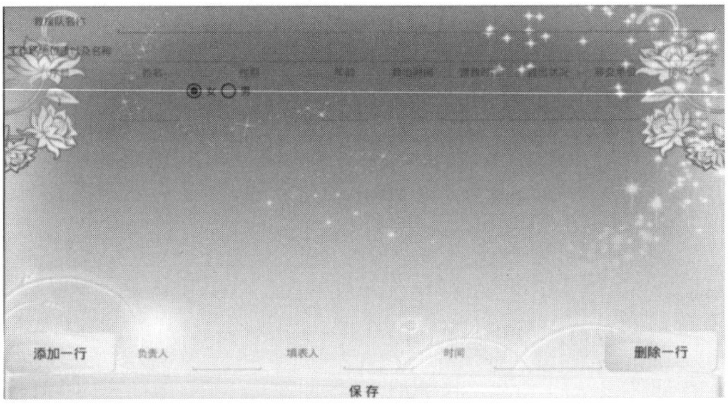

图 8.84　受困者救出信息表界面

当单击“救出时间”时会弹出时间选择对话框，如图 8.85 所示，在该对话框中可以选择相应的时间。

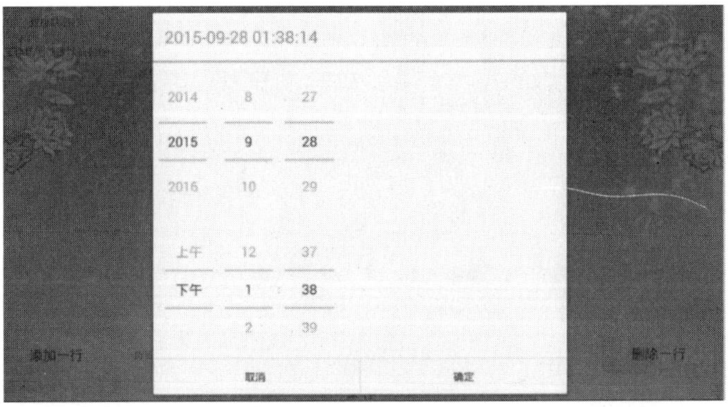

图 8.85　时间选择对话框

4．信息查询

在灾害环境感知系统的主界面中单击“查询信息”按钮，可进入信息查询界面，如图 8.86 所示。在该界面中，先在“输入地点”文本输入框中输入地点、在“选择传感器类型”文本输入框中选择不同类型的数据，然后单击“查询”按钮可进入相应的信息查询界面。目前，灾害环境感知系统可以查询 6 种不同类型的数据，即“照片”“视频”“音频”“方位”“亮度”“气体值”。照片和视频包括飞行器拍摄的照片和视频，以及移动终端拍摄的照片和视频。

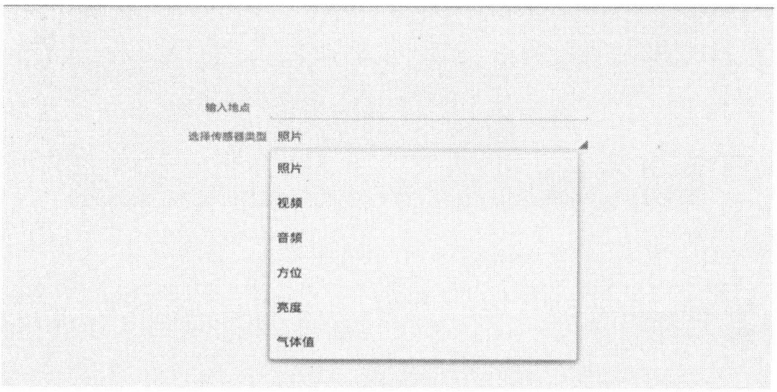

图 8.86　信息查询界面

在信息查询界面中选择“照片”后，单击“查询”按钮可进入照片查询界面，如图 8.87 所示，在该界面的左上方显示地点和类型等信息，以及照片的存放路径。单击照片的存放路径后可显示照片，如图 8.88 所示。如果照片有标题或备注，则会在相应的位置显示标题或备注。

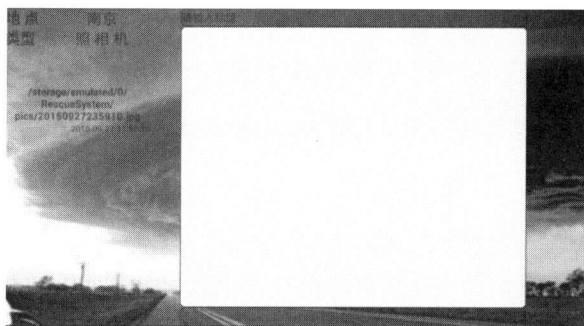

图 8.87　照片查询界面

图 8.88　显示的照片

视频查询的过程与照片查询的过程类似。在信息查询界面中选择“视频”后，单击“查询”按钮可进入视频查询界面，如图 8.89 所示。在该界面的左上方显示地点和类型等信息，以及视频的存放路径。单击视频的存放路径后可播放视频。如果视频有标题或备注，则会在相应的位置显示标题或备注。

图 8.89　视频查询界面

在信息查询界面中选择“音频”后，单击“查询”按钮可进入音频查询界面，如图 8.90 所示。在该界面的左上方显示地点和类型等信息，以及音频的存放路径。单击音频的存放路径后可播放音频。如果视频有标题或备注，则会在相应的位置显示标题或备注。

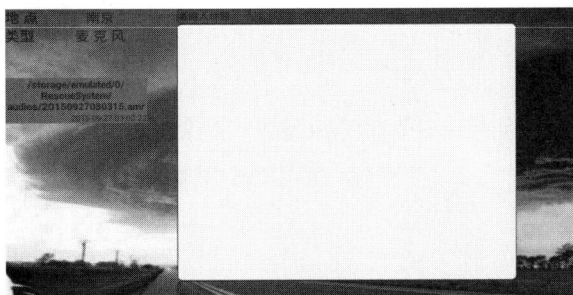

图 8.90　音频查询界面

在信息查询界面中选择“方位”后，单击“查询”按钮可进入方位查询界面，如图 8.91 所示。在该界面的左上方显示地点和类型等信息，以及方位的数值。单击方位的数值后，可在右侧显示该数值。如果方位有标题或备注，则会在相应的位置显示标题或备注。

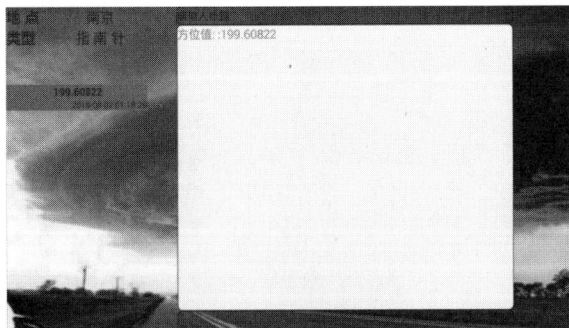

图 8.91　方位查询界面

在信息查询界面中选择“亮度”后，单击“查询”按钮可进入亮度查询界面，如图 8.92 所示。在该界面的左上方显示地点和类型等信息，以及亮度的数值。单击亮度的数值后，可在右侧显示该数值。如果亮度有标题或备注，则会在相应的位置显示标题或备注。

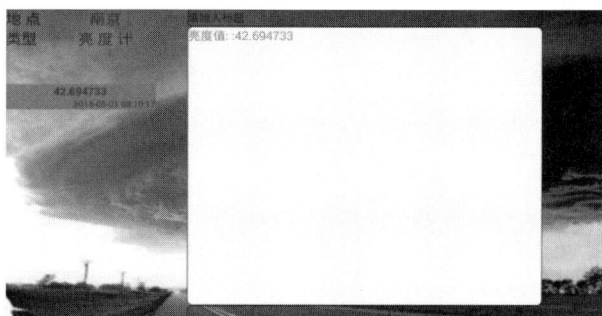

图 8.92　亮度查询界面

在信息查询界面中选择“气体值”后，单击“查询”按钮可进入气体值查询界面，如图 8.93 所示。在该界面的左上方显示地点和类型等信息，以及气体值。单击气体值的数值后，可在右侧显示气体值数值。如果气体值有标题或备注，则会在相应的位置显示标题或备注。

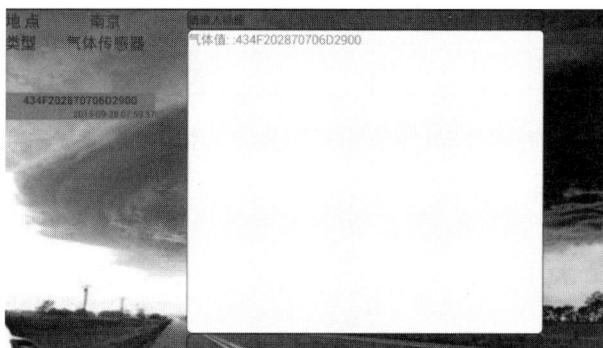

图 8.93　气体值查询界面

8.7　灾害现场数据机会移交系统

8.7.1　数据移交协议框架的整体结构

在介绍数据移交协议框架之前，先看一下其整体结构，如图 8.94 所示。

8.7.2　数据移交协议框架的接口简介

数据移交协议框架是为灾害现场数据机会移交系统服务的。进行数据移交之前，要先通过发送握手报文等方式判断是否需要移交数据，而判断的方法涉及中心度、紧密度、剩余存储空间、剩余能量、文件大小、关联矩阵、Hurst（赫斯特）指数、Mac 地址、地理位置信息

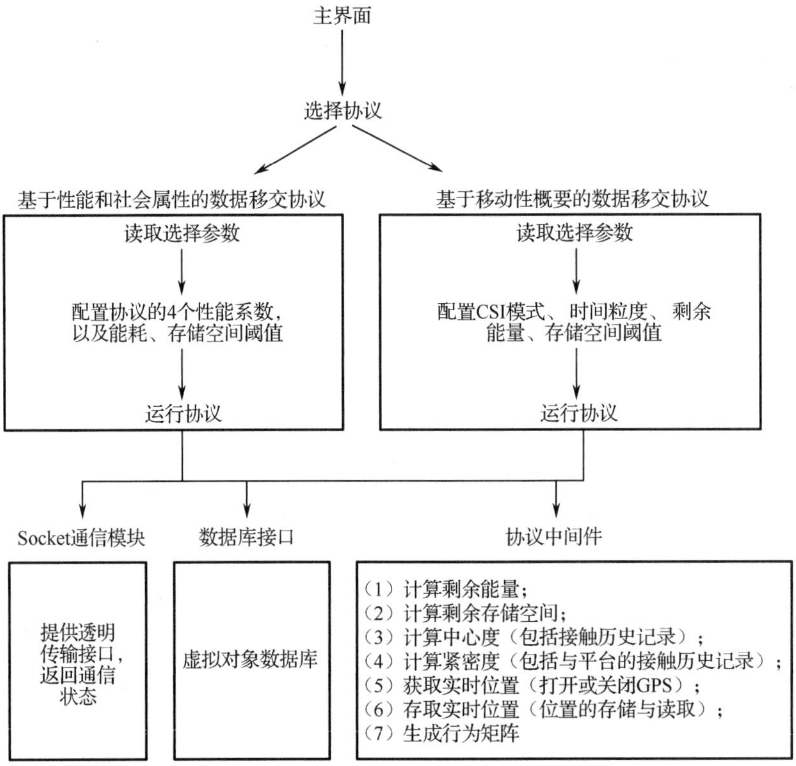

图 8.94　数据移交协议框架的整体结构

等内容。这些内容需要以数据库中已获取的数据为基础，通过各自的算法来计算，相应的接口如下所示。

（1）中心度接口，代码如下：

```
Concepts.getCentrality(start, end, context);
```

（2）紧密度接口，代码如下：

```
Concepts.getCloseness(start, end, context);
```

（3）剩余存储空间接口，代码如下：

```
Concepts.getRestStorage();
```

通过该接口得到的返回值的单位是比特，通常需要换算成以 MB 为单位的数值。

（4）剩余能量（剩余电量）接口，代码如下：

```
RestEnergy restEnergy = new RestEnergy(this);
restEnergy.setBatteryListener(new RestEnergy.batteryChangeListener() {
    public void setBatteryListener(int battery) {
        Log.e("剩余能量百分比：  " + battery);}
});
```

（5）文件大小接口，代码如下：

```
Concepts.getFileSize(path);
```

（6）关联矩阵接口，代码如下：

```
Concepts.getBPMatrix(2 * 24, 3, context);
```

（7）Hurst 指数接口，代码如下：

```
Concepts.getHurst(2 * 24, 3, context);
```

（8）Mac 地址接口，代码如下：

```
Concepts.getMac(context);
```

（9）地理位置信息接口，代码如下：

```
//开始定位地理位置并记录到数据库
new LocationInfo(this);
```

上述与数据库操作的相关接口，共涉及 30 张表。在 SQLite 数据库中，每张表对应着程序中封装好的一个 Model（模型），通过 ORM 实现了面向对象编程语言中模型与数据库表之间的转换。从效果上说，相当于创建了一个可在编程语言中使用的“虚拟对象数据库”。

com.njupt.dtpframework.greendao.bean 包中保存的是 Bean 模型，每个 Bean 模型对应着数据库里的一张表；com.njupt.dtpframework.greendao.dao 包中保存的是 Dao 文件，每个 Dao 文件对应着相关 Bean 与数据库操作的实现；com.njupt.dtpframework.greendao.implement 包中保存的是接口实现文件，每个文件对应着每张表所需的接口实现。

8.7.3　基于移动概要的数据移交协议实现

基于移动概要的数据移交协议开发的过程为：首先创建 MtDataManager 类，该类继承自 DataManager 类；然后在 MtDataManager 类的内部实现包括 E、P、U、D 共 4 种模式的数据构造、解析、确认报文判断，以及模式间的公共方法。MtDataManager 类的内部实现保存在 mt 包中，mt 包中的内容如图 8.95 所示。

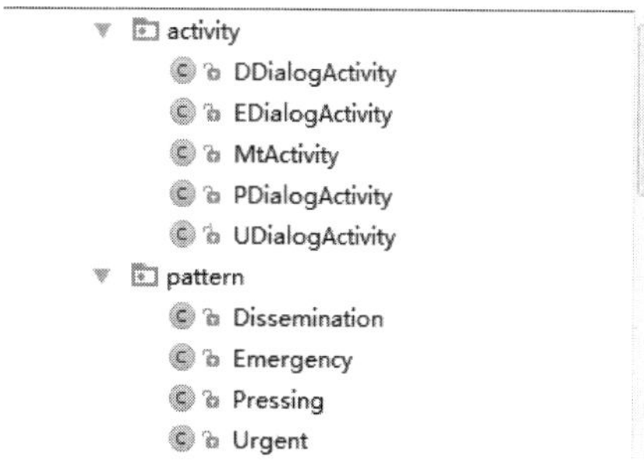

图 8.95　mt 包中的内容

mt 文件夹中保存的内容分为两个部分，activity 部分用来进行界面显示，pattern 部分是上述 4 种模式的具体实现。例如，E 模式是在 Emergency 类中实现的，该类中的方法如图 8.96 所示，主要包括设置握手报文、解析握手报文、设置确认报文、设置数据报文、解析数据报文等方法。这些方法是根据基于移动概要的数据移交协议设定好的数据构造类型进行封装的，传输和解析使用了 Java 中的序列化和反序列化，每一种数据报文的构造都对应一个 Bean 对象，Bean 对象在 Java 的 Model 层中。

基于移动概要的数据移交协议对每一种数据都做了封装，其中 DataCommon 和 Confirmation 是父类 Bean 的两个对象，主要封装了确认报文和其他报文的公共方法，报文对象是从它们继承而来的，实现 Java 的序列化。在不同的报文中添加不同的内容，就形成了各种各样的 Bean 对象。Java 对象的序列化和反序列化是在 utils 包的 MessageSerial 类中具体实现的。

在 Socket 通信模块中，发送的消息和接收到的消息都是字节数组，有了这个序列化工具类，就可以直接使用对象序列化来发送消息，接收到的消息再通过反序列化将消息转换成对象，这是一种规范高效的做法，避免了对字符串进行分割操作。在 Java 中，对字符串进行过多的分割操作容易导致空指针。Socket 通信模块的实现保存在 message 文件夹中，该文件夹中的内容如图 8.97 所示。

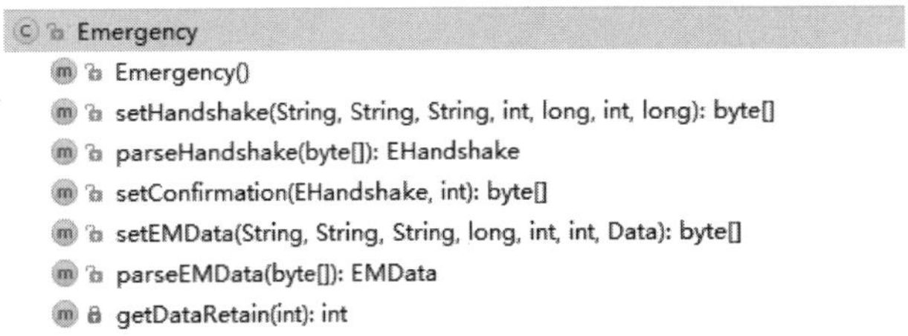

图 8.96　Emergency 类中的方法

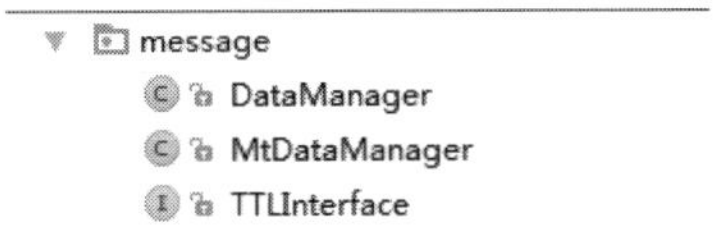

图 8.97　message 文件夹中的内容

在 message 文件夹中，MtDataManager 调用 pattern 文件夹中的实现方法，对基于移动概要的数据移交协议的数据进行管理，包括设置握手报文、解析握手报文、设置数据报文、解析数据报文、对是否传输报文进行判断、获取矩阵参数、解析矩阵参数等。通过 Service 层中的 MessageService 类对于接收到的握手报文、确认报文、数据报文进行处理。

8.7.4　决策数据的移交

1. 救援力量分配方案

1）救援力量需求计算

操作对象：应急搜救指挥决策平台。

使用流程：先计算各街道或村落对救援力量的需求，再将其保存在 TB_NETWORK_PARTITION 表的 force_needi 中。

$$S=\frac{N}{(72-T)\times D} \tag{8-5}$$

式中，N 表示某村落或街道的预估被困人数（保存在 TB_DEMAGER_EPOERT 表的 trapped_num 中）；T 表示救援队伍抵达该区域的预估时间（保存在 TB_NETWORK_PARTITION 表的 used_time 中）；D 表示搜救效率（根据“5·12”汶川地震应急救援案例数据，D 通常设置为一个标准救援队应急救援效率，即 2.2 人/小时）；根据历史经验数据，黄金救援时间为 72 小时，$72-T$ 表示被困者的生命时限。

2）救援力量初次分配

操作对象：应急搜救指挥决策平台和移动终端。

使用流程：首先，将所有的救援队伍集结在各乡镇（或区县）的调度中心，并进行登记注册，该信息统一保存在救援队状况表 TB_RESCUE_INFO 中，其中救援队编号 team_number、目标村落或街道 work_place，以及队伍人员总数 sum_num 暂时为空，等待应急搜救指挥决策平台分配；然后，应急搜救指挥决策平台根据已保存的救援优先级和救援力量需求，向已经在 TB_RESCUE_INFO 中登记的队伍分配 team_number、work_place 和 sum_num，在救援队伍出发前，其当前工作状态设置为 0。

3）救援力量中途转移

操作对象：应急搜救指挥决策平台和移动终端。

使用流程：通过救援队员所持的移动终端（如平板电脑）进行灾害现场信息的录入和自查询，并将结果反馈到应急搜救指挥决策平台。在遇到严重突发事件导致救援队伍无法行进的情况时，在移动终端上进行以下操作：

（1）救援队员在移动终端的相应界面中输入“救援队名称”和“救援队编号”。

（2）在表 TB_RESCUE_INFO 中查询自己所携带的装备。

（3）返回结果查询，如“是否满足修通道路的能力?”“是否具备水路行进条件?”等。

（4）若满足修通道路的能力，则选择驻留并修通道路；若具备水路行进条件，则选择换乘水路交通工具；若不满足上述两个条件，则在表 TB_RESCUE_INFO 中修改救援队伍的“当前工作状态”，将其值设置为 0，并向应急搜救指挥决策平台发送等待救援部署的请求（通过 Socket 通信模块发送）。在发送请求后会弹出提示框，根据弹出的提示，通过移动终端在表 TB_EMERGENCY_FEEDBACK 中录入要求的信息。

注意：当移动终端从数据库中获取救援决策指令后，需要将“当前工作状态”设置为 1。

4）救援力量调度

操作对象：应急搜救指挥决策平台和移动终端。

使用流程：经过救援力量初次分配的救援队伍，或者当救援队伍完成一个区域的救援任务后，在表 TB_RESCUE_INFO 中将救援队伍的“当前工作状态”设置为 0，即令 $x_{ij} = 0$，由移动终端向应急搜救指挥决策平台发送等待救援部署的请求（通过 Socket 通信模块发送）。应急搜救指挥决策平台接收到请求后，查询未救援的区域，根据救援优先级向移动终端发送下一个救援区域。当终端设备从数据库中获取救援决策指令后，需要将“当前工作状态”设置为 1，即令 $x_{ij} = 1$。

2. 灾区现场搜索力量分配方案

1）重新分队

操作对象：移动终端。

使用流程：首先，当救援队伍到达灾区现场后，由现场指挥调度中心的工作人员对所有参与营救的救援队员进行整合和重新分队，以明确各分队的任务，避免职责不清所造成的混乱。救援队伍主要分为搜索分队、专业救援分队和医疗保障分队，对应的工作状态分别用 S_{ij}、R_{ij} 和 T_{ij} 表示。其次，各分队同样要进行注册登记，初始化队伍名称等信息，并按照分队分别保存到表 TB_SEARCH_TEAM、表 TB_RES_TEAM 和表 TB_TREAT_TEAM 中。最后，由应急搜救指挥决策平台根据相应的搜索优先级或救援优先级，给已经注册等级的分队分配队伍编号和目标建筑物名称。

2）搜索现场特征标记

操作对象：应急搜救指挥决策平台和移动终端。

使用流程：先由搜索分队的队员通过移动终端录入救援设备的信息，并发送到应急搜救指挥决策平台；再由应急搜救指挥决策平台给出救援设备的需求建议，并保存到表TB_RES_TEAM 中。现场搜索分队的队员需要录入或者选取的信息保存到现场标记表TB_MARK_INFO 中，主要包括以下信息：

（1）建筑物名称。

（2）建筑物地址。

（3）环境亮度，如“明亮”“正常”“昏暗”（针对照明设备）。

（4）救援道路畅通情况，如“畅通”“半通”“拥堵”“阻断”（针对开路设备）。

（5）有害气体浓度，如“无”“低浓度”“中浓度”“高浓度”（针对防毒设备）。

（6）房屋结构，如“钢筋混凝土”“钢结构”“砌体砖混”“简易结构”（针对吊车、铲车、电锯、切割机等设备）。

（7）倒塌形成空间类型，如“倾斜式倒塌”“V 形倒塌”“悬臂式倒塌”“夹层式倒塌”。

（8）电力状况，如“正常”“中断”（针对发电设备）。

（9）通信状况，如“正常”“微弱”“中断”（针对移动通信保障设备）。

搜索分队与应急搜救指挥决策平台的消息交互过程是：当搜索分队完成一处建筑物的搜索任务后，在搜索分队表中将搜索分队的当前工作状态设置为 0，即令 $S_{ij} = 0$；然后向应急搜救指挥决策平台发送请求，等应急搜救指挥决策平台返回搜索下一处建筑物的指令。

注意：当移动终端从数据库中获取搜索决策指令后，需要将自己的当前工作状态设置为 1，即令 $S_{ij} = 1$，并更新当前工作地点。

数据库操作功能的实现保存在 upload 文件夹中，该文件夹中的内容可分为 3 部分：第一部分是移动终端数据库界面；第二部分是移动终端数据库的写入；第三部分是移动终端与应急搜救指挥决策平台的交互。

对于第一部分本节不再赘述，第二部分主要是由 SQLResult 类使用 JDBC 来实现的。SQLResult 类有一个静态的公共方法 startConnect()，通过该方法可以判断能否连接数据库。若能够连接数据，则可以通过 dospl()方法调用不同的数据库语句对数据库进行操作。

第三部分是通过 SocketSQL 类实现的，该类包含两个方法：start()方法和 SendSocket()方法。start()方法用于判断是否能进行 Socket 连接并启动 SendSocket()方法，SendSocket()方法可启动 Socket 连接并和服务器传输数据。

在数据库的操作中，当移动终端完成数据库表的操作后，会判断能否连接到服务器。若能连接到服务器，则向服务器中写入数据；若不能，则跳转到灾害现场数据机会移交系统进行数据的转发。上述过程是通过 SQLFeedback 类来实现的，该类中的方法如图 8.98 所示。

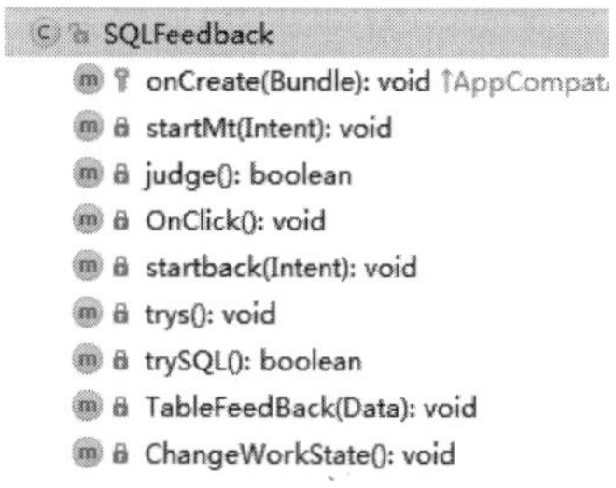

图 8.98　SQLFeedback 类中的方法

在 SQLFeedback 类中，judge()方法用于判断数据是否填写完整；ChangeWorkState()方法和 TableFeedBack()方法用于修改移动终端数据库中的相应内容；trys()方法调用了 trySQL()方法，并根据实际情况来决定是否调用 OnClick()方法来直接将数据写入数据库中，或者跳转到灾害现场数据机会移交系统进行数据的转发。

在转发数据之前，数据移交协议会判断数据是来自本机还是来自其他移动终端，并解析接收到的数据。当接收到的数据是来自其他移动终端转发的数据时，会调用 MessageService 类中的 judge()方法，该方法通过调用 ISAIM()方法来判断当前移动终端是否为目标终端，若是目标移动终端则在当前移动终端中显示接收到的数据，否则就存储并转发接收到的数据。

8.7.5 灾害现场数据机会移交系统的演示

灾害现场数据机会移交系统的安装需要在 Android 4.0 及以上版本的平台进行，安装之后打开该系统，初始界面（主界面）如图 8.99 所示。初始界面包括“设置传输数据”“决策数据移交”“重置所有队伍数据”3 个选项。

单击“决策数据移交”选项后，灾害现场数据机会移交系统会进行救援队伍的注册，若救援队伍尚未注册，则出现如图 8.100 所示的界面。

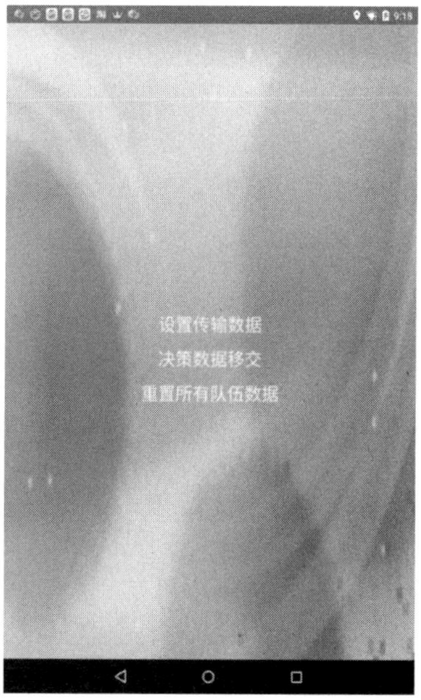

图 8.99　灾害现场数据机会移交系统的初始界面

图 8.100　救援队伍尚未注册的界面

在“救援队名称”右侧输入名称后，单击“注册”，灾害现场数据机会移交系统会向数据库发送注册请求，注册成功后的界面如图 8.101 所示。单击“继续”，可进入如图 8.102 所示的队伍选择界面。如果救灾队伍已经注册过，则打开灾害现场数据机会移交系统后直接进入队伍选择界面。

队伍选择界面有 6 个选项，分别是“救援力量中途转移”“救援力量调度”“专业救援分队”“医疗保障分队”“搜索分队”“返回主界面”。这里以“搜索分队”为例来介绍灾害现场数据机会移交系统的使用方式，单击“搜索分队”，若搜索分队未注册，则会进入如图 8.103

所示的搜索分队注册界面。在搜索分队注册界面填写好注册信息后，单击“搜索分队注册”可进入如图 8.104 所示的搜索分队界面。若搜索分队已经注册，则会直接进入搜索分队界面。

图 8.101　救援队伍注册成功后的界面

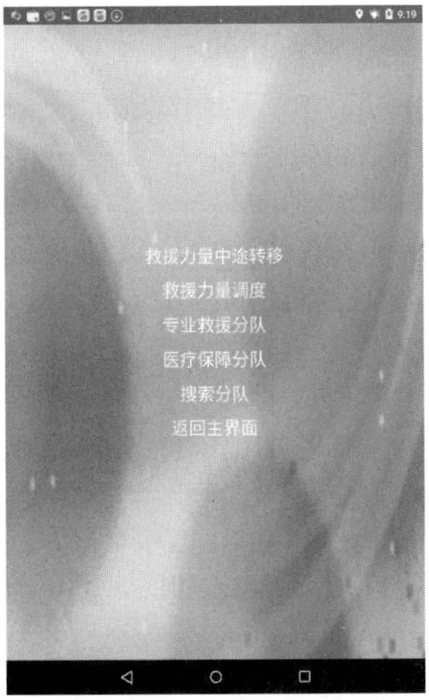

图 8.102　队伍选择界面

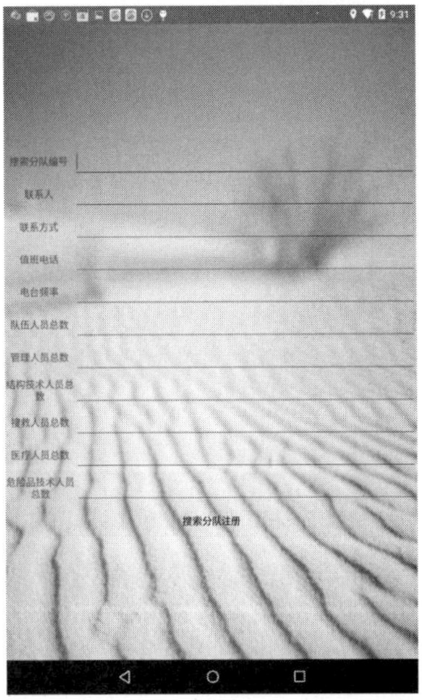

图 8.103　搜索分队注册界面

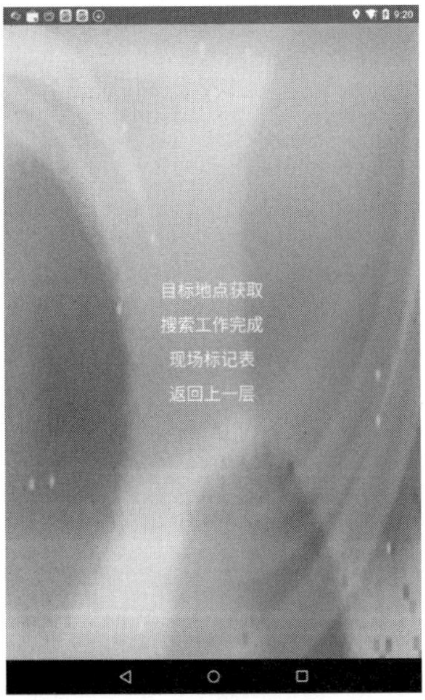

图 8.104　搜索分队界面

在搜索分队界面中单击“目标地点获取”，若灾害现场数据机会移交系统尚未分配工作地点，则会提示“工作地点尚未分配完毕，请稍后重试”的信息，如图 8.105 所示。若已经分配工作地点，则会显示工作地点，如图 8.106 所示。

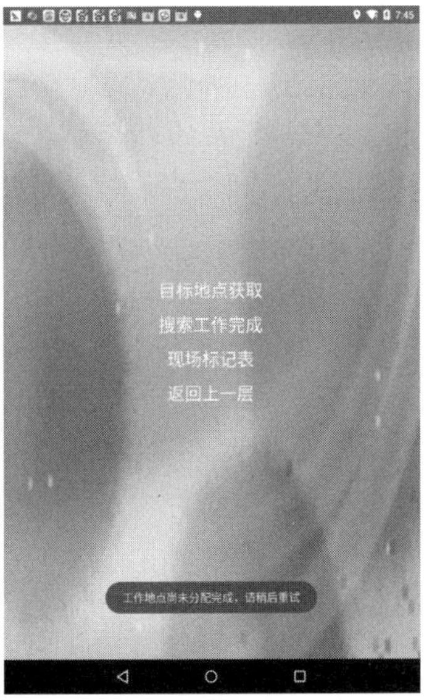

图 8.105　未分配工作地点时的提示信息

图 8.106　显示工作地点

单击“返回”可返回搜索分队界面，单击“救援力量中途转移”可进入救援装备显示界面，如图 8.107 所示。在该界面中，若救援队伍不具备继续工作的能力，则单击“不具备继续工作能力”，此时可进入 feedback 表填写界面，如图 8.108 所示。

图 8.107　救援装备显示界面

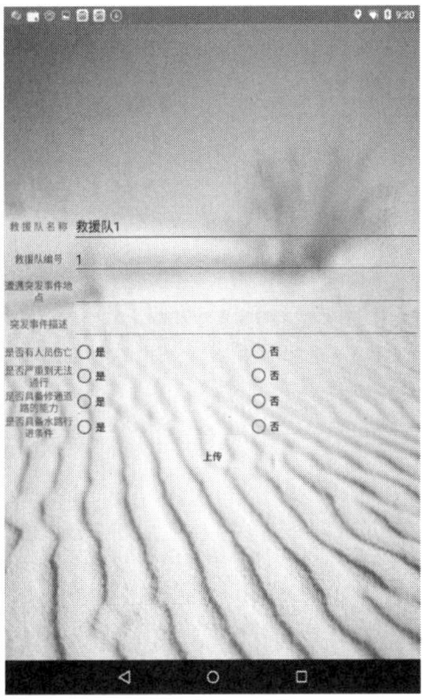

图 8.108　feedback 表填写界面

在 feedback 表填写界面完善相应的数据后，单击“上传”，此时灾害现场数据机会移交系统会判断是否可以将这些数据写入数据库。若无法写入数据库，则进入移动概要移交协议界面（在该界面可选择基于移动概要数据移交协议的模式）；若能写入数据库，则返回队伍选择界面（见图 8.102）。

在队伍选择界面中，单击“救援力量调度”后，移动终端可以显示灾害现场数据机会移交系统的下一步行动规划，如图 8.109 所示。单击“返回”后，即可完成救援力量调度和救援力量中途转移的流程，并返回主界面（见图 8.99）。在主界面（初始界面）中单击“设置传输数据”后，可进入如图 8.110 所示的传输数据选择界面。

图 8.109　下一步行动规划

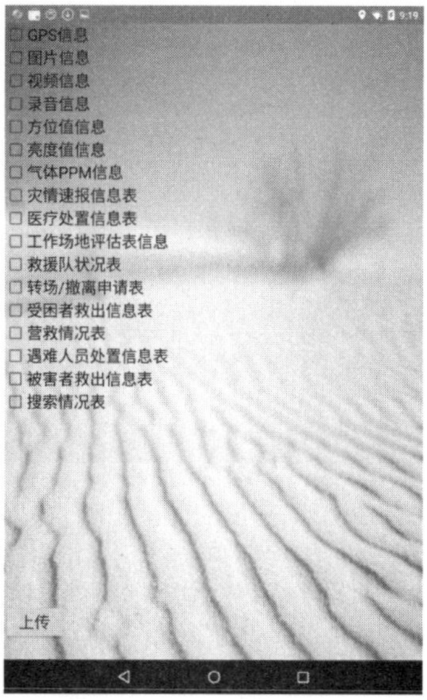

图 8.110　传输数据选择界面

选择好数据后，单击“上传”按钮，若移动终端能连接数据库，则会提示数据移交成功。接下来介绍基于移动概要数据移交协议的使用。移动概要移交协议界面如图 8.111 所示，在该界面中可以设置数据的生命周期并选择模式，如“TMP：E 模式”“TMP：P 模式”“TMP：U 模式”“TMP：D 模式”。例如，单击“TMP：E 模式”可进入如图 8.112 所示的 E 模式设置界面。注：图中的“TMP：E 模式”即“E 模式”，其他 3 种模式也是如此。

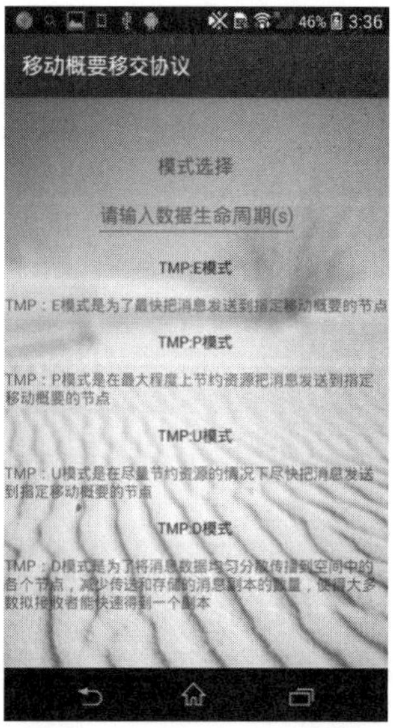

图 8.111　移动概要移交协议界面

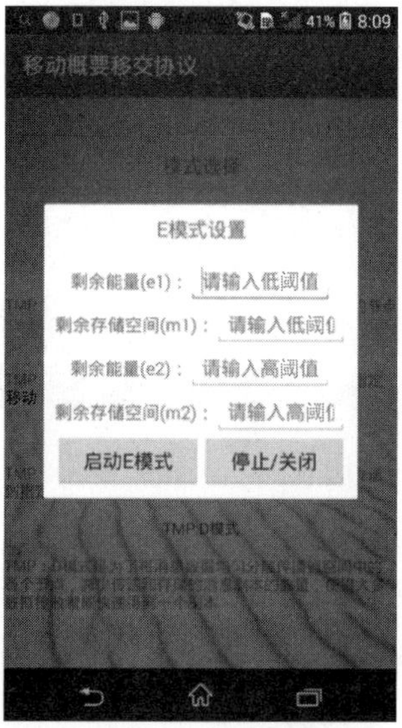

图 8.112　E 模式设置界面

在图 8.112 中，可分别设置剩余能量和剩余存储空间的高/低阈值。其他 3 种模式也有对应的设置界面，例如，P 模式设置界面如图 8.113 所示，U 模式设置界面如图 8.114 所示，D 模式设置界面如图 8.115 所示。

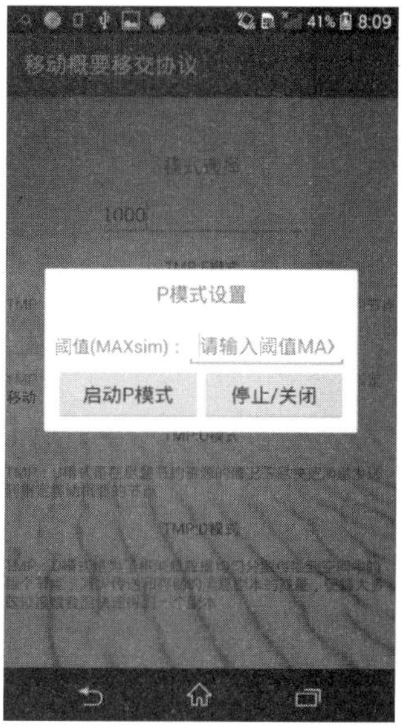

图 8.113　P 模式设置界面

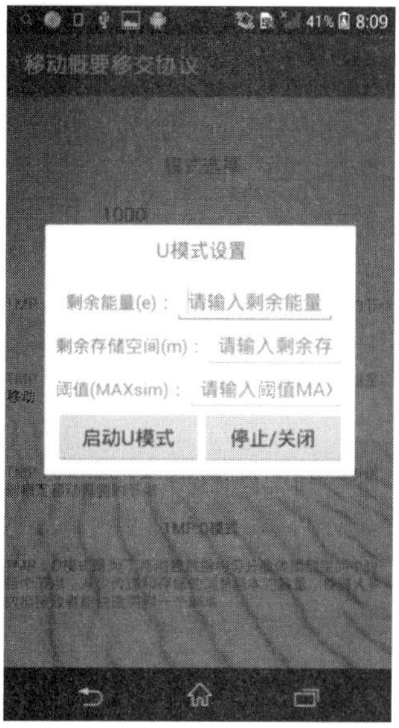

图 8.114　U 模式设置界面

这里以 E 模式为例进行说明。在移动终端（如节点 A）的 E 模式设置界面填好阈值后，单击“启动 E 模式”按钮，灾害现场数据机会移交系统会在 E 模式下广播握手报文。如果当前网络中有移动终端（如节点 B）也打开了灾害现场数据机会移交系统，那么节点 B 在接收到握手报文后，会根据基于移动概要的数据移交协议回传确认报文。启动 E 模式的移动终端（节点 A）在接收到确认报文后会根据基于移动概要的数据移交协议进行数据的转发，在节点 B 接收到数据后给出相应的提示。若节点 B 不是目标节点，则会给出如图 8.116 所示的提示信息。

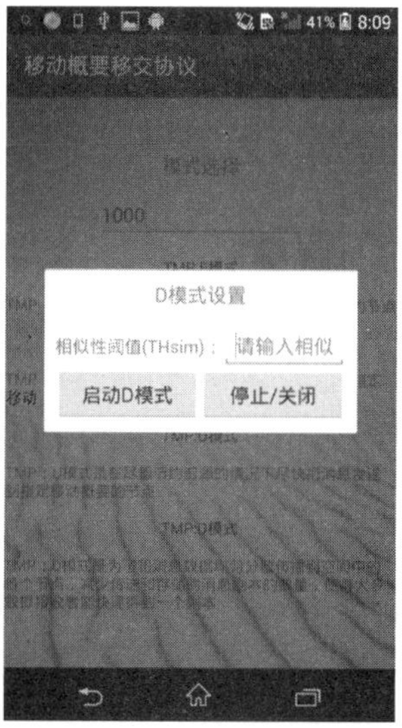

图 8.115　D 模式设置界面

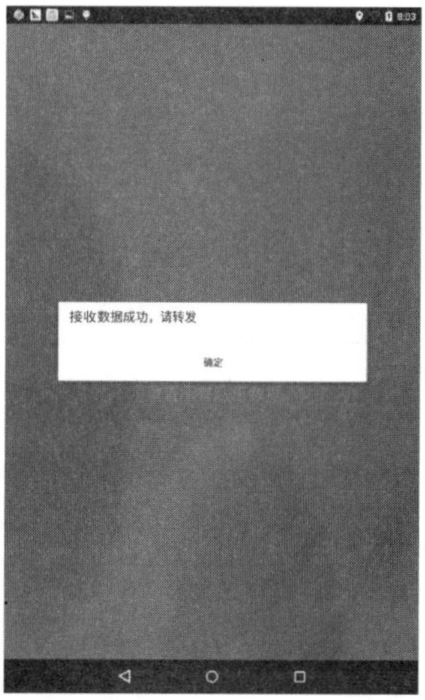

图 8.116　非目标节点接收到数据后的提示

若节点 B 是目标节点，则会显示接收到的数据，如图 8.117 所示（这里的数据是当前工作地点）。

图 8.117　目标节点接收到数据后的显示界面

至此，本节就完成了灾害现场数据机会移交系统的演示。

8.8　本章小结

本章主要介绍了应急搜救系统的关键技术及实现方法，分别介绍了搜救地图系统、移动终端地图系统、被困者感知系统、应急搜救指挥决策平台、灾害环境感知系统和灾害现场数据机会移交系统等的设计和实现，并给出了部分系统的演示。本章涵盖了数据采集、数据传输、数据处理和搜救路径规划等技术在应急搜救中的应用，通过这些技术能够在灾害发生后用最短的时间对被困者进行感知和搜救，可极大地提高应急搜救的效率。

本章参考文献

[1] Ochoa S F, Santos R. Human-centric wireless sensor networks to improve information availability during urban search and rescue activities[J]. Information Fusion, 2015, 22:71-84.

[2] Ko A, Lau H Y K. Robot assisted emergency search and rescue system with a wireless sensor network[J]. International Journal of Advanced Science and Technology, 2009, 3(4):69-78.

[3] Aziz K A. Managing disaster with wireless sensor networks[C]//13th International Conference on Advanced Communication Technology (ICACT2011), 2011:202-207.

[4] Lim Y, Lim S, Choi J, et al. A fire detection and rescue support framework with wireless sensor networks[C]//2007 International Conference on Convergence Information Technology (ICCIT 2007), 2007:135-138.

[5] Aminian M, Naji H R. A hospital healthcare monitoring system using wireless sensor networks[J]. Health & Medical Informatics, 2013, 4(2):121-126.

[6] Wang J, Cheng Z, Jing L, et al. Design of a 3D localization method for searching survivors after an earthquake based on WSN[C]//3rd International Conference on Awareness Science and Technology (iCAST), 2011:221-226.

[7] Ahmad N, Riaz N, Hussain M. Ad hoc wireless sensor network architecture for disaster survivor detection[J]. International Journal of Advanced Science and Technology, 2011, 34:9-16.

[8] Bai Y, Du W, Ma Z, et al. Emergency communication system by heterogeneous wireless networking[C]//Wireless Communications, Networking and Information Security (WCNIS), 2010: 488-492.

[9] 李肪，刘建辉. ZigBee 无线网络在井下救援通信系统中的应用研究[J]. 世界科技研究与发展，2009, 31(1): 74-76.

[10] Abualsaud K, Elfouly T M, Khattab T, et al. A survey on mobile crowd-sensing and its applications in the IoT era[J]. IEEE Access, 2018, 7:3855-3881.

[11] 李雷孝，邢红梅，王慧. Java Web 开发技术核心技术[M]. 北京：清华大学出版社，2015.

[12] JavaScript API GL[EB/OL]. [2020-11-1].https://lbsyun.baidu.com/index.php?title=jspopularGL.

[13] 天地图[EB/OL]. [2020-11-1].https://www.tianditu.gov.cn/.

[14] SQLite Documentation[EB/OL]. [2020-11-2].https://www.sqlite.org/docs.html.

[15] 张春晓. UNIX 从入门到精通[M]. 北京：清华大学出版社，2013.

[16] 沈彦南，连立贵，蔡家楣. Informix 数据库的访问方式研究[J] . 计算机工程与科学，2004,26(1):90-91,109.

[17] 丁蓉. 嵌入式数据库技术研究[D]. 西安：西北工业大学，2002.

[18] Alam T, Aljohani M. Design and implementation of an Ad Hoc Network among Android smart devices[C]//2015 International Conference on Green Computing and Internet of Things (ICGCIoT). IEEE, 2015: 1322-1327.

[19] Alam T, Aljohani M. Design a new middleware for communication in ad hoc network of android smart devices[C]//2nd International Conference on Information and Communication Technology for Competitive Strategies, 2016:1-6.

[20] Alam T, Aljohani M. An approach to secure communication in mobile ad-hoc networks of Android devices[C]//2015 International Conference on Intelligent Informatics and Biomedical Sciences (ICIIBMS), 2015:371-375.

[21] Google Play[EB/OL]. [2020-11-2]. https://developer.android.google.cn/distribute/google-play/.

[22] Liou S H, Wu Y H, Syu Y S , et al. Real-Time Remote ECG Signal Monitor and Emergency Warning/Positioning System on Cellular Phone[C]//4th Asian conference on Intelligent Information and Database Systems, 2012:336-345.

[23] Eecs, Parekh A. Hierarchical Routing[EB/OL]．[2020-11-4].https://people.eecs.berkeley.edu/~wlr/228a02/Lecture%20Slides/routing3.pdf.

[24] 姜立新，聂高众，帅向华，等．我国地震应急指挥技术体系初探[J]．自然灾害学报，2003,12(2):1-6.

[25] 苗崇刚，聂高众．地震应急指挥模式探讨[J]．自然灾害学报，2004,13(5):48-54.

[26] 吴新燕，顾建华，郭红梅，等．地震现场搜救力量部署模型研究[J]．自然灾害学报，2013, 22(1): 115-122.

[27] Feuerstein S, Pribyl B．Oracle PL/SQL 程序设计[M]．6 版．方鑫，译．北京：人民邮电出版社，2017.

[28] Understanding Model-View-Controller[EB/OL]．[2020-11-1].https://book.cakephp.org/1.3/en/The-Manual/Beginning-With-CakePHP/Understanding-Model-View-Controller.html.

[29] Fragment[EB/OL]. [2020-11-2]. https://developer.android.google.cn/jetpack/androidx/releases/fragment?hl=zh_cn.